普通高等教育"十一五"国家级规划教材

高等院校自动化系列规划教材

电机原理与拖动基础

（第3版）

张家生　邵虹君　郭　峰　主　编

李一昂　边维天　副主编

U0291231

北京邮电大学出版社
www.buptpress.com

内 容 简 介

本书为普通高等教育"十一五"国家级规划教材。

本书包括"电机学""电力拖动基础"和"控制电机"等课程的主要内容。分别阐述了直流电机、变压器、交流电机和其他电机的结构、原理;论述直流电动机、交流电动机的起动、制动、调速等特性及电动机的选择。内容由浅入深、重点突出,每章有一定数量的思考题和习题。不同的院校可以根据不同专业有选择地学习。

本书可作为高等院校自动化专业、电气工程及其自动化专业、机电一体化专业、自动控制专业、自动化仪表专业及相关专业学生的教材,同时可供有关科技人员、研究生等参考使用。

图书在版编目(CIP)数据

电机原理与拖动基础 / 张家生,邵虹君,郭峰主编. -- 3 版. -- 北京:北京邮电大学出版社,2017.8 (2022.7 重印)

ISBN 978-7-5635-5098-2

Ⅰ. ①电… Ⅱ. ①张… ②邵… ③郭… Ⅲ. ①电机学②电力传动 Ⅳ. ①TM3②TM921

中国版本图书馆 CIP 数据核字(2017)第 113185 号

书　　　名:电机原理与拖动基础(第 3 版)
著作责任者:张家生　邵虹君　郭　峰　主编
责 任 编 辑:张珊珊
出 版 发 行:北京邮电大学出版社
社　　　址:北京市海淀区西土城路 10 号(邮编:100876)
发 行 部:电话:010-62282185　传真:010-62283578
E-mail:publish@bupt.edu.cn
经　　　销:各地新华书店
印　　　刷:保定市中画美凯印刷有限公司
开　　　本:787 mm×1 092 mm　1/16
印　　　张:18.5
字　　　数:479 千字
版　　　次:2006 年 2 月第 1 版　2007 年 5 月第 2 版　2017 年 8 月第 3 版　2022 年 7 月第 4 次印刷

ISBN 978-7-5635-5098-2　　　　　　　　　　　　　　　　定价:38.00 元

第 3 版前言

本书是普通高等教育"十一五"国家级规划教材,自 2006 年 2 月问世以来,已经是第 3 版。随着科学进步,电机与拖动技术有了很大的发展。为了切实提高高等教育的质量,根据多年的教学和工程实践及使用本书的单位反馈建议,特再版此书。

本书是自动化及相关专业的使用教材,书中全面论述了电机学与电力拖动基础的基本理论。本书内容共 11 章。第 1 章绪论介绍了电机及电力拖动技术发展、电机的类别等;第 2 章阐述了直流电机的基本原理;第 3 章简述电力拖动系统的动力学基础;第 4 章论述直流电动机的机械特性、起动、调速和制动等理论;第 5 章介绍了变压器在磁场能量转换中的作用及磁路在能量转换装置中的具体应用;第 6 章分析交流电机的电枢绕组、磁动势和磁通势的形成;第 7 章论述了三相异步电动机的原理、等值电路及参数表达式;第 8 章研究同步电机的工作原理,同步电动机的功率、转矩和功(矩)角特性;第 9 章介绍了作为微控电机的其他电机;第 10 章论述交流电动机的机械特性、起动、调速和制动等理论;第 11 章概述电力拖动系统中电动机的选择。

本书结合了主编多年的教学经验及研究成果(第 2 章他励直流电动机的工作特性中电枢反应理论与其他书有相反的结论),既突出了专业特点又兼顾了"电机学""电力拖动基础"和"控制电机"等学科体系。内容论述循序渐进、层次清楚、通俗易懂、深入浅出、力求简单、便于学习。力求学生在短的时间内学习和掌握"电机"的主要理论,具备解决工程实际问题的能力。

本书由张家生教授、邵虹君、郭峰主编。参加本书编写工作的还有高原、赵玉倩、马淑华、李一昂、边维天、邵蒙等。

本书参考了相关中外文献和著作,在此对相关作者致以诚挚的谢意,对关怀和支持本书编写的同事,表示感谢。

由于编者水平有限,书中错误和不妥之处在所难免,恳请读者批评指正。

编　者

目　　录

第1章 绪 论

1.1 电机及电力拖动技术的发展简史

电能是现代能源中应用最广泛的二次能源,而实现电能的生产、交换和使用都离不开电机。电机是随着生产的发展而诞生,随着生产的发展而发展的。而电机的应用反过来又推动社会生产力的不断提高。生产力的不断提高,又要求有更先进的电机出现及拖动系统的应用。

20 世纪前后,电机由诞生到生产上的初步应用,建立和发展了电机理论和电机设计计算的基本方法以及各种主要电机的初步定型。

以奥斯特发现电流在磁场中受力及安培对这种现象的总结为基础,1834 年亚哥比研制成第一台可以实用的直流电动机。1871 年凡·麦尔准发明了交流发电机。1878 年亚布洛契诃夫使用了交流发电机和变压器为他发明的照明装置供电。1885 年意大利物理学家费拉利斯发现了二相电流可以产生旋转磁场,1886 年费拉利斯和坦斯拉几乎同时制成了两相感应电动机的模型。现代三相电路和三相电机是多里沃·多勃罗沃尔斯基在 1888 年提出的交流电三相制的基础上而形成的。

在电机的实际应用过程中,伴随着电机的发展,各种电动机拖动各种生产机械的电力拖动技术也逐步发展起来。在这里电动机的作用是将电能转换成机械能。将电能转变为机械能且完成一定工艺要求的系统称为电力拖动系统。

20 世纪以来在可逆、可调速、高精度拖动系统中多采用直流电力拖动,交流电力拖动主要用于恒转速拖动系统。20 世纪 60 年代后,随着电力电子技术发展,交流调速在很多场合已经取得直流调速(因为直流电机电刷与换向器故障率高,不能在易燃、易爆气体及尘埃多的环境中使用)。进一步对串级及离子变频的交流调速系统进行了一些研究,并提出了无换向器电动机的原理。其后,晶闸管及电力电子自关断器件的出现,为交流调速系统开辟了广阔的前途。目前已进入扩大应用及系列化、进一步提高性能指标、向大容量发展的阶段。串级调速系统、变频调速系统、无换向器电动机、矢量变换控制同步电动机变频系统等已在工业中广泛应用。

由于大功率电子技术的发展,各种形式的功率变换器已经直接为电动机馈电,而微处理器和数字信号处理器的应用以及软件技术的发展,促使模拟控制向数字控制转化。随着近代电力电子技术和计算机技术的发展以及现代控制理论的应用,自动化电力拖动正向着计算机控制的生产过程自动化的方向迈进。在一些现代化的工厂里,力求做到从原料进厂到产品出厂都是自动化或半自动化的,而且达到高速、优质、高效率地生产。

1.2　电机的制造材料及其类别

电机一般是以磁场为耦合场,利用电磁感应和电磁力的作用而实现能量转换的机械。因此,电机中所用的材料大致可分为以下 4 类:

(1) 导电材料。用于电机中的电路系统。为了减小 I_a^2R 损耗,要求材料的电阻率小。电机绕组常用硬拉后再经过焠火处理的铜线绕成。小型异步电动机的转子常用铝模铸成。

(2) 导磁材料。用于电机中的磁路系统。为在一定励磁磁动势下产生较强的磁场和降低铁耗,要求材料具有较高的磁导率和较低的铁耗系数。常用硅钢片、钢板和铸钢。

(3) 绝缘材料。作为带电体之间及带电体与铁心间的电气隔离,要求材料的介电强度高且耐热强度好。按耐热能力可分为 Y、A、E、B、F、H、C 这 7 级,其最高允许工作温度分别为 90 ℃、105 ℃、120 ℃、130 ℃、155 ℃、180 ℃。

(4) 结构材料。使各部分构成整体、支撑相连接其他机械。要求材料的机械强度好,加工方便,重量轻。常用铸铁、铸钢、钢板、铝合金及工程塑料。

电机的分类方法有很多,对于工业中常用的电机,按其功能用途来分,主要类型归纳如下:

1.3　本课程的主要内容及学习方法

本课程是原"电机学""电力拖动基础"和"控制电机"等课程的有机结合。本课程是工业电气自动化专业及相近专业的一门专业平台课(又称专业基础课)。它的先修课程是"高等数学""物理"及"电路原理"等。本课程学完后应使学生掌握常用交、直流电机,控制电机及变压器等的基本结构与工作原理以及电力拖动系统的运行性能;电力拖动系统中电动机的调速方法、调速原理和分析计算;电力拖动的机械过渡过程及主要分析方法;电机选择与实验方法。为学习"拖动自动控制系统""反馈控制理论""自动控制原理"及"计算机控制技术"等课程准备必要的基础知识。

"电机原理与拖动基础"包含电学、磁学、力学和热学的规律,几方面的因素又互相影响,所以分析问题时,必须全面考虑,不能作为单纯的电学或单纯的其他学科问题来处理。又因为实际问题涉及的因素很多,可以根据具体条件抓住主要矛盾,忽略次要因素,运用"电路原理""物理学"等基本理论来分析研究各类电机内部的电磁物理过程从而得出各类电机(及变压器)的一般规律及各种电力拖动系统的静态、动态特性。分析不同电机的雷同之处,理解公式所表达的物理概念,掌握实验操作技能,掌握常用工程观点和工程分析方法。只有结合工程实际、综合应用基础理论才能真正学好"电机原理与拖动基础"课程。

第2章 直流电机

直流电机是电机的主要类型之一,它包括直流发电机和直流电动机。一台直流电机既可作为发电机使用,也可作为电动机使用。用作直流发电机可以得到直流电源,而作为直流电动机,可以拖动生产机械。由于直流电动机具有良好的调速性能(如调速范围广、平滑性和起动性好),在许多对调速性能要求较高的场合,得到广泛使用,如大型可逆式轧钢机、电力机车起重设备等。本章主要介绍直流电机的工作原理、结构和工作特性等。

2.1 直流电机的基本原理和结构

2.1.1 直流电机的工作原理

1. 直流发电机的工作原理

电机的工作原理建立在电磁力和电磁感应的基础上。电磁感应定律说,在磁场中,当导体切割磁力线时,导体中就有感应电动势产生。图 2.1.1 是一个两极直流发电机的物理模型。图中两个空间固定的永久磁铁北极(N)和南极(S)之间,安放一个有凹槽的圆柱形铁心,称为电枢铁心;电枢铁心和磁极之间的缝隙称为气隙;在电枢铁心的凹槽中安放一个线圈(abcd),称为电枢绕组;绕组的两端焊接在两个互相绝缘的半圆形铜换向片上,由换向片构成的圆柱体称为换向器;为了把电枢和外电路相连,安装了空间固定不动的两个碳质电刷 A 和 B;电刷同换向器接触可向外电路供电;当原动机拖动电枢转动时,电枢铁心、电枢绕组以及换向器是旋转的,而主磁极及电刷在空间固定不动。下面利用这个模型来说明机械能怎样变成电能,即直流发电机的工作原理。

当原动机拖动电枢(转子)以转速 n 沿逆时针方向旋转,转子正好转到图 2.1.1(a)所示位置时,导体 ab 正好在 N 极下,而导体 cd 正好在 S 极下。如果这时导体所在处的磁通密度为 B,导体长度为 l,导体的线速度为 v。根据法拉第电磁感应定律,每根导体感应电动势瞬时值为 $e=Blv$,感应电动势的方向可用右手定则决定。N 极下的 ab 导体电动势方向由 b 到 a,而 S 极下的 cd 导体电动势方向由到 d 到 c,如图 2.1.1(a)箭头所示。线圈 abcd 的电动势大小恰好是 ab 导体电动势(或 cd 导体电动势)的二倍,方向为 a 端为正,d 端为负。此时电刷 A 极性为正,电刷 B 极性为负。在电刷 AB 之间接上负载,就有电流从电刷 A 经外电路负载而流向电刷 B。此电流经换向器及线圈 abcd 形成闭合回路,线圈中,电流的方向从 d 到 a。

当电枢(转子)转过 180°,在如图 2.1.1(b)所示位置时,导体 ab 正好在 S 极下,而导体 cd 正好在 N 下,导体 cd 电动势方向由 c 到 d,导体 ab 电动势方向由到 a 到 b,如图 2.1.1(b)箭头所示。此时,线圈 abcd 的电动势方向为 d 端为正,a 端为负。但由于电刷不随换向器转动,仍然有电刷 A 极性为正,电刷 B 极性为负。流过负载的电流方向不变,线圈中的电流方向改变了,即从 a 到 d。可见转子连续旋转时,A 刷引出的总是 N 级下导体的正电动势,B 刷引出的总是 S 级下导体的负电动势。经过电刷和换向器的整流作用把电枢绕组内的感应的交变电动势变成了由电刷 A、B 间输出的直流电动势,这就是直流发电机的基本工作原理。

(a)　　　　　　　　　　　　　(b)

图 2.1.1　直流发电机基本工作原理

为了进一步理解交变量和直流量在发电机的变化,下面分析一下输出电动势波形。由式 $e=Blv$ 可知,如果线圈有效导体长度 l 和切割磁通的速度 v 恒定不变,则感应电动势 e 正比于导体所在位置的磁通密度 B。如果 B 沿定转子之间的气隙空间分布波形接近于按正弦规律分布,如图 2.1.2(a)所示。线圈 abcd 两端感应电动势 e 随时间变化的波形 e 与 B 有相同的形状,其中 α 为磁极的空间角度,ωt 对应导体电动势的时间角度,经过整流由电刷 A、B 输出的电动势波形 e_l 则如图 2.1.2(b)所示。可见直流发电机电枢绕组的感应电动势是交流电动势,但经过旋转换向器和固定电刷的机械整流引出的却是直流电动势。只有一个线圈时,电刷间的电动势是脉动很大的直流,如图 2.1.2(b)所示。在实际电机中,电枢不只是一个线圈,而是由许多按一定规律连接起来的线圈组成,这样电动势的脉振程度会减少,电动势总的输出增大。

(a) 气隙磁密与线圈电动势波形　　　(b) 电刷间电动势波形

图 2.1.2　电动势波形图

2. 直流电动机的工作原理

将如图 2.1.1(a)所示直流发电机模型中的原动机和电刷 A、B 两端的负载去掉,并在 A、B 两端接上直流电源,就成为最简单的两极直流电动机,如图 2.1.3 所示。它把直流电能转换成机械能,带动轴上的生产机械做功。当电动机转子转到图 2.1.3(a)所示位置时,ab 导体刚好在 N 极下,cd 导体在 S 极下。直流电流由电源正极经 A 刷流入电枢绕组,在线圈内部电流

的方向是由 a 到 b,由 c 到 d。然后经 B 刷返回电源负极。如果导体所在处的磁通密度为 B,导体长度为 l,电流为 i,根据电磁力定律可知,这时导体受力为 $f = Bli$。受力方向由左手定则判定,判定结果导体 ab 和 cd 受力产生的转矩均为逆时针方向,当电磁转矩大于阻转矩时,电动机逆时针旋转。当电机转子转过 180°时转到图 2.1.3(b)所示位置,这时导体 cd 在 N 极下,导体 ab 在 S 极下。电流经 A 刷由 d 端流入线圈。在线圈内部方向是由 d 到 c,由 b 到 a,如图中箭头所示。根据左手定则仍可判定 ab 和导体 cd 受力产生的转矩为逆时针方向。由此可知,虽然导体内部电流方向变了,但受力产生的转矩方向不变,转子连续旋转方向不变,这就是直流电动机的基本工作原理。

图 2.1.3 直流电动机基本工作原理

3. 电机的可逆原理

由以上分析可知,同一台直流电机,只要改变外界的条件,就既可以当直流发电机运行,又可以当直流电动机工作。如果用原动机拖动电枢恒速旋转,就可以从电刷端引出直流电动势而作直流电源对负载供电;如果在电刷端外施加直流电压,则电枢导体受力,转子旋转成为电动机,从而把电能变成机械能。发电机的作用和电动机的作用同时存在于直流电机这个同一体中。

这种同一台电机由于外界条件的不同,既可以作发电机也可以作电动机运行的原理,不仅适用于直流电机,而且也适用于交流电机,是电机理论中的普遍原理,称为电机的可逆原理。但专门设计的电动机在结构上有其特殊性,作为发电机往往达不到优良的性能。

2.1.2 直流电机的主要结构

现代的直流电机的结构较为复杂而且形式多种多样。图 2.1.4 和图 2.1.5 分别为直流电机的纵、横剖面结构图,它主要由定子(固定部分)和转子(转动部分)构成,两者之间是气隙,定子主要用来产生磁通和作电机的机械支撑,它包括主磁极、换向极、机座、端盖、轴承和电刷装置等部件;转子(电枢)用来产生感应电动势和电磁转矩,它包括电枢铁心、电枢绕组、换向器、转轴和风扇等部件。现就几个主要部件的作用简述如下。

1. 定子

(1)主磁极

主磁极(简称主极)的作用是在定子与转子之间的气隙中建立磁场,使电枢绕组在该磁场的作用下产生感应电动势和电磁转矩。主磁极包括主极铁心（包括极身和极掌）和套在主极铁心上的励磁绕组两部分，如图 2.1.5 所示。主磁极总是偶数，且 N、S 极相间出现。为了降低电枢旋转时极靴表面引起的涡流损耗，主极铁心一般用 1.0～1.5 mm 厚的低碳钢板冲片叠压而成。在小型直流电机中，主磁极也可采用永久磁铁，它不需要励磁绕组，这种电机称作永磁直流电机。

图 2.1.4　直流电机纵剖面图

图 2.1.5　直流电机横剖面图

（2）换向极

换向极又称附加极，装在两相邻主磁极之间的几何中心线上，其作用是为了改善直流电机的换向，消除或减小电刷与换向器之间的火花。换向极的结构与主磁极相似，由换向极铁心和套在其上的换向极绕组两部分组成，换向绕组与电枢串联，如图 2.1.5 所示。换向极铁心一般用整块钢制成，当换向要求较高时用 1.0～1.5 mm 厚的钢片叠压而成。

在 1 kW 以下的小容量直流电机中，有时换向极的数目只有主磁极的一半，或不装换向极。

（3）机座

机座（也称机壳）既是磁极间磁的通路，又要用来固定主磁极、换向极及端盖，并借助底脚而把电机固定在基座上。机座通常用既要导磁性好与足够的导磁面积,又要有足够的机械强度和刚度的铸钢或钢板焊接制成。

对于换向要求较高的电机,机座也可用薄钢片冲片叠压而成。

(4) 电刷装置

如图2.1.6所示,电刷装置的作用是把转动的电枢电路与静止的外电路接通,并与换向器配合,起到整流或逆变的作用,即引入或引出直流电压和直流电流。电刷装置是固定不动的,它由电刷、刷握、刷杆、座圈及弹簧压板等零部件组成。电刷放在刷握中由弹簧把电刷压在换向器表面上。刷握固定在刷杆上,刷杆装在座圈上,彼此之间相互绝缘。整个电刷座装在端盖或轴承内盖上,可以在一定范围内移动,用来调整电刷位置。电刷数量一般与主磁极的数量相同。

图 2.1.6 直流电机的电刷装置

(5) 接线盒

直流电机的电枢绕组和励磁绕组由接线盒与外部电源相连。接线盒上的电枢绕组一般标记为 A 或 S,励磁绕组一般标记为 F 或 L。

2. 转子

(1) 电枢铁心

电枢铁心是电机主磁路的一部分,它通过主磁通,而且用来嵌置电枢绕组。当电枢在磁场中旋转时,磁通方向变化引起涡流和磁滞损耗,为了减少损耗,提高电机的效率,常由涂有绝缘漆的 0.5 mm 厚硅钢片叠压而成。

(2) 电枢绕组

电枢绕组在磁场旋转时绕组中产生感应电动势,而电枢绕组中流过电流时绕组在磁场受力产生电磁转矩,它是实现机电能量转换的关键部件。如果电枢绕组只有一个单匝的绕圈,则其感应电动势及电磁转矩不仅数值太小,而且具有很大的脉动分量,不能满足现代生产对直流电机的要求。为此,现代直流电机的电枢,在其圆周上均匀地分布着许多线圈,每个可以单匝也可以多匝,称为元件。每个元件的两个有效边分别嵌放在相隔一定槽数的电枢铁心的两个槽中,所有元件按一定规律连接成一个闭合回路。

(3) 换向器

在直流电动机中,换向器的作用是把电刷间的直流电流转换为绕组内的交流电流;在直流发电机中,它将绕组内的交流电动势转换为电刷间得到直流电动势。由于电枢绕组是由许多元件组成,而每个元件的两个引出端需分别连接两片换向片,所以换向器是由许多彼此互相绝缘的铜换向片所组成。图 2.1.7 是电枢铁心装配图。

(a) 直流电机的电枢铁心冲片　　　　　　　(b) 电枢铁心装配图

图 2.1.7　电枢铁心装配图

3. 气隙

气隙并非结构部件,它是定子的磁极和转子的电枢之间自然形成的缝隙。但是,气隙是主磁路的一部分,气隙中的磁场是电机进行机电能量转换的媒介。因此,气隙的大小对电机的运行性能有很大的影响。小容量直流电机的气隙约为 1～3 mm,大容量电机的气隙可达几毫米。

以上介绍了直流电机的主要部件,一些次要部件不再一一叙述。

2.1.3　直流电机的额定值及主要系列

1. 直流电机的额定值

为了使电机安全可靠地工作,并且具有优良的运行性能,电机制造厂根据国家标准及电机的设计数据,对每台电机在运行中的有关物理量(如电压、电流、功率、转速等)所规定的保证值,称为电机的额定值。电机在运行中,若各物理量都符合它的额定值,称为该电机运行于额定状态。电机在额定运行状态时,其性能最好且安全可靠。

为了使用方便,每台电机的额定值一般标志在电机的铭牌上,所以又称之为铭牌数据。直流电机的额定值有以下几项:

(1) 额定容量(功率)P_N

对于发电机而言,额定容量(功率)P_N 是指发电机引出端输出的电功率;对电动机而言,是指从它的转轴上输出的机械功率,单位为 W 或 kW。

(2) 额定电压 U_N

额定电压 U_N 是指额定状态下电机出线端的电压,单位为 V。对于发电机而言,指出线端输出电压。对于电动机而言,指加在出线端输入电压。

(3) 额定电流 I_N

额定电流 I_N 是指额定状态下电机出线端的电流,单位为 A。对于发电机而言,指出线端输出电流。对于电动机而言,指出线端输入电流。

(4) 额定转速 n_N

额定转速 n_N 是电机在额定运行时的转速,单位为 r/min。

还有一些物理量的额定值,如额定效率 η_N,额定转矩 T_{2N},额定温升 τ_N 及额定励磁电流 I_{fN} 等,不一定都标在铭牌上。

为此可得直流发电机的额定容量(额定功率)为:

$$P_N = U_N I_N \tag{2-1}$$

而直流电动机的额定功率为:

$$P_N = U_N I_N \eta_N \tag{2-2}$$

电动机轴上的输出额定转矩 T_N,其大小是额定功率除以转子角速度的额定值。

$$T_{2N} = \frac{P_N}{\Omega_N} = \frac{P_N}{\frac{2\pi n_N}{60}} = 9.55 \frac{P_N}{n_N} \tag{2-3}$$

在实际运行中,有时电机不一定运行于额定状态。如果电机的电流小于额定电流,称为欠载或轻载;如果电流大于额定电流,称为过载或超载;如果电流恰好等于额定电流,称为满载运行。长期过载会使电机过热,降低电机的使用寿命,甚至损坏电机。长期轻载不仅使电机的设备容量得不到充分利用,而且会降低电机的效率。为此,必须根据负载情况,合理地选择电机。

例 2-1 一台直流发电机,其额定功率 $P_N = 145\ kW$,额定电压 $U_N = 230\ V$,额定效率 $\eta_N = 90\%$,额定转速 $n_N = 1\ 450\ r/min$,求该发电机的额定电流和输入功率是多少?

解

额定电流
$$I_N = \frac{P_N}{U_N} = \frac{145 \times 10^3}{230} = 630.4\ A$$

输入功率
$$P_I = \frac{P_N}{\eta_N} = \frac{145}{0.9} = 161\ kW$$

例 2-2 一台直流电动机,其额定功率 $P_N = 160\ kW$,额定电压 $U_N = 220\ V$,额定效率 $\eta_N = 90\%$,额定转速 $n_N = 1\ 500\ r/min$,求该电动机的输入功率、额定电流及额定输出转矩是多少?

解 此时电动机的输入功率就是额定输入功率
$$P_I = P_N / \eta_N = 160 / 0.9 = 177.8\ kW$$

额定电流
$$I_N = P_I / U_N = 177.8 \times 10^3 / 220 = 808.1\ A$$

额定输出转矩
$$T_{2N} = 9.55 P_N / n_N = 9.55 \times 160 \times 10^3 / 1\ 500 = 1\ 018.7\ N \cdot m$$

2. 我国生产的直流电机的主要系列

为了满足各行业对电机的不同需求,电机被制成多种型号。国产电机产品的型号一般采用大写印刷体的汉语拼音字母和阿拉伯数字表示。其中汉语拼音字母是根据电机的全名称选择有代表意义的汉字,再从该汉字的拼音中得到。例如,Z_2-31 的含意为:Z 表示一般用途的防护式中小型直流电机,2 表示第二次设计,3 表示机座号,1 表示铁心长度顺序号。

当前我国生产的直流电机主要有以下系列:

Z_2 系列是一般用途的中、小型直流电机,包括发电机和电动机。

Z 和 ZF 系列是一般用途的大、中型直流电机系列。Z 是直流电动机系列;ZF 是直流发电机系列。

ZT 系列是用于恒功率且调速范围比较大的拖动系统里的广调速直流电动机。

ZZJ 系列是冶金辅助拖动机械用的冶金起重直流电动机。

ZQ 系列是电力机车、工矿电机车和蓄电池供电电车用的直流牵引电动机。

ZH 系列是船舶上各种辅助机械用的船用直流电动机。

ZA 系列是用于矿井和有易爆气体场所的防爆安全型直流电动机。

ZU 系列是用于龙门刨床的直流电动机。

ZKJ 系列是冶金、矿山挖掘机用的直流电动机。

还有其他系列直流电机,可参看有关的产品目录。

2.2　直流电机的电枢绕组

电枢绕组是直流电机的核心部件,在电机的机电能量转换过程中起着重要的作用,对于电动机,绕组流过电流,产生电磁转矩,转矩使转子在磁场中旋转,而感应出反电势,消耗电功率,把电能转变成机械能;对于发电机,绕组在磁场中旋转,从而感应出电动势,接上负载,绕组中有电流,产生制动转矩,消耗机械功率,把机械能变成电能。因此,对电枢绕组有一定的要求,主要有:在能通过规定的电流和产生足够大的感应电动势及电磁转矩的前提下,所消耗的有效材料(包括导线和绝缘)最省;强度(机械、电气和热强度)高;运行可靠;结构简单,下线方便等。

直流电机电枢绕组的形式很多,按其绕组元件和换向器的连接方式不同,可以分为单叠绕组、单波绕组和混合绕组等。其中最基本的形式是单叠绕组和单波绕组。

2.2.1　名词术语介绍

1. 极轴线
极轴线是分主磁极左右对称的中心直线,如图 2.2.1 所示。

2. 几何中性线
几何中性线是主磁极之间的几何平分线,它到两个主磁极轴线的距离相等。

3. 极距
极距用符号 τ 表示,是一个主磁极沿电枢圆周表面量度的圆弧距离,它等于相邻两个极轴线或相邻两个几何中性线之间沿电枢表面量度的弧长。常用槽数表示,如果电枢槽数为 Z,极对数为 p(主磁极极数为 $2p$),以槽数表示的极距为:

$$\tau = \frac{Z}{2p} \tag{2-4}$$

图 2.2.1　对应四极机的名词术语

4. 绕组元件(线圈)

绕组元件是电枢绕组的基本单元,两个出线端分别与两个换向片相连接,并与其他元件相连的单匝或多匝线圈。图2.2.2(a)绘出了单匝和多匝单叠绕组元件的示意图。

电枢槽中能切割磁场产生感应电动势的线圈有效边,称为元件边,其余部分不产生感应电动势,只起连接作用,称为端接部分。为便于嵌线,每个元件的一个元件边放在一个槽的上层,另一个元件边放在另一槽的下层,形成直流电枢绕组的双层绕组。安放情况如图2.2.2(b)所示。

(a) 单匝和多匝元件　　　　(b) 元件在槽中的嵌放情况

图 2.2.2　单叠绕组元件

5. 绕组的节距

绕组元件的宽度及元件之间的连接规律由绕组的各种节距来表示,有第一节距 y_1,第二节距 y_2,合成节距 y 及换向节距 y_k。定义如下。

(1) 第一节距(元件跨距)y_1

第一节距是一个元件两个有效边之间的距离,以所跨槽数表示,一定是整数。y_1 越接近极距,元件产生的感应电动势就越大。因为极距 $\tau = Z/(2p)$ 不一定是整数,故

$$y_1 = \frac{Z}{2p} \pm \varepsilon = 整数 \tag{2-5}$$

式中,ε 为使 y_1 凑成整数的分数。当 $\varepsilon = 0$,$y_1 = \tau$ 时,称整距元件;$y_1 < \tau$ 时,称短距元件;$y_1 > \tau$ 时,称长距元件。长距因端接线长,浪费铜,一般不采用,短距因端接线短,省铜,且有利于换相,故常用。

(2) 第二节距 y_2

在元件串接过程中,第一元件的第二元件边与紧接着串联的第二元件的第一元件边之间的距离称为第二节距,通常也用所跨槽数表示。

(3) 合成节距 y

合成节距是相邻两个串联元件对应边在电枢表面上的距离,通常也用所跨槽数表示。

(4) 换向节距 y_k

换向节距是一元件的两个出线端在换向器上所跨的换向片的距离,通常也用换向片数表示。在数值上它总与合成节距相等,即

$$y_k = y \tag{2-6}$$

2.2.2　单叠绕组

单叠绕组是双层绕组,第一个元件的下层边连接第二个元件的上层边嵌放,它放在第一个元件的上层边相邻的槽内。每串接完一个元件在电枢表面上移过一个槽,在换向器上也移过一个换向片,直到串接完最后一个元件。最后一个元件的尾端与第一个元件的首端接在同一个换向片上,形成闭合绕组。图 2.2.3 是单叠绕组的元件在电枢槽中的排列方法及与换向片的连接方法。

图 2.2.3　单叠绕组的排列

通过下面的例子说明单叠绕组连接特点和组成情况。

例 2-3　一台直流电机,极数 $2p=4$,槽数 Z、元件数 S 及换向片 K 为 $Z=S=K=16$,试画出绕组的展开图和绕组的并联支路图。

解

(1) 计算绕组数据

第一节距为

$$y_1 = \frac{Z}{2p} \pm \varepsilon = \frac{16}{4} = 4$$

合成节距与换向节距为

$$y = y_k = 1$$

第二节距为

$$y_2 = y_1 - y = 4 - 1 = 3$$

(2) 画出绕组展开图

为了直观,工程上根据把电机的电枢绕组图画成沿电枢轴线切开,展成平面的绕组展开图。分别画出 16 根等长、等距的实线和虚线,实线代表各槽的上层元件边,虚线代表各槽的下层元件边。一个实线和一个虚线放在一个槽内,根据上面计算出的 y_1、y_2、y、y_k,先排出绕组的连接顺序,为此先把槽、元件、换向片依次排上号。编号的原则是把元件和元件上层边所在的槽和元件首端所接的换向片编上相同的号码,如图 2.2.4 所示。

根据 $y_1=4$ 画出第 1 元件的上层边放在第 1 槽的上层,首端接 1 号换向片,第 1 元件的下层边放在第 5 槽的下层,因为 $y_k=1$,所以第 1 元件的尾端接 2 号换向片。根据 $y_2=3$ 可知第 2 元件的上层边返回第 2 槽的上层,再由 $y_1=4$ 知第 2 元件的下层边放在第 6 槽下层,尾端接

3号换向片,然后开始第3元件的安放,按此规律,直到第16元件放在第16槽上层和第4槽的下层,其尾端接回1号换向片,形成闭合绕组。

磁极宽度约0.7τ,均匀分布在圆周上,N极下磁力线进入纸面,S极下磁力线穿出纸面。电刷个数与主磁极个数一样多,电刷的中心线对准主磁极的中心线,这样被电刷短路的元件都是处在相邻N、S两个主磁极之间的地方,此处磁通密度为0(对于发电机元件电动势为零,对于电动机元件转矩为零),把相同极性的电刷并联起来。一个极下的导体电流的方向完全一致,N、S极下的导体电流方向相反,可以产生一个方向固定的转矩。

在实际生产过程中,由于电枢反应的影响,直流电机电刷的实际位置需要在电机制造好后通过实验的方法进行调整。

(3)单叠绕组电路图

设电动机按逆时针方向旋转,这在图2.2.4中相当于绕组向左边运动,运用左手定则可得出,N极下元件边的电流方向向上,S极下元件边的电流方向向下,所以电刷A_1和A_2应当接到电源的正极,电刷B_1和B_2应当接到电源的负极。在图示瞬间,电刷通过换向器将1号、5号、9号和13号元件短路,整个绕组形成四条支路,这四条支路是:

(1)电刷A_1—元件2—元件3—元件4—电刷B_1;

(2)电刷A_2—元件8—元件7—元件6—电刷B_1;

(3)电刷A_2—元件10—元件11—元件12—电刷B_2;

(4)电刷A_1—元件16—元件15—元件14—电刷B_2。

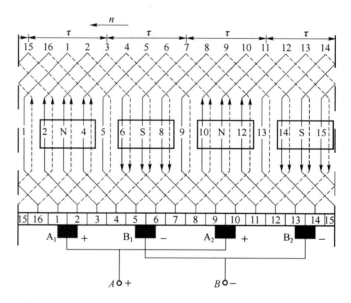

图2.2.4 电动机单叠绕组展开图

由此得出电枢绕组的并联支路图,如图2.2.5所示。由绕组展开图可以看出,除了两边位于几何中性线上被电刷短路的绕组元件不产生电磁转矩,其余的绕组元件有效边都产生同一方向的电磁转矩。

如果是直流发电机,可以根据电枢旋转方向用右手定则判断出各元件边的电动势方向,从而定出电刷的极性。图2.2.4中N极和S极下的箭头反向,表示电动势,其他符号不变。同样也可以得出将电刷A_1和A_2并联、B_1和B_2并联的结论。同时还可以看到,在同一并联支路中,各绕组元件的感应电动势方向相同,这些电动势串联起来构成支路的总电动势,也就是电枢电动势(即刷间电动势)。当元件被电刷短路时,它的有效边处在主磁极磁通密度为 0 的范围内,这就保证了发电机能够获得最大电动势。分析同一条支路中各元件在展开图上的位置就可以发现,单叠绕组的每条支路都是由上层边处在同一磁极下的绕组元件串联起来组成的。因此,单叠绕组的并联支路数必然等于磁极数。设并联支路对数(两条支路为一对)为 a,磁极对数为 p,则:

$$a = p \tag{2-7}$$

图 2.2.5　电枢绕组的并联支路图

以上分析可以总结出,单叠绕组具有以下特点:

(1) 元件的两个出线端连接于相邻两个换向片上;

(2) 并联支路等于磁极数,$2a = 2p$;

(3) 整个电枢绕组的闭合回路中,感应电动势的总和为零,绕组内部无"环流";

(4) 每条支路由不相同的电刷引出,所以电刷数等于磁极数;

(5) 对于发电机正负电刷之间引出的电动势即为每一支路的电动势,电枢电压等于支路电压;

(6) 电动机引入(或发电机引出)的电枢电流 I_a 为各支路电流之和,即 $I_a = 2ai_a$(式中 i_a 为每一条支路的电流,即绕组元件中流过的电流)。

2.2.3　单波绕组

单波绕组的特点是每个绕组元件的两端所接的换向片相隔较远,互相串联的两个元件也相隔较远,连接成整体后的绕组像波浪形,因而称为波绕组。如图 2.2.6 所示。

图 2.2.6　单波绕组的联结情况

单波绕组具有以下特点:

(1) 第一节距 $y_1 = Z/2p \pm \varepsilon =$ 整数;换向节距 $y_k = y = (K \pm 1)/p$ 整数。当式中取"—"号时,绕组绕电枢和换向器一周后,回到原来出发的换向片的左边一片上,称为左行绕组。当式中取"+"号时,绕组绕电枢和换向器一周后,回到原来出发的换向片的右边一片上,称为右行绕组。通常波绕组采用左行绕组。

(2) 同极性下各元件串联起来组成一条支路,支路对数 $a = 1$,与磁极对数 p 无关。

(3) 当元件的几何形状对称时,电刷在换向器表面上的位置对准主磁极中心线,支路电动势最大。

(4) 电刷组数应等于极数(采用全额电刷)。

(5) 电枢电流 $I_a = 2ai_a$。

相同元件数时,叠绕组并联支路数多,每条支路里串联元件数少,适用于较低电压较大电流的电机。对于单波绕组,支路对数永远等于1,每条支路里所包含的元件数多,所以这种绕组适应于较高电压、较小电流的电机。至于大容量的电机,可以采用混合绕组。

2.3　直流电机的空载磁场

一切电磁机械都是电和磁的统一体,直流电机在正常工作时必须有磁场。电枢绕组切割磁场才能产生感应电动势,电枢电流在磁场中受力才能产生电磁转矩,电机的运行特性在很大程度上取决于电机磁场的特性。

先分析直流电机空载时的磁场,它可以看作由励磁绕组通入励磁电流单独产生的,是直流电机中最主要的磁场。所谓空载是指发电机电枢两端开路,电动机轴上不接任何生产机械。其他流过电流产生的磁场对它的影响,我们会陆续加以介绍。

2.3.1　直流电机的磁通和磁化曲线

图 2.3.1 是一台四极直流电机空载时,只有主磁极的励磁绕组流过励磁电流产生的磁场分布图,各主磁极交替出现 N 极和 S 极极性。一个主磁极的磁动势 F 的大小等于励磁绕组的匝数 N_f 和绕组直流励磁电流 I_f 的乘积,即 $F = N_f I_f$。这一磁动势在磁路中产生的磁通可分为主磁通 Φ 和漏磁通 Φ_σ 两部分。

图 2.3.1　直流电机空载时的磁场分布

主磁通走主磁路,其路径如图 2.3.1 所示:从 N 极铁心出发,经气隙进入电枢齿部,然后进入电枢轭,在电枢磁轭中分成两路穿出电枢,经气隙分别进入相邻的两个 S 极,然后由定子磁轭回到原来的出发地,形成闭合回路,它所走的路径气隙小、磁阻小。主磁通与电枢绕组交链,占总磁通的 80% 以上。

漏磁通走漏磁路闭合,仅交链励磁绕组自身,不进入电枢,不与电枢绕组交链,它所走的路径气隙大、磁阻大。它不参加机电能量的转换,也就是不能在电枢绕组中产生感应电动势,也不能产生电磁转矩,只增加磁极的饱和程度。漏磁通一般不超过总磁通的 20%。

电机工作时,要求每个磁极下有主磁通 Φ。电机出厂后励磁的绕组匝数 N_f 已经确定,在简化磁场问题后,主磁通 Φ 和励磁磁通势 F 的关系,也可以主磁通 Φ 和励磁电流 I_f 的关系表示。即 $\Phi=f(F)$ 或 $\Phi=f(I_f)$,磁通 Φ 是励磁电流 I_f 的函数。$\Phi=f(I_f)$ 曲线如图 2.3.2 中曲线 2 所示,称为空载时直流电机磁化曲线。当励磁电流较小时,铁心没饱和,气隙磁阻比铁心中的磁阻大得多,气隙和铁心中的磁阻都是常数,因此 Φ 与 I_f 有线性关系。当电流逐渐增大,铁心逐渐出现饱和,铁心中磁阻有所增加,因此 Φ 就不能再与电流 I_f 成正比地增加,为了增加很小的磁通就

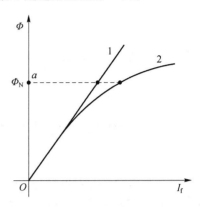

图 2.3.2 直流电机磁化曲线

必须增加很大的励磁电流,曲线出现饱和。图 2.3.2 中直线 1 是曲线 2 直线部分的切线。为了有效地利用材料,直流电机额定运行时的 Φ_N 一般设计在磁化曲线开始拐弯处 a 点。

2.3.2 空载磁场气隙磁通密度波形

从图 2.3.1 可以看出,由于电机磁极内表面与电枢铁心外表面之间气隙不均匀,在磁极中心处的气隙较小;在磁极的两个极尖处气隙增大,在两极之间的几何中性线处,磁通密度(简称磁密)等于零。若不考虑电枢表面齿和槽的影响,在一个极距范围内,电机气隙中的主磁场的磁通密度 B_δ 分布如图 2.3.3 所示。

图 2.3.3 气隙磁通密度波形图

气隙磁通指经过气隙进入电枢铁心的磁通。在电枢表面实际上是有槽和齿的,为了简单起见,我们不考虑槽和齿对气隙磁通密度的影响,认为电枢表面是光滑的,这种情况下气隙磁通密度 B_δ 分布如图2.3.3所示。

根据磁通密度分布曲线和电枢的尺寸,可以计算出每极下进入电枢的磁通量,在计算性能时,每极磁通量是一个很重要的数据。

在计算每极磁通量时,先将气隙磁通密度波形等效为矩形波再计算。如图2.3.3所示,B_{av} 是气隙磁通密度的平均值

$$B_{av} = \frac{1}{\tau} \int_0^\tau b_\delta \cdot d\alpha \tag{2-8}$$

当铁心长为 l 是每极磁通量为

$$\Phi = B_{av}\tau l \tag{2-9}$$

2.4 直流电机负载时磁场和电枢反应

前面已经分析了直流电机空载时主磁极所建立的气隙磁场。当电机带上负载后,如电动机轴上拖动生产机械或发电机发出了电功率,情况发生了变化。电枢绕组流过电流,电枢电流也产生磁动势,称为电枢磁动势。电枢磁动势必然对空载时只有励磁电流单独作用产生的气隙磁场造成影响,改变了气隙磁通密度分布和每极磁通量的大小,从而对电机运行性能也产生了一定的影响。电枢磁动势不仅与电枢电流大小有关,它还受电刷位置的影响。我们把电枢磁动势对气隙磁场的影响称为电枢反应。

2.4.1 交轴电枢反应

图2.4.1(a)是电机空载时主磁极励磁绕组所建立的主磁场分布图,磁力线以磁极轴线为对称分布。设电刷在几何中性线上(这里省略了换向器),当直流电机负载运行时在一个磁极下电枢导体的电流都是一个方向,相邻不同极性的磁极下,电枢导体电流方向相反。在电枢电流产生的电枢磁动势的作用下,电机的电枢磁场如图2.4.1(b)所示。

(a) 主极磁场   (b) 电枢磁场   (c) 合成磁场

图2.4.1 交轴电枢反应合成磁场

电枢是旋转的,但是电枢导体中电流分布情况不变,因此电枢磁动势的方向是不变的,相对静止的。电枢磁场以电刷为极轴线,电刷处(即二极直流电机几何中性线处)电枢磁动势最强,而在主磁极的极轴线处电枢磁动势为零。电枢磁场的轴线与主磁场的轴线相互垂直。当电刷位于几何中性线上时,电枢磁动势刚好与主磁极磁动势正交,因此我们把这时的电枢反应称为交轴电枢反应。

当直流电机负载运行时,电机内的磁场由主磁极磁场和电枢磁场合成。如不考虑磁路的饱和,可将两者叠加起来,则得到如图 2.4.1(c)所示的合成磁场。由图可见,电枢反应的结果使主磁极磁场的分布发生畸变。同时,合成磁场对主磁极轴线已不再对称了,使得物理中性线(通过磁密为零的点并与电枢表面垂直的直线)由原来与几何中性线相重合的位置移动了一个角度 α。对电动机而言,物理中性线逆转向移过几何中性线 α 角度,对发电机而言,物理中性线顺转向移过几何中性线 α 角度。

气隙磁场发生畸变的原因是电枢反应。图 2.4.1(a)主极磁场和图 2.4.1(b)电枢磁场在右上方磁场方向都是向下叠加的,是增强的。在左上方主极磁场方向向下,而电枢磁场方向向上,二者叠加后减少。故图 2.4.1(c)右上方磁通条数多,而左上方磁通条数少。同理可分析下方磁通变化。一半极面下的磁通密度增加,而使另一半极面下的磁通密度减少。当磁路不饱和时,整个极面下磁通的增加量与减少的量正好相等,则整个极面下总的磁通量仍保持不变。但由于磁路存在饱和现象,磁通密度的增量要比减少量略少一些。这样,每极下的磁通量将会由于电枢反应的作用有所削弱。这种现象称为电枢反应的去磁作用。图 2.4.2(c)是合成磁场波形图。图中 $B_{0(x)}$ 是主磁极磁通密度,$B_{a(x)}$ 是电枢磁通密度,$B_{\delta(x)}$ 是 $B_{0(x)}$ 和 $B_{a(x)}$ 直接相加得到的合成磁通密度。

图 2.4.2　合成磁场波形

2.4.2　直轴电枢反应

由于装配等原因,电刷常常不在几何中性线上时,电枢磁动势可以分解为交轴电枢磁动势和直轴磁动势两个分量,即交轴电枢磁动势 F_{aq} 和直轴电枢磁动势 F_{ad}。图 2.4.3 画出了直流发电机电刷逆旋转方向移动一个 β 角时的电枢反应情况。这时电枢磁动势的轴线及外接负载

图 2.4.3　发电机移刷后的电枢反应

时的电枢导体电流方向分界线是以电刷为界。图中直线 AC 与电刷线 BD 以几何中性线为对称。线 AC 和线 BD 把电枢圆周表面分成四个区域。弧 $\overset{\frown}{AD}$ 和弧 $\overset{\frown}{BC}$ 段导体产生交轴电枢磁动势 F_{aq},它对气隙磁场的影响与电刷在几何中性线上是一样的。弧 $\overset{\frown}{AB}$ 和弧 $\overset{\frown}{CD}$ 段导体(2β 角度之内)产生直轴电枢磁动势 F_{ad},其轴线与主磁极轴线重合。直轴电枢磁动势 F_{ad} 对主磁极磁场的影响称为直轴电枢反应。

直流发电机逆转向移动电刷时,F_{ad} 与主磁极磁动势方向相同,起增磁作用。直流发电机顺转向移动电刷时,F_{ad} 与主磁极磁动势方向相反,起去磁作用。电动机拖动的机械负载越大,电枢电流越大,电枢磁场越强,电枢反应的影响越大,所以电枢反应是直流电机中客观存在的现象。总的来说,电机负载时,会有电枢反应。电枢反应作用如下:

(1) 使气隙磁场分布发生畸变;

(2) 使物理中性线位移;

(3) 呈去磁作用。

2.5　直流电机的感应电动势和电磁转矩

2.5.1　电枢电动势

无论是发电机还是电动机,只要电枢旋转切割磁通就会在电枢绕组中感应电动势,经过电刷与换向器的整流作用,在正负电刷间得到极性不变的直流电动势,称刷间电动势为电枢电动势。由上述可知,直流电机电枢绕组是由 $2a$ 条并联支路组成的,电枢电动势等于其中一条支路的电动势。

设绕组元件为整距元件,导体数目很多并均匀地分布在光滑的电枢圆周表面,电刷在几何中性线上。电枢旋转时,就一个元件来说,一会儿在 N 极下,一会儿又进入 S 极下,元件本身的感应电动势的大小和方向都在变化着,但是从绕组电路图可知,各个支路所含元件数量相等,各支路的电动势相等且方向不变。于是可以先求出一根导体在一个极距范围内的切割气隙磁通密度的平均电动势,再乘上一条支路里的串联总导体数 $N/2a$(N 为电枢总导体数,$N=2SN_y$,N_y 为元件匝数,S 为元件数),便是电枢电动势了。

设一个磁极极矩范围内,平均磁通密度用 B_{av} 表示,极矩用 τ 表示,电枢导体的有效长度为 l,每极磁通为 Φ,电枢绕组总的导体数为 N,并联支路数为 $2a$,则

平均磁通密度

$$B_{av}=\frac{\Phi}{\tau l}$$

(2-10)

一根导体的平均电动势为

$$e_{av} = B_{av} l v \tag{2-11}$$

式中，v 为导体切割磁场的线速度。

$$v = 2p\tau \cdot \frac{n}{60} \tag{2-12}$$

式中，p 为电机极对数，n 为电机转速，所以：

$$e_{av} = \frac{\Phi}{\tau l} \cdot l \cdot 2p\tau \cdot \frac{n}{60} = 2p\Phi \frac{n}{60} \tag{2-13}$$

导体平均感应电动势的大小只与导体每秒所切割的总磁通量有关，与气隙磁密的分布波形无关。于是当电刷放在几何中性线上时，电枢电动势为：

$$E_a = \frac{N}{2a} e_{av} = \frac{N}{2a} \times 2p\Phi \frac{n}{60} = \frac{pN}{60a} \Phi n = C_e \Phi n \tag{2-14}$$

式中，$C_e = \frac{pN}{60a}$ 是一个常数，称为电动势常数。

如果每极磁通的单位为 Wb，转速的单位为 r/min，则感应电动势 E_a 的单位为 V。

从上式可以看出，对于一个已经制造好的电机，它的电枢电动势正比于每极磁通 Φ 和转速 n。

例 2-4 已知一台 10 kW、2 850 r/min 的四极直流发电机，电枢绕组是单波绕组，整个电枢总导体数为 372。当发电机发出的电动势 $E_a = 250$ V 时，求这时气隙每极磁通量 Φ 是多少？

解 已知 $p = 2$，$a = 1$（单波绕组 a 恒等于 1），则

$$C_e = \frac{pN}{60a} = \frac{2 \times 372}{60 \times 1} = 12.4$$

由 $E_a = C_e \Phi n$ 得

$$\Phi = \frac{E_a}{C_e n} = \frac{250}{12.4 \times 2850} = 70.7 \times 10^{-4} \text{ Wb}$$

2.5.2 电磁转矩

直流电机的电磁转矩，是指电机在正常运行时，电枢绕组流过电流，这些载流导体在磁场中受力所形成的总转矩。无论是直流发电机还是直流电动机，只要电枢绕组中流过的电流，这些载流导体在磁场中就会受力，即为电磁转矩。

设绕组元件为整距元件，导体数目很多并均匀地分布在光滑的电枢圆周表面，电刷放在几何中性线上。

根据载流导体在磁场中受力的原理，一根导体所受的平均电磁力为

$$f_{av} = B_{av} l \cdot i_a \tag{2-15}$$

式中，i_a 是导体中的电流，即支路电流；l 是导体的有效长度。

一根导体所受的平均电磁力乘以电枢的半径即为一根导体所受的平均转矩。

$$T_{av} = f_{av} \frac{D}{2} \tag{2-16}$$

式中，D 是电枢的直径，$D = 2p\tau/\pi$。

电机总电磁转矩用 T 表示，为

$$T=B_{\text{av}}l\frac{I_{\text{a}}}{2a}N\frac{D}{2}=\frac{\Phi}{l\tau}\cdot l\frac{I_{\text{a}}}{2a}N\frac{2p\tau}{\pi}=\frac{pN}{2\pi a}\Phi I_{\text{a}}=C_{\text{T}}\Phi I_{\text{a}} \tag{2-17}$$

$C_{\text{T}}=\dfrac{pN}{2\pi a}$ 是一个常数,称为转矩常数;$I_{\text{a}}=2ai_{\text{a}}$ 是电枢总电流。

如果每极磁通的单位为 Wb,电枢电流的单位为 A,则电磁转矩的单位为 N·m。

从电磁转矩的表达式可以看出,对于一台固定的直流电机,电磁转矩的大小正比于每极磁通和电枢电流。

电动势常数和转矩常数都是决定于电机结构的数据,对一台已制成的电机,C_{e} 和 C_{T} 都是恒定不变的常数,并且两者之间有一固定的关系,即:

$$\frac{C_{\text{T}}}{C_{\text{e}}}=\frac{60}{2\pi}=9.55 \quad \text{或} \quad C_{\text{T}}=9.55C_{\text{e}}$$

例 2-5 已知一台四极他励直流电动机额定功率为 100 kW,额定电压为 330 V,额定转速为 730 r/min,额定效率为 0.915,单波绕组,电枢总导体数为 186,额定每极磁通为 6.98×10^{-2} Wb,求额定电磁转矩是多少?

解 转矩常数

$$C_{\text{T}}=\frac{pN}{2\pi a}=\frac{2\times186}{2\pi\times1}=59.2$$

$$I_{\text{N}}=\frac{P_{\text{N}}}{U_{\text{N}}\eta_{\text{N}}}=\frac{100\times10^{3}}{330\times0.915}=331\text{ A}$$

额定电磁转矩为:

$$T_{\text{N}}=C_{\text{T}}\Phi_{\text{N}}I_{\text{N}}=59.2\times6.98\times10^{-2}\times331=1\,367.7\text{ N·m}$$

电枢电动势及电磁转矩的数量关系已经知道了,它们的方向可根据右手定则和左手定则来确定。

2.6 直流发电机

2.6.1 直流电机的励磁方式

直流发电机和电动机的性能与它的励磁方式有密切关系,因而,一般按励磁方式分类。图 2.6.1 中,I_{G} 为直流发电机输出电流;I_{M} 为直流电动机输入电流;I_{f} 为直流电机的励磁电流;E_{a} 为直流电机的感应电动势。

1. 他励直流电机

他励直流电机的励磁电流由另外的独立直流电源供给,永磁直流电机不需要励磁电源,但可以认为他励直流电机,主磁场与电枢电压无关。接线图如图 2.6.1(a)所示。

2. 自励直流电机

自励直流电机用自己发出来的电给自己的励磁绕组励磁,自励电机又可分为:

(1)并励电机

并励电机的励磁绕组和电枢绕组并联,励磁回路所加的电压就是电枢两端的电压,如图 2.6.1(b)所示。对于电动机 $I_{\text{M}}=I_{\text{a}}+I_{\text{f}}$,对于直流发电机 $I_{\text{a}}=I_{\text{G}}+I_{\text{f}}$。

(2)串励发电机

串励发电机的励磁绕组与电枢串联,励磁电流就是电枢电流,也是负载电流,$I_f = I_a$,如图 2.6.1(c)所示。

（3）复励发电机

复励发电机既有并励绕组又有串励绕组,接线有两种方式,一种是短分接法,一种是长分接法,分别如图 2.6.1(d)和 2.6.1(e) 所示。

(a) 他励　　　(b) 并励　　　(c) 串励　　　(d) 复励(短分接法)　　　(e) 复励(长分接法)

图 2.6.1　各种励磁方式的直流电机

2.6.2　直流发电机的基本方程

1. 电压平衡方程式

当由原动机拖动直流发电机转子旋转,电枢绕组在磁场中作切割磁力线运动,产生感应电动势 E_a。如果外接通电路负载,电枢将有电流 I_a,I_a 的方向与 E_a 相同。不同的励磁方式有不同的方程式,以图 2.6.1(a)为例,如果励磁回路总电阻为 R_f,电枢回路总电阻为 R_a(它包括电枢绕组电阻及两个电刷的接触电阻),则输出电压等于电动势 E_a 减去总内阻压降,因此他励发电机的电压平衡方程式为

$$U = E_a - I_a R_a \tag{2-18}$$

2. 转矩平衡方程式

图 2.6.2 是一台直流发电机。发电机转子以恒速 n 旋转,原动机的拖动转矩为 T_1,n 和 T_1 为顺时针方向。这时发电机轴上共三个转矩:一个是原动机的拖动转矩 T_1;一个是发电机的电磁转矩 T,它是电枢导体流过电流时,电枢电流和气隙磁场相互作用产生的,电磁转矩 T 的方向由左手定则确定,逆时针方向,在发电机中电磁转矩 T 起制动作用;一个转矩是空载转矩 T_0,它是由发电机的机械摩擦及铁损等引起的阻转矩,方向总是和旋转方向相反,也起制动作用。当发电机稳定运行时,转速 n 恒定不变,这时的转矩平衡方程式为

$$T_1 = T + T_0 \tag{2-19}$$

在发电机中,$T_1 > T$。发电机的旋转方向由拖动转矩 T_1 决定。

图 2.6.2　直流发电机的转矩平衡

3. 功率平衡方程式

从原动机输入的机械功率 P_1 可用式(2-20)表示:

$$P_1 = T_1\Omega = (T+T_0)\Omega = P_M + p_0 \tag{2-20}$$

式中, Ω 为机械角速度, $P_M = \Omega T$ 为电磁功率, $p_0 = \Omega T_0$ 为空载损耗。

2.6.3 直流发电机的效率和损耗

式(2-20)中电磁功率 P_M 为转换成电枢回路的电功率,即

$$P_M = T\Omega = C_T\Phi I_a\Omega = \frac{pN}{2\pi a}\Phi I_a\frac{2\pi n}{60} = \frac{pN}{60a}\Phi n I_a = C_e\Phi n I_a = E_a I_a \tag{2-21}$$

对于并励发电机,如图 2.6.1(b)所示,由式(2-21)得

$$P_M = (U+I_aR_a)I_a = UI_a + I_a^2R_a = U(I+I_f) + p_{Cua} = P_2 + p_{Cuf} + p_{Cua} \tag{2-22}$$

式中 $P_2 = UI(I=I_G)$ 为发电机输出的电功率; $p_{Cuf} = UI_f$ 为励磁回路消耗的功率; $p_{Cua} = I_a^2R_a$ 为电枢回路总铜损耗。

式(2-20)中的空载损耗 p_0 为:

$$p_0 = p_{Fe} + p_m + p_s \tag{2-23}$$

式中 p_{Fe} 为铁损耗; p_m 为机械损耗; p_s 为附加损耗。附加损耗又叫杂散损耗。例如电枢反应使磁场扭曲,从而使铁损耗增大;电枢齿槽的影响造成磁场脉动引起极靴及电枢铁心损耗增大等。此损耗一般不易计算,对无补偿绕组的直流电机,按额定功率的 1% 估算;对有补偿绕组的直流电机,按额定功率的 0.5% 估算。

由以上各式可得

$$P_1 = P_2 + p_{Fe} + p_m + p_{Cuf} + p_{Cua} + p_s = P_2 + \Sigma p \tag{2-24}$$

根据直流发电机功率与各部分损耗的关系,可以画出并励直流发电机的功率流程图,如图 2.6.3 所示。

图 2.6.3 直流发电机功率流程图

发电机的效率 η 为:

$$\eta = \frac{P_2}{P_1} = 1 - \frac{\Sigma p}{P_2 + \Sigma p} \tag{2-25}$$

额定负载时,直流发电机的效率与电机的容量有关。10 kW 以下的小型电机。效率约为 75%~85%;10~100 kW 的电机,效率约为 85%~90%;100~1 000 kW 的电机,效率约为 88%~93%。

2.6.4　直流发电机的运行特性

直流发电机运行时,其转速由原动机带动保证其恒速运行,所以表征其运行的物理量主要有:发电机的电枢电压 U、电枢电流 I_a 和励磁电流 I_f。在 U、I_a、I_f 之间,保持其中一个量不变,则另外两个物理量之间的函数关系称为发电机的运行特性,主要有:

(1) 空载特性

空载特性指当 $n=$ 常数,且 $I_a=0$ 时,输出电压 U_0 随励磁电流 I_f 变化的关系曲线 $U_0=f(I_f)$ 称为空载特性曲线。

(2) 外特性

外特性指 $n=$ 常数,且 $I_f=$ 常数时,发电机电压 U 随电枢电流 I_a 变化的关系曲线 $U=f(I_a)$ 称为外特性曲线。

(3) 调节特性

调节特性指 $U=$ 常数时,励磁电流 I_f 随电枢电流 I_a 的变化关系曲线 $I_f=(I_a)$ 称为调节特性曲线。

1. 他励直流发电机特性

(1) 他励发电机空载特性

他励发电机空载特性的实验线路如图 2.6.4 所示。在做实验时,合上励磁电源开关 Q_1,励磁绕组中有励磁电流 I_f,切断负载开关 Q_2,保持转速 $n=n_N$ 不变,调整励磁电位器的滑动端,使 $I_f=0$,从这点开始逐渐单方向增大励磁电流 I_f,测量并记录相应的 I_f 与电机端电压 U_0。直到 U_0 上升到 $(1.1\sim1.3)U_N$,再单方向调小 I_f 逐渐到零,记录多点 I_f 与对应的 U_0。然后将励磁电流反向,再次单方向增加 I_f 到 U_0 为 $(1.1\sim1.3)U_N$,记录各点的 I_f 与对应的 U_0,再单方向减小 I_f 到零,记录各点的 I_f 和 U_0。将测得的 I_f 和对应的 U_0 绘成曲线。如图 2.6.5 所示,由于铁磁材料的磁滞现象,使测得的 $U_0=f(I_f)$ 曲线形成一闭合的回线。由于电机有剩磁,当 $I_f=0$ 时仍有一个很低的电压,称剩磁电压,数值一般为额定电压的 2%~4%。$U_0=f(I_f)$ 的形状与磁化曲线 $\varPhi=f(I_f)$ 形状一致,这是因为空载时发电机端电压就是电动势,而 $E_a=C_e\varPhi n$,这时 C_e 与 n 为常数,所以 E_a 与 $\varPhi$ 成正比。在实用中采用平均曲线作为空载特性曲线,如图 2.6.5 中虚线所示。

图 2.6.4　他励直流发电机实验线路

图 2.6.5　直流发电机空载特性曲线

发电机的额定电压工作点一般选在曲线开始饱和的弯曲处,常将该处称为膝点,如图 2.6.5 中 c 点所示。如果额定工作点 c 选在曲线的直线部分,磁密太低,铁心没有充分利用,发电机体积会偏大,成本增加,另外磁通势稍有变化(通常是电枢反应引起的),电压就有很大的变化,对要求在稳定电压下工作的负载是不适合的;如果 c 点选在饱和区域,增加励磁电流,发电机磁阻增大,损耗增大,效率降低,运行性能不好,另一方面可增加励磁绕组的匝数,这会增加用铜量。所以,设计发电机时,c 点总是选在磁化曲线的膝点附近。

由上分析可知空载特性实质反映了 I_f 与 $U_0(E_a)$ 之间的关系,而与产生 I_f 的方式无关,要求并励发电机(或其他发电机)的空载特性,也可以用上述方法求得。

(2)他励直流发电机外特性

他励直流发电机的外特性实验线路仍用图 2.6.4 所示线路。实验时保持转速 $n=n_N$ 不变,合上励磁电源开关 Q_1 和负载开关 Q_2,然后逐渐增大励磁电流 I_f,使发电机的电压 U 和负载电流 I 随之增大。调节负载电阻 R_{fz} 从最大值逐渐减小,同时适当调节励磁电流 I_f,使 $U=U_N$,$I_a=I_N$,电机工作在额定状态,这时的励磁电流 I_f 为额定励磁电流,以 I_{fN} 表示。I_{fN} 保持不变,调节负载电位器使 R_{fz} 增大,使 I_a 由 I_N 逐渐减小到零,测量并记录各点的 I_a 及对应的电压 U,绘出 $U=f(I_a)$ 曲线,即为他励直流发电机的外特性曲线,如图 2.6.6 所示。

由图 2.6.6 中曲线可见,输出电压随负载电流增加而略有下降,是一条略微向下倾斜的曲线。他励直流发电机曲线下倾的原因有两个,其一是由于负载电流增加时,发电机内部电阻压降 I_aR_a 增大,由式 $U=E_a-I_aR_a$ 可知,这时 E_a 不会增大,输出电压将随 I_aR_a 的加大而减小;其二是负载电流增加时,电枢反应的去磁作用增强,这将使发电机的电动势 E_a 比空载时有所减小,从而使输出电压 U 有所下降。

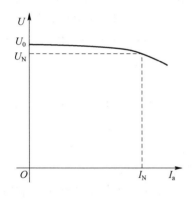

图 2.6.6 他励直流发电机外特性曲线

实际上,他励直流发电机的输出电压随负载电流的增加有所下降,但下降的并不很多,接近于恒压源。为了从数量上表示这个电压变化的程度,可用电压变化率衡量。按国家标准规定,用发电机由额定状态($n=n_N$,$I_f=I_{fN}$,$U=U_N$,$I_a=I_N$)过渡到空载($I_a=0$,$n=n_N$,$I_f=I_{fN}$)时的电压升高对额定电压的比率表示:

$$\Delta U\% = \frac{U_0-U_N}{U_N} \times 100\% \qquad (2\text{-}26)$$

式中,U_0 为空载时的电压;$\Delta U\%$ 为电压调整率,也称电压变化率。

他励直流发电机的电压调整率 $\Delta U\%$ 约为 $5\%\sim10\%$。

(3)他励发电机调节特性

当负载电流发生变化时,维持他励直流发电机的电压不变,需要调节励磁电流,负载电流增大时励磁电流也增大,图 2.6.7 是调节特性曲线。

2. 并励直流发电机的特性

(1)并励直流发电机的自励条件及电压建立过程

图 2.6.8 是并励直流发电机的接线图,由图看出 $I_a=I_f+I$。它与他励直流发电机不同之处是由它自己发出的直流电为它自己的励磁绕组励磁,不需要另外的励磁电源,所以又称"自励发电机"。并励直流发电机的励磁电流一般仅为电机额定电流的 $1\%\sim$

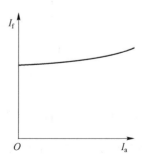

图 2.6.7 他励直流发电机的调节特性

5%，因此励磁电流对电枢电压的数值影响不大。既然并励直流发电机励磁方式是自励的，因而我们首先分析发电机的端电压是如何建立的这一个特殊问题。使发电机的转速保持 n_N 不变，断开开关 Q，使发电机运行在空载状态。开始电机并无正常的输出电压，要想建立起正常的电枢电压，必须满足一些必要的条件。首先发电机要有剩磁，电枢绕组切割剩磁的磁力线，便可产生一个不大的剩磁电压，它能在励磁绕组中产生一个不大的励磁电流。如果这个励磁电流产生的磁场方向与剩磁的磁场方向一致，就能使励磁磁场增强，从而使电枢电动势增加，进而又使励磁电流加大，这样循环进行下去，才有可能建立起正常的电枢电压。如果接线错误，则励磁电流所产生的磁场方向与剩磁的磁场方向相反，就会把仅有的剩磁电压削减，正常的电压建立不了。建立正常电枢电压的另一个条件是，励磁回路的总电阻必须小于临界电阻，这个问题可由图 2.6.9 得到解释。图中曲线 1 是发电机的空载特性曲线。由于空载时负载电流为零，所以电枢电流等于励磁电流。一般并励直流发电机励磁电流很小，它引起的电枢反应、电阻压降 $I_a R_a$、$I_f R_a$ 及动态感应压降 $La di_f/dt$ 都很小，可以略去。并励直流发电机空载特性 $U_0 = f(I_f)$ 曲线与他励直流发电机的空载特性曲线基本相同。图中直线 2 是励磁回路的伏安特性曲线，又称场阻线 $U_f = I_f R_f$，它的斜率为 $\mathrm{tg}a = U_f / I_f = R_f$。在建立正常电枢电压的过程中，励磁电流 I_f 一直在上升，励磁回路的电压平衡方程式可以写成

$$U_0 = R_f i_f + L_f \frac{\mathrm{d}i_f}{\mathrm{d}t} \tag{2-27}$$

图 2.6.8　并励直流发电机接线图

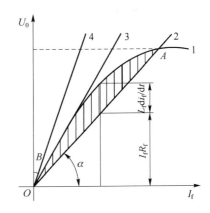

图 2.6.9　并励直流发电机的自励

在图 2.6.9 中，对应同一励磁电流 I_f，空载特性上的 U_0 高于场阻线上的电压 $I_f R_f$ 的部分正是 $L_f di_f/d_t$，由图可知，在 A 点之前 $L_f di_f/dt$ 总大于零，所以 I_f 一直上升，$L_f di_f/dt$ 越大，I_f 和 U_0 上升越快。但是由于铁心饱和作用，$L_f di_f/dt$ 越来越小。当达到 A 点时，空载特性与场阻线相交，$U_0 = I_f R_f$，$L_f di_f/dt = 0$ 不再变化，电压稳定在 A 点，这时发电机已经建立起正常电压。如果改变发电机的转速 n 和励磁电阻 R_f，就可以改变交点 A 的位置。

如果励磁回路电阻过大，场阻线为直线 4，它与空载特性曲线的交点 B 的电压很低，发电机稳定运行于此点，就不能建立起正常的输出电压，发电机不能自励。

当场阻线为图 2.6.9 中的直线 3 时，它与空载特性曲线的直线部分重合，这时发电机没有稳定的工作点，实际上发电机也不能正常自励，发电机的电压在剩磁电压相近的数值。我们把对应直线 3 的励磁回路总电阻称为临界电阻，所以并励直流发电机要想建立起正常的输出电压，励磁回路的总电阻必须小于临界电阻。如果发电机的转速变为另外的一个转速 n，它的空

载特性曲线也随之变为另外一条空载特性曲线。相对应的临界电阻也随之变化,这点也必须予以注意。综上所述,并励直流发电机自励条件是:

- 发电机必须有剩磁,如果无剩磁或剩磁太弱,可用另外的直流电源给励磁绕组通电(充磁);
- 励磁绕组并联到电枢两端,线端的接法应与旋转方向配合,以使励磁电流产生的磁场方向与剩磁的磁场方向一致。如果发现励磁绕组接入后,电枢电压不但不升,反而降低了,说明励磁绕组的接法不对。这时只要把励磁绕组接到电枢的两根引线对调即可;
- 励磁回路的总电阻必须小于临界电阻。如果电机的转速太低,使得与此转速相对应的临界电阻值太小,甚至在极端情况下,励磁绕组本身的电阻值已超过所对应的临界电阻值,电机是不能自励的。唯一的办法是提高电机的转速,从而提高临界电阻值。

(2) 并励直流发电机的外特性

并励直流发电机的外特性也可用图 2.6.8 所示线路用实验的方法测得。在发电机建立正常电压之后合上开关 Q,调节负载电位器以改变负载电流 I,测量并记录各点的 U 与 I,I 与 I_a 区别不大,给出的特性曲线如图 2.6.10 中曲线 2 所示,并励发电机的电压调整率约在 30% 左右。为了比较在图中还画出了他励直流发电机的外特性曲线,如曲线 1。由图 2.6.10 可以看到,当负载电流由零开始增加时,并励直流发电机的电压下降比他励直流发电机电压下降得大。这是因为在并励直流发电机中,除与他励直流发电机同样有电阻压降和电枢反应去磁使电机端电压下降外,还有电压下降又导致励磁电流的减小,进而使磁通减小。励磁电流的减小在磁路饱和时引起的电压下降尚不明显,但当 R_{fz} 减小到一定程度,电压下降较大,励磁电流明显减小,磁路退出饱和,这时励磁电流的减小影响就加大了。当 R_{fz} 再减小到一定程度,由于励磁电流下降导致电压降低,使负载电流不再增加,反而随 R_{fz} 的减小

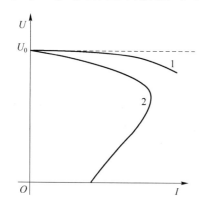

图 2.6.10 并励直流发电机外特性曲线

而减小,当 R_{fz} 变到零时,电压变为零。这时的短路电流实际上仅由剩磁电压产生,一般不超过额定电流,故并励直流发电机外特性有图 2.6.10 中曲线 2 的形状。图中负载电流 I 的最大值称为临界电流,一般不超过额定电流的 2.5 倍左右。

尽管并励直流发电机的短路电流和临界电流不十分大,但也避免并励直流发电机的突然短路,因为突然短路的冲击电流仍可超过这些数值,有可能损坏发电机。

(3) 并励直流发电机的调节特性

并励直流发电机的电枢电流 I_a 比他励直流发电机仅多了一个励磁电流 I_f,所以调节特性与他励直流发电机的调节特性相似。

例 2-6 一台并励直流发电机,$P_N = 27\ \text{kW}$,$U_N = 115\ \text{V}$,$n_N = 1\ 460\ \text{r/min}$。满载时电枢绕阻铜耗 $p_{Cua} = 0.6\ \text{kW}$,励磁回路总损耗 $p_{Cuf} = 0.3\ \text{kW}$,电刷的接触电压降 $2\Delta U_b = 2\ \text{V}$。试求:$I_N$,$I_f$,$I_a$,$R_a$,$R_f$,$T$ 分别是多少?

解 额定电流 $I_N = P_N / U_N = 27\ 000/115 = 234.78\ \text{A}$

励磁电流 $I_f = p_{Cuf}/U_f = 300/115 = 2.608\ 7\ \text{A}$

电枢电流 $I_a = I_N + I_f = 237.39$ A

电枢回路电阻 $R_a = p_{Cua}/I_a^2 = 0.106\ 47$ Ω

励磁回路总电阻 $R_f = U_N/I_f = = 44.083$ Ω

电磁转矩 $T = P_M/\Omega = E_aI_a/\Omega = (U_N + I_aR_a + 2\Delta U_b)\ I_a/(2\pi n_N/60) = 185.59$ N·m

3. 复励直流发电机特性

复励直流发电机接线图如图 2.6.1(d) 和图 2.6.1(e) 所示。复励直流发电机的主磁极上有两个励磁绕组,即并励绕组和串励绕组。其中并励绕组的匝数多、导线细、电阻大;串励绕组的匝数少、导线粗、电阻小。按照两个励磁绕组磁通势方向是否相同,复励发电机也分为两种:两个励磁绕组磁通势方向相同的称为积复励发电机;两个励磁绕组磁通势方向相反的称为差复励发电机。由两者的磁通势共同产生电机的磁场,但以并励绕组为主,串励绕组为辅。复励发电机的自励条件和自励过程与并励发电机相同。在积复励发电机中,负载增加时,串励绕组的磁通势增加,使电机的磁通和电动势随之增加,可以补偿发电机由于负载增大而造成的输出电压的下降,使发电机的端电压在一定的负载范围内基本维持恒定。

复励直流发电机既不需要直流电源励磁,又能维持端电压恒定,因此,它作为直流电源具有较好的性能。一般复励直流发电机多为积复励发电机。差复励发电机用在直流电焊机等特殊场合。

2.7　直流电动机

直流电动机按励磁方式分类方法同直流发电机的分类方法。

2.7.1　直流电动机的基本方程

1. 电压平衡方程式

类似于直流发电机,直流电动机也可以根据能量守恒,导出电动机稳定运行时的运动方程式以表征其内部的电磁过程和机电过程。图 2.7.1 是他励直流电动机运行原理接线图。必须先规定好相关物理量的正方向,如图 2.7.1 所示。这是按电动机惯例规定的电枢电压 U、电枢电流 I_a、电枢绕组的感应电动势 E_a、负载转矩 T_L 和空载转矩 T_0 的正方向。在电动机中电枢绕组切割磁场产生的感应电动势 E_a 与电流 I_a 方向相反,故称反电动势。该电动势数值由式 $E_a = C_e\Phi n$ 确定。由此可知,直流电动机外加电压被反电动势及电枢回路总电阻压降所平衡,有

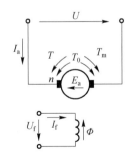

图 2.7.1　他励直流电动机运行原理接线图

$$U = E_a + I_aR_a \tag{2-28}$$

的关系。

2. 转矩平衡方程式

直流电动机通电后电枢电流 I_a 在磁场中受力产生电磁转矩 T,在拖动电磁转矩 T 的作用

下电动机以转速 n 旋转,二者方向相同。电磁转矩 T 的数值为 $T = C_T \Phi I_a$。在电磁转矩拖动生产机械做功,电磁转矩减去空载转矩 T_0,余下的为输出转矩 T_2,当输出转矩 T_2 与生产机械(工作结构)负载转矩 T_m 刚好平衡时,电动机以稳定转速运行。因此,电动机的转矩平衡方程式为

$$T = T_0 + T_2$$

或
$$T = T_0 + T_m \tag{2-29}$$

在电动机稳定运行时,电磁转矩一定与负载转矩$(T_0 + T_2)$大小相等,方向相反。如果负载转矩已知,电磁转矩 $T = C_T \Phi I_a$ 为定数,每极磁通为常数时,I_a 取决负载$(T_0 + T_m)/C_T \Phi$。由式(2-27)知,电枢回路电阻 R_a 一定,外加电压 U 给定,感应电动势 E_a 就确定了,而电动机的转速 $n = E_a / C_T \Phi$ 也就确定了。

3. 功率平衡方程式

这里以并励直流电动机为例说明功率平衡关系。并励直流电动机从电源输入的电功率为:

$$P_1 = UI = U(I_a + I_f) = [E_a + I_a R_a]I_a + UI_f = E_a I_a + I_a^2 R_a + UI_f = P_M + p_{Cua} + p_{Cuf} \tag{2-30}$$

式中,$p_{Cua} = I_a^2 R_a$ 为电枢绕组的铜损耗;p_{Cuf} 为励磁损耗,而电磁功率 P_M 为:

$$P_M = E_a I_a = T\Omega = (T_2 + T_0)\Omega = P_2 + p_0 \tag{2-31}$$

式中,P_2 为电机轴上输出的机械功率;p_0 为电机的空载损耗,包括铁心损耗 p_{Fe}、机械损耗 p_m 及附加损耗 p_s,即:

$$p_0 = p_{Fe} + p_m + p_s \tag{2-32}$$

由以上各式可得

$$P_1 = P_2 + p_{Cuf} + p_{Cua} + p_{Fe} + p_m + p_s = P_2 + \sum p \tag{2-33}$$

式中 $\sum p = p_{Cuf} + p_{Cua} + p_{Fe} + p_m + p_s$ 为并励电动机总损耗。

根据直流电动机功率与各部分损耗的关系,可以画出直流电动机的功率流程图,如图 2.7.2 所示。

图 2.7.2　直流并励电动机功率流程图

电动机的效率 η 为:

$$\eta = \frac{P_2}{P_1} = 1 - \frac{\sum p}{P_2 + \sum p} \tag{2-34}$$

2.7.2　直流电动机的特性

直流电动机的工作特性是指在 $U=U_N$，$I_f=I_{fN}$，电枢回路不外串电阻时，转速 n、电磁转矩 T 和效率 η 随输出功率 P_2 而变化的关系。在实际中，电枢电流可直接测得，P_2 不易测量。而电枢电流 I_a 随 P_2 的增大而增大，两者变化趋势相似，所以 $n=f(P_2)$、$T=f(P_2)$、$\eta=f(P_2)$ 可以转化为讨论 $n=f(I_a)$、$T=f(I_a)$、$\eta=f(I_a)$。他励电动机和并励电动机的工作特性没有本质区别，可以合并讨论。

1. 他励(并励)直流电动机的工作特性

（1）转速特性

当 $U=U_N$，$I_f=I_{fN}$、电枢回路无外串电阻时，$n=f(I_a)$ 的变化关系称为直流电动机的转速特性。图 2.7.1 是他励直流电动机运行原理接线图。由电压平衡方程(2-27)和 $E_a=C_e\Phi n$ 可知

$$E_a=U_N-I_aR_a$$

$$n=\frac{E_a}{C_e\Phi}=\frac{U_N}{C_e\Phi}-\frac{R_a}{C_e\Phi}I_a=n_0-\beta I_a \tag{2-35}$$

式中的 $n_0=U_N/C_e\Phi$ 称为电动机的理想空载转速，是电动机没带负载且忽略空载转矩（即认为 $T=T_0+T_2=0$、$I_a=0$)时的转速。由于 $I_f=I_{fN}$ 不变，如果不计电枢反应的去磁作用，则磁通 Φ 恒定不变，这时 $n=f(I_a)$ 是一条略微下倾的直线。通常 R_a 很小，所以随 I_a 的增加，转速 n 的下降并不多。对于大容量直流电动机，在电枢电流 I_a 额定时，电枢电阻压降 I_aR_a 差不多只占额定电压 U_N 的 3%～8%，所以额定负载时转速下降（Δn)也只占 n_0 的 3%～8%。$n=f(I_a)$ 曲线如图 2.7.3 所示。

如考虑电枢反应的去磁作用，在 $I_f=I_{fN}$ 不变的条件下，当 I_a 增加时，磁通 Φ 减少，当电枢电流大于 I_{a1} 则电动机转速不能发生跃变，转速从 n_0 直线和 n_1 直线的交点处过渡到 n_1 直线运行；当电枢电流等于大于 I_{a2} 时，电动机转速 n 同样不可能发生跃变，转速从 n_1 直线和 n_2 直线交点处过渡到 n_2 直线运行。以此类推，随着弱磁效应的逐渐加剧，后续的曲线段连续被更陡的线段取代，形成一条"跳水曲线"[①]，如图 2.7.4 所示。

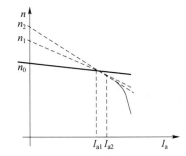

图 2.7.3　他励直流电动机工作特性　　图 2.7.4　考虑电枢反应他励直流电动机工作特性

（2）转矩特性

---

① 注解：详细证明请参考中国电机工程学会直流输电与电力电子专业委员会 2013 年学术年会论文"关于直流电动机电枢反应部分理论的讨论"。作者：邵蒙，张家生。

当 $U=U_N$，$I_f=I_{fN}$，电枢回路无外串电阻时，$T=f(I_a)$ 的变化关系称为直流电动机的转矩特性。当不计电枢反应的去磁作用时，则：

$$T=C_T\Phi I_a \propto I_a$$

这时，电磁转矩与电枢电流成正比，其转矩特性是一条通过原点的直线。

如果考虑电枢反应的去磁作用，由于负载增大，I_a 随之增大，电磁转矩特性曲线偏离直线略有下降，如图 2.7.3 中虚线所示。

（3）效率特性

当 $U=U_N$，$I_f=I_{fN}$，电枢回路无外串电阻时，$\eta=f(I_a)$ 的变化关系称为直流电动机的效率特性。对于并励电动机，当不计电枢反应的去磁作用时，则：

$$\eta=\frac{P_2}{P_1}=1-\frac{\sum p}{P_1}=1-\frac{p_{Cuf}+p_{Cua}+p_{Fe}+p_m+p_s}{U(I_a+I_f)}$$

$$=1-\frac{p_{Cuf}+I_a^2 R_a+p_{Fe}+p_m+p_s}{U(I_a+I_f)} \tag{2-36}$$

由于 $I_{fN} \ll I_N$，可不计 I_f，则式（2-36）变为

$$\eta=1-\frac{p_{Cuf}+I_a^2 R_a+p_{Fe}+p_m+p_s}{UI_a} \tag{2-37}$$

忽略附加损耗 p_s。式中 $p_{Cuf}+p_{Fe}+p_m$ 基本上不随负载变化，称为不变损耗，$p_{Cua}=I_a^2 R_a$ 而随负载变化，称为可变损耗（这里忽略了另一可变损耗，即电刷损耗 $2\Delta U I_a$）。依据式（2-37）绘出效率特性曲线 $\eta=f(I_a)$ 如图 2.7.3 所示。为求出效率的最大值，令 $d\eta/dI_a=0$ 可得

$$p_{Cuf}+p_{Fe}+p_m=I_a^2 R_a \tag{2-38}$$

可见，当电动机中不变损耗等于可变损耗时，电动机的效率最高。I_a 再进一步增加时，可变损耗在总损耗的比例增大，效率反而略有下降。这一结论对其他电机也适用，具有普遍意义。通常电动机的最大效率出现在 3/4 额定功率左右。在额定功率时一般中小型电机的效率在 $75\% \sim 85\%$，大型电机的效率在 $85\% \sim 94\%$。

例 2-7 一台并励直流电动机的额定数据如下：$P_N=17\ kW$，$U_N=220\ V$，$n_N=3\ 000\ r/min$，$I_N=88.9\ A$，电枢回路总电阻 $R_a=0.114\ \Omega$，励磁回路电阻 $R_f=181.5\ \Omega$。忽略电枢反应影响，试求：

（1）电动机的额定输出转矩；

（2）在额定负载时的电磁转矩；

（3）额定负载时的效率；

（4）理想空载（$I_a=0$）时的转速；

（5）当电枢回路串入一个电阻 $R_c=0.15\ \Omega$ 时，额定负载时的转速。

解

（1）电动机的额定输出转矩

$$T_N=9.55\frac{P_N}{n_N}=9.55\times\frac{17\times10^3}{3000}N\cdot m=54\ N\cdot m$$

（2）额定负载时的电磁转矩

$$I_f=\frac{U_N}{R_f}=\frac{220}{181.5}\ A=1.2\ A$$

$$I_a=I_N-I_f=(88.9-1.2)\ A=87.7\ A$$

$$C_e\Phi=\frac{U_N-I_a R_a}{n_N}=\frac{220-87.7\times0.114}{3000}\ V/r=0.07\ V\cdot(r/min)$$

$$T=9.55C_e\Phi I_a=9.55\times0.07\times87.7\ N\cdot m=58.6\ N\cdot m$$

（3）额定负载时的效率

$$\eta=\frac{P_N}{P_1}\times100\%=\frac{P_N}{U_N I_N}\times100\%=\frac{17\times10^3}{220\times88.9}\times100\%=86.9\%$$

（4）理想空载时的转速

$$n_0=\frac{U_N}{C_e\Phi}=\frac{220}{0.07}\ \text{r/min}=3143\ \text{r/min}$$

（5）当电枢回路串入一电阻 $R_c=0.15\ \Omega$ 时，额定负载的转速为

$$n=\frac{U_N-I_a(R_a+R_c)}{C_e\Phi}=\frac{220-87.7\times(0.114+0.15)}{0.07}\ \text{r/min}=2812\ \text{r/min}$$

2. 串励直流电动机的工作特性

串励直流电动机电枢绕组与励磁绕组串联，电枢电流 I_a 即为励磁电流 I_f，如图 2.7.5 所示。

图 2.7.5　串励直流电动机运行原理接线图

（1）转速特性

当 $U=U_N$，电枢回路无外串电阻时，$n=f(I_a)$ 的变化关系称串励直流电动机的转速特性。串励直流电动机的电压平衡方程式变换式为：

$$E_a=C_e\Phi n=U-I_a(R_a+R_f)$$

通过变换得

$$n=\frac{U}{C_e\Phi}-\frac{I_a(R_a+R_f)}{C_e\Phi}\tag{2-39}$$

当磁路不饱和时，气隙主磁通 $\Phi=K_1 I_f=K_1 I_a$，主磁通与电流成正比。将 $\Phi=K_1 I_a$ 代入式（2-39）。

$$n=\frac{U}{C_e K_1 I_a}-\frac{I_a(R_a+R_f)}{C_e K_1 I_a}=\frac{U}{C_e K_1 I_a}-\frac{(R_a+R_f)}{C_e K_1}\tag{2-40}$$

根据式（2-40）可以画出串励直流电动机的转速特性，如图 2.7.6 曲线 1，转速特性具有双曲线特性。当电机空载时，I_a 小，转速很高。这种情况可能引起"飞车"，这使电机受到严重破坏。所以串励直流电动机不允许在小于 20% 的额定负载的轻载下运行，更不允许空载运行，也不也许用皮带传动，以防皮带脱落造成"飞车"。串励直流电动机必须与生产机械硬联结。转速随负载的增加迅速降低，这是因为 $I_a(R_a+R_f)$ 增加，另一方面 I_a 增加的同时 Φ 也增加。

当磁路饱和或过饱和时，负载大，电流增加，主磁通增加得越来越少，认为 $\Phi=K_2$。

$$n=\frac{U}{C_e K_2}-\frac{(R_a+R_f)}{C_e K_2}I_a\tag{2-41}$$

这类似与他励（并励）直流电动机的转速特性。

（2）转矩特性

当 $U=U_N$，电枢回路无外串电阻时，电磁转矩 $T=f(I_a)$ 的变化关系称串励直流电动机的转速特性。

当磁路不饱和时，气隙主磁通 $\Phi=K_1 I_f=K_1 I_a$，则：

$$T = C_T \Phi I_a = C_T\ K_1 I_a^2 \qquad\qquad (3\text{-}42)$$

由式(3-42)可以看出,当电枢电流在较小范围内由零增大时,电磁转矩 T 随电枢电流 I_a 而变化的函数是抛物线,如图 2.7.6 曲线 2 所示。

当负载很大时,电流 I_a 增加,主磁通增加得越来越少,认为 $\Phi = K_2$。这时电磁转矩 T 正比于 I_a,转矩特性类似于他励(并励)直流电动机的转矩特性。所以串励电动机多用于重载起动的场合,如水闸的闸门提升、电力机车等。

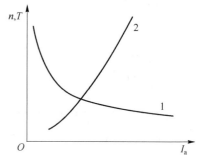

图 2.7.6 串励直流电动机的转速特性

3. 复励直流电动机的工作特性

复励直流电动机通常接成积复励,两绕组的励磁磁动势的方向相同。它的工作特性介乎并励与串励电动机的特性之间。由于有串励绕组,它使起动转矩增加,过载能力加大,而并励绕组可以使复励直流电动机轻载和空载运行。图 2.7.7 和图 2.7.8 分别是复励直流电动机运行原理接线图和转速特性。

图 2.7.7 复励直流电动机运行原理接线图

图 2.7.8 复励直流电动机转速特性

2.8 直流电机的换向

换向问题对直流电机运行影响很大,换向不好将使电刷下产生火花,火花严重时影响电机运行。当火花超过一定程度,就会烧坏电刷和换向器表面。电刷的火花也是电磁波源,对附近无线电通信有干扰。因此,直流电机换向也是一个重要问题。换向问题十分复杂,它不单是一个电磁过程,换向不良还有可能是机械、化学、电热等方面的原因。不良的换向在电刷和换向器之间产生火花,火花严重烧坏电刷和换向器。国家标准 GB755-65 按换向器上火花的大小分为五个等级。

2.8.1 电机的换向

图 2.8.1 是一个单叠绕组当电刷宽度等于换向片宽度时元件 1 的换向过程。直流电机在运行过程中,电枢绕组和换向器一起旋转,电枢绕组的各个元件依次通过电刷且被电刷短路,从短路开始到短路结束,被电刷短路的元件电流改变方向,称之为换向。图 2.8.1(a)是换向

前的情况,电枢绕组以速度 v_a 由右向左旋转,电刷不动。电刷与换向片 1 接触,元件 1 即将被电刷短路,但此时没短路,元件 1 属于右边一条支路,设这时支路电流为 $+i_a$。当旋转到图 2.8.1(b) 所示位置时,电刷与换向片 1、2 同时接触,元件 1 被电刷短路。当旋转到图 2.8.1(c) 所示位置时,这时电刷已与换向片 1 脱离,电刷完全与换向片 2 接触,元件 1 已经完全进入左边支路,这时支路电流为 $-i_a$,换向结束。

元件从换向开始到换向结束所用的时间称为换向周期,以 T_k 表示。T_k 一般在 0.2～2 ms 范围内。

(a) 换向前　　　　　　　　(b) 换向中　　　　　　　　(c) 换向后

图 2.8.1　元件 1 的电流换向过程

2.8.2　直线换向与延迟换向

为了讨论影响换向的电磁因素,先找出换向元件的电流变化规律,然后再从电流变化情况说明产生换向火花的原因。

1. 直线换向

换向元件中的电流决定于该元件中的感应电动势和回路电阻。由上面的介绍可知,元件的换向过程就是从一条支路(电流为 $+i_a$)过到另一条支路(电流为 $-i_a$)的过程。这期间换向元件的电流随时间均匀地变化,在整个换向周期里若电流随时间呈线性关系,则称这种换向为直线换向,如图 2.8.2 中直线换向所示。理论分析表明,当换向元件中各种电动势的总和为零,且只考虑电刷接触电阻时,换向呈直线换向,也称电阻换向。直线换向是一种理想情况,在电刷和换向器之间基本上可以实现无火花换向。

2. 延迟换向

在实际电机中换向元件的总电动势常常并不

图 2.8.2　换向时的电流变化波形

为零,电机正常运行时换向元件中还存在下述几种电动势。

(1)自感电动势 e_L

由于换向电流变化,换向元件中的磁通也相应变化,换向元件中产生自感电动势,用 e_L 表示, $e_L = -L di/dt$ 。

(2)互感电动势 e_M

由于互感作用,同时换向的几个元件之间产生互感电动势,用 e_M 表示, $e_L = -M di/dt$ 。

自感电动势和互感电动势合在一起称为电抗电动势,以 e_r 表示, $e_r = e_L + e_M$ 。电抗电动势的方向总是反对换向元件中电流变化的,所以它一定与 $+i_a$ 方向相同。

(3)电枢反应电动势 e_a

直流电机运行时,换向元件一般在几何中性线上,此处主磁极磁场基本为零。但电机有负载后,由于电枢反应的存在,气隙磁场的物理中性线与几何中性线不重合,几何中性线处气隙磁通密度不为零。换向元件切割电枢磁场产生感应电动势 e_a ,可以证明 e_a 的方向与 e_r 是一致的,也是反对换向元件中电流变化的。

综上所述可知, e_r 和 e_a 方向一致,都是反对换向元件电流变化的。如果不采取改善换向的措施,这些电动势使电流不能随时间呈线性关系变化,电流的变化比直线换向慢,则称这种换向为延迟换向,呈图 2.8.2 中曲线延迟换向的形状。延迟换向电流开始变化得慢,电刷的前刷边电流密度小,后刷边电流密度大,因此后刷边出现的火花较大。

当然产生火花还有电化学和机械等原因。

2.8.3 改善换向的基本方法

1. 加换向磁极

从产生火花的电磁原因出发,减少换向元件的自感(或互感)电动势及电枢电动势,就可以有效地改善换向。在主磁极的几何中性线处加一换向磁极,如图 2.8.3 所示。换向元件切割换向磁极磁场产生电动势 e_k 。为使 e_k 的方向与 e_r 和 e_a 方向相反,换向磁极的极性应与电枢磁场的极性相反。为使 e_k 在数值上尽量与 $e_r + e_a$ 相等,即使换向元件中总和电动势 $\sum e = 0$,使其成为直线换向。换向磁极的励磁绕组应与电枢绕组串联。但如果把 e_k 加过了头, e_k 的作用大于 $e_r + e_a$,则 $\sum e$ 的方向是帮助换向中电流变化的,称此时的换向为超越换向。超越换向前刷边电流密度大,产生较大火花。火花严重时也影响电机正常运行。超越换向曲线如图 2.8.2 所示。

无论是直流电动机还是直流发电机,换向极的极性应该与电枢的磁通方向相反。图 2.8.3 中的直流电机可以是发电机也可以是电动机,如果是直流发电机,旋转方向应如 n_G 箭头所示,如果是直流电动机,它的旋转方向则如 n_M 箭头所示。在电动机中,顺转向看去,换向极极性与下一个主磁极的极性相反;在发电机中,顺转向看去,换向极极性与下一个主磁极的极性相同。

2. 移刷改善换向

在小容量电机中无换向磁极,常用移刷的办法改善换向。在直流发电机中将电刷顺转子转向移动一个 β 角,并使 $\beta > \alpha$, α 为物理中性线与几何中性线之夹角,也就是说把电刷从几何中性线顺转向移过物理中性线,如图 2.8.4 所示。这时换向元件切割主磁场产生感应电动势,除抵消电枢反应电动势外,还有一部分电动势去抵消电抗电动势,使换向元件中的总电动势尽量为零。在直流电动机中,电刷应逆转子转向移动 β 角,也使 $\beta > \alpha$。

3. 正确选用电刷

不同牌号的电刷具有不同的接触电阻,选择合适的电刷能改善换向。例如小容量的直流电机用石墨电刷;在换向问题突出的场合,采用硬质电化石墨电刷。同一电机要先用同一排号的电刷。

图 2.8.3　直流电机换向极电路与极性　　　　图 2.8.4　移动电刷改善换向

2.8.4　环火和补偿绕组

直流电机的环火是指换向器上连接在正、负电刷之间的或由电刷至附近机座的强烈电弧,如图 2.8.4(a)所示。产生环火时,电机呈短路状态,而且伴随着电弧产生的闪光、声响和高温,能在很短时间内烧坏电机。产生环火的原因是电枢电流急剧增加和磁场严重畸变。

防止环火最好的方法是装补偿绕组。补偿绕组装在主磁极的极靴里且与电枢绕组串联,因此补偿绕组的磁通势与电枢电流成正比,使其磁通势方向与电枢反应磁通势方向相反,保证在任何负载情况下随时能抵消反应磁通势,从而减少了由电枢反应引起气隙磁场的畸变。消除或减少电刷下的电磁性火花,从而避免了出现环火的现象。如图 2.8.4(b)所示。

(a) 环火　　　　　　　　　(b) 补偿绕组

图 2.8.5　环火和补偿绕组

思考题与习题

2-1 直流电机的电枢导体里流过的电流是直流还是交流?

2-2 励磁磁动势是怎样产生的? 它与哪些量有关?

2-3 说明直流电机电刷和换向器的作用。

2-4 什么是电机饱和现象? 饱和程度的高低对电机有何影响?

2-5 单叠绕组与单波绕组的元件联结规律有何不同? 同样极对数为 p 的单叠绕组与单波绕组的支路对数为何相差 p 倍?

2-6 何谓电枢反应? 电枢反应的性质由什么决定? 以直流发电机为例说明交轴电枢反应和直轴电枢反应。

2-7 直流电机中感应电动势是怎样产生的? 它与哪些量有关?

2-8 决定直流电机电磁转矩大小的因素是什么? 电机的运行方式怎样决定电磁转矩的方向?

2-9 为什么他励直流发电机的外特性曲线是向下倾斜的?

2-10 并励直流发电机必须满足哪些条件才能建立起正常的输出电压?

2-11 什么是电机的可逆原理?

2-12 直流电动机有几种励磁方式? 在不同的励磁方式下,线路电流 I、电枢电流 I_a、励磁电流 I_f 之间关系是什么样的?

2-13 怎样改变他励、并励、串励、复励直流电动机的转向?

2-14 串励直流电动机为什么不能空载运行? 串励直流电动机与并励直流电动机比较,工作特性有何特点?

2-15 电动机的电磁转矩是驱动性质转矩,电磁转矩增大时,转速似乎应该上升,但从直流电动机的转速特性以及转矩特性看,电磁转矩增大时,转速反而下降,这是什么原因?

2-16 并励直流电动机空载运行,如果励磁回路突然断开,说明 Φ, E_a, I_a 和 n 各量开始将如何变化?

2-17 换向元件在换向的过程中可能出现哪些电动势? 它们对换向各有什么影响?

2-18 说明直流电动机和直流发电机怎样用移刷的办法改善换向?

2-19 一台直流发电机,已知其铭牌数据为:$P_N=1.7\ kW$,$U_N=230\ V$,$n_N=1\ 450\ r/min$,$\eta_N=88\%$,试求该发电机的额定电流和输入功率是多少。

2-20 一台直流电动机,其额定功率 $P_N=22\ kW$,$U_N=110\ V$,$n_N=1\ 000\ r/min$,$\eta_N=84\%$,求该电动机的输入功率、额定电流及输出转矩各是多少。

2-21 某并励直流发电机,$P_N=35\ kW$,$U_N=115\ V$,$n_N=1\ 450\ r/min$。满载时电枢绕组铜耗 $p_{Cua}=0.96\ kW$,励磁回路总损耗 $p_{Cuf}=0.25\ kW$。试求:I_N,I_a,R_a,R_f,T 分别为多少。

2-22 某台并励直流发电机,$2p=4$ 极,$P_N=82\ kW$,$U_N=230\ V$,$n_N=970\ r/min$,电枢回路电阻(不含电刷接触电阻)$R_a=0.025\ \Omega$;额定负载时,4 极串联并励励磁绕组总电阻 $R_f=19.7\ \Omega$(含励磁绕组串入的调节电阻),铁耗和机械损耗即 $p_{Fe}+p_m=2.3\ kW$,附加损耗 $p_s=0.5\%P_N$,试求发电机额定负载时的(1)电磁功率 P_M;(2)电磁转矩 T;(3)输入功率 P_{1N};(4)效率 η_N。

2-23　一台并励直流发电机,$P_N=16$ kW,$U_N=230$ V,$I_N=69.6$ A,$n_N=1\ 600$ r/min,电枢回路电阻 $R_a=0.128\ \Omega$,励磁回路电阻 $R_f=150\ \Omega$,额定效率 $\eta_N=85.5\%$,试求额定工作状态下的(1)励磁电流;(2)电枢电流;(3)电枢电动势;(4)电枢铜耗;(5)输入功率;(6)电磁功率。

2-24　一台并励直流电动机在额定电压 $U_N=220$ V 和额定电流 $I_N=80$ A 的情况下运行,电枢回路总电阻 $R_a=0.08\ \Omega$,一对电刷压降 $2\Delta U_b=2$ V,励磁绕组总电阻 $R_f=88.8\ \Omega$,额定负载时的效率 $\eta_N=85\%$,试求:

(1) 额定输入功率;

(2) 额定输出功率;

(3) 总损耗;

(4) 电枢回路铜耗;

(5) 励磁回路铜耗;

(6) 电刷接触损耗;

(7) 机械损耗、铁耗与附加损耗之和。

2-25　一台并励直流电动机,$P_N=96$ kW,$U_N=440$ V,$I_N=255$ A,$n_N=500$ r/min,$I_{fN}=5$ A,$R_a=0.078\ \Omega$,试求:

(1) 电动机的额定输出转矩;

(2) 在额定电流时的电磁转矩;

(3) 当 $I_a\approx0$ 时电机的转速;

(4) 空载转矩;

(5) 实际空载转速。

2-26　一台并励直流电动机,$P_N=7.5$ kW,$U_N=220$ V,$I_N=40.6$ A,$n_N=3\ 000$ r/min,$R_a=0.213\ \Omega$,$I_{fN}=0.683$ A,不计附加损耗,试求额定工作状态下的 (1)电枢电流;(2)额定效率;(3)输出转矩;(4)电枢铜耗;(5)励磁铜耗;(6)电磁功率;(7)空载损耗;(8)电磁转矩;(9)空载转矩。

第3章 电力拖动系统概述

众所周知,生产机械的原动机大部分都采用各种类型的电动机,这是因为电动机与其他原动机相比,具有无可比拟的优点。以电动机为原动机拖动生产机械,使之按人们给定的规律运动的拖动方式,称为电力拖动。电力拖动系统由电动机、生产机械的传动机构、工作机构、电动机的控制设备以及电源这五部分组成。其中电动机将电能转换成机械能,拖动生产机械的某一工作机构。生产机械传动机构用来传递机械能。控制设备则保证电动机按生产的工艺要求来完成生产任务。通常把生产机械的传动机构及工作机构称为电动机的机械负载。

3.1 单轴电力拖动系统运动方程式

3.1.1 电力拖动系统运动方程式

1. 运动方程式

图 3.1.1 是电力拖动系统组成图。在生产实践中,生产机械的结构和运动形式是多种多样的,其电力拖动系统也有多种类型,最简单的系统是电动机转轴与生产机械的工作机构直接相连,工作机构是电动机的负载,这种系统称为单轴电力拖动系统,电动机与负载同一根轴,同一转速。

图 3.1.1 电力拖动系统的组成

图 3.1.2 为单轴电力拖动系统示意图。图中 T 为电动机电磁转矩;T_L 为负载转矩,$T_L = T_0 + T_m$,其中 T_0 和 T_m 分别表示电动机的空载转矩与工作机构的转矩,一般情况下,$T_m \gg T_0$,认为 $T_L \approx T_m$。各转矩单位均为 N·m。n 为电动机转速,单位为 r/min。

图 3.1.2 单轴电力拖动系统示意图

根据力学中刚体转动定律，可写出单轴电力拖动系统的运动方程式为

$$T - T_{\mathrm{L}} = J\frac{\mathrm{d}\Omega}{\mathrm{d}t} \tag{3-1}$$

式中，J—电动机轴上总转动惯量，$\mathrm{kg \cdot m^2}$；

$\quad$$\Omega$—电动机的角速度，$\mathrm{rad/s}$。

在工程计算中，通常把电动机转子看成是均匀的圆柱体，用转速 n 代替角速度 Ω，用飞轮惯量或称飞轮矩 $\mathrm{GD^2}$ 代替转动惯量。Ω 与 n 的关系、J 与 $\mathrm{GD^2}$ 的关系分别为

$$\Omega = 2\pi n/60 \tag{3-2}$$

$$J = m\rho^2 = \frac{G}{g}\left(\frac{D}{2}\right)^2 = \frac{\mathrm{CD}^2}{4g} \tag{3-3}$$

式中，m—系统转动部分质量，kg；

$\quad$$G$—系统转动部分重力，$\mathrm{N}$；

$\quad$$\rho$—系统转动部分转动惯性半径，$\mathrm{m}$；

$\quad$$D$—系统转动部分转动惯性直径，$\mathrm{m}$；

$\quad$$g = 9.8\ \mathrm{m/s^2}$—重力加速度

把式(3-2)、式(3-3)代入式(3-1)，化简后得到

$$T - T_{\mathrm{L}} = \frac{\mathrm{GD}^2}{375} \cdot \frac{\mathrm{d}n}{\mathrm{d}t} \tag{3-4}$$

式中 $\mathrm{GD^2}$ 是转动部分总飞轮矩，$\mathrm{N \cdot m^2}$，它是一个物理量，可在产品目录中查出。

$4g \times 60/2\pi = 375(\mathrm{m/s^2})$ 是具有加速度量纲的系数。式(3-4)为电力拖动系统的实用运动方程式，它表明电力拖动系统的转速变化 $\dfrac{\mathrm{d}n}{\mathrm{d}t}$（加速度）由 $(T - T_{\mathrm{L}})$ 决定。

2. 运动方程式中各参数正方向的规定

首先规定转速的正方向，设顺时针为正、逆时针为负，反之亦可。电磁转矩的正方向与转速的正方向相同，负载转矩的正方向与转速的正方向相反。T_{L} 的作用方向与 n 正方向相反，T_{L} 为正，是制动转矩，如图 3.1.3(a)。运动方程式为

$$(+T) - (+T_{\mathrm{L}}) = \frac{\mathrm{GD}^2}{375} \cdot \frac{\mathrm{d}(+n)}{\mathrm{d}t}$$

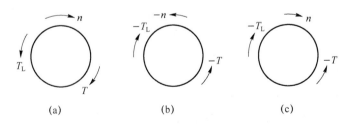

图 3.1.3　运动方程式各量正方向的规定

当 $T > T_{\mathrm{L}}$ 时，$\mathrm{d}n/\mathrm{d}t > 0$，系统正向加速，当 $T < T_{\mathrm{L}}$ 时，$\mathrm{d}n/\mathrm{d}t < 0$，系统正向减速，二者均为正向过程；当 $T = T_{\mathrm{L}}$ 时，$\mathrm{d}n/\mathrm{d}t = 0$，$n$ 保持恒值不变，系统静止或稳定运行。

n 逆时针为负，T 的作用方向与 n 的方向相同，T 为负；T_{L} 的作用方向与 n 的方向相反，故 T_{L} 也为负，如图 3.1.3(b)所示。运动方程式为

$$(-T) - (-T_{\mathrm{L}}) = \frac{\mathrm{GD}^2}{375} \cdot \frac{\mathrm{d}(-n)}{\mathrm{d}t}$$

当 $|T|>|T_L|$ 时，$\mathrm{d}(-n)/\mathrm{d}t<0$，$|n|$ 增加，系统反向加速；当 $|T|<|T_L|$ 时，$\mathrm{d}(-n)/\mathrm{d}t>0$，$|n|$ 减少，系统反向减速；当 $|T|=|T_L|$ 时，$\mathrm{d}(-n)/\mathrm{d}t=0$，$|n|$ 保持恒值不变，系统静止或稳定运行。

n 为正，T 的作用方向与 n 的方向相反，T 为负，是制动转矩；T_L 的作用方向与 n 的方向相同，故 T_L 也为负，是拖动转矩如图 3.1.3(c)。运动方程式为

$$(-T)-(-T_L)=\frac{GD^2}{375}\cdot\frac{\mathrm{d}(+n)}{\mathrm{d}t}$$

当 $|T|>|T_L|$ 时，$\mathrm{d}(+n)/\mathrm{d}t<0$，$n$ 下降，系统正向减速；当 $|T|<|T_L|$ 时，$\mathrm{d}(+n)/\mathrm{d}t>0$，$n$ 增加，系统正向加速；当 $|T|=|T_L|$ 时，$\mathrm{d}(+n)/\mathrm{d}t=0$，$|n|$ 保持恒值不变，系统静止或稳定运行。

由上面的分析得知，式(6-4)为电力拖动系统的通用方程式，它适用于各种运行状态，但是 n、T、T_L 本身为代数量，其自身的正、负号应按照正方向的规定与系统具体工作情况而定。

3.1.2 电力拖动系统的静负载转矩

从运动方程式看出，要分析电力拖动的动力学关系，必须知道静负载转矩，而静负载转矩是由生产机械决定的。大多数生产机械的静负载转矩都可以表示成与转速的关系，这些生产机械的静负载转矩与转速的关系，称为静负载转矩特性。有些生产机械的静负载转矩只能表示成与行程的关系，或只能表示成与时间的随机关系，对这些生产机械来说，静负载转矩特性就是静负载转矩与行程的关系，或静负载转矩与时间的关系。

按照静负载转矩与转速的关系，可以用两种方法对静负载进行分类，这对于分析电力拖动问题将带来很大方便。现在对这两种分类说明如下：

1. 按照静负载转矩的大小随转速的变化规律分类

（1）恒转矩负载

静负载转矩的大小不随转速变化而变化，$T_L=$ 常量，例如摩擦转矩。恒转矩负载特性如图 3.1.4 曲线 1 所示。

（2）鼓风机负载

静负载转矩基本上与转速二次方成正比，$T_L=a+bn^2$，式中 a 表示轴承摩擦转矩，b 是静负载转矩中随转速变化部分的比例系数，对于确定的生产机械来说，a 和 b 都是常量。离心式鼓风机和离心式泵都具有这种静负载转矩特性。鼓风机负载特性如图 3.1.4 中曲线 2 所示。

（3）恒功率负载

静负载转矩与转速成反比，静负载功率 $P=T_L\Omega=$ 常量，即 $T_L n=$ 常量。例如车床的负载基本上是恒功率的。恒功率负载特性如图 3.1.4 中曲线 3 所示。

还有其他形式的静负载转矩特性，但这三类是比较常见的。

2. 按照静负载转矩的方向是否随转速方向变化分类

（1）位能负载

静负载转矩的方向不因转速方向改变而改变的负载称为位能负载，例如起重机提升装置由重物产生的静负载就是位能负载。

（2）反抗负载

静负载转矩的方向总是与转速的方向相反的负载称为反抗负载，例如由摩擦产生的就是

反抗负载。

这两类静负载转矩表示在图 3.1.4 中,图中画出的是恒转矩的反抗负载(曲线 1)和恒转矩的位能负载(曲线 2),但不要因此就误认为位能负载和反抗负载都只能是恒转矩的。

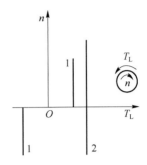

图 3.1.4　恒转矩负载、鼓风机负载和恒功率负载的曲线　　图 3.1.5　位能负载和反抗负载曲线

3.1.3　电力拖动系统的飞轮惯量

在利用式(6-1)或式(6-3)进行分析计算时,除应知道负载转矩 T_L 外,还要知道系统的转动惯量 J 或飞轮力矩 GD^2。电动机转子的飞轮力矩 GD_R^2 的值可在产品样本中查出。生产机械的飞轮力矩 GD_m^2 的值可以从机械设计部门获得。对一些几何形状简单的旋转部件可用解析法计算它的转动惯量及飞轮力矩。

转动惯量是物体绕固定轴旋转时转动惯性的度量,它等于物体的各质量微元 Δm_i 和到某一固定轴的距离 r_i 的二次方的乘积之和,用公式表示为

$$J = \sum_{i=1}^{k} \Delta m_i r_i^2 \tag{3-5}$$

如将微元取得极小值时,可令式(3-5)中的 Δm_i 趋于零而求其极限,于是就成为求 J 的积分。

$$J = \int r^2 \, dm$$

物体对固定轴的转动惯量也可以看成整个物体的质量 m 与某一长度 ρ 的二次方乘积,即

$$J = m\rho^2 \tag{3-6}$$

ρ 称为物体对固定轴的回转半径,它的物理意义是假想将绕某固定轴旋转的物体的质量 m 集中到离旋转轴距离为 ρ 的一点上,其转动惯量与该物体的转动惯量 J 相等。下面通过一个简单的例子说明如何计算旋转体的回转半径。

一个质量为 m 的实心圆柱体,半径为 R,长度为 L,如图 3.1.6 所示。该圆柱体绕 Z 轴旋转时其转动惯量为

$$J = \int r^2 \, dm$$

设密度为

$$\gamma = \frac{m}{\pi R^2 L} \tag{3-7}$$

则

$$J = \int_V r^2 \gamma \, dV \tag{3-8}$$

这是一个三重积分,其中体积单元(见图3.1.6)

图 3.1.6 求实心圆柱体的转动惯量

$$dV = r d\theta dl dr \tag{3-9}$$

因此有

$$J = \int_0^{2\pi} d\theta \int_0^L dl \int_0^R r^2 \gamma dr = \frac{\pi L \gamma}{2} R^2 = m \frac{R^2}{2} = m\rho^2$$

式中,ρ 为回转半径,$\rho = \dfrac{R}{\sqrt{2}}$。可见回转半径 ρ 与其几何尺寸上的半径 R 是不等的。

根据前面引用的飞轮力矩 GD^2 的概念则有

$$GD^2 = 4gJ = 4gn\rho^2 = 4G\rho^2 \tag{3-10}$$

实际计算时,可依式(6-4)和式(6-10)求出 J 或 GD^2。

3.2 多轴电力拖动系统运动方程式

3.2.1 多轴旋转系统折算成简单单轴旋转系统

实际的拖动系统,电动机的轴很少与工作机构的轴直接相连,大多数是通过传动机构与工作机构相连,因此系统中具有两根或两根以上不同转速的轴,称为多轴系统,如图3.2.1(a)所示。在电动机和工作机构之间通常具有传动和变速装置,是一种多轴系统。为简化分析,我们常常采用一个等效的单轴系统来代替实际的多轴系统,如图3.2.1(b)所示。这就要求对各有关参数进行等效折算。

(a) 传动图 (b) 等效折算图

图 3.2.1 多轴电力拖动系统折算成单轴系统

等效折算的原则是保持折算前后系统存储的动能和传递功率保持不变。

1. 负载转矩的折算

负载转矩折算的原则是保持折算前后系统传递的功率不变。关于中间传动机构的损耗在传动效率 η_c 中考虑。当传递功率时,效率 η_c 的考虑方法因传递方向不同而不同。下面分两种情况讨论。

(1)电机工作在电动状态时,电动机产生的电磁转矩为拖动转矩,能量由电动机向工作机构传送。在不考虑传动机构传动损耗时,设工作机构消耗的负载功率 $P_{Lm}=T_m\Omega_m$,负载转矩折算到电动机轴上所需机械功率 $P=T_L\Omega$,根据折算前后功率不变的原则由 $T_L\Omega=T_m\Omega_m$,得出

$$T_L=\frac{T_m\Omega_m}{\Omega}=\frac{T_m n_m}{n}=\frac{T_m}{j} \tag{3-11}$$

式中,T_m—工作机构负载实际转矩,N·m;

Ω_m—工作机构旋转角速度,rad/s;

n_m—工作机构轴上转速,r/min;

T_L—工作机构负载转矩折算到电动机轴上的负载转矩,N·m;

Ω—电动机轴上角速度,rad/s;

n—电动机轴上转速,r/min;

j—电动机转轴与工作机构转轴之间的总传动比,$j=\Omega/\Omega_m=n/n_f$,在多级传动机构中为各级传动比之积,$j=n/n_1·n_1/n_2\cdots n_N/n_f=j_1 j_2 j_3\cdots$。

式(6-11)表明,转矩按照传动比的反比来折算。

若考虑传动机构的传动效率,负载转矩的折算值还要加大,为

$$T_L=\frac{T_m}{j\eta_c} \tag{3-12}$$

式中,η_c—传动机构总效率,为各级传动效率之积,$\eta_c=\eta_1\eta_2\eta_3\cdots$。

式(6-12)与式(6-11)的差值为

$$\Delta T=\frac{T_m}{j\eta_c}-\frac{T_m}{j} \tag{3-13}$$

ΔT 为传动机构的转矩损耗,由电动机承担。

(2)电动机工作在制动状态

电动机产生的电磁转矩为制动转矩,此时能量由工作机构向电动机传送,传送损耗由工作机构承担,则有:

$$T_L\Omega=T_m\Omega_m\eta_c$$

$$T_L=\frac{T_m\Omega_m\eta_c}{\Omega}=\frac{T_m n_m\eta_c}{n}=\frac{T_m\eta_c}{j} \tag{3-14}$$

2. 飞轮矩的折算

飞轮矩的大小是旋转物体机械惯性大小的体现。旋转物体的动能大小为

$$\frac{1}{2}J\Omega^2=\frac{1}{2}\frac{GD^2}{4g}\left(\frac{2\pi n}{60}\right)^2$$

对于图3.2.1所示的系统,根据折算前后系统贮存动能不变的原则,折算后总飞轮矩 GD^2 是

$$\frac{1}{2}\frac{GD^2}{4g}\left(\frac{2\pi n}{60}\right)^2=\frac{1}{2}\frac{GD_a^2}{4g}\left(\frac{2\pi n}{60}\right)^2+\frac{1}{2}\frac{GD_b^2}{4g}\left(\frac{2\pi n_b}{60}\right)^2+\frac{1}{2}\frac{GD_f^2}{4g}\left(\frac{2\pi n_f}{60}\right)^2$$

由此可得折算到电动机轴上总飞轮矩为

$$GD^2 = GD_a^2 + GD_b^2 \frac{1}{(n/n_b)^2} + GD_f^2 \frac{1}{(n/n_f)^2} = GD_a^2 + GD_b^2/j_1^2 + GD_f^2/(j_1 j_2)^2$$

写成一般形式为

$$GD^2 = GD_a^2 + GD_b^2/j_1^2 + GD_c^2/(j_1 j_2)^2 + \cdots + GD_f^2/j^2 \qquad (3\text{-}15)$$

式中,GD_a^2——电动机轴飞轮矩,包括电动机转子飞轮矩及同轴齿轮飞轮矩;

GD_f^2——工作机构飞轮矩与同轴齿轮飞轮矩之和;

GD_b^2、GD_c^2——传动机构各级传动轴两端齿轮飞轮矩之和。

通常,电动机转子本身的飞轮矩是系统总飞轮矩的主要部分。传动机构各轴及工作机构转轴的转速要比电动机转速低,因此它们的飞轮矩折算到电动机轴上后数值不大,是总飞轮矩的次要部分。在工程中,常用下式进行近似计算:

$$GD^2 = (1+\delta)GD_D^2$$

式中,GD_D^2 为电动机转子飞轮矩,可在产品目录中查得,而 δ 取 $0.2 \sim 0.3$。

把式(3-15)两边同除以 $4g$,可以得到电动机轴上的单轴系统的等效转动惯量 J

$$J = J_a + J_b/j_1^2 + J_c/(j_1 j_2)^2 + \cdots + J_m/j^2 \qquad (3\text{-}16)$$

3.2.2　平移运动系统与旋转运动系统的互相折算

1. 平移运动时转矩与飞轮矩的折算

（1）转矩折算

图 3.2.2 为刨床切削示意图,通过齿轮与齿条啮合,把旋转运动变成直线运动。切削时,工件与工作台的速度为 v,刨刀作用在工件上的力为 F,传动机构效率为 η_c。

图 3.2.2　刨床电力拖动示意图

计算负载转矩折算值时,可以先计算作用在传动机构转速为 n_f 轴上的转矩 $F \cdot R$,R 为与齿条啮合的齿轮半径。但是通常已知数据往往是 F 和 v,而不给出 R,因此,可以从切削功率计算 T_L。切削功率为

$$P = Fv$$

式中 P 的单位为 W;F 的单位为 N,V 的单位为 m/s。负载转矩折算依然遵循折算前后功率不变的原则,切削力 F 反映到电动机轴上表现为转矩 T_L,切削功率 P 反映到电动机轴上为 $T_L \Omega$。

若不考虑传动系统的传动损耗,根据功率不变的原则,有

$$Fv = T_L \frac{2\pi n}{60}$$

$$T_L = \frac{Fv}{2\pi n} = 9.55 \frac{Fv}{n} \tag{3-17}$$

若考虑传动系统的传动损耗,则

$$T_L = 9.55 \frac{Fv}{n\eta_c} \tag{3-18}$$

式(3-17)和式(3-18)为工作机构平移时转矩的折算公式,T_L 称为折算值。当然,式(3-18)与式(3-17)两式之差 ΔT 为传动机构的转矩损耗,刨床切削时的 ΔT 由电动机负担。

（2）飞轮矩折算

作平移运动部分的物体总重 $G_f = m_f g$,其动能为

$$\frac{1}{2} m_f v^2 = \frac{1}{2} \cdot \frac{G_f}{g} v^2$$

折算到电动机转轴上的动能为 $\frac{1}{2} \cdot \frac{GD_L^2}{4g} \cdot \left(\frac{2\pi n}{60}\right)^2$,折算前后的动能不变,因此

$$\frac{1}{2} \cdot \frac{G_f}{g} v^2 = \frac{1}{2} \cdot \frac{GD_L^2}{4g} \cdot \left(\frac{2\pi n}{60}\right)^2$$

$$GD_L^2 = 4 \frac{G_f v^2}{\left(\frac{2\pi n}{60}\right)^2} = 365 \frac{G_f v^2}{n^2} \tag{3-19}$$

传动机构中其他轴的 GD^2 的折算,与前述相同。

例 3-1　如图 3.2.2 所示刨床电力拖动系统,已知切削力 $F = 10\,000$ N,工作台与工件运动速度 $v = 0.7$ m/s,传动机构总效率 $\eta_c = 0.81$,电动机转速 $n = 1\,450$ r/min,电动机的飞轮矩 $GD_D^2 = 100$ N·m²。（1）求切削时折算到电动机转轴上的负载转矩;（2）估算系统的总飞轮矩;（3）不切削时,工作台及工件反向加速,电动机以 $dn/dt = 500$ r/(min·s)恒加速度运行,计算此时系统的动转矩绝对值。

解

（1）切削功率为

$$P = Fv = 10\,000 \times 0.7 = 7\,000 \text{ W}$$

折算后的负载转矩

$$T_L = 9.55 \frac{Fv}{n\eta_c} = 9.55 \times \frac{7\,000}{1\,450 \times 0.81} = 56.92 \text{ N·m}$$

（2）估算系统总的飞轮矩

$$GD^2 \approx 1.2 GD_D^2 = 1.2 \times 100 = 120 \text{ N·m}^2$$

（3）不切削时,工作台与工件反向加速时,系统动转矩绝对值

$$T' = \frac{GD^2}{375} \cdot \frac{dn}{dt} = \frac{120}{375} \times 500 = 160 \text{ N·m}$$

2. 工作机构作升降运动时的转矩与飞轮矩的折算

（1）负载转矩的折算

起重机、电梯、矿井卷扬机等,它们的工作机构都是作升降运动的。如图 3.2.3 所示为一起重机示意图,电动机通过传动机构(减速箱)拖动一个卷筒,卷筒半径为 R,缠在卷筒上的钢丝绳悬挂一重物,重物的重力为 $G = mg$,速比为 j,重物提升时传动机构效率为 η_c,转速为 n_f,

重物提升或下放的速度都为 v,是个常数。

图 3.2.3　工作机构运动为升降的电力拖动系统

① 提升重物时的负载转矩折算

重物对卷筒轴的负载转矩为 GR,不计传动机构损耗时,折算到电机轴上的负载转矩为

$$T_{\text{L}} = \frac{GR}{j} \tag{3-20}$$

考虑传动机构有损耗,当提升重物时,这个损耗由电动机负担,因此,折算到电动机轴上的负载转矩为

$$T_{\text{L}} = \frac{GR}{j\eta_{\text{c}}} \tag{3-21}$$

传动机构损耗的转矩为

$$\Delta T = \frac{GR}{j\eta_{\text{c}}} - \frac{GR}{j} \tag{3-22}$$

② 下放重物时负载转矩折算

下放重物时,重物对卷筒轴的负载转矩大小仍为 $G \cdot R$,不计传动机构损耗时,折算到电动机上的负载转矩也仍为 $G \cdot R/j$,负载转矩的方向也不变。

传动机构损耗是摩擦性的,其作用方向永远与转动方向相反,提升重物与下放重物两种情况下,各转轴的转动方向相反,因此这个损耗转矩的实际方向也相反,大小不变。

图 3.2.4 给出了电动机转轴上的电磁转矩 T、负载转矩 $G \cdot R/j$(折算值)及传动机构的损耗转矩 ΔT 三者的方向,忽略了电动机的空载转矩 T_0。显然,提升重物时,电动机负担了 ΔT,关系为

$$T = \frac{GR}{j} + \Delta T \tag{3-23}$$

而下放重物时,负载负担了 ΔT,关系为

$$T = \frac{GR}{j} - \Delta T$$

即

$$T_{\text{L}} = \frac{GR}{j} - \Delta T \tag{3-24}$$

由式(3-23)和式(3-24)比较知,提升重物比下放重物的电磁转矩大了 $2\Delta T$。

若用效率这个量来表示下放重物时考虑传动机构的转矩损耗,则折算到电动机轴上的负载转矩应为

$$T_{\text{F}} = \frac{GR}{j} - \Delta T = \frac{GR}{j} - \left(\frac{GR}{j\eta_{\text{c}}} - \frac{GR}{j} \right) = \frac{GR}{j} \left(2 - \frac{1}{\eta_{\text{c}}} \right) = \frac{GR}{j} \eta'$$

(a) 提升重物　　(b) 下放重物

图 3.2.4　起重机的转矩关系

式中 η' 为重物下放时传动机构的效率,其与提升同一重物时传动机构的效率 η 之间的关系式为 $\eta' = 2 - 1/\eta_c$。

（2）飞轮矩的折算

工作机构作提升和下放重物运动时,飞轮矩与平移运动时相同,即

$$\mathrm{GD}_L^2 = 365\frac{Gv^2}{n^2}$$

例 3-2　图 3.2.3 所示的起重机中,已知减速箱的速比 $j = 34$,提升重物时效率 $\eta_c = 0.83$。卷筒直径 $d = 0.22\ \mathrm{m}$,空钩重量 $G_0 = 1\,470\ \mathrm{N}$,所吊重物 $G = 8\,820\ \mathrm{N}$,电动机的飞轮矩 $\mathrm{GD}_D^2 = 10\ \mathrm{N \cdot m^2}$,当提升速度为 $v = 0.4\ \mathrm{m/s}$ 时,求:(1)电动机的转速;(2)忽略空载转矩时电动机所带的负载转矩;(3)以 $v = 0.4\ \mathrm{m/s}$ 下放重物时,电动机的负载转矩。

解

（1）电动机卷筒的转速

$$n_f = \frac{60v}{\pi d} = \frac{60 \times 0.4}{\pi \times 0.22} = 34.72\ \mathrm{r/min}$$

电动机的转速

$$n = n_f j = 34.72 \times 34 = 1\,180.5\ \mathrm{r/min}$$

（2）提升重物时负载实际转矩为

$$T_f = \frac{d}{2}(G_0 + G) = \frac{0.22}{2} \times (1\,470 + 8\,820) = 1\,131.9\ \mathrm{N \cdot m}$$

电动机的负载转矩为

$$T_F = \frac{T_f}{j\eta_c} = \frac{1\,131.9}{34 \times 0.83} = 40.11\ \mathrm{N \cdot m}$$

（3）以 $v = 0.4\ \mathrm{m/s}$ 下放重物时,传动机构损耗转矩

$$\Delta T = \frac{T_f}{j\eta_c} - \frac{T_f}{f} = 40.11 - \frac{1\,131.9}{34} = 6.82\ \mathrm{N \cdot m}$$

电动机的负载转矩为

$$T = \frac{T_f}{j} - \Delta T = \frac{1\,131.9}{34} - 6.82 = 26.47\ \mathrm{N \cdot m}$$

顺便说明,负载转矩折算时,由于升降与平移没有本质区别,用式(3-18)也可以。若用式(3-18),例题 3-2 中提升计及传动机构损耗时,则负载转矩折算值为

$$T_F = 9.55\frac{Gv}{n\eta_c} = 9.55 \times \frac{(1\,470 + 8\,820) \times 0.4}{1\,180.5 \times 0.83} = 40.12\ \mathrm{N \cdot m}$$

与上面结果相同。

3.3　电力拖动系统稳定运行的条件

在生产机械运行时,电动机的机械特性(电磁转矩与转速之间的关系)与生产机械的负载转矩特性是同时存在的。在分析电力拖动系统运行情况时,可以把两者画在同一坐标图上。例如在图3.3.1中,曲线1是恒转矩负载转矩特性 $n=f(T_L)$,曲线2是他励直流电动机的机械特性 $n=f(T)$。两特性曲线交于 A 点。在交点处,电动机与负载具有相同的转速 n_A,电动机的电磁转矩 T 与负载转矩 T_L 大小相等,方向相反,互相平衡。根据运动方程式可知,$T-T_L=0$ 时系统稳定运行。因此系统应能在 A 点稳定运行,A 点就称为工作点或运行点。但仅凭两条特性曲线有交点还不足以说明系统就一定能稳定运行。因为系统在实际运行中,会受到各种干扰的影响,例如电源电压或负载波动时,原来转矩 T 与 T_L 由平衡变成不平衡,电动机转速发生变化。在这种情况下,如系统能过渡到新的工作点上稳定运行,且干扰消失后,系统又能回到原来的工作点稳定运行,则系统是稳定的,否则是不稳定的。现举例说明如下。

在图3.3.1中,原来系统在 A 点运行,转速为 n_A,如电压突然降低,使电动机的机械特性从曲线2变为曲线3。在电源电压突变瞬间,由于机械惯性即飞轮矩存在,转速不能突变,所以电枢电动势不变,但电枢电流及电磁转矩 T 则因电

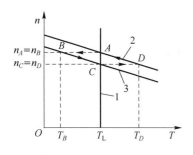

图3.3.1　电力拖动系统稳定运行分析

枢电压降低而减小。如忽略电枢的电磁过渡过程,认为电枢电流及电磁转矩的变化是瞬时完成的,于是电动机从原来工作点 A 瞬间过渡到机械特性曲线3的 B 点,B 点的电磁转矩为 T_B。由于电动机电磁转矩从 $T=T_L$ 减小到 T_B,根据运动方程式,$T_B-T_L<0$,系统开始减速。在 n 下降过程中,电枢电动势 $E_a=C_e\Phi n$ 将随之下降,电枢电流 $I_a=(U-E_a)/R_a$ 则因 E_a 减小而增大,电磁转矩 $T=C_e\Phi I_a$ 也随之增加。电动机的运行点

沿着机械特性3下降,直至曲线3与曲线1的交点 C,$T=T_L$、$\mathrm{d}n/\mathrm{d}t$,系统降速过程结束,达到新的稳定运行状态,以转速 n_c 稳定运行。当干扰消失,电源电压又升到原来数值,电动机的机械特性又回到原来的曲线2,在电压升高瞬间,转速 n_c 不能突变,电枢电流及电磁转矩均因电压升高而增大,电动机从工作点 C 瞬间过渡到 D 点。因 $T_D>T_L$,系统开始增速,E_a 随之增加而 I_a 则减小,T 亦减小,故电动机的工作点沿着曲线2上升,直到 A 点,$T=T_L$,系统又回到原工作点 A 稳定运行,转速仍为 n_A。

从以上分析可见,系统在 A 点以转速 n_A 稳定运行时,当电源电压向下波动后,系统能够稳定运行在 C 点,其转速为 n_c,电压波动消失后,系统又回到原工作点 A 稳定运行,转速仍为 n_A。因此 A 点的运行情况是稳定的,称为稳定工作点。

下面考察一下不稳定工作的情况。图3.3.2中曲线1为不能忽略电枢反应影响的他励直流电动机机械特性,其特点是电磁转矩越大,转速越高,特性上翘;曲线2为恒转矩负载转矩特性。两曲线交于 A 点。当系统在 A 点运行时,电磁转矩 $T_A=T_{LA}$,转速为 n_A。当负载转矩突然从 T_{LA} 降到 T_{LB},在负载转矩降低瞬间,转速 n_A 不变,因而 E_a 不变,由于电源电压未变,电枢电流及电磁转矩均不变,于是 $T_A>T_{LB}$,系统开始加速。随着 n 的升高,T 沿曲线1不断增大,而负载转矩仍保持 T_{LB} 不变,$T-T_{LB}$ 动态转矩继续增大,使系统不断加速,最后导致电动

机因转速过高和电枢电流过大而损坏。可见,系统不能在工作点 A 稳定运行,A 点称为不稳定工作点。

综上所述,电力拖动系统在电动机机械特性与负载转矩特性交点上,不一定能稳定运行,也就是说,$T = T_{L}$ 只是稳定运行的必要条件,尚不充分。对于电力拖动系统,稳定运行的充分必要条件是:电动机机械特性与负载转矩特性必须相交,在交点处 $T = T_{L}$,实现转矩平衡;在工作点要满足 $dT/dn < dT_{L}/dn$。下面应用充要条件考察上两例。对于图 3.3.1 的 A 点,$dT/dn < 0$,即 n 增加时 T 减小;而负载转矩为常值 $dT_{L}/dn = 0$,因此在 A 点

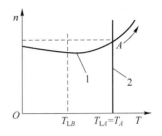

图 3.3.2 电力拖动系统稳定运行分析

$dT/dn < dT_{L}/dn$,系统能在 A 点稳定运行。在图 3.3.2 的 A 点,$dT/dn > 0$ 而 $dT_{L}/dn = 0$,于是 $dT/dn > dT_{L}/dn$,因此系统不能在 A 点稳定运行。

3.4　电力拖动系统调速的基本概念

3.4.1　调速的基本概念

在生产实践中,有许多生产机械根据工艺要求需要调节转速。例如龙门刨床在切削过程中,当刀具切入和退出工件时要求较低的转速;中间一段切削用较高的速度;工件台返回时则用高速。又如轧钢机,在轧制不同截面与品种钢材时,需要采用最合适的转速。可逆初轧机在轧辊进入轧件时要用较低的转速,轧件进入轧辊后要以最高转速轧制,甩出轧件时又需要降速,随轧件的辗长,轧制转速也要增加。这就要求我们采用一定的方法来改变生产机械的工作速度,以满足生产的需要,这种方法通常称为调速。

1. 无级调速和有级调速

无级调速方法是在调速的过程中,电动机的转速可以平滑地加以调节,或连续调速。无级调速时,电动机的转速变化均匀,适应性强,在工业装置中被广泛采用。异步电动机变频调速系统、直流发电机-电动机系统、晶闸管整流直流电动机系统等都属于无级调速。

有级调速方法是转速不能连续调节,只有有限的几级,如二速、三速、四速等。有极调速方法简单,但调速范围有限。它适合于只要求几种转速的生产机械,如普通车床、桥式起重机等。异步电动机的变级调速、直流电动机电枢串电阻调速等属于有级调速。

常用的方法有机械调速和电气调速两种。电动机的速度不改变,仅改变传动机构的传动比来改变工作机构的速度称为机械调速。机械变速机构复杂,无法自动调速,且调速有级;人为地改变电动机的参数(如他励直流电动机的端电压、励磁电流或电枢回路中串电阻),使同一个机械负载得到不同的转速,称为电气调速。电气调速简化机械传动,可实现无级调速,易于实现控制自动化;此外,还可以采用机电结合的办法来调速。

2. 向上调速和向下调速

在调节电动机转速时,通常取电动机的额定转速 n_{N} 为基本转速,称为基速。当向高于基

速的方向调速时称为向上调速;相反,向低于基本速的方向调速,称为向下调速。在某些场合下,既要求向上调速,又要求向下调速,这称为双向调速。

3. 恒转矩调速和恒功率调速

电动机在不同转速下允许输出的功率和转矩取决于电动机的发热($I_a^2 R_a$),也就是说电枢电流不应超过额定值,否则会烧坏电机。如 I_a 太小,输出的功率和转矩也小,电动机不能充分利用。所以,为了合理地使用电动机,应保证电动机长期运行即 $I_a = I_N$ 不变。

在调速时,由于采用的调速方法不同,当电动机在不同的调节转速下保持 $I_a = I_N$ 不变长期运行时,电动机允许输出的转矩和功率也不相同,因此就有所谓恒转矩和恒功率两种不同类型的调速方式。

恒转矩调速方式在调速方法中,若 $I_a = I_N$,电动机允许输出的转矩也保持 $T = T_N$ 不变,与转速 n 无关。此时输出的功率与转速成正比($P = T\Omega$)。

恒功率调速方式是指在某种调速方法中,若保持 $I_a = I_N$ 不变,则电动机允许输出的功率也基本保持不变,与转速 n 无关。这时允许输出的转矩则与 n 成反比变化。电动机的实际输出由不同转速下负载转矩特性 $T_L = f(n)$ 与负载功率特性 $P_L = (n)$ 来决定,如果调速方法与负载类型配合恰当,在整个调速范围内,既可以使电动机的输出能力充分利用,又不会使电动机过载。

3.4.2　调速的主要性能指标

为生产机械选择调速方法必须做好技术经济比较。调速的技术指标主要有调速范围、静差率、平滑性和调速时的容许输出等。

1. 调速范围

调速范围指电动机在额定负载下调节转速时,它的最高转速 $n_{\max}$ 与最低转速 $n_{\min}$ 之比,用 D 表示,如图 3.4.1 所示。

$$D = \frac{n_{\max}}{n_{\min}} \tag{3-25}$$

最高转速受电动机换向条件及机械强度的限制;最低转速则受生产机械对转速的相对稳定性要求限制。如果电动机实际运行时的静负载转矩不是额定值,调速范围应按实际计算。为了满足不同生产机械的要求,调速系统的调速范围必须大于生产机械所需要的调速范围。

2. 静差率

机械特性上额定负载时的转速降落($n_0 - n_N$)与理想空载转速 n_0 之比,用 δ 表示为

$$\delta = \frac{n_0 - n_N}{n_0} \times 100\% \tag{3-26}$$

静差率越小,负载变动时转速的变化就越小,转速的相对稳定性也就越好。

由式(3-24)可知,静差率取决于理想空载转速及在额定负载下的转速降。在调速时,若 n_0 不变,那么,机械特性越软,在额定负载下转速降就越大,静差率也大。例如在图 3.4.1(a)中所示的他励直流电动机固有机械特性和电枢串电阻的人为机械特性,在 $T = T_N$ 时,它们的静差率就不相同。前者静差率小,后者静差率则较大。所以,在电枢串电阻调速时,外串电阻越大,转速就越低,在 $T = T_N$ 时的静差率也越大。如果生产机械要求静差率不能超过某一最大值 $\delta_{\max}$,那么,电动机在 $T = T_N$ 时的最低转速 $n_{\min}$ 也就确定了。于是满足静差率要求的调整

范围也就相应地被确定了。

(a) 直流电动机电枢串电阻调速时　　　(b) 直流电动机降低电源电压调速时

图 3.4.1　静差率及调速范围

如果在调速过程中理想空载转速变化,但机械特性的斜率不变,例如他励直流电动机改变电源电压调速时,由于各人为机械特性都与固有机械特性平行,$T=T_N$ 时转速降相等,都等于 Δn_N。因此理想空载转速低,静差率就越大。当电动机电源电压最低的一条人为机械特性在 $T=T_N$ 时的静差率能满足要求时,其他各条机械特性的静差率就都能满足要求。这条电压最低的人为机械特性在时的转速就是调速时的最低转速,于是调整范围也就被确定了,如图 3.4.1(b)所示。

通过以上分析可以看出,调速范围 D 与静差率 δ 相互制约。当采用某种调速方法时,允许的静差率 δ 值大,可得到较大的调速范围;反之如果要求的静差率小,调速范围就不能太大。当静差率一定时,采用不同的调速方法,能得到的调速范围也不同。由此可见,对需要调速的生产机械,同时给出静差率和调速范围两项指标,这样才能合理地确定调速方法。

各种生产机械对静差率和调速范围的要求是不一样的,例如车床主轴要求 $\delta \leqslant 30\%$,$D=10\sim40$;龙门刨床 $\delta \leqslant 10\%$,$D=10\sim40$;造纸机 $\delta \leqslant 0.1\%$,$D=3\sim20$。

3. 调速的平滑性

指调速时相邻两级转速中,高一级转速 n_i 与底一级转速 n_{i-1} 之比,用 k 表示

$$k=\frac{n_i}{n_{i-1}} \tag{3-27}$$

k 值越接近1,调速的平滑性就越好。在一定的调速范围内,调速级数越多,平滑性就越好。当 k 越近于1时为无级调速。

4. 调速时电动机的容许输出和经济指标

容许输出是电动机在不同转速时轴上所能输出的功率和转矩。不同的调速方法,其允许输出也不同。另外,电机的实际输出是由负载决定的。因此,如何根据电机的负载性质来决定调速方法,使电动机能够得到充分的利用是个重要问题。

调速的经济指标决定于调速系统的设备投资及运行费用,而运行费用又决定于调速过程中的损耗,一般可用设备的效率 η 来说明。

$$\eta=\frac{P_2}{P_2+\Delta P} \tag{3-28}$$

式中,P_2 为电动机轴上的功率;ΔP 为调速时的损耗功率。

思考题与习题

3-1 什么是电力拖动系统? 它包括哪几部分? 各起什么作用?

3-2 电力拖动系统运动方程式中 T、T_L 及 n 正方向是如何规定的? 为什么有此规定?

3-3 典型生产机械的负载转矩特性有几种类型?

3-4 从运动方程式如何判定系统处于加速、减速和稳速等运动状态?

3-5 试说明 GD^2 与 J 的概念。它们之间有什么关系?

3-6 多轴拖动系统为什么要折算成等效单轴系统?

3-7 把多轴电力拖动系统折算成等效单轴系统时,负载转矩按什么原则折算? 各轴的飞轮矩按什么原则折算?

3-8 试用能量守恒定律解释转矩的动态平衡关系。

3-9 多轴系统的运动方程式与单轴系统的运动方程式有什么不同?

3-10 摩擦转矩当转速为零时的大小和方向怎样确定?

3-11 一般对于同一电力拖动系统,为什么低速轴转矩大? 高速轴转矩小,是什么原因?

3-12 什么叫稳定运行? 电力拖动系统稳定运行的充要条件是什么?

3-13 电动机有几种调速方法? 各有什么特点?

3-14 什么叫恒转矩调速方式和恒功率调速方式?

3-15 为什么要考虑电动机的调速方式与负载的类型在调速时的配合?

3-16 题 3-16 图所示为某车床电力拖动系统中,已知切削力 $F=2\,000\ \text{N}$,工件直径 $d=150\ \text{mm}$,电动机转速 $n=1\,450\ \text{r/min}$,减速箱的三级速比 $j_1=2$,$j_2=1.5$,$j_3=2$,各转轴的飞轮矩为 $GD_a^2=3.5\ \text{N}\cdot\text{m}^2$(指电动机轴),$GD_b^2=2\ \text{N}\cdot\text{m}^2$,$GD_c^2=2.7\ \text{N}\cdot\text{m}^2$,$GD_d^2=3.5\ \text{N}\cdot\text{m}^2$,各级传动效率分别都是 $\eta_c=0.9$,求:

题 3-16 图

(1) 切削功率;

(2) 电动机输出功率;

(3) 系统总飞轮矩;

(4) 忽略电动机空载转矩时,电动机电磁转矩;

(5) 车床开车但未切削时,若电动机加速度 $\mathrm{d}n/\mathrm{d}t=800\ \text{r/(min}\cdot\text{s)}$,忽略电动机空载转矩,求电动机电磁转矩。

3-17 起重机的传动机构如题 3-17 图所示,图中各元件数据见题 3-17 表。若起吊速度为 12 m/min,传动机构效率为:当起吊重物时 $\eta_c=0.7$;当空钩提升时 $\eta_0=0.1$。

计算:

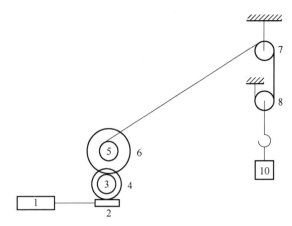

题 3-17 图　起重机的传动机构

(1) 折算到电动机轴上的系统总飞轮力矩;

(2) 重物吊起及放下时折算到电动机轴上的阻转矩;

(3) 空钩吊起及放下时折算到电动机轴上的阻转矩;

(4) 阐明在(2)和(3)的各种情况下,电动机输入机械能还是输出机械能。

题 3-17 表

编号	名称	齿数	$GD^2/N \cdot m^2$	重力/N	直径/mm
1	电动机		5.59		
2	蜗杆	双头	0.98		
3	齿轮	15	2.94		
4	蜗轮	30	17.05		
5	卷筒		98.10		500
6	齿轮	65	294.00		
7	导轮		3.92		150
8	导轮		3.92		150
9	吊钩			490	
10	重物(负载)			19 620	

3-18　某台电梯的拖动系统示意图如题 3-18 图所示,当电动机的转速为其额定转速 $n=n_N=980$ r/min 时,轿箱上下运行的速度 $v=0.8$ m/s。曳引轮的直径 $D_g=0.85$ m,轿箱自重 4 000 N,可以载重 36 000 N,平衡块的重为 20 000 N,重载提升时的传动效率 $\eta=0.85$,轻载提升时的传动效率 $\eta_0=0.75$。若不计钢丝绳的重量,求:

(1) 系统的传动比;

(2) 空轿箱提升及下降时,分别折算到电动机轴上的负载转矩及负载飞轮力矩;

（3）轿箱满载提升及下降时,分别折算到电动机轴上的负载转矩及负载飞轮力矩;

（4）轿箱满载上升及空轿箱上升时,如果要求初始加速度为 0.28 m/s²,则电动机发出的初始转矩分别为多少?（已知电动机和减速机构以及曳引轮的飞轮力矩总共为 $GD_1^2 = 95\ \text{N} \cdot \text{m}^2$）

题 3-18 图　电梯拖动系统示意图

第4章　直流电动机的电力拖动

所谓电力拖动,就是以电动机作为原动机来带动生产机械按人们所给定的规则运动。因此,构成一个电力拖动系统,除了作为原动机的各种电动机和被它所带动的生产机械负载之外,还有联结两者的传动机构、控制电动机按一定规律运转的电气控制设备和电源等。要深入地研究电力拖动系统的运动规律与运行特性,必须先建立电力施动系统的运动方程式。

本章中首先介绍电力拖动系统的运动方程式,然后介绍电动机的机械特性和生产机械的转矩特性。最后主要研究他励电动机拖动应用的四个问题——起动、反转、制动、调速。

4.1　直流他励电动机的机械特性

4.1.1　直流电动机的机械特性的分类

为了满足生产工艺过程的要求,应正确选择拖动系统,为此要首先研究电动机的特性。而电动机的特性中主要是机械特性,即 $n=f(T)$。电动机的机械特性是研究电力拖动系统非常重要的内容。

各种不同类型、不同性能的直流电动机,其本身的机械特性也不一样,也就是转矩和转速的变化规律不同。如图 4.1.1 所示的一些机械特性是各种直流电动机的自然机械特性。其中曲线 1 为他励直流电动机的机械特性,曲线 2 为串励直流电动机的机械特性,曲线 3 为一种复励直流电动机的机械特性。这些特性称为自然机械特性,因为它是电动机本身自然具有的特性。

除此之外,为了满足生产机械的要求,例如起动、调速和制动等各种工作状态的要求,而又人为创造一些机械特性,这些机械特性是依靠改变电动机的各种参数而形成的,所以把这些机械特性称为人为机械特性。

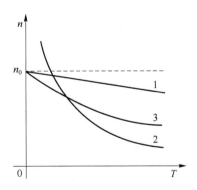

图 4.1.1　各种直流电动机机械特性

4.1.2　机械特性方程式

如图 4.1.2 所示为他励直流电动机拖动系统的原理图。他励直流电动机的机械特性是指当电源电压 U、气隙磁通 Φ 以及电枢回路总电阻 R_a+R_c 均为常数时,电动机的电磁转矩与转速之间的函数关系，即 $n=f(T)$。R_c 为外串电阻。

根据图中给出的正方向，可写出电枢回路的电压平衡方程式 $U=E_a+(R_a+R_c)I_a$。把电枢电动势公式 $E_a=C_e\Phi n$ 及电磁转矩公式 $T=C_T\Phi I_a$ 代入上式，整理后得

$$n=\frac{U}{C_e\Phi}-\frac{R_a+R_c}{C_e\Phi C_T\Phi}T \tag{4-1}$$

当 U、Φ 及 (R_a+R_c) 都保持为常数时，式(4-1)表示 n 与 T 之间的函数关系，即他励直流电动机的机械特性方程式。

图 4.1.2 他励直流电动机拖动系统

可以把式(4-1)写成如下的形式

$$n=n_0-\beta T \tag{4-2}$$

式中，$n_0=U/C_e\Phi$ 称为理想空载转速；$\beta=(R_a+R_c)/C_e\Phi C_T\Phi$ 为机械特性的斜率。

式(4-2)用曲线表示时如图 4.1.3 所示，它是穿越三个象限的一条直线，称为他励直流电动机的机械特性曲线。

在图 4.1.3 中的 A 点，$T=0$，因而 $I_a=0$，电枢压降 $(R_a+R_c)I_a=0$，电枢电动势 $E_a=U$，电动机的转速 $n=n_0=U/C_e\Phi$，n_0 是理想空载转速。

电动机在实际的空载状态下运行时，虽然轴输出转矩 $T_2=0$，但电动机必须产生电磁转矩用以克服空载转矩 T_0，所以实际空载转速 n_0' 为

$$n_0'=n_0-\beta T_0 \tag{4-3}$$

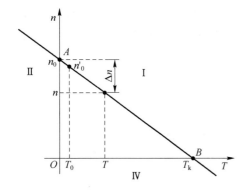

可见 $n_0'<n_0$。这并不是说理想空载转速不能实现。当电动机空载运行时，如果在电动机轴上施加一个与转速 n 方向相同的转矩，用来克服空载转矩 T_0，维持电动机继续旋转，使电磁转矩 $T=0$，这时电动机的转速即可达到理想空载转速 n_0。

在图 4.1.3 中的 B 点，$n=0$，因而 $E_a=0$，此时外加电压 U 与电枢压降 $I_a(R_a+R_c)$ 平衡，电枢电流 $I_a=U/(R_a+R_c)=I_k$，称为堵转电流，它仅由外加电压 U 及电枢回路中的总电阻 (R_a+R_c) 决定。与 I_k 相应的电磁转矩 $T_k=C_T\Phi I_k$ 称为堵转转矩。

图 4.1.3 他励直流电动机的机械特性曲线

在 A 点和 B 点，因电动机的电磁功率 $P_M=E_aI_a$ 都是零，所以不能实现机电能量转换。

当电磁转矩 $T_k>T>0$ 时，转速 $n>0$，二者方向一致，电磁转矩为拖动转矩。当电磁转矩从零增加到 T 时，电动机的转速将从 n_0 降到 $n=n_0-\beta T$。转速降低的数值为

$$\Delta n=n_0-n=\beta T \tag{4-4}$$

式中，Δn 称为转速降。

产生 Δn 的原因是由于在 U、Φ 及 (R_a+R_c) 均为常值的条件下，若 T 增大，则 $I_a=T/C_T\Phi$ 将与 T 成正比地增大，从而引起电枢压降 $I_a(R_a+R_c)$ 增大，电枢电动势 $E_a=U-I_a(R_a+R_c)$ 降低，电动机的转速 $n=E_a/C_e\Phi$ 下降。

机械斜率 $\beta=(R_a+R_c)/C_e\Phi C_T\Phi$，$\beta$ 与电枢回路总电阻 (R_a+R_c) 成正比，与气隙磁通 Φ 的

平方成反比，β 越大，机械特性越陡，在相同的电磁转矩下转速降也越大，电动机的转速也就越低。通常把 β 大的机械特性称为软特性。相反，若 β 小，机械特性曲线变平，T 增加时 Δn 比软特性时小，这样的机械特性称为硬特性。

为了比较机械特性的软或硬，通常采用机械特性硬度这一概念。所谓机械特性硬度是指在机械特性曲线的工作范围内的某一点的电磁转矩对该点转速的导数，用 α 表示为

$$\alpha = \frac{\mathrm{d}T}{\mathrm{d}n} \tag{4-5}$$

实际上特性的硬度就是机械特性斜率的倒数，所以 β 越小，硬度就越大。

机械特性的硬和软是相对的，没有严格的界线。

4.1.3　固有机械特性和人为机械特性

1. 固有机械特性

当电动机外加电压为额定值 U_N，气隙磁通也为额定值 Φ_N，且电枢回路中不外串电阻 R_c 时，电动机的机械特性称为固有机械特性（也称自然机械特性）。

固有机械特性方程式为

$$n = \frac{U_N}{C_e\Phi_N} - \frac{R_a}{C_e\Phi_N C_T\Phi_N}T \tag{4-6}$$

图 4.1.4 为他励直流电动机的固有机械特性曲线，它是一条略微向下倾斜的直线。

他励直流电动机固有机械特性的理想空载转速及斜率分别为 $n_0 = U_N/C_e\Phi_N$ 及 $\beta_N = R_a/(C_e\Phi_N C_T\Phi_N)$，所以固有机械特性也可表示为

$$n = n_0 - \beta_N T$$

在固有机械特性上，当电磁转矩为额定值 T_N 时，转速也为额定值 n_N，即

$$n_N = n_0 - \beta_N T_N = n_0 - \Delta n_N \tag{4-7}$$

式中，$\Delta n_N = \beta_N T_N$ 称为额定转速降。

由于电枢回路只有很小的电枢绕组电阻 R_a，所以 β_N 的值较小，属于硬特性。

电枢回路电阻 R_a 不在电动机铭牌上标出，对于小功率的实际电动机可采用伏安法实测，如果没有实际电机，则可以根据铭牌数据估算 R_a 的值。估算的依据是，普通直流电动机在额定状态下运行时，其电枢铜耗约占总损耗的 $1/2 \sim 2/3$。

电动机的总损耗为

$$\sum p_N = U_N I_N - P_N$$

额定电枢铜耗为

$$p_{CuaN} = I_N^2 R_a$$

因此，电枢电阻 R_a 为

$$R_a = \left(\frac{1}{2} \sim \frac{2}{3}\right)\frac{U_N I_N - P_N \times 10^3}{I_N^2} \tag{4-8}$$

2. 人为机械特性

人为机械特性就是通过改变电动机电源电压 U、磁通 Φ 以及电枢回路中外串电阻 R_c 等电气参数得到的机械特性。有以下三种人为机械特性。

（1）电枢串电阻的人为机械特性

电枢回路串电阻时,电动机的接线图如 4.1.5(a)所示。改变电枢回路外串电阻时,电源电压及气隙磁通均保持为额定值不变,因此电枢外串电阻 R_c 的人为机械特性方程式为:

$$n = \frac{U_N}{C_e \Phi_N} - \frac{R_a + R_c}{C_e \Phi_N C_T \Phi_N} T \tag{4-9}$$

由于理想空载转速 n_0 与电枢外串电阻 R_c 无关,而机械特性的斜率 β 则随 R_c 的增加而增大,使机械特性软。所以当 R_c 为不同值时,可以得到一簇放射形的人为机械特性曲线,如图 4.1.5(b)所示。

图 4.1.4　他励直流电动机的固有机械特性

(a) 接线图　　　　　　　　　(b) 人为机械特性

图 4.1.5　电枢串电阻时的接线图及人为机械特性

（2）改变电源电压的人为机械特性

他励直流电动机的电枢回路可以由他励直流发电机(或其他电源)供电,通过调节发电机的励磁电流来改变电动机的电枢电压。目前广泛采用晶闸管可控整流器给他励直流电动机供电,通过改变晶闸管的控制角来调节电动机的电枢电压。

改变电源电压的人为机械特性是在 $\Phi = \Phi_N$ 以及电枢回路不串电阻的条件下,对应于不同的电枢电压的机械特性。

由于电机电压不能超过额定值,所以通常只在额定值以下改变电源电压。此时电动机的人为机械特性方程式为

$$n=\frac{U}{C_{\mathrm{e}}\varPhi_{\mathrm{N}}}-\frac{R_{\mathrm{a}}}{C_{\mathrm{e}}\varPhi_{\mathrm{N}}C_{\mathrm{T}}\varPhi_{\mathrm{N}}}T \tag{4-10}$$

由上式可以看出,对应不同的电枢电压,人为机械特性的理想空载转速与电源电压成正比,但其斜率则不变,与固有机械特性的斜率相等。所以当电源电压为不同值时,各人为机械特性曲线都与固有机械特性曲线平等,如图 4.1.6 所示。

图 4.1.6　改变电源电压的人为机械特性　　图 4.1.7　减弱磁通的接线图及人为机械特性

（3）减弱气隙磁通的人为机械特性

减弱气隙磁通的人为机械特性是指 $U=U_{\mathrm{N}}$、电枢回路不串电阻的条件下,对应不同气隙磁通 $\varPhi(\varPhi<\varPhi_{\mathrm{N}})$ 的人为机械特性。此时机械特性方程式为

$$n=\frac{U_{\mathrm{N}}}{C_{\mathrm{e}}\varPhi}-\frac{R_{\mathrm{a}}}{C_{\mathrm{e}}\varPhi C_{\mathrm{T}}\varPhi}T \tag{4-11}$$

图 4.1.7(a)是减弱磁通 $\varPhi$ 的接线图。当减小励磁电流 I_{f} 时,即可减弱磁通。因为当 $\varPhi=\varPhi_{\mathrm{N}}$ 时电机的磁通已接近饱和,所以只能在 $\varPhi_{\mathrm{N}}$ 的基本上通过减小励磁电流 I_{f},使 $\varPhi<\varPhi_{\mathrm{N}}$。当 $\varPhi$ 为不同值时相应的人为机械特性曲线如图 4.1.7(b)所示。从图中可以看出,减弱磁通 $\varPhi$ 时,不仅人为特性的理想空载转速升高,机械特性曲线的斜率也增大,结果使特性变软。

在图 4.1.7 表现出改变磁通可以改变电动机的转速。转矩不太大时,磁通减小引起理想空载转速和转速降增加。因为电枢电阻很小,转速降增加的比理想空载转速增加的少,所以转速升高。当转矩大到一定程度时,减弱气隙磁通反而使转速降低,这时电流过大,超过了电动机的额定电流,所以电动机不允许工作在这样的大电流下。

例 4-1　一台他励直流电动机,铭牌数据如下: $P_{\mathrm{N}}=40\ \mathrm{kW}$, $U_{\mathrm{N}}=220\ \mathrm{V}$, $I_{\mathrm{N}}=210\ \mathrm{A}$, $n_{\mathrm{N}}=750\ \mathrm{r/min}$。负载转矩为额定值不变。试求

① 电动机的固有机械特性;

② $R_{\mathrm{c}}=0.4\ \Omega$ 的人为机械特性及电动机转速;

③ $U=110\ \mathrm{V}$ 的人为机械特性及电动机转速;

④ $\varPhi=0.8\varPhi_{\mathrm{N}}$ 的人为机械特性及电动机转速;

解

1. 电动机的固有机械特性

（1）估算电枢电阻 R_{a}

$$R_{\mathrm{a}}=\frac{1}{2}\left(\frac{U_{\mathrm{N}}I_{\mathrm{N}}-P_{\mathrm{N}}\times10^{3}}{I_{\mathrm{N}}^{2}}\right)=\frac{1}{2}\left(\frac{220\times210-40\times10^{3}}{210^{2}}\right)=0.07\ \Omega$$

（2）计算 $C_e\Phi_N$

$$C_e\Phi_N=\frac{U_N-I_N R_a}{n_N}=\frac{220-210\times0.07}{750}=0.273\,7$$

（3）理想空载转速 n_0

$$n_0=\frac{u_N}{C_e\Phi_N}=\frac{220}{0.273\,7}=804\text{ r/min}$$

（4）计算斜率 β

$$\beta=\frac{R_a}{C_e\Phi_N\times C_T\Phi_N}=\frac{R_a}{C_e\Phi_N\times9.55C_e\Phi_N}=\frac{0.07}{9.55\times0.273\,7^2}=0.097\,9$$

因此,电动机的固有机械特性为 $n=804-0.097\,9T$

2. $R_c=0.4\ \Omega$ 的人为机械特性

$$n_R=n_0-\frac{R_a+R_c}{C_e\Phi_N C_T\Phi_N}T=804-\frac{0.07+0.4}{9.55\times0.273\,7^2}T=804-0.657\,0T$$

额定负载时,电动机的电磁转矩为

$$T=C_T\Phi_N I_N=9.55C_e\Phi_N I_N=9.55\times0.273\,7\times210=549(\text{N}\cdot\text{m})$$

电动机的转速为

$$n=804-0.657T=804-0.657\times549=443.3(\text{r/min})$$

3. $U=110\ \text{V}$ 的人为机械特性

$$n=\frac{U}{C_e\Phi_N}-\frac{R_a}{C_e\Phi_N C_T\Phi_N}T=\frac{110}{0.273\,7}-\frac{0.07}{9.55\times0.273\,7^2}T=402-0.097\,9T$$

电动机在额定负载时转速为

$$n=402-0.097\,9T=402-0.097\,9\times549=348.3(\text{r/min})$$

4. $\Phi=0.8\Phi_N$ 的人为机械特性

$$n=\frac{U_N}{C_e\Phi}-\frac{R_a}{C_e\Phi C_T\Phi}T=\frac{U_N}{0.8C_e\Phi_N}-\frac{R_a}{9.55\times(0.8C_e\Phi_N)^2}T=1\,005-0.153\,0T$$

电动机在额定负载时转速为

$$n=1\,005-0.153\,0T=1\,005-0.153\,0\times549=921(\text{r/min})$$

4.2　直流他励电动机的起动

4.2.1　直接起动

将一台直流电动机接上直流电源,使之从静止状态开始旋转直至稳定运行,这个过程称为起动过程。起动时,应该满磁通起动,即励磁电流为额定值,每极磁通为额定值。因此起动时励磁回路不能串电阻,而且绝对不允许励磁回路出现断路。但是由于 $n=0$, $E_a=0$,则起动初瞬的电枢电流为:

$$I_a=\frac{U-E_a}{R_a+R_c}=\frac{U}{R_a+R_c} \tag{4-12}$$

如果起动时 $U=U_N$ 且 $R_c=0$,称为直接起动,其起动初瞬间的电枢电流为

$$I_a = \frac{U_N}{R_a}$$

由于电枢回路电阻 R_a 很小,所以直接起动时电枢冲击电流很大,可达额定电流的 $10 \sim 20$ 倍。过大的起动电流将导致换向困难,换向器表面产生强烈的火花或环火,电枢绕组产生过大的电磁力,引起绕组的损坏。其次产生过大的电磁转矩,形成过大的加速度,可能损坏机械传动部件。另外,对供电电网来说,过大的起动电流将引起电网电压的波动,影响其他接于同一电网上的电气设备的正常运行。只有容量为数百瓦的微型直流电动机,才允许采用直接起动方法(因为这类直流电动机有较大的电枢电阻,转动惯量也较小,起动时转速上升较快)。

一般直流电动机的最大允许电流为 $(1.5 \sim 2)I_N$。

为了限制起动电流,可采取降低电源电压起动或电枢回路串电阻起动的方法。

4.2.2　降低电源电压起动

图 4.2.1(a) 是降低电源电压起动时的接线图。

电动机的电枢由可调直流电源(直流发电机或可控整流器)供电。起动时,先将励磁绕组接通电源,并将励磁电流调到额定值,然后从低向高调节电枢回路的电压。开始时加到电枢两端的电压 U_1 在电枢回路中产生的电流 $I_a = U_1/R_a$ 应不超过 $1.5 \sim 2\ I_N$。这时电动机的机械特性为图 4.2.1(b) 中的直线 1,电磁转矩 $T_1 > T_L$,电动机开始转动。随着转速升高,E_a 增大,电枢电流 $I_a = (U_1 - E_a)/R_a$ 逐渐减小,相应的电磁转矩也减小。当电磁转矩下降到 T_2 时,将电源电压提高到 U_2,相应的机械特性为图中的直线 2。在升压瞬间,n 不变,E_a 也不变,因而引起 I_a 增大,电磁转矩增大到 T_3(取 $T_3 = T_1$),电动机将在机械特性 2 上升速。这样,当逐级升高电源电压,直至 $U = U_N$ 时,电动机将沿图 4.2.1(b) 中的点 $a \rightarrow b \rightarrow c \rightarrow \cdots \rightarrow k$ 加速到 p 点,电动机稳定运行,起动过程结束。

在调节电源电压时,不能升得过快,否则会引起过大的电流冲击。如果采用自动控制,起动时通过调节器自动调节电源电压,使电枢电流在整个起动过程中始终保持最大允许值,电动机就能以允许的最大转矩加速,从而缩短了起动时间。

降压起动方法在起动过程中能量损耗小,起动平稳,便于实现自动化,但需要一套可调的直流电源,起动设备复杂,增加了初投资。实际中多用于要求经常起动的场合和大中型电动机的起动,直流伺服系统多采用这种起动方法。

(a) 接线图　　　　　　(b) 机械特性及起动过程

图 4.2.1　降低电源电压起动时的接线及机械特性

4.2.3　电枢回路串电阻起动

这种方法比较简单,可以将起动电流限制在容许的范围内。串接在电枢回路中用以限制起动电流的电阻称为起动电阻,以 R_{st} 表示。

为了把起动电流限制在最大允许值 $I_1 = U_N/(R_a + R_{st})$,电枢回路中应串入的起动电阻值为

$$R_{st} \geq \frac{U_N}{I_1} - R_a \tag{4-13}$$

起动后如果仍把 R_{st} 串在电枢回路中,则电动机就会在电枢串电阻 R_{st} 的人为机械特性上以低速运行。为了使电动机能运转在固有机械特性上,应把 R_{st} 切除。若把 R_{st} 一次全部切除,会引起过大的电流冲击。为保证在起动过程中电枢电流不超过最大允许值,可以先切除一部分,待转速上升后再切除一部分,如此逐步地切除,直到全部被切除为止。这种起动方法称为串电阻分级起动。

在分级起动过程,若忽略电枢回路电感,并合理地选择每次切除的电阻值就能做到每切除一段起动电阻,电枢电流就瞬间增大到最大起动电流 I_1。此后,随着转速上升,电枢电流逐渐下降。每当电枢电流下降到某一数值 I_2 时就切除一段电阻,电枢电流就又突增到最大起动电流 I_1。这样,在起动过程中就可以把电枢电流限制在 I_1 和 I_2 之间。I_2 称为切换电流。起动电阻分段数目越少,起动过程中电流变化范围越大,转矩脉动越大,加速越不均匀,而且平均起动转矩越小,起动时间越长。起动电阻分段数目越多,起动的加速过程越平滑,起动时间越短。但为了减少控制器数量及设备投资,提高工作的可靠性,段数不宜过多,根据实际情况选择电阻分段数目,只要将起动电流的变化保持在一定的范围内即可。

下面以三级起动为例,说明分级起动过程。

图 4.2.2(a)为三级起动时的接线图,起动电阻分为三段,即 r_{st3}、r_{st2} 和 r_{st1},它们分别与接触器的触头 KM3、KM2、KM1 并联。控制这些接触器,使其触头依次闭合,就可以实现分级起动,起动过程如下。

起动开始瞬间,KM1、KM2、KM3 都断开,电枢回路的总电阻为 $R_{st3} = R_a + r_{st3} + r_{st2} + r_{st1}$,运行点在图 4.2.2(b)中的 a 点,起动电流为 I_1,起动转矩为 $T_1 > T_L$,电动机开始升速,转速沿着 R_{st3} 特性变化,起动电流下降,到图中的 b 点时,起动电流降到切换电流 I_2,在此瞬间 KM3 闭合,切除一段电阻 r_{st3},电枢总电阻变为 $R_{st2} = R_a + r_{st2} + r_{st1}$,相应的机械特性为 $n_0 dc$ 直线。切除电阻瞬间转速不变,电流则突增至 I_1,运行点从 b 点过渡到 c 点。此后又沿着 R_{st2} 特性的 cd 段变化,起动电流下降。当转速上升到 d 点对应的数值时,起动电流刚好下降到 I_2,此刻 KM2 闭合,切除第二段起动电阻 r_{st2},电枢回路总电阻变为 $R_{st1} = R_a + r_{st1}$,机械特性为 $n_0 fe$ 直线,运行点从 d 点过渡到 e 点,起动电流则从 I_2 增加到 I_1,电动机沿 ef 段升速,起动电流下降。当转速升高到 f 点时,起动电流又降到 I_2,在此时刻 KM1 闭合,切除最后一段电阻 r_{st1},运行点从 f 点过渡到固有机械特性上的 g 点,电流增加到 I_1。此后电动机在固有机械特性上升速,直到 w 点,$T = T_L$,电动机稳定运行,起动过程结束。

在设计电机的起动过程中,通常要计算各级起动电阻。他励直流电动机分级起动时,起动电阻一般可用下列两种方法计算。

1. 图解法

首先画出分级起动时电动机的机械特性图,作图的步骤如下。

(a) 接线图

(b) 机械特性及起动过程

图 4.2.2 电枢串电阻三级起动的接线及机械特性

1. 绘制固有机械特性。首先按 4.1 节介绍的方法计算电机的固有机械特性,绘制固有机械特性曲线,如图 4.2.2(b)中的直线 $n_0 g$ 所示。

2. 选取起动过程中最大起动电流 I_1(或最大起动转矩 T_1)及切换电流 I_2(或切换转矩 T_2)不变。对普通型直流电动机通常取:

$$I_1 = (1.5 \sim 2) I_N$$
$$I_2 = (1.1 \sim 1.2) I_N$$

在固有机械特性曲线图中横坐标轴上截取 I_1,及 I_2(或 T_1 及 T_2)两点,并分别向上作垂直线。

3. 画出分级起动特性图。画人为机械特性,如图 4.2.2(b)中的 $n_0 a$(相当于总电阻 $R_{st3} = R_a + r_{st3} + r_{st2} + r_{st1}$),$n_0 a$ 交 I_2(或 T_2)的垂直线于 b 点,画水平线 bc 交 I_1(或 T_1)的垂直线于 c 点,作人为机械特性 $n_0 c$(对应于总电阻 $R_{st2} = R_a + r_{st2} + r_{st1}$)交 I_2 的垂直线于 d,画水平线 de …最后,当切除末段电阻时所画的水平线与 I_1 的垂直线的交点应正好位于固有特性上(即水平线、I_1 的垂直线与固有机械特性三者交于一点,在图 4.2.2(b)中为 g 点)。如果作图的结果不能保证这一点,必须对选取的 T_1 或 T_2 数值稍作变动(一般可变动 T_2 的数值),再按上述同样步骤绘制,直到满足 I_1(或 T_1)一致的条件为止。

分级起动特性图一经绘出,即可在图上截取相应曲线段,并做很简单的计算,就可算出各段电阻。计算的根据是,由机械特性方程式

$$n = n_0 - \frac{R_a}{C_e \Phi_N C_T \Phi_N} T$$

得

$$\Delta n = n - n_0 = \frac{R_a}{C_e \Phi_N C_T \Phi_N} T$$

在电枢串电阻分级起动时,磁通 Φ 一般不变,当取 T 为定值时(如 $T = T_1 = $ 定值)机械特性上的转速降 Δn 与该特性所对应的电枢内总电阻 R 成正比,即

$$\Delta n = KR$$

式中 K 为比例常数,$K = T/(C_e \Phi_N C_T \Phi_N)$。

在图 4.2.2(b)中,当 $T = T_1$ 时,可得下列比例关系:

$$KR_a = \Delta n_{ng}$$
$$KR_{st1} = K(R_a + r_{st1}) = \Delta n_{ne}$$

$$KR_{st2} = K(R_a + r_{st1} + r_{st2}) = \Delta n_{nc}$$

$$KR_{st3} = K(R_a + r_{st1} + r_{st2} + r_{st3}) = \Delta n_{na}$$

化成比例关系

$$\frac{R_{st1}}{R_a} = \frac{r_{st1} + R_a}{R_a} \frac{\Delta n_{ne}}{\Delta n_{ng}} = \frac{\Delta n_{ng} + \Delta n_{ge}}{\Delta n_{ng}}$$

由此得

$$r_{st1} = R_a \frac{\Delta n_{ge}}{\Delta n_{ng}}$$

同样可得

$$r_{st2} = R_a \frac{\Delta n_{ec}}{\Delta n_{ng}} \text{、} r_{st3} = R_a \frac{\Delta n_{ca}}{\Delta n_{ng}} \cdots$$

由此可见,在绘制的机械特性图上,把对应于转矩常值 T_1 的转速降量出,即 Δn_{ng}、Δn_{ge}、Δn_{ec}、Δn_{ca},如已知 R_a,即可用上式算出分级电阻值 r_{st1}、r_{st2} 及 r_{st3}。

必须指出,也可利用对应于其他转矩常值(如 T_2=常值,或额定转矩 T_N=常值)量出的转速降来计算分级起动电阻。但一般这一转矩常值取的大一些较好,这样量出的转速降相对较大,相对误差可小一些,因而计算结果也更为准确。

2. 解析法

用解析法,可以不必先绘制分级起动特性图而直接计算分组电阻的数值。解析法的根据为:在起动过程中最大起动电流 I_1(或最大起动转矩 T_1)及切换电流 I_2(或切换转矩 T_2)不变。

在切换起动电阻瞬间,电动机的转速不能突变,电势不变,而电源电压不变,由电压方程 $U = E_a + I_a R$ 可知,在图 4.2.2 中 b、c 两点的电枢压降也相等,即

$$I_2 R_{st3} = I_1 R_{st2}$$

令 $I_1/I_2 = \lambda$,λ 称为起动电流(或起动转矩)比,则

$$R_{st3} = \lambda R_{st2}$$

同理,d、e 两点和 f、g 两点有

$$R_{st2} = \lambda R_1$$

$$R_{st1} = \lambda R_a$$

综上可得

$$R_{st3} = \lambda^3 R_a$$

推广到 m 级起动的一般情况得,

$$R_{stm} = \lambda^m R_a \quad \text{或} \quad \lambda = \sqrt[m]{\frac{R_{stm}}{R_a}}$$

用解析法计算分级起动电阻,可能有下列两种情况。

(1) 起动级数尚未确定

① 这种情况下,可先根据电动机的铭牌数据估算 R_a。

② 再根据生产机械对起动时间、起动的平稳性以及电动机的额定电流,确定最大起动电流 I_1 及切换电流 I_2,计算 R_{stm} 及 λ,即

$$R_{stm} = \frac{U_N}{I_1}, \quad \lambda = \frac{I_1}{I_2}$$

③ 计算起动级数 m。

$$m = \text{int}\left(\frac{\ln(R_{stm}/R_a)}{\ln \lambda}\right)$$

④ 由取整后的起动级数 m 计算起动电流比 λ'（对应 λ' 起动电流 I_1 或切换电流 I_2 变化），然后计算出各段起动电阻

$$r_{st1} = R_{st1} - R_a = (\lambda' - 1)R_a$$

$$r_{st2} = R_{st2} - R_{st1} = \lambda'^2 R_a - \lambda' R_a = \lambda' r_{st1}$$

$$\cdots$$

$$r_{stm} = \lambda'^{(m-1)} r_{st1}$$

（2）起动级数已知

这种情况下，可以根据电动机额定电流确定最大起动电流 I_1，根据电动机铭牌数据估算 R_a，并计算起动电流比 λ 及切换电流 I_2，公式如下：

$$\lambda = \sqrt[m]{\frac{R_{stm}}{R_a}} = \sqrt[m]{\frac{U_N}{I_1 R_a}}, \quad I_2 = \frac{I_1}{\lambda}$$

然后校核切换电流 I_2，如果 I_2 过大或过小，说明级数确定的不合理，应减小或增加级数，如果 I_2 在 $(1.1 \sim 1.2)I_N$ 的范围内，则可按第一种情况中第四步的公式来计算起动电阻。

例 4-2　一台他励直流电动机额定数据为：$P_N = 12\,\text{kW}$，$U_N = 220\,\text{V}$，$n_N = 1\,100\,\text{r/min}$，$I_N = 60\,\text{A}$，$R_a = 0.311\,\Omega$。假设需要三级起动，最大起动电流 $I_{stm} = 2I_N$，满载起动，求各段起动电阻值。

解　起动时电枢总电阻为

$$R_{st3} = \frac{U_N}{I_{stm}} = \frac{220}{2 \times 60} = 1.83\,\Omega$$

取 $m = 3$，则

起动电流（转矩）比 $\lambda = \sqrt[m]{\dfrac{R_{st3}}{R_a}} = \sqrt[3]{\dfrac{1.83}{0.311}} = 1.805$

切换电流为

$$I_2 = \frac{I_{stm}}{\lambda} = \frac{I_1}{\lambda} = \frac{2 \times I_N}{1.805} = 1.108 I_N > 1.1 I_N$$

所选的段数适宜

各段电阻为

$$r_{st1} = (\lambda - 1)R_a = (1.805 - 1) \times 0.311 = 0.25\,\Omega$$

$$r_{st2} = \lambda r_{st1} = 1.805 \times 0.25 = 0.45\,\Omega$$

$$r_{st3} = \lambda^2 r_{st1} = 1.805^2 \times 0.25 = 0.815\,\Omega$$

验证 $R_a + r_{st1} + r_{st2} + r_{st3} = 0.311 + 0.25 + 0.45 + 0.815 = 1.83 = R_{st3}$

4.3　直流他励电动机的调速

4.3.1　生产机械对调速的要求

很多生产机械为适应其工艺过程要求，需要改变它的转速。从机械特性看，电动机拖动负载运行时，其转速是由工作点决定的，工作点变了，电动机的转速也就变了。若负载不变，工作

图 4.3.1 电动机的调速

点便由电动机的机械特性确定，因此改变电动机的参数使其机械特性发生变化，就能改变电动机的转速。例如在图 4.3.1 中，电动机的固有机械特性 1 与恒转矩负载机械特性 2 的交点 A 所对应的转速为 n_A，如果在电枢回路中串入电阻，那么，电动机的机械特性将变为图中的直线 3，它与恒转矩负载机械特性 2 相交于 B 点，电动机将在工作点 B 以转速 n_B 稳定运行，实现了转速调节。

从他励直流电动机的机械特性方程式

$$n = \frac{U}{C_e \Phi} - \frac{R_a + R_c}{C_e \Phi C_T \Phi} T$$

可以看出，改变电枢回路外串电阻 R_c、电源电压 U 和气隙磁通 Φ 三者中的任何一个参数，都可以改变电动机的机械特性，实现调速。后面我们将分别介绍几种主要的调速方法。

4.3.2 降低电枢电压调速

下面介绍两种降低电枢端电压的方法。

1. 电枢回路串联电阻调速

他励直流电动机保持电源电压和气隙磁通为额定值，在电枢回路中串入不同阻值的电阻时，可以得到一簇人为机械特性。它们与负载机械特性的交点，即工作点，都是稳定的。电动机在这些工作点上运行时，可以得到不同的转速。外串电阻 R_c 的阻值越大，机械特性的斜率就越大，相同负载下电动机的转速也越低。

下面以转速由 n_A 降为 n_B 说明系统的调速过程，如图 4.3.2 所示。设电动机拖动恒转矩负载原在固有机械特性上的 A 点稳定运行，转速为 n_A。

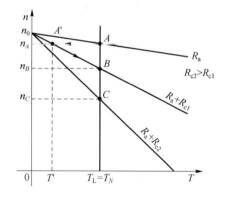

图 4.3.2 电枢串联电阻调速

当电枢电阻由 R_a 突增到 $R_a + R_{c1}$ 时，转速 n_A 及电枢电动势 E_a 一开始不能突变，运行点即在相同的转速下由 A 点过渡到 A′点，转矩由 T_N 下降为 T'，此时 $T = T' < T_L$，$(\mathrm{d}n/\mathrm{d}t)$ 为负，系统减速。随着 n 及 E_a 的下降，I_a 及 T 不断增加，系统减速度不断减小，直到 n 降到 n_B 时，T 增至 T_N，转矩新的平衡又建立，系统以较低的转速 n_B 稳定运行于 B 点，调速过程结束。

在额定负载下，电枢串电阻调速时能达到的最高转速（$R_c = 0$ 时）为额定转速，所以其调速方向是由基速向下。

电枢回路串电阻调速时，如果负载转矩 T_L 为常数，那么，当电动机在不同的转速下稳定运行时，由于电磁转矩都与负载转矩相等，因此电枢电流

$$I_a = \frac{T}{C_T \Phi_N} = \frac{T_L}{C_T \Phi_N} = 常数$$

即 I_a 与 n 无关。若 $T_L = T_N$，则 I_a 将保持额定值 I_N 不变。

电枢串电阻调速时，外串电阻 R_c 上要消耗电功率 $I_a^2 R_c$，使调速系统的效率降低。当电动

机的负载转矩 $T_L=T_N$ 时，$I_a=I_N$，$P_1=U_N I_N=$ 常数。忽略电动机的空载损耗 p_0。则 $P_2=P_M$ $=E_a I_a$。这时调速系统的效率为

$$\eta=\frac{P_2}{P_1}\times 100\%=\frac{E_a I_a}{U_N I_N}\times 100\%=\frac{n}{n_0}\times 100\%$$

可见调速系统的效率将随 n 的降低成正比地下降。当把转速调到 $0.5n_0$ 时，输入功率将有一半损耗在 R_a+R_c 上，所以这是一种耗能的调速方法。

电枢串电阻的人为机械特性是一簇通过理想空载点的直线，串入的调速电阻越大，机械特性越软。这样，在低速下运行时，负载在不大的范围内变化，就会引起转速发生较大的变化，也就是转速的稳定性较差。

外串电阻 R_c 只能分段调节，所以这种调速方法不能实现无级调速。

在调速时，电动机可能在不同转速下较长时间运行，所以应按允许长期通过的额定电枢电流来选择外串电阻的功率，这使得电阻器的体积大、笨重。

尽管电枢串电阻调速方法所需设备简单、操作方便，但由于上述的功率损耗大、低速运行时转速稳定性差、不能无级调速等缺点，只能适用于对调速性能要求不高的中、小功率电动机，大功率电动机不采用。

2. 降低电源电压调速

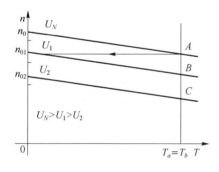

图 4.3.3　降低电源电压调速

保持他励直流电动机的磁通为额定值，电枢回路不串电阻，若将电源电压降低为 U_1、U_2、U_3 等不同数值时，则可得到与固有机械特性平行的人为机械特性，如图 4.3.3 所示。该图中所示的负载为恒转矩负载，当电源电压为额定值 U_N 时，工作点为 A，电动机转速为 n_A；电压降低到 U_1 后，转速 n_A 及电枢电动势 E_a 一开始不能突变，运行点即在相同的转速下由 A 点过渡到 A' 点，转矩由 T_N 下降为 T'，此时 $T=T'<T_L$，(dn/dt) 为负，系统减速。随着 n 及 E_a 的下降，I_a 及 T 不断增加，系统减速度不断减小，直到 n 降到 n_B 时，T 增至 T_N，转矩新的平衡又建立，系统以较低的转速 n_B 稳定运行于 B 点，调速过程结束。工作点为 B，转速为 n_B；电压为 U_2 时，工作点为 C，转速为 n_c，……电源电压越低，转速也越低，调速方向是从基速向下调节，因为电压一般不超过额定值。

降低电源电压调速时，$\Phi=\Phi_N$ 不变，若电动机拖动恒转矩负载，那么，在不同转速下稳定运行时，电磁转矩 $T=T_L=$ 常数，电枢电流

$$I_a=\frac{T_L}{C_T \Phi_N}=\text{常数}$$

如果 $T_L=T_N$，则 $I_a=I_N$ 不变，与转速无关。调速系统的铜耗为 $I_N^2 R_a$，也与转速无关，而且数值较小，所以效率高。

当电源电压为不同值时，机械特性的斜率都与固有机械特性的斜率相等，特性较硬，当降低电源电压在低速下运行时，转速随负载变化的幅度较小，与电枢回路串电阻调速方法比较，转速的稳定性要好得多。

降低电源电压调速需要独立可调的直流电源，可以采用单独的他励直流发电机或晶闸管可控整流器。无论采用哪种方法，输出的直流电压都是连续可调的，因此能实现无级调速。

他励直流电动机降低电源电压调速是一种性能优越的调速方法,广泛应用于对调速性能要求较高的电动拖动系统中。

4.3.3 减弱磁通调速

因为磁通接近饱和,故可以弱磁,比较简单的方法是在励磁电路中串联调节电阻,改变励磁电流,使磁通改变。保持他励直流电动机电源电压为额定值,电枢回路不串电阻,改变电动机磁通时,其机械特性方程式为

$$n = \frac{U_N}{C_e\Phi} - \frac{R_a}{C_e C_T \Phi^2}T = n_0 - \Delta n$$

减弱磁通 Φ 时,n_0 与 Φ 成反比地增加;Δn 与 Φ^2 成反比地增加。如果负载不是很大,则 n_0 增加较多,Δn 增加较少,减弱磁通后电动机的转速将升高。

例如,当电动机拖动恒转矩负载 $T_L = T_N$ 在固有特性上运行时,$\Delta n = 0.05\,n_0$,$n = 0.95\,n_0$。若将磁通 Φ 降至 $0.8\Phi_N$,则理想空载转速为 $n_0' = n_0/0.8 = 1.25\,n_0$;转速降为 $\Delta n' = \Delta n_N/0.8^2 = 0.078\,n_0$,电动机的转速为

$$n' = n_0' - \Delta n' = 1.25n_0 - 0.078n_0 = 1.17n_0$$

高于在固有机械特性上运行的转速。

他励直流电动机拖动恒转矩负载弱磁升速的过程可用图 4.3.4 的机械特性来说明。设电动机拖动恒转矩负载原在固有机械特性上的 A 点运行,转速为 n_A。当磁通从 Φ_N 降到 Φ_1 时,瞬间转速 n_A 不变,而电枢电动势 $E_a = C_e\Phi n_A$ 则因 Φ 下降而减小,电枢电流 $I_a = (U - E_a)/R_a$ 增大。由于 R_a 较小,E_a 稍有变化就能使 I_a 增加很多。例如,某一电动机 $U_N = 220$ V,$E_a = C_e\Phi n = 200$ V,$R_a = 0.5\ \Omega$,此时的电流为 $I_a = (U_N - C_e\Phi n)/R_a = (220 - 200)/0.5 = 40$ A。若将磁通 C 还是降至 $0.8\Phi_N$,磁通变化瞬间转速不变,这时的电流为 $I_a = (U_N - C_e\Phi n)/$

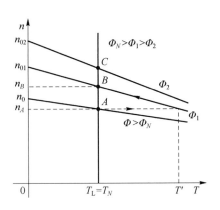

图 4.3.4 弱磁调速

$R_a = (220 - 0.8 \times 200)/0.5 = 120$ A。即电枢电流增加到原来的 3 倍。

此时虽然 Φ 减小了,但它减小的幅度小于 I_a 增加的幅度,所以电磁转矩 $T = C_T\Phi n_A$ 还是增大了。增大后的电磁转矩即为图 4.3.5 中的 T',于是 $T' - T_L > 0$,电动机开始升速。随着转速升高,E_a 增大,I_a 及 T 下降,直到 B 点,$T = T_L$,达到新的平衡,电动机在 B 点稳定运行。这里需要注意的是:虽然弱磁前后电磁转矩不变,但弱磁后在 B 点运行时,因磁通减小,电枢电流将与磁通成反比地增大。

弱磁调速方法具有以下特点。

(1) 弱磁调速只能在基速以上的范围内调节转速,属于向上调速。

(2) 在电流较小的励磁回路内进行调节,因此控制方便,功率损耗小。

(3) 用于调节励磁电流的变阻器功率小,可以较平滑地调节转速。如果采用可以连续调节电压的直流电源控制励磁电压弱磁,则可实现无级调速。

(4) 由于受电动机换向能力和机械强度的限制,弱磁调速时转速不能升得太高。一般只

能升到 $1.2 \sim 1.5 n_N$。特殊设计的弱磁调速电动机可升到 $3 \sim 4 n_N$。调速范围不大,普通设计的电动机 D=1.2~2,特殊设计的电动机 D=3~4。

在实际生产中,通常把降压调速和弱磁调速配合起来使用,以实现双向调速,扩大转速的调节范围。

4.3.4　调速方法比较

他励直流电动机电枢回路串电阻调速和降低电源电压调速属于恒转矩调速方式。因为 $\Phi=\Phi_N$ 不变,在 $I_a=I_N$ 条件下,电磁转矩 $T=C_T\Phi_N I_N=T_N$ 也不变,稳态时与 n 无关,所以属于恒转矩调速方式。此时电动机功率为 $P=T_N n/9.55$ 与转速成正比。

在他励直流电动机弱磁调速方法中,$U=U_N$,Φ 是变化的,保持 $I_a=I_N$ 不变时,允许输出的转矩 $T=C_T\Phi I_N$。Φ 与 n 有如下关系:

$$\Phi=\frac{U_N-I_N R_a}{C_e n}=\frac{C_1}{n} \tag{4-14}$$

式中,$C_1=(U_N-I_N R_a)/C_e$ 为比例常数。电磁转矩可表示为

$$T=C_T\frac{C_1}{n}I_N=C_2\frac{1}{n} \tag{4-15}$$

式中,$C_2=C_1 C_T I_N$ 为常数。

上式表明 T 与 n 成反比变化,电动机输出的功率为

$$P=\frac{Tn}{9.55}=\frac{C_2 n}{9.55 n}=\frac{C_2}{9.55}=常数$$

可见,弱磁调速时电动机允许输出的功率为常数,与转速无关;允许输出的转矩则与 n 成反比变化,属恒功率调速方式。

直流电动机的正转和反转是根据电磁转矩 $T=C_T\Phi_N I_N$ 方向决定的。改变电枢电流方向或改变磁通方向,可以改变电磁转矩方向,也就改变了电动机转速方向,即改变了电动机的旋转方向。电枢电流方向或磁通方向同时改变,电磁转矩方向不变,转速方向也不变。

例 4-3　一台他励直流电动机的铭牌数据为 $P_N=22$ kW,$U_N=220$ V,$I_N=115$ A,$n_N=1\,500$ r/min。已知 $R_a=0.1\ \Omega$。该电动机拖动额定负载运行,要求把转速降低到 $1\,000$ r/min,不计电动机的空载转矩 T_0,试计算:(1)采用电枢串电阻调速时需串入的电阻值;(2)采用降低电源电压调速时需把电源电压降低到多少伏;(3)上述两种情况下拖动系统输入电功率和输出的机械功率;(4)采用弱磁调速 $\Phi=0.8\Phi_N$ 时,如果不使电动机超过额定电枢电流,则电动机能输出的最大转矩与功率是多少?

解　1. 采用电枢串电阻调速时需串入的电阻值

(1) $C_e\Phi_N=\dfrac{U_N-I_N R_a}{n_N}=\dfrac{220-115\times0.1}{1\,500}=0.139$

(2) $n_0=\dfrac{U_N}{C_e\Phi_N}=\dfrac{220}{0.139}=1\,582.7$ r/min

(3) $\Delta n_N=n_0-n_N=(1\,582.7-1\,500)=82.7$ r/min

(4) 在人为机械特性上运行时的转速降

$$\Delta n=n_0-n=(1\,582.7-1\,000)=582.7 \text{ r/min}$$

(5) $T=T_N$ 时 $\dfrac{\Delta n}{\Delta n_N}=\dfrac{R_a+R_c}{R_a}$

$$\therefore R_c = \left(\frac{\Delta n}{\Delta n_N} - 1\right)R_a = \left(\frac{582.7}{82.7} - 1\right) \times 0.1 = 0.604 \ \Omega$$

以上计算是应用转速降与电阻成正比的方法。也可以用其他方法,例如将要求的转速直接代入串电阻人为机械特性公式计算,算法如下:

$$n = \frac{U_N}{C_e\Phi_N} - \frac{R_a + R_c}{C_e\Phi_N C_T\Phi_N}T = \frac{U_N - (R_a + R_c)I_N}{C_e\Phi_N}$$

$$R_a = \frac{U_N - C_e\Phi_N n}{I_N} - R_a = \frac{220 - 0.139 \times 1\,000}{115} - 0.1 = 0.604 \ \Omega$$

2. 降低电源电压的计算

(1) 降压后的理想空载转速

$$n_{01} = n + \Delta n_N = 1\,000 + 82.7 = 1\,082.7 \ \text{r/min}$$

(2) 降低后的电源电压

$$U_1 = \frac{n_{01}}{n_0}U_N = \frac{1\,082.7}{1\,582.7} \times 220 = 150.5 \ \text{V}$$

也可以将要求的转速直接代入降压人为机械特性公式的方法,计算所需电压 U_1。

3. 降速后系统输出功率与输入功率的计算

(1) 输出转矩

$$T_2 = T_N = 9.55\frac{P_N}{n_N} = 9.55 \times \frac{22 \times 10^3}{1\,500} = 140.1 \ \text{N} \cdot \text{m}$$

(2) 输出功率

$$P_2 = T_2\Omega = T_2\frac{2\pi}{60}n = 140.1 \times \frac{1}{9.55} \times 1\,000 = 14\,670 \ \text{W}$$

(3) 电枢串电阻调速时系统输入的电功率

$$P_1 = U_N I_N = 220 \times 115 = 25\,300 \ \text{W}$$

(4) 降低电源电压调速时系统输入的电功率

$$P_1 = U_1 I_N = 150.5 \times 115 = 17\,308 \ \text{W}$$

4. 弱磁调速时的输出转矩与功率

(1) $\Phi = 0.8\Phi_N$、$I_a = I_N$ 时允许输出的转矩

$$T_2 = C_T\Phi I_N = 9.55 \times 0.8 C_e\Phi_N I_N = 9.55 \times 0.8 \times 0.139 \times 115 = 122 \ \text{N} \cdot \text{m}$$

(2) 电动机的转速

$$n' = n_0' - \Delta n' = \frac{n_0}{0.8} - \frac{R_a I_N}{0.8 C_e\Phi_N} = \frac{1\,582.7}{0.8} - \frac{0.1 \times 115}{0.8 \times 0.139} = 1\,875 \ \text{r/min}$$

(3) 电动机输出功率

$$P_2 = T_2\Omega = T_2\frac{2\pi}{60}n = 122 \times \frac{1}{9.55} \times 1\,875 = 23\,950 \ \text{W} = 23.95 \ \text{kW}$$

$$\frac{P_2}{P_N} = \frac{23.95}{22} = 1.088$$

可见,弱磁调速时,若保持 $I_a = I_N$ 不变,则电动机输出的功率接近恒定。弱磁调速属于恒功率调速。

例 4-4 一台他励直流电动机的铭牌数据为 $P_N = 60$ kW,$U_N = 220$ V,$I_N = 350$ A,$n_N = 1\,000$ r/min。已知 $R_a = 0.04 \ \Omega$。生产机械要求的静差率 $\delta \leqslant 20\%$,调速范围 $D = 4$,最高转速 $n_{max} = 1\,000$ r/min,试问采用哪种调速方法能满足要求?

解　调速方法如下

1. $C_e\Phi_N = \dfrac{U_N - I_N R_a}{n_N} = \dfrac{220 - 305 \times 0.04}{1\,000} = 0.207\,8$

2. $n_0 = \dfrac{U_N}{C_e\Phi_N} = \dfrac{220}{0.207\,8} = 1\,058.7 \text{ r/min}$

由于是向下调速,所以只能采用降低电源电压及电枢串电阻两种调速方法。

3. 采用电枢串电阻调速方法

$$n_{\min} = n_0 - \delta n_0 = n_0(1-\delta) = 1\,058.7 \times (1-0.2) = 847 \text{ r/min}$$

$$D = \frac{n_{\max}}{n_{\min}} = \frac{1\,000}{847} = 1.181 < 4$$

不能满足要求。

4. 采用降低电源电压调速方法

(1) 额定转速降

$$\Delta n_N = n_0 - n_N = 1\,058.7 - 1\,000 = 58.7 \text{ r/min}$$

(2) 最低转速时的理想空载转速

$$n_{0\min} = \frac{\Delta n_N}{\delta} = \frac{58.7}{0.2} = 293.5 \text{ r/min}$$

(3) 最低转速

$$n_{\min} = n_{0\min} - \Delta n_N = (293.5 - 58.7) = 234.8 \text{ r/min}$$

(4) 调速范围

$$D = \frac{n_{\max}}{n_{\min}} = \frac{1\,000}{234.8} = 4.26 \approx 4$$

可以满足要求,应采用降低电源电压调速。

4.4　直流他励电动机的制动

直流电动机有两种运转状态。

(1) 电动运转状态,其特点是电动机转矩 T 的方向与旋转方向(转速 n 的方向)相同,此时电网向电动机输入电能,并转变为机械能以带动负载。

(2) 制动运转状态,其特点是电动机转矩 T 的方向与转速 n 的方向相反,此时电动机吸收机械能,并转变为电能。

在生产实践中,有时需要电力拖动系统停车,或者需要生产机械从高速调整转速为低速,这时就需要电动机产生一个起制动作用的转矩。此时电动机所发出的转矩 T 与转速 n 的方向相反。电动机的这种运行状态称为制动运行状态。

为了使电机拖动系统停车,最简单的方法是断开电枢电源,系统在摩擦阻力转矩的作用下,转速会慢慢下降至零而停车,这叫"自由停车"。自由停车特别是空载自由停车所需的时间很长。当希望电力拖动系统尽快地停车(或降速)时,可采用机械动作进行刹车,靠摩擦力进行制动;也可以采用电磁制动器进行制动,即所谓"抱闸";还可以使用电气制动方法,常用的有能耗制动、反接制动、再生发电制动等,使电动机产生一个负的转矩(即制动转矩),以增加减速度,使系统较快地停下来。本节说明电气制动状态的物理过程、能量关系以及机械特性和参数之间的关系。

4.4.1 能耗制动

图 4.4.1(a)是他励直流电动机能耗制动时的接线图。当接触器 KM1 的触头闭合,KM2 的触头断开时,电动机拖动反抗性恒转矩负载在电动状态下运行,这时 n、T 及 T_L 均为正,如图 4.4.1(a)所示。制动时,将 KM1 断开,电动机电枢与电源脱离,$U=0$,如图 4.4.1(b)所示;KM2 闭合,电枢回路通过电阻 R_c 构成闭合回路。在电路切换瞬间,电动机转速 n 不能突变,因而电枢电动势 E_a 也不变。忽略电枢电感时,E_a 产生电流 $I_a=-E_a/(R_a+R_c)$。电枢电流为负值,即其方向与电动状态时的正方向相反。当 Φ 方向未变而电流反向,转矩 T 也与电动状态时反向。因此 T 与 n 的方向相反,此时为制动状态,T 为制动转矩,使系统较快地减速。当 $n=0$ 时,$E_a=0$,$I_a=0$,$T=0$,制动过程结束。

(a) 电动状态　　　　　(b) 能耗制动

图 4.4.1　他励直流电动机能耗制动原理

在制动过程中,因 $U=0$,电动机与电源没有能量转换关系,而电磁功率 $P_M=E_aI_a=T\Omega<0$,说明电动机从轴上输入机械功率,扣除空载损耗功率后,其余的功率通过电磁作用转变成电功率,消耗在电枢回路中的电阻,即 $I_a^2(R_a+R_c)$。电动机输入的机械功率来自降速过程中系统单位时间释放的动能 $(J\Omega^2)/2$。当制动到 $n=0$ 时,系统贮存的动能全部释放完毕,制动过程结束。

制动过程中,电动机靠系统的动能发电,转化成发电机,把动能变成电能,消耗在电枢电路内的电阻上,因此称之为能耗制动。

能耗制动时 $U=0$,$\Phi=\Phi_N$,因此其机械特性方程式为

$$n=-\frac{R_a+R_c}{C_e\Phi_N C_T\Phi_N}T \qquad (4\text{-}16)$$

能耗制动的机械特性曲线是通过原点的一条直线,如图 4.4.2 所示。

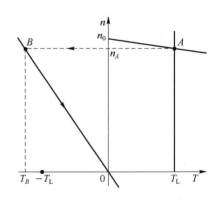

图 4.4.2　能耗制动过程

假定制动前电动机在固有机械特性的 A 点稳定运行。开始切换到能耗制动瞬间,转速 n_A 不能突变,电动机从工作点 A 过渡到能耗制动机械特性的 B 点上。因 B 点电磁转矩 $T_B<0$,拖动系统在转矩 T_B 和 T_L 相同方向的作用下迅速减速,运行点沿能耗制动机械特性下降,制动转矩

的绝对值也随之减小,直到原点,电磁转矩及转速都降到零,拖动系统停止运转。

能耗制动开始瞬间的电枢电流 $|I_a|$ 与电枢回路的总电阻 R_a+R_c 成反比。外串电阻 R_c 越小,$|I_a|$ 及 T 就越大,制动效果好,停车迅速。但受电机换向条件限制 $|I_a|$ 不能太大,制动开始时应将 I_a 限制在最大允许值 I_{amax}。这时电枢回路外串电阻的最小值为

$$R_{cmin}=\frac{E_a}{I_{amax}-R_a} \tag{4-17}$$

(a) 电路图　　　　　　　　(b) 机械特性

图 4.4.3　两级能耗制动的电路图及机械特性

式中,E_a 为制动开始时电动机的电枢电动势。

从图 4.4.2 所示的能耗制动机械特性可见,在制动过程中,制动转矩随转速的降低而减小,制动作用减弱,拖长了制动时间。为了克服这个缺点,在某些生产机械中采用多级能耗制动。图 4.4.3(a)为两级能耗制动时的接线图。制动开始时触头 KM1、KM2 断开,电阻 R_{c1}、R_{c2} 全部串入电枢回路中,能耗制动机械特性为图 4.4.3(b)中的直线 1,随着转速下降,运行点沿 $B \to C$ 下降,在 C 点,KM1 闭合,切除电阻 R_{c1},瞬间转速 n 不变,电磁转矩增大,运行点从 C 过渡到机械特性 2 的 D 点。此后 n 及 T 将沿 $D \to E$ 变化,至 E 点时,KM2 闭合,切除电阻 R_{c2},运行点从 E 过渡到 F,并沿 $F \to 0$ 变化,直到 0 点,$n=0$,系统停车。

采用分级能耗制动,增大了平均制动转矩,缩短了制动时间。

他励直流电动机拖动位能性恒转矩负载在固有机械特性的 A 点运行,以转速 n_A 提升重物,如图 4.4.4 中第 I 象限所示。为了下放重物,首先采用能耗制动过程使电机停止运动。这时工作点从 $A \to B \to O$ 变化,如图 4.4.4 中第 II 象限所示。在 O 点,T 及 n 都为零,重物被吊在空中,如果不用机械闸抱住电动机轴,那么,在位能负载转矩 T'_L 的作用下电动机将反转,重物下降,$n<0$,$E_a<0$,$I_a>0$,$T>0$。T 与 n 方向相反,为阻碍运动的制动转矩。电动机的运行点将沿图 4.4.4 中的 $O \to C$ 变化。随着电动机反转速度升高,E_a 不断增大,因而 I_a 及 T 也增大,直到 C 点,$T=T'_L$,电动机将在第 IV 象限中的工作点 C 以稳定转速 $-n_c$ 下放重物。这时电动机产生的制动转矩起到了限制重物下降速度的作用,否则,在重力作用下重物的下降速度将持续升高。电动机在 C 点的稳定运行状态,称为能耗制动运行。

能耗制动运行时的功率关系与能耗制动过程时是一样的,不同的只是能耗制动运行状态下,机械功率的输入是靠重物下降时减少的位能提供的。

例 4-5　一台他励直流电动机额定数据为:

$P_N=39~kW$,$U_N=220~V$,$n_N=1~000~r/min$,$I_N=200~A$,$R_a=0.07~\Omega$。试求:

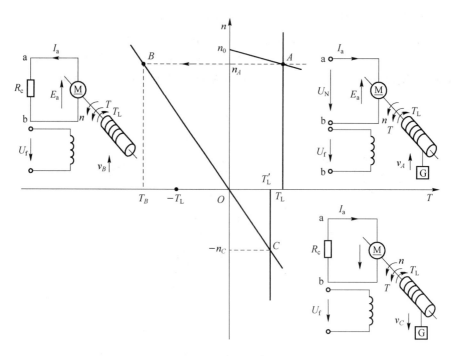

图 4.4.4 能耗制动运行原理

1）在额定情况下进行能耗制动,欲使制动电流等于 $2I_N$,电枢应外接多大的制动电阻?

2）求出能耗制动机械特性方程;

3）如电枢无外接电阻,制动电流有多大?

解

1）额定情况下,电动机电动势为

$$E_{aN}=U_N-I_N R_a=220-200\times0.07=206 \text{ V}$$

按要求
$$I_{max}=-2I_N=-2\times210=-420 \text{ A}$$

能耗制动时应串入的制动电阻

$$R_{amin}=-\frac{E_{aN}}{I_{max}}-R_a=-\frac{206}{-420}-0.07=0.489-0.07=0.455 \ \Omega$$

2）能耗制动时机械特性方程

$$C_e\Phi_N=\frac{E_{aN}}{n_N}=\frac{206}{1\,100}=0.187\,3$$

$$C_T\Phi_N=9.55C_e\Phi_N=9.55\times0.1873=1.788\,5$$

所以能耗制动特性方程为

$$n=-\frac{(R_a-R_c)T}{C_e\Phi C_T\Phi}=-\frac{0.455+0.07}{0.187\,3\times1.788\,5}T=-1.567T$$

3）如不外接制动电阻,制动电流为

$$I_{max}=-\frac{E_{aN}}{R_a}=-\frac{206}{0.07}=-2\,943 \text{ A}$$

此电流约为额定电流的 15 倍。所以能耗制动时,不允许直接将电枢短接,必须接入一定数值的制动电阻。

4.4.2　电压反接制动

图 4.4.5(a)为电压反接(又称电源反接)制动时的接线图,当接触器的触头 KM1 闭合、KM2 断开时,电动机拖动反抗性恒转矩负载在固有机械特性的 A 点运行,如图 4.4.5(b)所示。制动时,触头 KM1 断开,KM2 闭合,将电源电压反极性,同时在电枢回路中串入了电阻 R_c。这时 $U=-U_N$;电枢回路总电阻为 R_a+R_c;$\Phi=\Phi_N$。电动机的机械特性方程式为

$$n=\frac{-U_N}{C_e\Phi_N}-\frac{R_a+R_c}{C_e\Phi_N C_T\Phi_N}T=-n_0-\beta T \tag{4-18}$$

(a) 接线图　　　　　　　　　　(b) 机械特性

图 4.4.5　电压反接制动的接线和机械特性

相应的机械特性为图 4.4.5(b)中第Ⅱ象限的直线 2。在电路切换瞬间,转速 n_A 不能突变,工作点从 A 过渡到机械特性 2 的 B 点。在 B 点,电磁转矩 $T=T_B<0$,$n>0$,二者方向相反,电磁转矩成为制动转矩,电动机减速,T 及 n 沿机械特性 2 的 $B\rightarrow C$ 向下变化。在 C 点 $n=0$,停车过程结束,触头 KM2 断开,将电动机的电源切除。在这一过程中,电动机运行于第Ⅱ象限,而转速从稳定值 n_A 降到零。这种制动是通过把电源电压极性反接实现的,所以称为电压反接制动,或电枢反接制动。

电压反接制动时,$U=-U_N<0$,$n>0$,$E_a>0$,电枢电流

$$I_a=\frac{-U_N-E_a}{R_a+R_c}<0$$

因此,系统输入的电功率 $U_N I_a>0$。电动机轴上的功率 $P_2=T_2\Omega<0$,电磁功率 $P_M=E_a I_a$ $=T\Omega<0$。根据拖动系统功率平衡关系

$$U_N I_a-E_a I_a=I_a^2(R_a+R_c)$$

可知,在电压反接制动过程中,电动机从轴上输入的机械功率,扣除空载损耗功率后即转变为电功率,这部分功率和从电源输入的电功率,两者都消耗在电枢回路的电阻上。

如果制动前电动机在固有机械特性上运行,$E_a\approx U_N$,为了把电枢电流限制在最大允许值 I_{amax},电枢外串电阻的最小值应为

$$R_{cmin}=\frac{U_N+E_a}{I_{amax}}-R_a\approx\frac{2U_N}{I_{amax}} \tag{4-19}$$

对同一台电动机,由换向条件决定的最大允许电枢电流 I_{amax} 只有一个,所以采用电压反接

制动时电枢回路外串电阻的最小值差不多比采用能耗制动时增大了一倍,机械特性的斜率也差不多比能耗制动时增大了一倍,如图 4.4.6 中所示的机械特性 2 和 3。由图不难看出,如果制动开始时两种制动方法的电枢电流都等于最大允许值 I_{amax},那么,在制动停车的过程中电压反接制动的制动转矩比能耗制动大,因此制动停车的时间短。

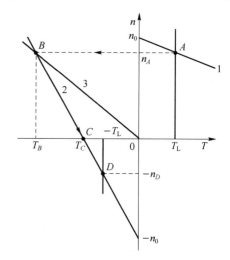

在电压反接制动过程结束瞬间,$n=0$,但电磁转矩 T 却不为零。此时若 $|T|$ 大于反抗性负载转矩 $|T_L|$,如图 4.4.6 中的 C 点所示,则为了停车就应立即切断电源,否则电动机就要反向起动,工作点沿电压反接制动的机械特性(图中直线 2)下移而进入第Ⅲ象限,直到 D 点,以 $-n_D$ 稳定运行。在第Ⅲ象限中,T 与 n 方向一致,是驱动转矩,电动机进入反向电动状态。

图 4.4.6 电压反接制动与能耗制动的比较

可见采用电压反接制动不如能耗制动容易实现准确停车。但对于要求频繁正、反转的生产机械来说,采用电压反接制动可以使正向停车和反向起动连续进行,缩短了从正转到反转的过渡过程时间。

4.4.3 电动势反接制动

如图 4.4.7 所示,他励直流电动机拖动位能性负载,假定接触器触头 KM 闭合,电阻被短路,电动机工作在正向电动状态,工作点在固有机械特性 1 的 A 点,以转速 n_A 提升重物,如图 4.4.7 中第Ⅰ象限所示。为了低速下放重物,可使触头 KM 断开,将电阻 R_c 串入电枢回路中。此时,电动机将从固有机械特性 1 的 A 点过渡到人为机械特性 2 上的 B 点。在 B 点,$T_B<T_L$,电动机减速,T 及 n 沿人为机械特性 2 从 $B{\rightarrow}C$ 变化。随着 n 下降,E_a 减小,I_a 增大,T 相应增大。至 C 点,$n=0$,$E_a=0$,重物停止上升。此时,电磁转矩 $T=T_C$ 小于位能负载转矩 T'_L,故 T'_L 将拖动电动机反转,$n<0$,电枢电动势 E_a 也改变方向,变成与电源电压 U_N 同方向,而电枢电流 $I_a=(U_N-E_a)/(R_a+R_c)$ 仍为正,因此 $T>0$,成为阻碍运动的制动转矩。随着电动机反转速度升高,E_a 不断增大,I_a 及 T 也相应增大,电动机的运行点将沿机械特性 2 在第Ⅳ象限从 C 点向 D 点变化,直到 D 点电磁转矩 $T=T_D=T'_L$,转速不再增加,以稳定转速 $-n_D$ 下放重物,从而限制了重物下降的速度。

电动机在第Ⅳ象限的 D 点运行时,$T>0$,$n<0$,二者方向相反,为制动状态。在这种制动方法中,电动机按正转运行接线,但 $n=0$ 时电磁转矩小于位能负载转矩,结果电动机被位能负载转矩拖动着反向旋转,电磁转矩则成为制动转矩。同时电枢电动势 E_a 也因电动机反转而改变方向,变成与电源电压相加,共同产生电枢电流。随着电动机反转速度升高,E_a 增大,I_a 及 T 也相应增大。可见这种制动方法与电压反接制动都是在 $U+E_a$(二者同方向)的情况下工作,只不过电压反接制动是把电源电压反接,而这种制动则是把 E_a 反向,因此称为电动势反接制动,又称为转速反向制动、倒拉反接制动。

由于电动势反接制动可以在第Ⅳ象限稳定运行,所以是制动运行工作状态。这种运行状

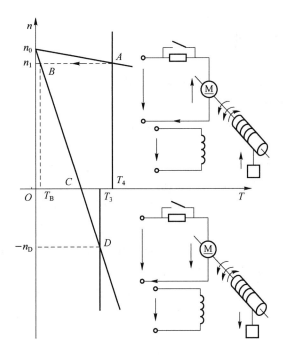

图 4.4.7　他励直流电动的电动势反接制动

态主要用于起重机提升机构低速下放重物。

电动势反接制动的功率关系与电压反接制动的功率关系一样,其差别仅在于电压反接制动时电动机输入的机械功率是由系统释放的动能提供的,而电动势反接制动则是由位能负载减少的位能提供的。

例 4-6　一台他励直流电动机额定数据同例 4-5。试求:(1)如电动机的负载是位能负载,提升重物在额定负载情况下工作,如在电枢中串电阻 $R_{cmin}=2R_N$,进行倒拉反接制动,求倒拉反接制动时的稳定转速;(2)如电动机在 $n=n_N$ 时电源反接,反接初瞬时的电磁制动转矩 $T=2T_N$,电枢中需要串入多大电阻(忽略空载转矩 T_0)

解　(1)已知电动机的有关计算数据:
$$R_a=0.07\ \Omega,E_{aN}=206\ V,C_e\Phi_N=0.187\ 3$$

额定电阻为
$$R_N=\frac{U_N}{I_N}=\frac{220}{200}=1.1\ \Omega$$

倒拉反接时电枢电阻为
$$R=R_a+R_{cmin}=R_a+2R_N=0.07+2\times1.1=2.27\ \Omega$$

忽略空载转矩 T_0,重物下方时因 $T=T_L=T_N$ 不变,有 $I_a=I_N=200\ A$。

电动机的转速为
$$n=\frac{U_N}{C_e\Phi_N}-\frac{R}{C_e\Phi_N}I_a=\frac{220}{0.187\ 3}-\frac{2.27}{0.187\ 3}\times200=-1\ 249\ r/min$$

(2)电动机电源反接时,$n=n_N$,要求此时电磁制动转矩 $T=2T_N$,则 $I=2I_N$。电枢电路应串入的制动电阻为
$$R_c=\frac{U_N+E_{aN}}{2I_N}-R_a=\frac{220+206}{2\times220}-0.07=0.995\ \Omega$$

4.4.4　再生发电制动

1. 他励直流电动机再生发电制动的基本概念

他励直流电动机在电动状态下运行时,电源电压 U 与电枢电动势 E_a 方向相反,且 $|U|>|E_a|$,电枢电流 I_a 从电源流向电枢,产生拖动转矩,电动机从电源输入电功率 $UI_a>0$。如果能设法使 $|E_a|>|U|$,则 E_a 将迫使 I_a 改变方向,电磁转矩也改变方向成为制动转矩,电动机进入制动状态。此时 I_a 从电枢流向电源,电动机再生发电,$UI_a<0$,电动机向电源馈送功率,所以把这种制动称为再生发电制动,或回馈制动。

在回馈制动状态下运行时,电动机轴功率 $P_2=T_2\Omega<0$,即从轴上输入机械功率,扣除空载损耗功率 p_0 后即转变为电功率 E_aI_a,其中一小部分 $I_a^2R_a$ 损耗在电枢回路中的电阻上,剩余的大部分 $UI_a=E_aI_a-I_a^2R_a$ 则回馈电网。可见,此时电动机已成为与电网并联运行的发电机,这是再生发电制动与其他制动方法的主要区别。

在实际的拖动系统中,再生发电制动现象很多,当电动机在电动状态下运行而突然降低电源电压;或者当电动机按反向运转接线,拖动位能负载高速下放重物电车下坡时,都能出现再生发电制动状态。此时电动机转速可能超过理想空载转速 n_0。

2. 降低电源电压的再生发电制动(正向回馈制动)

如图 4.4.8 所示,一台他励直流电动机由可调直流电源供电,拖动恒转矩负载在固有机械特性曲线 1 的 A 点上稳定运行,转速为 n_A。如果突然把电源电压降到 U_1,则电动机的机械特性将变为图中的人为机械特性曲线 2,其理想空载转速为 $n_{01}=U_1/C_e\Phi_N$。在降低电压瞬间 n_A 不能突变,电动机的工作点将从 A 点过渡到机械特性曲线 2 的 B 点上。由于 $n_A>n_{01}$,所以 $E_a>U_1$,电枢电流将改变方向,$I_a<0$,电磁转矩 $T=T_B<0$,与 n 的方向相反,成为制动转矩,电动机进入再生发电制动状态。

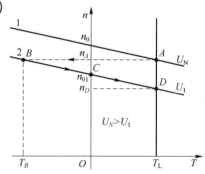

图 4.4.8　降低电源电压的再生发电制动

在 T 与 T_L 的作用下,电动机减速,运行点沿机械特性 2 位于第象 Ⅱ 限的 BC 段变化。至 C 点,$n=n_{01}$,$E_a=U_1$,I_a 及 T 均降到零,再生发电制动结束。此后,系统在负载转矩 T_L 的作用下继续减速,电动机的运行点进入第 Ⅰ 象限,$n<n_{01}$,$E_a<U_1$,I_a 及 T 均变为正,电动机又恢复为正向电动状态,但由于 $T<T_L$,将继续下降,直到 D 点,$T=T_L$,电动机以转速 n_D 稳定运行。

3. 位能负载下放重物时的再生发电制动(反向回馈制动)

当起重机把重物提升到一定高度时,如欲停止提升,可切断电动机电源,同时施以机械闸,使电动机转速 $n=0$,重物被吊在空中。

为了高速下放重物,在松开机械闸后,电动机转速由正向变成反向旋转,即反向起动电动机。此时电动机的机械特性位于第 Ⅲ 象限,电动机工作在反向电动状态。如图 4.4.9 所示。在反向起动过程中,电动机的电磁转矩 $T<0$,但位能负载转矩 $T_L>0$,二者方向一致,都是拖动转矩。在它们的共同作用下,电动机转速迅速升高。运行点从电动机机械特性的 A 点向 B 点变化。随着反向转速的升高,$|E_a|$ 增大,$|I_a|$ 减小,$|T|$ 也相应减小,直到 B 点,$n=-n_0$,$T=0$,但在位能负载转矩 T_L 作用下系统仍将继续反向升速。当 $|n|>|n_0|$ 时,电动机进入第

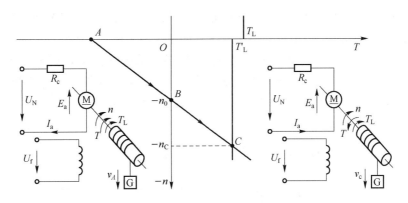

图 4.4.9　位能负载时的再生发电制动

Ⅳ象限。此时$|E_a| > |U_N|$,电枢电流改变了方向,$I_a > 0$,电磁转矩也相应改变方向,成为制动转矩,电动机工作状态变成再生发电制动状态。由于电磁转矩的制动作用,重物下降的加速度减小,并且随着$|n|$增加,电磁转矩不断增大,制动作用不断加强,重物下降的加速度也越来越小,直到C点,$T = T_L$,电动机以转速n_C稳定运行,重物以恒定的速度下降。这种再生发电制动又称为反向回馈制动。

从图 4.4.9 中可以看出,电枢外串电阻R_c越大,电动机的机械特性斜率就越大,再生发电制动运行的转速也就越高。为了防止重物下放速度过高,通常在电枢回路中不串电阻。即使这样,电动机的转速仍高于n_0,所以这种制动方法仅在起重机下放较轻的重物时才采用。

一台直流电机,在一种条件下它可以作发电机运行,而在另一种条件下它又可以作为电动机运行。在上述电机从电动机变为发电机运行的过程中,电动机的转向并未改变。电动势方向也未改变,只是转速大小发生了变化。在发电运行时,$|E_a| > |U_N|$,电流顺电动势方向流向电网。在电动机运行时,$|E_a| < |U_N|$,电流由电网顺电压U方向流向电机。这也说明了电机的可逆性原理。

例 4-7　一台他励直流电动机$U_N = -220$ V 其他数据同例 4-5。试求:(1)电动机带 1/2 额定位能负载,在固有机械特性上进行回馈制动,问在哪一点稳定运行;(2)电动机带同样位能负载,欲使电动机在$n = -1\,280$ r/min 时稳定运行,问回馈制动时,电枢电路应接入多大的电阻。

解　(1) $T_L = 0.5T_N$,忽略T_0,可以认为$I_a = 0.5I_N$,则

$$n = \frac{U_N}{C_e\Phi_N} - \frac{R_a}{C_e\Phi_N}I_a = -117\,5 - \frac{0.07 \times 0.5 \times 200}{0.187\,3} = -1\,212 \text{ r/min}$$

(2)稳定在$n = -1280$ r/min 时,有

$$U_N = E_a + (R_c + R_a)I_a = C_e\Phi_N n + (R_c + R_a)I_a$$

所以电枢回路中应串入的电阻

$$R_c = \frac{U_N - C_e\Phi_N n}{I_a} - R_a = \frac{-220 - 0.1873 \times (-1280)}{0.5 \times 200} - 0.07 = 0.12744 \ \Omega$$

例 4-8　一台他励直流电动机的铭牌数据为$P_N = 22$ kW,$U_N = 220$ V,$I_N = 115$ A,$n_N = 1\,500$ r/min。已知$R_a = 0.1\ \Omega$。最大允许电流$I_{amax} \leqslant 2I_N$,原在固有机械特性上运行,折算在电动机轴上的总负载转矩$T_L = 0.9T_N$,试计算:(1)拖动反抗性恒转矩负载,采用能耗制动停车,电枢回路中应串入的最小电阻为多少?(2)拖动位能性恒转矩负载,例如起重机。传动机构的损耗转矩$\Delta T = 0.1T_N$,要求电动机以恒速$n = -200$ r/min 下放重物,采用能耗制动运行,

电枢回路中应串入的电阻阻值为多少? 该电阻上消耗的功率是多少? (3)拖动反抗性恒转矩负载,采用电压反接制动停车,电枢回路中应串入的电阻最小值是多少? (4)拖动位能性恒转矩负载,电动机运行在 $n=-1\,000$ r/min,恒速下放重物,采用电动势反接制动,电枢中应串入的电阻阻值为多少? 该电阻上消耗的功率是多少? (5)拖动位能性恒转矩负载,采用再生发电制动运行下放重物,电枢回路中不串电阻,电动机的转速是多少?

解 先求 $C_e\Phi_N$、n_0、Δn_N。

$$C_e\Phi_N = \frac{U_N - I_N R_a}{n_N} = \frac{220 - 115 \times 0.1}{1\,500} = 0.139$$

$$n_0 = \frac{U_N}{C_e\Phi_N} = \frac{220}{0.139} = 1\,582.7 \text{ r/min}$$

$$\Delta n_N = n_0 - n_N = 1\,582.7 - 1\,500 = 82.7 \text{ r/min}$$

(1)反抗性恒转矩负载能耗制动过程应串入电阻的计算

额定运行时的电枢电动势

$$E_{aN} = C_e\Phi_N n_N = 0.139 \times 1\,500 = 208.5 \text{ V}$$

负载 $T_L = 0.9T_N$ 时的转速

$$n = n_0 - \Delta n = n_0 - \frac{T_L}{T_N}\Delta n_N = n_0 - 0.9\Delta n_N = 1\,582.7 - 0.9 \times 82.7 = 1\,508.3 \text{ r/min}$$

制动开始时的电枢电动势

$$E_a = \frac{n}{n_N}E_{aN} = \frac{1\,508.3}{1\,500} \times 208.5 = 209.7 \text{ V}$$

能耗制动过程应串入的电阻值

$$R_{cmin} = \frac{E_a}{I_{amax}} - R_a = \frac{209.7}{2 \times 115} - 0.1 = 0.812 \ \Omega$$

(2)位能性恒转矩负载能耗制动运行时的计算

反转时的负载转矩

$$T_{L2} = T_{L1} - 2\Delta T = 0.9T_N - 2 \times 0.1T_N = 0.7T_N$$

稳定运行时的电枢电流

$$I_a = \frac{T_{L2}}{T_N}I_N = 0.7I_N = 0.7 \times 115 = 80.5 \text{ A}$$

转速 $n = -200$ r/min 时的电枢电动势

$$E_a = C_e\Phi_N n = 0.139 \times (-200) = -27.8 \text{ V}$$

电枢回路中应串入的电阻值

$$R_c = -\frac{E_a}{I_a} - R_a = -\frac{-27.8}{80.5} - 0.1 = 0.245 \ \Omega$$

电阻上消耗的功率

$$p_R = I_a^2 R_c = 80.5^2 \times 0.245 = 1\,588 \text{ W}$$

(3)电压反接制动停车时的计算

$$R_{cmin} = \frac{U_N + E_a}{I_{amax}} - R_a = \frac{220 + 209.7}{2 \times 115} - 0.1 = 1.768 \ \Omega$$

(4)拖动位能性恒转矩负载电动势反接制动时的计算

转速 $n = -1\,000$ r/min 时的电枢电动势

$$E_a = \frac{n}{n_N}E_{aN} = \frac{-1\,000}{1\,500} \times 208.5 = -139 \text{ V}$$

电枢回路中应串入的电阻值

$$R_c = \frac{U_N - E_a}{I_a} - R_a = \frac{220 - (-139)}{80.5} - 0.1 = 4.36 \text{ Ω}$$

电阻上消耗的功率

$$p_R = I_a^2 R_c = 80.5^2 \times 4.36 = 28\,254 \text{ W}$$

（5）拖动位能性恒转矩负载再生发电运行时的计算

$$n = \frac{-U_N}{C_e \Phi_N} - \frac{I_a R_a}{C_e \Phi_N} = -n_0 - \frac{I_a}{I_N}\Delta n_N = -1\,582.7 - 0.7 \times 82.7 = -1\,641 \text{ r/min}$$

4.5　直流他励电动机的各种运行状态分析

他励直流电动机机械特性方程式的一般形式为

$$n = \frac{U}{C_e \Phi} - \frac{R_a + R_c}{C_e \Phi C_T \Phi}T = n_0 - \Delta n$$

当按规定的正方向用曲线表示机械特性时，电动机的固有机械特性及人为机械特性将位于直角坐标的四个象限之中。在Ⅰ、Ⅱ象限内为电动状态；Ⅱ、Ⅳ象限内为制动状态。

图 4.5.1　他励直流电动机的各种运转状态

电动机的负载有反抗性负载、位能性负载及风机泵类负载等。它们的机械特性也位于直角坐标内的四个象限之中。

在电动机机械特性与负载机械特性的交点处，$T = T_L$，$\mathrm{d}n/\mathrm{d}t = 0$，电动机稳定运行。该交点即为电动机的工作点。所谓运转状态就是指电动机在各种情况下稳定运行时的工作状态。图 4.5.1 表示出了他励直流电动机的各种状态。

电动机在工作点以外的机械特性上运行时，$T \neq T_L$，系统将处于加速或减速的过渡过程之中。

利用位于四个象限的电动机机械特性和负载机械特性，就可以分析运转状态的变化情况，其方法如下。

假设电动机原来运行于机械特性的某点上，处于稳定运转状态。当人为地改变电动机参数时，例如降低电源电压、减弱磁通或在电枢回路中串电阻等，电动机的机械特性将发生相应的变化。在改变电动机参数瞬间，转速 n 不能突变，电动机将以不变的转速从原来运转的点过渡到新特性上来。在新特性上电磁转矩将不再与负载转矩相等，因而电动机便运行于过渡过程中。这时转速是升高还是降低，由 $T - T_L$ 为正或负来决定。此后运行点将沿着新机械特性变化。最后可能有两种情况。

1. 电动机的机械特性与负载的机械特性相交,得到新工作点,在新的稳定状态下运行。

2. 电动机将处于静止状态。例如电动机拖动反抗性恒转矩负载,在能耗制动过程中当 $n=0$ 时,$T=0$。

上述方法是分析电力拖动系统运动过程最基本的方法,它不仅适用于他励直流电动机拖动系统,也适用于交流电动机拖动系统。

4.6 直流他励电动机过渡过程的能量损耗

本章前面论述的起动、调速、制动及机械特性等是电力拖动系统的静态分析。实际上电力拖动系统中有质量的机械惯性和电感的电磁惯性,这样在有限的能量下,转速 n 和电流 I_a 都不能突变。电力拖动系统的过渡过程就是指拖动系统转矩平衡关系 $T=T_L$ 一旦破坏了,系统从一个稳定状态到另一个稳定状态中间的过程,在过渡过程中,T、n、I_a 等都将随时间而变化,它们都是时间的函数。定量分析过渡过程的依据是电力拖动系统的运动方程式(4-24)。

$$T-T_L=\frac{GD^2}{375}\frac{dn}{dt}$$

$$U=L_a\frac{dI_a}{dt}+E_a+I_aR$$

$$E_a=C_e\Phi_N n$$

$$T=C_T\Phi_N I_a \tag{4-20}$$

已知电动机的机械特性、负载机械特性、起始点、稳态点以及飞轮矩,求解过渡过程中的转速 $n=f(t)$、转矩 $T=f(t)$ 和电枢电流 $I_a=f(t)$ 的关系,就是微分方程解的过渡过程曲线。

在电力拖动的起动、制动或反转等过渡过程中,电动机内部会产生过渡过程能量损耗 ΔA。在经常起动、制动或反转的电动机上,该损耗会反复地产生,使电动机温度升高,严重时甚至会使电动机绝缘损坏。本节研究过渡过程中能量损耗 ΔA 并探讨其减小的方法。

4.6.1 过渡过程能量损耗的一般情况

过渡过程的能量损耗主要是铜耗,其他损耗只占很小的比例。为使研究问题简化,我们只考虑铜耗,而把电动机的铁耗、机械损耗及励磁损耗等略去。此外,分析时还假定:

1. 磁通 $\Phi=\Phi_N$;

2. 电源电压 $U=$ 常数;

3. 电枢外串电阻 R_c,电枢回路总电阻为 $R_{a1}=R_a+R_c$;

4. 电动机为理想空载,即 $T=0$;

在拖动系统的过渡过程中,忽略电枢回路电感的影响,电动机的功率平衡方程式为

$$UI_a=E_aI_a+I_a^2R_{a1}$$

式中,输入(输出)功率 $UI_a=I_aE_a\Omega_0/\Omega=T\Omega_0$(由 $n_0=U/C_e\Phi$ 和 $E_a=C_e\Phi n$ 导出);$\Omega_0=2\pi n_0/60$ 为理想空载角速度;电磁功率 $E_aI_a=T\Omega$;$E_aI_a>0$ 时,电动机输出机械功率,$E_aI_a<0$ 时,电动机输入机械功率。$I_{a2}R_{a1}$ 为损耗功率。

因假定 $T_L=0$,由运动方程式可知,电磁转矩为

$$T = J\frac{\mathrm{d}\Omega}{\mathrm{d}t} \tag{4-21}$$

式中，J 为拖动系统的转动惯量，单位为 kg·m·s²。于是有

$$\Delta p \approx p_{\mathrm{Cua}} = I_{\mathrm{a}}^2 R_{\mathrm{a1}} = T\Omega_0 - T\Omega = J\Omega_0\frac{\mathrm{d}\Omega}{\mathrm{d}t} - J\Omega\frac{\mathrm{d}\Omega}{\mathrm{d}t}$$

设过渡过程从 t_1 时刻进行到 t_2 时刻时，相应的电动机角速度为 Ω_1 和 Ω_2，那么，在这段过渡过程中能量损耗为

$$\begin{aligned}
\Delta A &= \int_{t_1}^{t_2}\Delta P\mathrm{d}t = \int_{\Omega_1}^{\Omega_2}J\Omega_0\mathrm{d}\Omega - \int_{\Omega_1}^{\Omega_2}J\Omega\mathrm{d}\Omega \\
&= J\Omega_0(\Omega_2 - \Omega_1) - \frac{1}{2}J(\Omega_2^2 - \Omega_1^2) \\
&= A - A_{\mathrm{k}}
\end{aligned} \tag{4-22}$$

式中，$A = J\Omega_0(\Omega_2 - \Omega_1)$ 为在过渡过程中电枢回路输入的能量；$A_{\mathrm{k}} = 0.5J(\Omega_2^2 - \Omega_1^2)$ 为在过渡过程中系统动能的变化。上式表明过渡过程中的能量损耗仅取决于拖动系统的转动惯量 J、理想空载角速度 Ω_0 以及过渡过程开始及终止时的角速度 Ω_1、Ω_2，与过渡过程的时间无关。

4.6.2　理想空载起动过程中的能量损耗

设他励直流电动机电枢回路串电阻 R_c 在理想空载下起动，其机械特性为图 4.6.1 的曲线 1。此时初始角速度 $\Omega_1 = 0$，终止角速度 $\Omega_2 = \Omega_0$，电枢回路输入的能量及系统动能的变化分别为

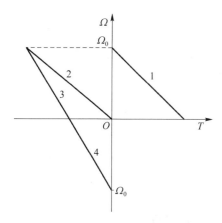

$$A = J\Omega_0(\Omega_2 - \Omega_1) = J\Omega_0^2$$

$$A_{\mathrm{k}} = \frac{1}{2}J(\Omega_2^2 - \Omega_1^2) = \frac{1}{2}J\Omega_0^2$$

过渡过程中的能量损耗为

$$\Delta A = A - A_{\mathrm{k}} = \frac{1}{2}J\Omega_0^2 \tag{4-23}$$

可见此时电枢回路输入的能量有一半转变为系统的动能贮存起来，另一半则在过渡过程中消耗掉了。从(4-23)可以看出，损耗与电阻大小和起动电阻的切除情况无关。从物理意义上很容易理解这个结论，因为理想空载是指电动机轴上没有静负载，电动机本身也没有损耗转矩的情况，起动过程中只有因加速产生的动负载转矩，电动机只克

图 4.6.1　他励直流电动机的各种运转状态

服动负载转矩做工，所以不论以什么方式起动，电动机输出的机械能比仍等于系统的动能。

4.6.3　理想空载能耗制动过程的能量损耗

理想空载能耗制动时的特性曲线如图 4.6.1 中的曲线 2。能耗制动时电枢与电源脱离，电动机与电网没有能量转换关系，$A = 0$。制动开始和结束时的角速度分别为 $\Omega_1 = \Omega_0$；$\Omega_2 = 0$。故能量损耗为

$$\Delta A = A - A_k = \frac{1}{2}J\Omega_0^2 \tag{4-24}$$

$A_k = \int_{\Omega_0}^{0} J\Omega \mathrm{d}\Omega = -\frac{1}{2}J\Omega_0^2$ 是负值,表明这部分机械能是输入的。这说明在理想空载能耗制动的过渡过程中,损耗等于系统所储存的动能,损耗等于系统所储存的动能。拖动系统贮存的动能被释放出来,并转变为损耗能量。

4.6.4 理想空载反接制动过程的能量损耗

理想空载反接制动时的机械特性曲线如图 4.6.1 中的曲线 3。反接制动时 $U<0$,$\Omega_0<0$,$\Omega_2=0$,因此

$$A = J(-\Omega_0)(0-\Omega_0) = J\Omega_0^2$$

$$A_k = \frac{1}{2}J(0-\Omega_0^2) = -\frac{1}{2}J\Omega_0^2$$

$$\Delta A = A - A_k = \frac{3}{2}J\Omega_0^2 \tag{4-25}$$

即在反接制动停车的过渡过程中,电枢输入的能量和系统释放的动能全部在过渡过程中消耗掉了,它是系统贮存动能的三倍。

4.6.5 理想空载反转过程中的能量损耗

理想空载反转时的机械特性曲线如图 4.6.1 中的曲线 3 及 4 所示。电动机从 Ω_0 开始反接制动,至 $\Omega=0$ 后反转,直到 $\Omega=-\Omega_0$ 反转过程结束。在过渡过程中,$\Omega_1=\Omega_0$;$\Omega_2=-\Omega_0$,因此

$$A = J(-\Omega_0)(-\Omega_0-\Omega_0) = 2J\Omega_0^2$$

$$A_k = \frac{1}{2}J[(-\Omega_0)^2 - \Omega_0^2] = 0$$

$$\Delta A = A - A_k = 2J\Omega_0^2 \tag{4-26}$$

可见理想空载反转时能量损耗是系统贮存动能的四倍,能量损耗是上述几种方法最大的。其中四分之三是在反接制动过程中损耗的能量,另外四分之一则为反向起动时的能量损耗。

4.6.6 减少过渡过程中能量损耗的方法

从以上的分析可知,他励直流电动机拖动系统在理想空载下几种典型过渡过程中的能量损耗都与 $J\Omega_0^2$ 成正比。因此,可以采用减小 J 及降低 Ω_0 的方法来减小 ΔA。

1. 减小拖动系统的转动惯量 J

对经常起动、制动和反转的拖动系统,可采用专门设计的起重冶金型(ZZJ 系列)直流电动机。这种类型的电动机电枢细而长,与普通直流电动机相比,当额定功率和额定转速相同时,其转动惯量约减小一半(J 与回转半径的平方成正比)。

为了减小转动惯量也可以采用双电动机拖动,每台电动机的功率为生产机械所需功率的一半。这相当于电枢的等效长度增加而直径减小,从而减小了系统的转动惯量。

2. 降低电动机的理想空载角速度

可用降低电源电压 U 的办法来降低。例如,可以把理想空载下的起动过程分成两级电压来实现,即先在电枢回路施加 $U_N/2$,相应的理想空载角速度为 $\Omega_{01}=\Omega_0/2$,当角速度升高到时 Ω_{01},再将电源升高到 U_N,继续升速,直到 $\Omega=\Omega_0$。在这种情况下,电动机在第一及第二级起动过程中电枢回路从电网吸收的能量分别为

$$A_1 = J\left(\frac{\Omega_0}{2}\right)\left(\frac{\Omega_0}{2}\right) = \frac{1}{4}J\Omega_0^2$$

$$A_2 = J\Omega_0\left(\Omega_0 - \frac{\Omega_0}{2}\right) = \frac{1}{2}J\Omega_0^2$$

从电网吸收的总能量为
$$A = A_1 + A_2 = \frac{3}{4}J\Omega_0^2$$

拖动系统在起动过程中增加的动能仍为 $A_k = (J\Omega_0^2)/2$,因此两级起动时的总能量损耗为

$$\Delta A = A - A_k = \frac{1}{4}J\Omega_0^2 \tag{4-27}$$

它是一级起动时能量损耗 $(J\Omega_0^2)/2$ 的一半。

为了减小过渡过程中的能量损耗,还应注意合理地选择制动方法。比如采用自动控制,使起动过程中电流基本不变,会使损耗减小很多。在他励直流电动机的 3 种制动方法中,回馈制动将动能大部分能量馈送给电网,损耗最小,但是只有在可调的直流电源单独供电时才能回馈制动减速到停止。能耗制动时能量损耗仅为反接制动时的 1/3。

4.7　串励直流电动机的电力拖动

4.7.1　串励电动机的机械特性与起动

串励直流电动机的励磁电流就是电枢电流,它随负载的变化而变化,如图 4.7.1 所示。

当电枢回路中总电阻为 $R_0(R_0 = R_a + R_f + R_c)$ 时,$E_a = C_e\Phi n = U - I_a R_0$,则有串励直流电动机的机械特性为

图 4.7.1　串励直流电动机
的电路图

$$n = \frac{U}{C_e\Phi} - \frac{R_0}{C_e\Phi C_T\Phi}T \tag{4-28}$$

串励直流电动机的励磁绕组与电枢绕组串联,因而磁通 Φ 是电流 I_a 的函数,即 $\Phi = f(I_a)$ 是一条非线性的饱和曲线。在分析串励直流电动机时,人们常将磁化曲线的不饱和部分和饱和部分分别用两条直线代替,替换后的转速特性分析如下。

(1) 当电流 I_a 较小,磁路不饱和时,磁通与电流成正比即 $\Phi = K_1 I_a$,K_1 为常数,串励直流电动机的转速特性为

$$n = \frac{U}{C_e K_1 I_a} - \frac{R_0}{C_e K_1} \tag{4-29}$$

上式等号右边第一项与 I_a 成反比,第二项是常数,因此,转速特性在电流较小,磁路不饱和时是一条双曲线。当电动机空载、电流很小时,转速会很高。这可能引起"飞车"事故,造成严重

后果,所以串励直流电动机不允许空载运行,也不允许用皮带传动,以防皮带脱落造成"飞车"。

转矩特性为

$$T = C_T \Phi I_a = C_T K_1 I_a^2 \tag{4-30}$$

转矩与电流的平方成正比,转矩特性曲线是一条抛物线。

机械特性为

$$
\begin{aligned}
n &= \frac{U}{C_e \Phi} - \frac{R_0}{C_e \Phi C_T \Phi} T \\
&= \frac{U}{C_e K_1 I_a} - \frac{R_0}{C_e C_T K_1^2 I_a^2} C_T K_1 I_a^2 \tag{4-31} \\
n &= \frac{C}{\sqrt{T}} - C'
\end{aligned}
$$

式中 C 与 C' 均为常数,$C = U\sqrt{C_T/K_1}/C_e$,$C' = R_0/(C_e K_1)$。

(2)当负载较重、电流较大时,磁路饱和。如果磁路达到高饱和,不再随电流的增加而增加,即可认为 $\Phi = K_2$。此时,串励直流电动机的转速特性为

$$n = \frac{U}{C_e K_2} - \frac{R_0}{C_e K_2} I_a \tag{4-32}$$

此时转速特性是一条随电流的增加稍有下降的直线。

转矩特性为

$$T = C_T \Phi I_a = C_T K_2 I_a \tag{4-33}$$

转矩与电流成正比,转矩特性曲线是一条直线。

机械特性为

$$
\begin{aligned}
n &= \frac{U}{C_e \Phi} - \frac{R_0}{C_e \Phi C_T \Phi} T \\
&= \frac{U}{C_e K_2} - \frac{R_0}{C_e C_T K_2^2} T = n_0 - \Delta n \tag{4-34}
\end{aligned}
$$

此时的机械特性是一条略微下倾的曲线。

和他励直流电动机一样,串励电动机也可利用改变电动机参数的方法而获得各种人为机械特性。

1. 电枢回路串联电阻

串励直流电动机电枢回路串联电阻的人为机械特性如图 4.7.2 所示,R_c 越大,其特性越软。

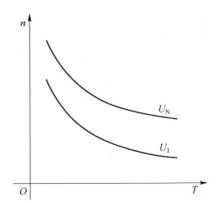

图 4.7.2　串励电动机电枢回路串
联电阻的人为机械特性

图 4.7.3　串励电动机降低电源电
压的人为机械特性

2. 降低电源电压

当降低电源电压为 $U_1(U_1<U_N)$ 时,特性为低于固有机械特性而与之平行的曲线,如图 4.7.3 所示。

图 4.7.4　励磁绕组并分别电阻

4. 电枢并分路电阻 R'_B

如在电枢两端并分路电阻 R'_B,则 $I_f=I_a+I'_B$,如图 4.7.6 所示;而在不并 R'_B 时,$I_f=I_a$(认为并分路电子和不并分路电阻 I_a 不变)。因此,磁通增长了,同时,由于 I'_B 在电阻 R'_c 上引起附加电压降,使加于电枢的电压降低,转速大大下降,机械特性低于电枢不分流时的人为机械特性如图 4.7.5 中特性 4 所示。

在电动机起动时,一般起动电流大于额定电流,这时串励直流电动机的磁路虽然可能出现饱和,但没达到完全饱和。所以串励直流电动机的起动转矩能与 I_a^2 成正比,但也比他励直流电动机的起动转矩大。

3. 励磁绕组并分路电阻 R_B

为了使串励电动机有越出额定值的转速,可利用减弱磁通的方法,一般用励磁绕组并以分路电阻来达到此目的,如图 4.7.4 所示。

当励磁绕组不并联 R_B 时,$I_f=I_a$;当存在 R_B 时,$I_f=(I_aR_B)/(R_s+R_B)$,$I_f<I_a$,磁通减弱,机械特性位于固有机械特性之上,如图 4.7.5 中特性 3 所示。

图 4.7.5　串励电动机的

串励电动机的起动方法与他励电动机的起动方法相同,即可以在电枢回路中串电阻分级起动,也可以降压起动。

图 4.7.6　电枢并分路电阻

4.7.2　串励电动机的调速

串励直流电动的调速方法也与他励电动机相似,即可在电枢回路中串联电阻 R_c 使转速向低于 n_N 的方向调节,如图 4.7.2 所示;也可以将多台串励电动机由并联改为串联接法,使转速向低于 n_N 的方向调节,如图 4.7.3 所示;也可以在励磁绕组两端并联电阻使转速向高于 n_N 的方向调节,如图 4.7.6 中特性 3 所示;可在电枢两端并联电阻使转速向低于 n_N 的方向调节,如图 4.7.6 中特性 4 所示。

4.7.3　串励电动机的制动

串励直流电动只有两种制动状态,即反接制动与能耗制动。在串励电动机中不能得到再生发电制动,因为电动机反电动势 E_a 无法超过 U。

反接制动状态的获得,在位能负载时可用转速反向的方法,也可用电枢直接反接的方法。用转速反向时的反接制动特性曲线,是对应于正向接法电动状态的人为机械特性向第四象限的延长,如图 4.7.7 中的实线 1。用电枢直接反接时的反接制动特性曲线,画在第二象限,如图 4.7.7 中的实线 2,是反转电动状态的人为机械特性在第二象限的延长。必须指出,为了得到反向的转矩,也是电动机反转(在第 3 象限工作),Φ 与 I_a 应只有一个改变方向,通常用直接反接电枢的方法,如图 4.7.8 所示,使 I_a 反向,

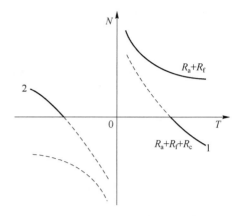

图 4.7.7　串励电动机反接制动特性曲线
1. 转速反向的反接制动
2. 反接电枢的反接制动

而 I_f 及 Φ 仍维持原来方向。显然,如不用直接反接电枢,而反接电源,则 Φ 与 I_a 均反向,则 T 方向不变,不能产生制动转矩。反接制动时电枢回路必须串入限流电阻。

能耗制动的获得方法,是在串励电动机具有一定转速时,把电枢由电源断开,接到制动电阻上。此时励磁可分自励与他励两种,常用的是后一种方式。不论自励或是他励,均须使励磁

图 4.7.8　直接反接电枢电路图

电流(或 Φ)方向与能耗制动前相同,否则不能产生制动转矩。由于串励绕组电阻很小,当接成他励时,必须于励磁电路内串入较大的电阻,以限制电流。他励能耗制动的接法和特性与他励电动机能耗制动时基本相同。

串励电动机的接法简单,工作可靠,因而适用于要求有较大起动转矩,较大过载能力,工作要求可靠的起重运输机械上。

思考题及习题

4-1　他励直流电动机的机械特性指的是什么?是根据哪几个方程式推导出来的?

4-2　什么叫固有机械特性?从物理概念上说明为什么在他励直流电动机固有机械特性上对应额定电磁转矩 T_N 时,转速有 Δn_N 的降落?

4-3　什么叫人为机械特性?从物理概念说明为什么电枢外串电阻越大,机械特性越软?

4-4　为什么降低电源电压的人为机械特性是互相平行的?为什么减弱气隙每极磁通后机械特性会变软?

4-5　功率大的他励直流电动机为什么不能直接起动?直接起动会引起什么不良后果?

4-6　他励直流电动机有几种调速方法?各有什么特点?

4-7　什么叫恒转矩调速方式和恒功率调速方式?他励直流电动机的三种调速方法各属于哪种调速方式?

4-8　为什么要考虑电动机的调速方式与负载的类型在调速时配合?

4-9　怎样从电压平衡关系解释他励直流电动机的 3 种调速情况:串电阻使转速降低;降

压使转速降低;弱磁使转速升高。

4-10　速度调解和速度变化的概念有何区别?

4-11　调速的技术指标有几种? 各是怎样定义的?

4-12　如何判断他励直流电动机是处于电动运行状态还是制动运行状态?

4-13　电动机在电动状态和制动状态下运行时机械特性位于哪个象限?

4-14　能耗制动过程和能耗制动运行有何异同点?

4-15　电压反接制动和电动势反接制动有何区别?

4-16　在什么条件下电动机处于再生发电制动状态? 举例说明。

4-17　什么叫电力拖动系统的过渡过程? 举例说明他励直流电动机过渡过程产生的原因、过渡过程的初始值和稳定值?

4-18　怎样减少过渡过程的能量损耗?

4-19　为什么直流串励电动机直接改变电源电压 U 的极性并不能改变直流串励电动机的旋转方向?

4-20　一台他励直流电动机,铭牌数据为 $P_N = 60$ kW,$U_N = 220$ V,$I_N = 305$ A,$n_N = 1\,000$ r/min,试求:(1)电动机的固有机械特性;(2)$T = 0.75T_N$ 时的转速;(3)转速 $n = 1\,100$ r/min时①励磁不变,固有特性上的电枢电流 ;②$T = 0.75T_N$ 弱磁时的电枢电流。

4-21　一台他励直流电动机,铭牌数据为 $P_N = 60$ kW,$U_N = 220$ V,$I_N = 305$ A,$n_N = 1\,000$ r/min,试求:(1)电枢回路总电阻为 $0.5R_N$ 时的人为机械特性;(2)电枢回路总电阻为 $2R_N$ 时的人为机械特性;(3)电源电压为 $0.5U_N$,电枢回路不串电阻时的人为机械特性;(4)电源电压为 U_N,电枢回路不串电阻,$\Phi = 0.5\Phi_N$ 时的人为机械特性。(注:$R_N = U_N/I_N$ 称为额定电阻,它相当于电动机额定运行时从电枢两端看进去的等效电阻)

4-22　一台他励直流电动机,铭牌数据为 $P_N = 7.5$ kW,$U_N = 220$ V,$I_N = 41$ A,$n_N = 1\,500$ r/min。已知 $R_a = 0.378$ Ω,拖动恒转矩负载运行,$T_L = T_N$,当把电源电压降到 $U = 180$ V 时,试求:(1)降低电源电压瞬间电动机的电枢电流及电磁转矩是多少? (2)稳定运行时转速是多少?

4-23　一台他励直流电动机额定数据为:$P_N = 16$ kW,$U_N = 220$ V,$n_N = 700$ r/min,$I_N = 84$ A,$R_a = 0.175$ Ω。假设需要三级起动,最大起动电流 $I_{st1} = 2.5I_N$,满载起动,求各段起动电阻值。

4-24　某他励直流电动机额定数据如下:$P_N = 21$ kW,$U_N = 220$ V,$I_N = 115$ A,$n_N = 980$ r/min。负载电流为 $I_L = 92$ A,最大起动电流不超过 $2I_N$,试求分级起动数及各段起动电阻值。

4-25　某台他励直流电动机:$P_N = 40$ kW,$U_N = 220$ V,$I_N = 206$ A,电枢回路总电阻 $R_a = 0.067$ Ω。试求:(1)若电枢回路不串接电阻起动,则起动电流倍数 I_{st}/I_N;

(2)若将起动电流限制到 $1.5I_N$,求在电枢回路外串电阻 R_c 的值。

4-26　一台他励直流电动机,铭牌数据为 $P_N = 13$ kW,$U_N = 220$ V,$I_N = 67.7$ A,$n_N = 1\,500$ r/min。已知 $R_a = 0.224$ Ω,采用电枢串电阻调速,要求 $\delta_{max} = 30\%$,求:(1)电动机拖动额定负载时的最低转速;(2)调速范围;(3)电枢需串入的电阻值;(4)拖动额定负载在最低转速下运行时电动机电枢回路输入的功率,输出功率(忽略 T_0)及外串电阻上消耗的功率。

4-27　一台他励直流电动机,铭牌数据为 $P_N = 13$ kW,$U_N = 220$ V,$I_N = 67.7$ A,$n_N = 1\,500$ r/min。已知 $R_a = 0.195$ Ω,拖动一台起重机的提升机构。已知重物的负载转矩 $T_L = $

T_N,为了不用机械闸而由电动机的电磁转矩把重物吊在空中不动,问此时电枢回路中应串入多大电阻?

4-28 一台他励直流电动机,铭牌数据为 $P_N = 29\text{ kW}, U_N = 440\text{ V}, I_N = 76\text{ A}, n_N = 1\,000\text{ r/min}$。已知 $R_a = 0.377\text{ }\Omega, I_{amax} = 1.8IN, T_L = T_N$,问电动机拖动位能负载并以 -500 r/min 的转速稳速下放重物时可能工作在什么状态?每种运行状态电枢回路中应串入多大电阻(不计传动机械中的损耗转矩和电动机的空载转矩)?

4-29 一台他励直流电动机,铭牌数据为 $P_N = 29\text{ kW}, U_N = 440\text{ V}, I_N = 76\text{ A}, n_N = 1\,000\text{ r/min}$。已知 $R_a = 0.377\text{ }\Omega, I_{amax} = 1.8I_N, T_L = 0.8T_N$,电动机原工作在固有机械特性上,如果把电源电压突然降到 400 V,试求:(1)降压瞬间电动机产生的电磁转矩为多少?(2)降压后的人为机械特性;(3)电动机最后的稳定转速为多少?

4-30 某他励直流电动机拖动某生产机械,调速时采用了弱磁调速,其主要铭牌数据为 $P_N = 18.5\text{ kW}, U_N = 220\text{ V}, I_N = 103\text{ A}, n_N = 500\text{ r/min}$,最高转速限制到 $n_{max} = 1\,500\text{ r/min}$,电枢回路总电阻 $R_a = 0.18\text{ }\Omega$。试分析:(1)若电动机拖动恒转矩负载($T_L = T_N$),当减少磁通到 $\Phi = (1/3)\Phi_N$,求电动机稳定转速 n 和电枢电流 I_a。说明能否长期运行?

(2)若电动机拖动恒功率负载($P_L = P_N$),当减少磁通到 $\Phi = (1/3)\Phi_N$ 时该电机稳定转速 n 和电枢电流 I_a。说明能否长期运行?

4-31 一台他励直流电动机额定数据为:$P_N = 40\text{ kW}, U_N = 220\text{ V}, n_N = 1\,000\text{ r/min}, I_N = 210\text{ A}, R_a = 0.07\text{ }\Omega$。试求:

1) 在额定情况下进行能耗制动,欲使制动电流等于 $2I_N$,电枢应外接多大的制动电阻?

2) 求出机械特性方程;

3) 如电枢无外接电阻,制动电流有多大?

4-32 用 4-31 的电动机数据。试求:1)如电动机的负载是位能负载,提升重物在额定负载情况下工作,如在电枢中串入电阻 $R_c = 2R_N$,进行倒拉反接制动,求倒拉反接制动时稳定的转速;2)如电动机作电源反接,反接初瞬时的电磁制动转矩 $T = 2T_N$,电枢中需串入多大电阻:(忽略 T_0 不计)

4-33 对 4-31 的电动机数据。试求:1)电动机带 $1/2$ 额定负载,在固有特性上进行回馈制动,问在哪一点稳定运行;2)电动机带同样位能负载,欲使电动机在 $n = 1\,200\text{ r/min}$ 时稳定运行,问回馈制动时,电枢电路应接入多大的电阻?

4-34 某他励直流电动机,$P_N = 29\text{ kW}, U_N = 440\text{ V}, I_N = 76\text{ A}, n_N = 1\,000\text{ r/min}$,电枢回路总电阻 $R_a = 0.377\text{ }\Omega$,若略去空载损耗 $p_0(= p_{Fe} + p_s + p_m)$。

试求:(1)电动机以 $n = 500\text{ r/min}$ 吊起 $T_L = 0.8T_N$ 的负载时电枢回路外串电阻 R_{c1};(2)用何种制动方法使负载($0.8T_N$)以 $500(\text{r/min})$ 的转速下放,各种方法的电枢回路内外串电阻 R_{c2};(3)保持电流不超过 I_N,在 500 r/min 时吊起 $0.8T_N$ 的负载后,采用电压反接稳定下降的转速 n 是多少?

第5章 变 压 器

变压器是一种广泛应用的电气设备,它通过电磁感应的作用,把一种电压的交流电能变换成频率相同的另一种电压的交流电能。在电力系统中,变压器占有很重要的地位。利用变压器具有变换电压的功能,人们就可以根据输电距离的远近和用电要求的不同,来决定输配电线路合适的电压等级,从而实现电能的经济传输、合理分配和安全使用。为了减少输电损耗,电力系统采用高压输电,如 10 kV、35 kV、110 kV、220 kV、500 kV 等高压,再通过变压器变换到用户需要的 380/220 V、1 kV、3 kV、6 kV 等电压。此外,在工业企业的特殊用电设备上,在电能的测试和控制方面,变压器的应用也十分广泛。变压器中虽然不发生机电能量的转换,但对它的性能进行研究,在整个学习电机过程中仍有重要的理论意义。因为变压器不仅可以清楚地说明磁场在能量转换中的媒介作用,磁路在能量转换装置中的具体应用,而且它的基本电磁理论和分析方法是研究旋转电机,特别是研究异步电机的基础。本篇主要论述普通电力变压器的工作原理、基本特性和运行性能,对其他几种变压器仅作简单介绍。

5.1 变压器的原理及其结构

5.1.1 变压器的工作原理

为了逐步深入研究变压器的电磁关系、工作特性和运行性能,这里先简要介绍变压器一些基本知识,如变压器的分类、工作原理和基本结构等。关于变压器的基本结构,将从电磁方面介绍其主要部件的构成和作用。

变压器是通过电磁感应实现两个电路之间能量传递的,因此它必须具有电路和磁路两个基本组成部分。作为电路的是两个(或几个)匝数不同且彼此绝缘的绕组,而磁路的是一个闭合铁心。绕组套装在铁心上,与铁心之间是绝缘的。图 5.1.1(a)为一台单相双绕组变压器的示意图。在实际的变压器中,两个彼此绝缘、没有电的连接的绕组是套装在同一个铁心柱上的,为了分析问题清楚起见,常常将两个绕组分别画在两个铁心柱上,如图 5.1.1(b)所示。

变压器的两个绕组分别接于电源和负载。接电源的绕组,亦即自电网吸取电能的绕组,称为原绕组,又称原边、一次侧或初级绕组;接负载的绕组,亦即向外电路输出电能的绕组,称为副绕组,又称副边、二次侧或次级绕组。A、X 和 a、x 并分别为原、副组的两个出线端的标志。如图 5.1.2 所示,当原绕组的线端 A、X 接至交流电源时,在外施电压 u_1 作用下,原绕组就有交流电 i_1 流过并且磁路中建立交变磁动势,变压器的铁心中产生交变磁通。沿铁心磁路而闭合的磁通称为主磁通 Φ,它不仅穿过原绕组的全部匝数 N_1,而且同副绕组的全部匝数 N_2

图 5.1.1　单相变压器

相交链。由电磁感应定律 $e=-N\dfrac{\mathrm{d}\Phi}{\mathrm{d}t}$ 可知，主磁通的变化将在原、副绕组中感生同频率的电势 $e_1=-N_1\dfrac{\mathrm{d}\Phi}{\mathrm{d}t}$ 和 $e_2=-N_2\dfrac{\mathrm{d}\Phi}{\mathrm{d}t}$。假如副绕组线端接 a、x 接入负载，那么在电势 e_2 的作用下，将使副绕组内流过电流 i_2，并向负载送出电功率。这样，就实现了交流电能从原边向副边的传递。在这种传递过程中，

图 5.1.2　变压器的原理图

由于主磁通在原、副绕组的每一匝中所感生的电势是相等的，因此两个匝数不同的绕组就分别得到不同大小的感应电势。以后将证明，一般电力变压器原绕组的感应电势接近于外施电压，副绕组的感应电势则接近于副绕组输出端的电压。改变正、副绕组的匝数比，即 $e_1/e_2=N_1/N_2=k$ 就能够在副绕组得到不同的电压值，达到变换电压的目的。这就是变压器利用电磁感应实现电能传递并且变换电压的简单工作原理。

5.1.2　变压器的类型和结构

1. 变压器的类型

变压器的应用范围十分广泛，类型很多，按用途分类包括以下 6 种类型。

(1) 电力变压器

电力变压器是目前工农业生产上广泛采用的变压器，主要是作为输配电系统上使用的变压器。这类变压器已形成了系列，并已成批生产。10～630 kVA 容量变压器，一般称作Ⅰ、Ⅱ类产品；800～6 300 kVA 为Ⅲ类；8 000～63 000 kVA 为Ⅳ类；63 000 kVA 以上为Ⅴ类。各类变压器可按各个电压等级组成各种规格的电压组合。电力变压器按发电厂和变电所的用途不同，还可分为升压变压器及降压变压器，其中低压电压为 400 V 的降压变压器称为配电变压器。目前从发电机所发出的高电压 6.3 kV 和 10.5 kV 电压最多。这样低的电压要输送到几百公里以外的地区是不可能的，电能将全部消耗在线路上。所以要想将电能从电站输送出去，必须经过变压器将电压升高到 38.5 kV，121 kV，242 kV，以及 363 kV 后再输送出去。高压电到供电区后，还要经过一次变电所(电压降为 38.5 kV 或 66 kV)和二次变电所(电压降为 6.3 kV 或 10.5 kV)变压，再把电直接送到用户区，经过附近的配电变压器降压，以供工厂用电

及照明用。

（2）电炉变压器

工业上使用的金属材料和化工原材料一部分是从电炉冶炼出来的，而电炉所需的电源是由电炉变压器供给的。电炉变压器的特点是二次电压很低（一般从几十伏到几百伏），但电流却是很大，最大可达几万安培。我国电炉变压器一次侧的电压为 10 kV 或 35 kV，个别的为 110 kV 级等。

（3）整流变压器

很多电气设备需要直流供电，如电车、电机车、钢厂的轧机、冶炼厂及化工厂的电解槽等。把交流变成直流需要经过整流器（硅整流器等）进行，供整流器用的电源变压器，称作整流变压器。整流变压器与电炉变压器的不同之处是，二次线圈接成六相或者十二相，以提高整流效率。

（4）工频试验变压器

进行高压电气设备的耐压试验和高电压下物理现象的研究时，需要一种电压很高的变压器，这种变压器称为工频试验变压器。试验变压器的特点是，二次电压都很高，可达 1 000 kV 甚至更高；而电流一般均为 1 A。

（5）调压器

有些电气设备需要有可以经常改变电压的电源，这就需要通过调压器来实现。调压器的特点是二次侧电压变化范围很大，一般可以从零值调到额定电压。调压器因结构特点不同，又分为自耦式调压器、移圈式调压器、感应调压器及磁饱和调压器等。大容量调压器一般同试验变压器及整流变压器配套使用。

（6）矿用变压器

专为矿坑下变电所使用的变压器称为矿用变压器，因而制成防止矿石打碎套管和防潮密封式结构。另一种是伸入到掌子面运行的变压器，称为防爆变压器。这种变压器为干式的，箱壳机械强度高，能防止气体（如甲烷乙炔等）爆炸，出线用电缆引出。其他特种变压器种类很多，如冲击变压器、电抗器、隔离变压器，电焊变压器，X 光变压器，无线电变压器，换相器、互感器等。

变压器按结构形式分类时，又可分为单相和三相变压器；按冷却介质分类有干式变压器、油浸变压器、充气变压器等；按冷却方式分类有自然冷却式、风冷式、水冷式、强迫油循环水冷式、强迫油循环风冷式、水内冷式等；按线圈分类有自耦变压器、双圈变压器、三圈变压器等；按调压方式分类时，可分为有载调压和无载调压变压器；按中性点绝缘水平分类时，可分为全绝缘变压器（中性点绝缘水平与起头绝缘水平相同）和半绝缘变压器（中性点绝缘水平比起头绝缘水平低）；按铁心形式分类时，可分为心式、壳式、辐射式等。

2. 变压器的结构简介

这里以电力变压器为例介绍其基本结构。变压器的主要结构由铁心和绕组两个基本部分组成。此外尚有油箱、绝缘套管等。图 5.1.3 是一台三相油浸式电力变压器的图形。

（1）铁心

铁心是变压器中的磁路部分。为了有较高的磁导率以及减少磁滞和涡流损耗，常采用 0.35 mm 或 0.58 mm 厚的硅钢片叠装而成，片间彼此绝缘。铁心分为铁柱和铁轭两部分，铁柱上套有绕组，铁轭作为闭合磁路之用。

铁心结构的基本形式有心式和壳式两种，如图 5.1.4 所示。心式变压器是绕组包围着铁

图 5.1.3　三相油浸式电力变压器

心,在电力系统中用得最多。壳式变压器是绕组被铁心所包围,一般用于小容量的单相变压器。

（a）心式　　　　　　　　　　（b）壳式

图 5.1.4　心式和壳式变压器示意图

　　为了尽量减少变压器的励磁电流,铁心磁回路不能有间隙,因此相邻两层铁心叠片的接缝要互相错开,如图 5.1.5 所示。图中(a)为 1、3、5…奇数层,(b)为 2、4、6…偶数层。为了充分利用圆桶式绕组内部空间,大型变压器铁心柱截面是阶梯形状,而小型变压器铁心柱截面是矩形或方形,如图 5.1.6 所示。

　　(2)绕组

　　绕组是变压器的电路部分。它用绝缘的扁铜线或圆线铜线绕制而成。在中、小型电力变压器中有用铝线代替铜线的。电压高的绕组为高压绕组,电压低的绕组为低压绕组。为了便于绝缘,同心柱式绕组的高低压绕组套在铁心柱上的位置是,低压绕组在里,高压绕组在外。高、低压绕组之间留有油道,既有利于绕组散热,又可以作为两绕组之间绝缘。交叠式绕组都做成饼形,即高、低压绕组相互交叠放置,为减少绝缘距离,通常靠近铁轭处放置低压绕组。

　　变压器铁心和绕组装配到一起称为变压器的器身。

(a) 奇数层　　　　　(b) 偶数层

图 5.1.5　硅钢片的排法

(a) 阶梯形　　　　(b) 矩形

图 5.1.6　铁心柱截面

（3）其他结构部件

器身如果放置在充满了变压器油的油箱里,这种变压器叫作油浸式变压器。变压器油既是绝缘介质,又是冷却介质。在变压器油箱上装有圆筒形的贮油柜,又叫油枕。贮油柜通过连接管与油箱相通,柜内油面高度随着变压器油的热胀冷缩而变动,贮油柜使油与空气接触面积小,可以减少油的氧化和水分的侵入。贮油柜上面装有放置氧化钙或硅胶等干燥剂的吸湿器,外面的空气必须经过湿吸器才能进入柜内。

在连通管中装有气体继电器。当变压器发生故降时,油箱内部产生气体,使继电器动作,发出信号或使开关自动跳闸。较大的变压器的油箱盖上装有安全气道。出口处用薄玻璃板盖住,当气体继电器失灵时,箱内压力升高,超过一定限度时,气体从气道喷出,以免造成重大事故。

为了便于散热,较大容量的变压器采用排管式油箱或装有散热器。

变压器绕组的引出线是通过箱盖上的瓷质绝缘套管引出的,绝缘套管外部可以做成多级伞形,电压越高,级数越多。

电网电压是波动的,因此,变压器的高压侧一般都引几个分接头与分接开关相连,在无载情况下调节油箱盖上面的分接开关,可以改变高压绕组的匝数,即改变变压器实际的匝数比,从而使电网电压波动时,二次侧输出电压依然是稳定的。

5.1.3　变压器的额定值

由于变压器的使用环境条件不一样,用途也不一致。因此必须用一些事先规定的数值来衡量,这些数值称为变压器的额定值,又叫铭牌值。它是指变压器制造厂在设计、制造时给变压器正常运行所规定的数据,指明该台变压器在什么样的条件下工作,承担多大电流,外加多高电压等。制造厂都把这些额定值刻在变压器的铭牌上。变压器的主要额定值如下:

（1）额定电压 $\frac{U_{1N}}{U_{2N}}$ 单位为 V 或 kV。"U_{1N}"是指变压器正常运行时电源加到原边的额定电压;"U_{2N}"是指变压器原边加上额定电压后,变压器处于空载状态时的副边电压。在三相变压器中,额定电压均指线电压。

（2）额定容量 S_N 单位为 V·A 或 kV·A（容量更大时也用 MV·A）。它是变压器的视在功率。对于双绕组电力变压器,总是把变压器的原边和副边绕组的额定容量设计的相同。

（3）额定电流 $\frac{I_{1N}}{I_{2N}}$,单位为 A 或 kA。它是变压器正常运行时所能承担的电流,I_{1N} 和 I_{2N} 分别称为原、副边的额定电流。在三相变压器中,额定电流均指线电流。

对单相变压器有：$I_{1N} = \dfrac{S_N}{U_{1N}}$，$I_{2N} = \dfrac{S_N}{U_{2N}}$ (5-1)

对三相变压器有：$I_{1N} = \dfrac{S_N}{\sqrt{3}U_{1N}}$，$I_{2N} = \dfrac{S_N}{\sqrt{3}U_{2N}}$ (5-2)

变压器二次电流达额定值时，这时变压器的负载称为额定负载。

变压器实际使用时的功率往往与额定容量不同。这是因为，在实际使用时，变压器二次电流 I_2 不一定就是额定电流 I_{2N}，同时二次电压 U_2 又是变化的(变化很小)。

（4）额定频率 f_N，单位为 Hz，我国规定标准工业电频率为 50 Hz。

此外，铭牌上还记载着相数 m、阻抗电压 U_k、型号、运行方式、冷却方式、重量及外形尺寸等。

例 5-1 一台三相双绕组变压器，额定容量 $S_N = 160$ kVA，一、二次额定电压 $\dfrac{U_{1N}}{U_{2N}} = 35\,000/400$ V，试求一、二次绕组的额定电流。

解
$$I_{1N} = \frac{S_N}{\sqrt{3}U_{1N}} = \frac{160 \times 10^3}{\sqrt{3} \times 35\,000} = 2.64 \text{ A}$$

$$I_{2N} = \frac{S_N}{\sqrt{3}U_{2N}} = \frac{160 \times 10^3}{\sqrt{3} \times 400} = 230.9 \text{ A}$$

5.2 变压器的运行分析

5.2.1 变压器的空载运行

三相变压器可以看成是三个单相变压器的组合，这里对单相变压器分析，其分析原理也适用于三相变压器。变压器一次绕组接在额定电源和额定频率交流电源上，二次绕组开路称为空载运行。这种极限状态二次绕组中无电流。变压器中各量按习惯规定其正方向，即变压器的一次绕组相当于用电器，按用电惯例规定各量的正方向，如图 5.2.1 所示。电流 $\dot{I}_0$ 的正方向与产生它的电源电压 $\dot{U}_1$ 正方向相同。$\dot{I}_0$ 产生的主磁通和漏磁通的正方向与 $\dot{I}_0$ 的正方向符合右手螺旋定则。电动势的正方向与励磁电流正方向相同。变压器的二次绕组相当于电源，所以二次绕组各量的正方向的规定按发电惯例。电流 $\dot{I}_2$ 的正方向与 $\dot{E}_2$ 正方向相同。在外电路上的变压器的输出电压 $\dot{U}_2$ 的正方向与 $\dot{I}_2$ 一致。

1. 主磁通、漏磁通

变压器是一个带铁心的互感电路，因铁心磁路的非线性，这里，一般不采用互感电路的分析方法，而是把磁通分为主磁通和漏磁通进行研究。

图 5.2.1 是单相变压器空载运行的示意图。当二次绕组开路时，一次绕组 AX 端接到电压 $\dot{U}_1$ 随时间按正弦变化的交流电网上，一次绕组便有电流 $\dot{I}_0$ 流过，此电流称为变压器的空载电流(也叫励磁电流)。空载电流 $\dot{I}_0$ 乘以一次绕组匝数 N_1 为空载磁动势，也叫励磁磁动势，用 F_0 表示，$\dot{F}_0 = N_1 \dot{I}_0$。为了便于分析，直接研究磁路中的磁通。在图 5.2.1 中，把同时链

图 5.2.1 变压器空载运行时的各量

着一、二次绕组的磁通称为主磁通 $\dot{\Phi}$，其幅值用 Φ_m 表示，把只链一次绕组的磁通称为漏磁通 $\Phi_{\sigma1}$。空载时，只有一次绕组漏磁通 $\Phi_{\sigma1}$，其幅值用 $\Phi_{\sigma1m}$ 表示。从图中看出，主磁通的路径是铁心，漏磁通的路径比较复杂，除了铁磁材料外，还要经空气或变压器油等非铁磁材料构成回路，漏磁通的分布十分复杂，这里是等效成铰链全部一次绕组的漏磁通 $\Phi_{\sigma1}$。由于铁心采用磁导率高的硅钢片制成，空载运行时，主磁通占总磁通的绝大部分，漏磁通的数量很小，仅占 $0.1\%\sim0.2\%$。在不考虑铁心磁路饱和，由空载磁动势 $\dot{F}_0$ 产生的主磁通 $\dot{\Phi}$ 以电源电压 $\dot{U}_1$ 的频率随时间按正弦规律变化。假定瞬时值为

$$\Phi = \Phi_m \sin \omega t \tag{5-3}$$

一次绕组漏磁通 $\Phi_{\sigma1}$ 为

$$\Phi_{\sigma1} = \Phi_{\sigma1m} \sin \omega t \tag{5-4}$$

$\omega = 2\pi f$ 为角频率，f 为频率，t 为时间。

2. 主磁通感应的电动势

按照图 5.2.1 各物理量的参考方向，利用式(5-3)得主磁通在一次绕组感应电动势瞬时值 e_1 为

$$\begin{aligned}
e_1 &= -N_1 \frac{\mathrm{d}\Phi}{\mathrm{d}t} = -\omega N_1 \Phi_m \cos \omega t \\
&= \omega N_1 \Phi_m \sin\left(\omega t - \frac{\pi}{2}\right) \\
&= E_{1m} \sin\left(\omega t - \frac{\pi}{2}\right)
\end{aligned} \tag{5-5}$$

同理，主磁通 Φ 在二次绕组中感应电动势瞬时值为 e_2

$$\begin{aligned}
e_2 &= -N_2 \frac{\mathrm{d}\Phi}{\mathrm{d}t} = -\omega N_2 \Phi_m \cos \omega t \\
&= E_{2m} \sin\left(\omega t - \frac{\pi}{2}\right)
\end{aligned} \tag{5-6}$$

式中 $E_{1m} = \omega N_1 \Phi_m = 2\pi f N_1 \Phi_m$、$E_{2m} = \omega N_2 \Phi_m = 2\pi f N_2 \Phi_m$ 分别是一、二次绕组感应电动势幅值。而 $E_1 = \omega N_1 \Phi_m / \sqrt{2} = 4.44 f N_1 \Phi_m$、$E_2 = \omega N_2 \Phi_m / \sqrt{2} = 4.44 f N_2 \Phi_m$ 分别是一、二次绕组感应电动势有效值。

用向量形式表示上述电动势有效值为：

$$\dot{E}_1 = \frac{\dot{E}_{1m}}{\sqrt{2}} = -\mathrm{j}\frac{\omega N_1}{\sqrt{2}}\dot{\Phi}_m = -\mathrm{j}\frac{2\pi}{\sqrt{2}}f N_1 \dot{\Phi}_m = -\mathrm{j}4.44 f N_1 \dot{\Phi}_m \tag{5-7}$$

同理

$$\dot{E}_2 = -\mathrm{j}4.44 f N_2 \dot{\Phi}_m \tag{5-8}$$

上式中磁通的单位为 Wb，电动势的单位为 V。

从式(5-7)、(5-8)看出，电动势 E_1 或 E_2 的大小与磁通交变的频率、绕组匝数以及磁通幅值成正比。当变压器接到固定频率电网时。由于频率、匝数都为定值，电动势有效值 E_1 或 E_2 的大小仅取决主磁通幅值 Φ_m 的大小。

3. 漏磁通感应电动势

利用式(5-4)一次绕组漏磁通感应漏磁电动势瞬时值 $e_{\sigma 1}$ 为

$$e_{\sigma 1}=-N_1\frac{\mathrm{d}\Phi_{\sigma 1}}{\mathrm{d}t}=\omega N_1\Phi_{\sigma 1m}\sin\left(\omega t-\frac{\pi}{2}\right)=E_{\sigma 1m}\sin\left(\omega t-\frac{\pi}{2}\right)$$

式中 $E_{m\sigma 1}=\omega N_1\Phi_{\sigma 1m}$ 为漏磁电动势幅值,用向量表示为

$$\dot{E}_{\sigma 1}=\frac{\dot{E}_{\sigma 1m}}{\sqrt{2}}=-\mathrm{j}\frac{\omega N_1}{\sqrt{2}}\dot{\Phi}_{\sigma 1m}=-\mathrm{j}4.44fN_1\dot{\Phi}_{\sigma 1m} \tag{5-9}$$

上式可写成

$$\dot{E}_{\sigma 1}=-\mathrm{j}\frac{\omega N_1}{\sqrt{2}}\dot{\Phi}_{\sigma 1m}=-\mathrm{j}4.44fN_1\dot{\Phi}_{\sigma 1m}\cdot\frac{\dot{I}_0}{\dot{I}_0}=-\mathrm{j}\omega L_{\sigma 1}\dot{I}_0=-\mathrm{j}X_1\dot{I}_0 \tag{5-10}$$

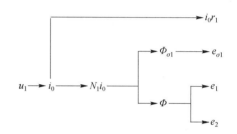

图 5.2.2　变压器空载时的电磁关系

式中 $L_{\sigma 1}=\dfrac{N_1\dot{\Phi}_{\sigma 1m}}{\sqrt{2}\,\dot{I}_0}\left(=\dfrac{N_1\Phi_{\sigma 1}}{I_0}\right)$ 称为一次绕组漏自感,是一个常数。因为漏磁通总要经过非磁性介质,非磁性介质的磁阻很大,几乎消耗了全部回路的磁压降,而且非磁性介质的磁导率是常数,所以 $\Phi_{\sigma 1}$ 的磁路的磁导也基本上是一个常数。既然磁导是一个常数,$\Phi_{\sigma 1}$ 的大小与产生它的磁势 I_0N_1 成正比,即 $L_{\sigma 1}$ 是一个常数;$X_1=\omega L_{\sigma 1}$ 称为一次绕组漏电抗。

可见,漏磁电动势 $E_{\sigma 1}$ 可以用空载电流 I_0 在一次绕组漏电抗 X_1 产生的负压降 $-\mathrm{j}I_0X_1$ 表示。在相位上 $E_{\sigma 1}$ 滞后 I_0 $\dfrac{\pi}{2}$ 的角度。

一次绕组漏电抗 X_1 还可写成

$$X_1=\omega\frac{N_1\Phi_{\sigma 1}}{I_0}=\omega\frac{(\sqrt{2}I_0N_1^2\Lambda_{\sigma 1})}{\sqrt{2}I_0}=\omega N_1^2\Lambda_{\sigma 1} \tag{5-11}$$

式中 $\Lambda_{\sigma 1}$ 为漏磁路的磁导。

变压器空载时电流很小,仅为额定电流的百分之几,变压器空载时的电磁关系可用图 5.2.2 表示。

4. 空载运行电压方程及等效电路

根据基尔霍夫定律,列出图 5.2.1 变压器空载时一次、二次绕组回路电压方程。一次绕组回路电压方程

$$\dot{U}_1=-\dot{E}_1-\dot{E}_{\sigma 1}+\dot{I}_0r_1$$

将式(5-10)代入上式,得

$$\dot{U}_1=-\dot{E}_1+\dot{I}_0(r_1+\mathrm{j}X_1)=-\dot{E}_1+\dot{I}_0Z_1 \tag{5-12}$$

式中 r_1 是一次绕组电阻,单位是 Ω。

$Z_1=r_1+\mathrm{j}X_1$ 是一次绕组漏阻抗,单位是 Ω。

空载时二次绕组开路电压用 $\dot{U}_{20}$ 表示

$$\dot{U}_{20}=\dot{E}_2$$

变压器一次绕组加额定电压空载运行时,空载电流不超过额定电流的 10%,再加上漏阻抗 Z_1 值较小,产生的压降 I_0Z_1 也较小,可以认为式(2-12)近似为

$$\dot{U}_1 \approx -\dot{E}_1$$

仅考虑大小,为

$$U_1 \approx E_1 = 4.44 f N_1 \Phi_m$$

可见,当频率 f 和匝数 N_1 一定时,主磁通 Φ_m 的大小几乎决定于所加电压 U_1 的大小。但是,必须明确,主磁通 Φ_m 是由空载磁动势 $F_0 = I_0 N_1$ 产生的。

一次电动势 E_1 与二次电动势 E_2 之比,称为变压器的变比,用 k 表示。即

$$k = \frac{E_1}{E_2} = \frac{4.44 f N_1 \Phi_m}{4.44 f N2 \Phi_m} = \frac{N_1}{N_2} \tag{5-13}$$

变比 k 也等于一、二次绕组匝数比。空载时 $U_1 \approx E_1$,$U_{20} = E_2$ 变比又为

$$k = \frac{E_1}{E_2} \approx \frac{U_1}{U_{20}}$$

对于三相变压器,变比定义为同一相一、二次相电动势之比。

只要 $N_1 \neq N_2$,则 $\kappa \neq 1$,一、二次电压就不相等,实现了变电压的目的。$\kappa > 1$ 是降压变压器;$\kappa < 1$ 是升压变压器。

将主磁通感应的电势 $-\dot{E}_1$ 也用电路参数来表示,可以用空载电流 $\dot{I}_0$ 与励磁阻抗 Z_m 的乘积来表示。Z_m 是一个阻抗而不是纯电感。这是因为 $-\dot{E}_1$ 是由主磁通产生,主磁通走铁心磁路,有铁心损耗(类似电阻损耗),因此不能用纯电抗来代替。电动势 $-\dot{E}_1$,励磁阻抗 $Z_m = r_m + jX_m$ 与铁心损耗 p_{Fe} 应有如下关系:

$$-\dot{E}_1 = \dot{I}_0 Z_m, \quad p_{Fe} = I_0^2 r_m, \quad X_m = \sqrt{Z_m^2 - r_m^2}$$

将 $-\dot{E}_1 = \dot{I}_0 Z_m$ 代入式(5-12)得

$$\dot{U}_1 = -\dot{E}_1 + \dot{I}_0 Z_1 = \dot{I}_0 Z_m + \dot{I}_0 Z_1 = \dot{I}_0 (r_m + X_m) + \dot{I}_0 Z_1 \tag{5-14}$$

用一个支路 $r_m + jX_m$ 的压降来表示主磁通对变压器的作用,再将原绕组的电阻 r_1 和漏电抗 X_1 的压降在电路图上表示出来,即得到空载时变压器的等效电路。图 5.2.3 对应式(5-14)的变压器空载时的等效电路。

图 5.2.3 变压器空载时的等效电路

式中,励磁电阻 r_m 反映铁耗的等效电阻。励磁电抗 X_m 是主磁通 Φ 引起的电抗,反映了电机铁心的导磁性能,代表了主磁通对电路的电磁效应。

原绕组的电阻 r_1 和漏磁通 $\Phi_{\sigma 1}$ 引起的电抗 X_1 基本上是不变的常量,或者说,r_1 和 X_1 不受饱和程度的影响。但是,由于铁心存在着饱和现象,所以 r_m 和 X_m 都是随着饱和程度的减少而增加的,在实用中应当注意到这个结论。但是,变压器在正常工作时,由于电源电压变化范围很小,故铁心中主磁通的变化范围也是不大的,励磁阻抗 Z_m 也基本不变。

5. 空载电流 i_0

几何尺寸一定的变压器铁心,因所用硅钢片磁化特性的非线性,使铁心里磁通 Φ 与励磁

电流 i_0 的关系,即 $\Phi = f(i_0)$ 呈非线性关系,如图 5.2.4 所示。

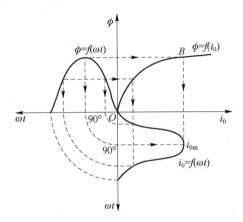

图 5.2.4 不考虑磁滞时励磁电波波形

当只考虑磁路的饱和作用,不考虑磁滞和涡流时。电源电压 u_1 随时间按正弦规律变化,则电动势 e_1、磁通 Φ 必定都按同样规律变化,只是相位不同而已。把式(5-3)磁通 Φ 的波形也画在图 5.2.4 里。

设计变压器时,为了充分利用铁磁材料,使额定运行时主磁通幅值 Φ_m 运行在图 5.2.4 的 $\Phi = f(i_0)$ 曲线的 B 点,则对应励磁电流幅值为 I_{0m},如图 5.2.4 所示。这样,根据随时间正弦变化的主磁通 Φ,去查图 5.2.4 的 $\Phi = f(i_0)$ 曲线,求出对应的励磁电流 i_0,其波形肯定偏离了正弦波,而呈现尖顶波形,如图 5.2.4 所示。经过分析,呈尖顶波变化的励磁电流可以分解为基波(与主磁通 Φ 同频率)及 3,5,7,… 一系列奇次高次谐波,如图 5.2.5 所示。图中仅画出基波励磁电流 i_μ 和 3 次谐波励磁电流 i_{03},i_{03} 的主频是 i_μ 的 3 倍。i_μ 与 Φ 同相位,超前 e_1 相位角 90°,是一个纯无功分量。我们把这一电流称为磁化电流,它是用来建立磁场的。

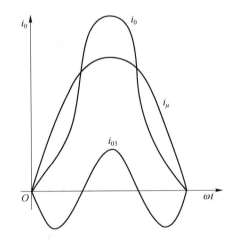

图 5.2.5 尖顶波励磁电流分解为基波及 3 次谐波电流

考虑饱和影响又考虑磁滞影响时,Φ 与 i_0 关系是图 5.2.6(a)所示磁滞回线。

当 Φ 为正弦形时,由作图法可得 i_0 为原点不对称尖顶波,如图 5.2.6(b)所示。我们可以把这个不对称的尖顶波被分成两个分量,如图中虚线所示。其中一个分量是对称的尖顶波,这就是只考虑饱和影响时的磁化电流 i_μ。另一个分量 i_h 数值很小,近似正弦波,如果把它看成

(a) 磁滞回线　　　　　　　　(b) $i_0 = f(t)$波形和$\Phi = f(t)$波形

图 5.2.6　考虑磁滞回线是的 i_0 波形

正弦波以相量 $\dot{I}_h$ 表示,它与$-\dot{E}_1$同相位,是一个有功分量,对应铁心中的磁滞损耗。如果再把铁心中的涡流损耗考虑进去,这一有功分量还要加大。加大后的有功分量用 $\dot{I}_{Fe}$ 表示。$\dot{I}_{Fe}$也可以由考虑涡流损耗时的动态磁滞回线用作图法求得的不对称尖顶波分解得到。动态磁滞回线比图 5.2.6(a)所示静态磁滞回线宽。如果把这时的不对称尖顶波也等效成相应的正弦被,以 $\dot{I}_0$ 表示,则有

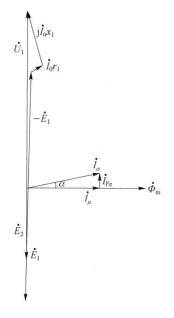

图 5.2.7　变压器空载相量图

$$\dot{I}_0 = \dot{I}_\mu + \dot{I}_{Fe}$$

$\dot{I}_0$ 超前磁通$\dot{\Phi}$一个小角度称为磁滞角。

6. 空载运行的相量图

如前所述,变压器空载运行时,空载电流 $\dot{I}_0$ 产生励磁磁势 F_0,F_0 建立主磁通 Φ,而交变的磁通 Φ 将在原绕组内感应电势 e_1。单独产生磁通的电流为磁化电流 $\dot{I}_\mu$,$\dot{I}_\mu$ 与电势 $\dot{E}_1$ 之间的夹角是 $90°$,铁心中的磁通交变,一定存在着涡流损耗和磁滞损耗,为了供给这两个损耗,励磁电流中除了用来产生磁通的无功电流外,还应包括一个对应于铁心损耗的有功电流 $\dot{I}_{Fe}$,即 $\dot{I}_0 = \dot{I}_\mu + \dot{I}_{Fe}$,其相量关系如图 5.2.7 所示。所以考虑铁心损耗的影响后,产生 Φ 所需要的励磁电流 $\dot{I}_0$ 便超前 $\dot{\Phi}_m$ 一个小角度 α(磁滞角),外加电压可以写成:

$$\dot{U}_1 = -\dot{E}_1 + \dot{I}_0 r_1 + j\dot{I}_0 X_1$$

5.2.2　变压器的负载运行

变压器一次绕组接电源,二次绕组接负载 Z_L,称为变压器负载运行。负载阻抗 $Z_L = R_L + jX_L$,其中 R_L 是负载电阻,X_L 是负载电抗。一次绕组的电流由 $\dot{I}_0$ 增加到 $\dot{I}_1$,二次绕组有电流 $\dot{I}_2$,变压器负载运行原理图如图 5.2.8 所示。

1. 负载时磁动势及一、二次电流关系

变压器带负载时,负载上电压方程为

$$\dot{U}_2 = \dot{I}_2(R_L + jX_L) = \dot{I}_2 Z_L \tag{5-15}$$

式中,$\dot{I}_2$ 是二次电流,又称为负载电流。

变压器负载运行时,一次、二次绕组都有电流流过,都要产生磁动势。按照磁路的安培环路定律,负载时,铁心中的主磁通 $\dot{\Phi}$ 是由这两个磁动势共同产生的。也就是说,把作用在主磁路上所有磁动势相量加起来,得到一个总合成磁动势产生主磁通。根据图 5.2.8 规定的正方向,负载时各磁动势相量和为

$$\dot{F}_1 + \dot{F}_2 = \dot{F}_0 \tag{5-16}$$

式中,$\dot{F}_1$ 为一次绕组磁动势,$\dot{F}_1 = \dot{I}_1 N_1$;

$\dot{F}_2$ 为二次绕组磁动势,$\dot{F}_2 = \dot{I}_2 \dot{N}_2$;

$\dot{F}_0$ 为产生主磁通 $\dot{\Phi}$ 的一、二次绕组合成磁动势,即负载时的励磁磁动势。式(5-16)被称为变压器磁动势平衡方程。

$\dot{F}_0$ 的数值取决于铁心中主磁通 $\dot{\Phi}$ 的数值,而 $\dot{\Phi}$ 的大小又取决于一次绕组感应电动势 $\dot{E}_1$ 的大小。我们分析一下 $\dot{E}_1$ 的大小。负载运行时,一次电流不再是 $\dot{I}_0$,而变为 $\dot{I}_1$,一次回路电压方程变为

$$\dot{U}_1 = -\dot{E}_1 + \dot{I}_1 Z_1 \tag{5-17}$$

式中,$\dot{U}_1$ 是电源电压,大小不变,Z_1 是一次绕组漏阻抗,也是常数。与空载运行相比,由于 $\dot{I}_0$ 变为 $\dot{I}_1$,负载时的 $\dot{E}_1$ 与空载时的数值不会相同。但在电力变压器设计时,把 $\dot{Z}_1$ 设计得很小,即使在额定负载下运行,一次电流为额定值 $\dot{I}_{1N}$,其数值比空载电流 $\dot{I}_0$ 大很多倍,仍然还是 $I_{1N} Z_1 \ll U_1$,且对于电力变压器,国家规定 $I_{1N} Z_1$ 的数值不得超过额定电压的 5%。这样 $\dot{U}_1 \approx -\dot{E}_1$。由 $E_1 = 4.44 f N_1 \Phi_m$ 可以看出,空载、负载运行,其主磁通 $\dot{\Phi}$ 的数值虽然会有些差 0 别,但差别不大。这就是说,负载时的励磁磁动势 $\dot{F}_0$ 与空载时的在数值上相差不多。为

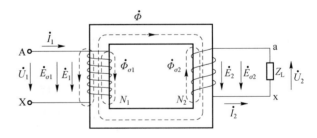

图 5.2.8 变压器负载运行原理图

此,仍用同一个符号 $\dot{F}_0$ 或 $\dot{I}_0 N_1$(也可以用 $\dot{I}_m N_1$)表示。式(5-16)可以写成

$$\dot{I}_1 N_1 + \dot{I}_2 N_2 = \dot{I}_0 N_1 \tag{5-18}$$

对于空载运行,励磁磁动势 $\dot{F}_0$ 是容易理解的,而负载运行,又如何理解它呢?二次绕组带上负载,有二次电流 $\dot{I}_2$ 流过,就要产生 $\dot{F}_2 = \dot{I}_2 \dot{N}_2$ 的磁动势,如果一次绕组电流仍旧为 $\dot{I}_0$,那么 $\dot{F}_2$ 的作用必然要改变磁路的磁动势和主磁通大小。然而,主磁通 $\dot{\Phi}$ 不能变化太多,因此,一次绕组中必有电流 $\dot{I}_1$,产生一个($-\dot{F}_2$)大小的磁动势,以抵消或者说平衡二次绕组电流产生

的磁动势 $\dot{F}_2$，以维持励磁磁动势为 $\dot{F}_0 = \dot{I}_0 N_1$ 不变。可见，这时一次绕组磁动势变为 $\dot{F}_1$ 了。为了更明确表示出磁动势平衡的物理意义，把式(5-16)、(5-18)改写为

$$\left.\begin{array}{l} \dot{F}_1 = \dot{F}_0 + (-\dot{F}_2) \\ \dot{I}_1 N_1 = \dot{I}_0 N_1 + (-\dot{I}_2 N_2) \end{array}\right\} \tag{5-19}$$

上式表明，一次绕组磁动势 $\dot{F}_1 = \dot{I}_1 N_1$ 由两个分量组成：一为励磁磁动势 $\dot{F}_0 = \dot{I}_0 N_1$，用来产生主磁通 $\dot{\Phi}$，由空载到负载它的数值变化不大；另一分量为 $-\dot{F}_2 = -\dot{I}_2 N_2$，用来平衡二次绕组磁动势 $\dot{F}_2$，称为负载分量。负载分量的大小与二次绕组磁动势 $\dot{F}_2$ 一样，而方向相反，它随负载变化而变化。在额定负载时，电力变压器 $I_0 = (0.02 \sim 0.1) I_{1N}$，即 $\dot{F}_0$ 在数量上比 $\dot{F}_1$ 小得多，$\dot{F}_1$ 中主要部分是负载分量。

把式(5-18)改写为

$$\dot{I}_1 + \frac{N_2}{N_1}\dot{I}_2 = \dot{I}_0$$

$$\dot{I}_1 = \dot{I}_0 + \left(-\frac{N_2}{N_1}\dot{I}_2\right) = \dot{I}_0 + \left(-\frac{1}{k}\dot{I}_2\right) \tag{5-20}$$

$$= \dot{I}_0 + \dot{I}_L$$

式中，$\dot{I}_L = -\dfrac{N_2}{N_1}\dot{I}_2 = -\dfrac{1}{k}\dot{I}_2$ 称为一次电流负载分量；$k = \dfrac{N_1}{N_2}$ 为变比。

式(5-20)表明，变压器负载运行时，一次电流 $\dot{I}_1$ 包含两个分量：励磁电流 $\dot{I}_0$ 和负载电流 $\dot{I}_L$。从功率平衡角度看，二次绕组有电流，意味着有功率输出，一次绕组应增大相应的电流，增加输入功率，才能达到功率平衡。也就是能量从一次侧向二次侧的传递。

变压器负载运行时，由于 $\dot{I}_0 << \dot{I}_1$，可以认为一、二次电流关系为

$$\dot{I}_1 \approx -\frac{\dot{I}_2}{k}$$

对降压变压器，$I_2 > I_1$；对升压变压器 $I_2 < I_1$，无论是升压或降压变压器，额定负载一、二次电流同时都为额定值。

图 5.2.9　一、二次绕组的漏磁通

2. 二次绕组磁动势

二次绕组磁动势 $\dot{F}_2 = \dot{I}_2 N_2$ 还要产生只交链二次绕组本身，而不交链一次绕组的称为二次绕组漏磁通，其幅值用 $\Phi_{\sigma 2m}$ 表示。它走的磁路如图 5.2.9 所示。与一次绕组漏磁通幅值 $\Phi_{\sigma 1m}$ 对照，虽然各自的路径不同，但磁路材料性质都基本一样，包括了一段铁磁材料和一段非铁磁材料。因此，$\dot{\Phi}_{\sigma 2}$ 走的磁路也可以近似认为是线性磁路，且漏磁导 $\Lambda_{\sigma 2}$ 很小。$\dot{\Phi}_{\sigma 2}$ 在二次绕组中感应的电动势为 $\dot{E}_{\sigma 2}$。$\dot{\Phi}_{\sigma 2}$ 和 $\dot{E}_{\sigma 2}$ 正方向如图 5.2.8 所示，二者符合右手螺旋关系。参照式(5-9)，得

$$\dot{E}_{\sigma2}=-j\frac{\omega N_2}{\sqrt{2}}\dot{\Phi}_{\sigma2}$$

$$=-j4.44fN_2\dot{\Phi}_{\sigma2}$$

还可以写成

$$\dot{E}_{\sigma2}=-j\omega L_{\sigma2}\dot{I}_2 \tag{5-21}$$

$$=-jX_2\dot{I}_2$$

式中,$L_{\sigma2}=\dfrac{N_2\dot{\Phi}_{\sigma2m}}{\sqrt{2}\dot{I}_2}(=\dfrac{N_2\Phi_{\sigma2}}{\sqrt{2}I_2})$称为二次绕组漏自感;

$X_2=\omega L_{\sigma2}$称为二次绕组漏电抗。当频率 ω 恒定时,为一常数,其原理同 X_1,X_2 的数值也很小。

二次绕组的电阻用 r_2 表示,当 $\dot{I}_2$ 流过 r_2 时,产生的压降为 $\dot{I}_2r_2$,根据电路的基尔霍夫定律,参见图 5.2.8 中二次回路各电量的规定正方向,列出二次回路电压方程为

$$\dot{U}_2=\dot{E}_2+\dot{E}_{\sigma2}-\dot{I}_2r_2$$

$$=\dot{E}_2-\dot{I}_2(r_2+jX_2) \tag{5-22}$$

$$=\dot{E}_2-\dot{I}_2Z_2$$

式中,$Z_2=r_2+jX_2$ 称为二次绕组漏阻抗。

3. 变压器的基本方程式

综合前面推导各电磁量的关系,即式(5-13)、式(5-15)、式(5-17)、式(5-20)、式(5-22)和 $-\dot{E}_1=\dot{I}_0Z_m$ 得变压器稳态运行时基本方程式。

一次侧电动势方程式　　　　$\dot{U}_1=-\dot{E}_1+\dot{I}_1Z_1$

二次侧电动势方程式　　　　$\dot{U}_2=\dot{E}_2-\dot{I}_2Z_2$

负载电压　　　　　　　　　$\dot{U}_2=\dot{I}_2Z_L$

励磁回路电压降　　　　　　$-\dot{E}_1=\dot{I}_0Z_m$

匝数比　　　　　　　　　　$\dfrac{E_1}{E_2}=\dfrac{N_1}{N_2}=k$

电流方程式　　　　　　　　$\dot{I}_1+\dfrac{\dot{I}_2}{k}=\dot{I}_0 \tag{5-23}$

以上各方程虽然是一个个推导的,但实际运行的变压器,各电磁量之间是同时满足这些方程的。即已知其中一些量,可以求出另一些物理量。但未知量最多不超过 6 个,因为只有 6 个方程。例如,已知 $\dot{U}_1$、k、Z_1、Z_2、Z_m 及负载阻抗 Z_L,就可计算出 $\dot{I}_1$、$\dot{I}_2$ 和 $\dot{U}_2$ 来。进而还可以计算变压器的运行性能(后面介绍)。当 $Z_L=\infty$ 时,即为空载运行。

到此为止,把变压器空载和负载运行时的电磁关系都分析了,最终体现在式(5-23)的 6 个基本方程式上。现把它们之间的电磁关系示于图 5.2.10 中。

4. 折算

式(5-23)可以对变压器负载运行时进行定量计算,有时会很麻烦,绘制相量图也很困难。为了计算简单,我们这里引入折算方法。我们设想能够把实际的副绕组用一个匝数和原绕组

相同,使得变比 $k=1$,变成同一个电路,则变压器的分析计算工作将会大大简化。所谓等效副绕组,就是说用其代替实际的副绕组,而对变压器原边的运行丝毫没有影响。从上一节的分析可知,副绕组内的负载电流是通过它的磁势去影响原绕组中的电流的,因此,只要保证副绕组能产生同样的磁势 F_2,那么从原边看过去,效果完全一样。然而要产生同样的 F_2,副绕组的匝数却可以由我们自由选定,并不一定必须是 N_2。

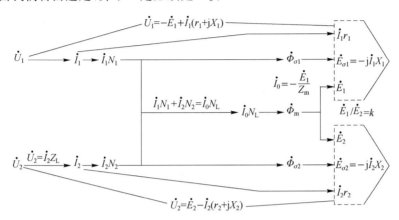

图 5.2.10　变压器负载运行时的电磁关系

现在我们完全可以保持原绕组和铁心不变,而把副绕组的匝数换成 N_1,并相应地改变此绕组和负载的阻抗值,使得副边的电流变为 I_2',以满足 $\dot{I}_2' N_1 = \dot{I}_2 N_2 = \dot{F}_2$ 的关系。而这个电流为 I_2' 匝数为 N_1 的副绕组和原来电流为 I_2、匝数为 N_2 的副绕组,对原边来说则完全是等效的。

应用这种方法把实际的副绕组用一个和原绕组具有相同匝数的等效副绕组来代替,我们就称为副绕组折合到原边或称为副边折算到原边,可以把其他量进行折算,这种方法就称为变压器的折算法。另外,按同样的原则也可以把原边的量折算到副边。在实际应用中,应当折算到哪一边去主要看解决哪一边的问题方便而定。通常以副边折算到原边的情况为多。

经过折算后,由于原、副绕组的匝数相同,故它们的电势相同,因此就有可能把它们连接成为一个等效电路。这样,变压器原来具有的两个电路和一个磁路的复杂问题就可以简化成为一个等效的纯电路问题,从而大大简化了变压器的分析计算。显然,这种折算法只是人们处理问题的一种方法,因此在折算后,变压器的磁势、功率以及损耗等都不应有所改变。换句话来说,采用折算法并不能改变变压器的电磁本质。下面具体来推导折算后的变压器和实际变压器副边各量之间对应的关系式。我们把等效变压器副边各量都加上一撇(')称为折算值。

(1)二次侧电势和电压的折算

折算后变压器两侧绕组有着相同的匝数,即 $N_1 = N_2'$,由于电势的大小与绕组的匝数成正比,故

$$\frac{E_2'}{E_2} = \frac{N_2'}{N_2} = \frac{N_1}{N_2} = k$$

式中,k 为变比。

故
$$E_2' = E_2 k = E_1$$

要把副边电势折算到原边,只需乘以变比 k。

同理:副边其他电势和电压也应按同一比例折算

$$E'_{2\sigma} = E_{2\sigma}k$$
$$U'_2 = U_2 k \tag{5-24}$$

（2）二次侧电流的折算

在将副边电流折算到原边时,不应改变折算后的磁势,即:$I'_2 N'_2 = I_2 N_2$。所以

$$I'_2 = I_2 \frac{N_2}{N'_2} = I_2 \frac{N_2}{N_1} = I_2 \frac{1}{k} \tag{5-25}$$

即经过折算后的电流为折算前的$\frac{1}{k}$倍。

（3）二次侧阻抗的折算

要把二次侧的阻抗折算到一次侧去,必须遵守有功功率和无功功率不变的原则。因此:

$$I'^2_2 r'_2 = I^2_2 r_2$$

故
$$r'_2 = r_2 \left(\frac{I_2}{I'_2}\right)^2 = r_2 k^2$$

同理
$$I'^2_2 X'_2 = I^2_2 X_2$$

故
$$X'_2 = X_2 \left(\frac{I_2}{I'_2}\right)^2 = X_2 k^2$$

故二次侧的阻抗折算时,必须将折算前的阻抗乘以 k^2。

负载阻抗也要进行折算,即

$$Z'_2 = Z_2 k^2, Z'_L = Z_L k^2 \tag{5-26}$$

（4）负载等效电路及相量图

变压器折算后,描述变压器的负载运行的基本方程式变为

$$\dot{U}_1 = -\dot{E}_1 + \dot{I}_1 (r_1 + jX_1)$$
$$\dot{U}'_2 = \dot{E}'_2 - \dot{I}'_2 (r'_2 + jX'_2)$$
$$\dot{I}_0 = \dot{I}_1 + \dot{I}'_2$$

图 5.2.11　负载运行时的 T 形等效电路

$$-\dot{E}_1 = \dot{I}_0 Z_m$$
$$\dot{U}'_2 = \dot{I}'_2 Z'L$$
$$\dot{E}_1 = \dot{E}'_2 \tag{5-27}$$

根据式(5-27)可以求出等效阻抗

$$\frac{\dot{U}_1}{\dot{I}_1} = \left(\frac{1}{\dfrac{1}{Z_m} + \dfrac{1}{Z'_2 + Z'_L}} + Z_1\right) \tag{5-28}$$

根据式(5-28)画出"T"形等效电路,如图 5.2.11 所示。

图 5.2.12 Γ 型等效电路

T 形等效电路计算还是很麻烦,在精度要求不高的情况下,可以把电路进一步化简。考虑到变压器中 $Z_m \gg Z_1$,将励磁电路前移到输入端,如图 5.2.12 所示。这样引起误差并不大,但计算却简化了很多。因等效电路形状像字母 Γ,所以称为 Γ 形等效电路。

在电力变压器中,由于 $I_1 \gg I_m$,在工程计算中可以忽略,即把励磁电路去掉,如图 5.2.13 所示。这是变压器的简化等值电路,把原、副边参数合并有

$$r_k = r_1 + r_2'$$
$$x_k = X_1 + X_2' \tag{5-29}$$
$$Z_k = r_k + x_k = Z_1 + Z_2'$$

与简化电路对应的电压平衡方程为

$$\dot{U}_1 = \dot{I}_1(r_k + x_k) - \dot{U}_2' \tag{5-30}$$

从简化等效电路可见,阻抗 Z_k 决定变压器稳态电流的大小,称为短路阻抗。

应用变压器负载运行时的基本方程式、折算法和图 5.2.11 负载运行时的 T 形等效电路正方向的规定,我们可以把负载时原、副绕组的电势、电压和电流之间的相位关系用向量图来清楚地表示。一般把向量图作为定性分析的工具。图 5.2.14 为当电感性负载时变压器的向量图。下面我们就介绍它的绘制情况。

图 5.2.13 变压器的简化等值电路

(1) 先将主磁通 $\dot{\Phi}_m$ 作为参考相量画在水平轴方向(也可以画在垂直轴方向);

(2) 根据直 $\dot{E}_1 = \dot{E}_2' = -j4.44fN_1 \dot{\Phi}_m$ 画出相量 $\dot{E}_1 = \dot{E}_2'$,它落后于主磁通 $90°$,此图是垂直向下的;

(3) 副边电流 $\dot{I}_2'$ 的大小和相位由副边电势 $\dot{E}_2'$ 和副电路的总阻抗 $Z_2' + Z_L'$ 的性质所决定,即

$$\dot{I}_2' = \frac{\dot{E}_2'}{Z_2' + Z_L'} \tag{5-31}$$

此电流落后于 $\dot{E}_2'$(当感性负载时)一个 φ_2 角

$$\varphi_2 = \arctan \frac{X_2' + X_L'}{r_2' + R_L'} \tag{5-32}$$

以上两式中的 $Z_L' = R_L' + jX_L'$ 为负载阻抗。根据以上两式求出的 I_2' 及 φ_2 值,可在图上画出相量 $\dot{I}_2'$。

(4) 根据副方漏感电势 $\dot{E}_{\sigma2}' = -j\dot{I}_2'\dot{X}_2'$ 落后于 $\dot{I}_2'$ $90°$。以及 $\dot{U}_2' = \dot{E}_2' - \dot{I}_2'Z_2'$ 在相量 $\dot{E}_2'$ 上依次减去 $j\dot{I}_2'X_2'$。和 $\dot{I}_2'r_2'$,即可求得副边电压相量 $\dot{U}_2'$,$\dot{U}_2'$ 和 $\dot{I}_2'$ 之间的夹角 φ_2 决定于负载的功率因数。

（5）根据励磁电流 $\dot{I}_0$ 相量应超前于主磁通 $\dot{\Phi}_{\mathrm{m}}$ 一个 α 角的原则（参见空载时的相量图）作出 $\dot{I}_0$ 相量，再按公式 $\dot{I}'_1 = -\dot{I}'_2 + \dot{I}_0$ 在图上作出原方电流 $\dot{I}_1$ 相量。

（6）在与 $\dot{E}_1$ 相量相差 180° 的方向作出相量 $-\dot{E}_1$，再按原边电势平衡方程式 $\dot{U}_1 = -\dot{E}_1 + \dot{I}_1 r_1 + \mathrm{j}\dot{I}_1 X_1$，分别在相量（$-\dot{E}_1$）的末端加上电阻压降 $\dot{I}_1 r_1$ 及电抗压降 $\mathrm{j}\dot{I}_1 X_1$ 于是得出原电压 $\dot{U}_1$。至此，相量图即全部画成，如图 5.2.14 所示。为了看得清楚，图中的各阻抗压降扩大画出。

按照同样的原则，可以绘制出在纯电阻负载下的相量图和容性负载时的相量图。绘制得过程读者可以自行分析推导，这里不再详述。

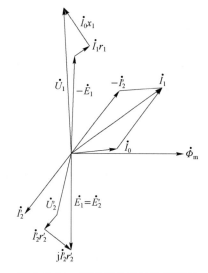

图 5.2.14　变压器负载时的相量图

5.2.3　变压器等值电路参数的试验测定

等效电路中的各种电阻、电抗或阻抗如 r_1、X_{m}、Z_{m}、Z_{k} 等，是变压器的参数，它们对变压器的运行性能有直接的影响。知道了变压器的参数后，就可以得出变压器的等效电路，也就可以利用等效电路去分析、计算变压器的运行性能。同时，从设计、制造的观点看，合理选择参数对变压器的产品成本和技术经济性能都有较大的影响。

下而我们介绍参数的试验测定。通常，变压器的参数可以通过变压器的空载试验和稳态短路试验来求得。

1. 变压器的空载试验

变压器空载试验的主要目的为：（1）测量空载电流 I_0；（2）测定变比 k；（3）测量空载时的铁损耗 p_{Fe}；（4）测定励磁参数 $Z_{\mathrm{m}} = r_{\mathrm{m}} + \mathrm{j}X_{\mathrm{m}}$。

图 5.2.15　变压器空载试验接线图

图 5.2.15 为单相变压器空载试验的线路图。试验时副边开路，原边加上额定电压，然后通过表计分别测量出 U_1、U_{20}、I_0，和空载输入功率 p_0。由于变压器空载运行时副绕组开路，故本身不存在铜损耗，在原绕组中虽有空载电流产生的铜损耗，但因 I_0 较小，因而可忽略不计。故可以认为变压器空载时的输入功率 p_0 完全是用来抵偿变压器的铁损耗，即 $p_0 \approx p_{\mathrm{Fe}}$。这样，根据空载试验所测出的 U_1、U_{20}、I_0 和 p_0 即可算出

$$|Z_0| = \frac{U_1}{I_0} = |Z_1 + Z_{\mathrm{m}}| \approx |Z_{\mathrm{m}}|$$

$$r_0 = \frac{p_0}{I_0^2} = r_1 + r_{\mathrm{m}} \approx r_{\mathrm{m}}$$

$$X_0 = \sqrt{Z_0^2 - r_0^2} = X_1 + X_m \approx X_m$$

变比
$$k = \frac{U_1}{U_{20}} = \frac{U_{高压}}{U_{低压}} \tag{5-33}$$

式中 U_{20} 为空载时测出的副边电压。

图 5.2.16 变压器短路试验接线图

应当注意由于 Z_m 与磁路的饱和程度有关,故不同电压下测出的数值是不一样的,故应取额定电压下的数据来计算励磁阻抗。

另外,空载试验可以在原边做也可以在副边做。为了方便与安全起见,空载试验常在低压边做。但应注意,低压边所测得的 Z_{m2} 成要折算到高压边还必须乘以 k^2,即 $Z_m = Z_{m2}k^2$。

此外,对于三相变压器来说在应用上述公式时,必须根据一相的损耗以及相电压和相电流来计算。

2. 变压器的短路试验

当变压器的副边直接短路时,副边电压是等于零的,这种情况就是变压器的短路运行方式。如原边在额定电压下运行时副边发生短路,就会产生很大的短路电流,这种情况称为突然短路,这在变压器运行时将是不允许的。在本节中我们讨论短路试验,也可叫稳态短路试验。单相变压器短路试验时的接线如图 5.2.16 所示。为了使短路电流不致很大,试验时外加电源电压一般必须降低到额定电压的 10% 以下,为此原边一般通过调压器接到电源上。试验时,电压从零逐步增加,直到高低压绕组电流达额定值为止,然后读取短路电流 I_k、原边短路电压 U_k 和短路损耗 p_k 等数据,并记录试验时的室温 θ。

在进行短路试验时,当副绕组电流达额定值 I_{2N} 时,原绕组中的电流也达 I_{1N},这时绕组中的铜耗就相当于额定负载时的铜耗(故把该试验又叫负载损耗的测定)。从简化等效电路可以看出,当副边短路而原边通入额定电流时,原边所加的端电压只是为了和变压器的阻抗压降 $I_{1N}Z_k$ 相平衡。由于短路试验时所加的电压 U_k 很低,所以铁心中的主磁通也非常小,故完全可以忽略励磁电流与铁耗,这时输入的功率差不多就是绕组的铜损耗。根据试验所测出的各个数据,可以分别计算出变压器的各短路参数,即

图 5.2.17 短路实验的等效电路图

$$U_k = I_{1N}Z_k \text{ 故 } Z_k = \frac{U_k}{I_{1N}}$$

由于
$$p_k = I_{1N}^2 R_k \text{ 故 } r_k = \frac{p_k}{I_{1N}^2}$$

从而短路电抗
$$X_k = \sqrt{Z_k^2 - r_k^2} \tag{5-34}$$

此外,根据规定,在计算变压器的性能时,实验温度 t 绕组电阻应换算到 75 ℃时的数值,

短路电抗无温度换算。一般铜线变压器有：

$$r_{k75℃}=\frac{234.5+75}{234.5+\theta}r_k \quad （铜线）\tag{5-35}$$

同空载试验一样,上面所列的只是单相的计算方法,对三相变压器应该用每相的值来计算。短路实验的等效电路图如图 5.2.17 所示。

3. 标幺值

标幺值是一种相对值。首先选定一个物理量作为基值,一般选额定值作为基值,把实际数值与基值进行比较,它们的比值就是这个物理量的标幺值,即

标幺值＝实际绝对值(任何单位)/基值(与实际绝对值同单位)。标幺值的符号是在下面画横线或在右上角加"＊"号。变压器的基值是这样选定的:电压基值选一、二次绕组的额定电压 U_{1N} 和 U_{2N};电流基值选一、二次绕组的额定电流 I_{1N} 和 I_{2N};这样阻抗的基值是 $\underline{Z}_{1N}=U_{1N}/I_{1N}$,$\underline{Z}_{2N}=U_{2N}/I_{2N}$。

例 5-2 有一台三相变压器,$S_N=20\,000\,\text{kV}\cdot\text{A}$,$U_{1N}/U_{2N}=220/\sqrt{3}\,\text{kV}/11\,\text{kV}$,在 15 ℃时的空载试验和短路试验数据如下:

空载试验(电压加在低压边):$U_1=11\,\text{kV}$,$I_0=45.5\,\text{A}$,$p_0=47\,\text{kW}$

短路试验(电压加在高压边):$U_K=9.24\,\text{kV}$,$I_K=157.5\,\text{A}$,$p_K=129\,\text{kW}$

试求:

1. 变压器电压比和励磁阻抗(欧姆值和标幺值);

2. 漏阻抗(欧姆值和标幺值);

3. 归算到高压边 T 形等效电路的参数。

解

电压比 $\dfrac{U_{1N}}{U_{2N}}=\dfrac{220/\sqrt{3}}{11}=11.55$

一次、二次绕组的额定电流为:

$$I_{1N}=\frac{S_N}{U_{1N}}=\frac{20\,000\times10^3}{220\times10^3/\sqrt{3}}\,\text{A}=157.5\,\text{A}$$

$$I_{2N}=\frac{S_N}{U_{2N}}=\frac{20\,000\times10^3}{11\times10^3}\,\text{A}=1\,818.2\,\text{A}$$

1. 由空载试验数据可求出励磁阻抗(归算到低压边时)

$$Z'_m=\frac{U_1}{I_0}=\frac{11\times10^3}{45.5}\,\Omega=242\,\Omega$$

$$r'_m=\frac{p_0}{I_0^2}=\frac{47\times10^3}{45.5^2}\,\Omega=22.7\,\Omega$$

$$X'_m=\sqrt{Z'^2_m-r'^2_m}=\sqrt{242^2-22.7^2}\,\Omega=241\,\Omega$$

标幺值

$$Z^*_m=\frac{I_{2N}Z'_m}{U_{2N}}=\frac{1\,818.2\times242}{11\times10^3}=40$$

$$r^*_m=\frac{I_{2N}r'_m}{U_{2N}}=\frac{1\,818.2\times22.7}{11\times10^3}=3.75$$

$$X^*_m=\frac{I_{2N}X'_m}{U_{2N}}=\frac{1\,818.2\times241}{11\times10^3}=39.8$$

归算到高压边时

$$Z_{\mathrm{m}} = K^2 Z'_{\mathrm{m}} = 11.55^2 \times 242 \ \Omega = 32\,283 \ \Omega$$

$$r_{\mathrm{m}} = K^2 r'_{\mathrm{m}} = 11.55^2 \times 22.7 \ \Omega = 3\,028 \ \Omega$$

$$X_{\mathrm{m}} = K^2 X'_{\mathrm{m}} = 11.55^2 \times 241 \ \Omega = 32\,150 \ \Omega$$

标幺值

$$Z^*_{\mathrm{m}} = \frac{I_{1\mathrm{N}} Z_{\mathrm{m}}}{U_{1\mathrm{N}}} = \frac{157.5 \times 32\,283}{220 \times 10^3 / \sqrt{3}} = 40$$

上述计算表明,用标幺值表示时,不必归算。

2. 根据短路试验数据可求出漏阻抗

归算到高压边时:

$$Z_{\mathrm{K}}(15\ ℃) = \frac{U_{\mathrm{K}}}{I_{\mathrm{K}}} = \frac{9\,240}{157.5} \ \Omega = 58.7 \ \Omega$$

$$r_{\mathrm{K}}(15\ ℃) = \frac{p_{\mathrm{K}}}{I^2_{\mathrm{K}}} = \frac{129 \times 10^3}{157.5} \ \Omega = 5.2 \ \Omega$$

$$X_{\mathrm{K}} = \sqrt{Z^2_{\mathrm{K}(15\ ℃)} - r^2_{\mathrm{K}(15\ ℃)}} = \sqrt{58.7^2 - 5.2^2} \ \Omega = 58.5 \ \Omega$$

折算到 75° 时

$$r_{\mathrm{K}(75\ ℃)} = r_{\mathrm{K}\theta} \frac{T_0 + 75}{T_0 + \theta} = 5.2 \frac{234.5 + 75}{234.5 + 15} \ \Omega = 6.45 \ \Omega$$

$$Z_{\mathrm{K}(75\ ℃)} = \sqrt{X^2_{\mathrm{K}} + r^2_{\mathrm{K}(75\ ℃)}} = \sqrt{58.5^2 - 6.45^2} \ \Omega = 59 \ \Omega$$

标幺值

$$r^*_{\mathrm{K}(75\ ℃)} = \frac{I_{1\mathrm{N}} r_{\mathrm{K}(75\ ℃)}}{U_{1\mathrm{N}}} = \frac{157.5 \times 6.45}{220 \times 10^3 / \sqrt{3}} = 0.008$$

$$X^*_{\mathrm{K}} = \frac{I_{1\mathrm{N}} X_{\mathrm{K}}}{U_{1\mathrm{N}}} = \frac{157.5 \times 58.5}{220 \times 10^3 / \sqrt{3}} = 0.072\,5$$

$$Z^*_{\mathrm{K}} = \frac{I_{1\mathrm{N}} Z_{\mathrm{K}(75\ ℃)}}{U_{1\mathrm{N}}} = \frac{157.5 \times 59}{220 \times 10^3 / \sqrt{3}} = 0.073$$

3. T 形等效电路的参数

设 $X_1 = X'_2, r_1 = r'_2$ 则

$$r_1 = r'_2 = \frac{1}{2} r_{\mathrm{K}(75℃)} = \frac{6.45}{2} \ \Omega = 3.225 \ \Omega$$

$$X_1 = X'_2 = \frac{1}{2} X_{\mathrm{K}} = \frac{58.5}{2} \ \Omega = 29.25 \ \Omega$$

标幺值

$$r^*_1 = r^{*\prime}_2 = \frac{I_{1\mathrm{N}} r_1}{U_{1\mathrm{N}}} = \frac{157.46 \times 3.225}{220 \times 10^3 / \sqrt{3}} = 0.004$$

$$X^*_1 = X^{*\prime}_2 = \frac{I_{1\mathrm{N}} X_1}{U_{1\mathrm{N}}} = \frac{157.46 \times 29.25}{220 \times 10^3 / \sqrt{3}} = 0.036$$

5.2.4　变压器的运行特性

变压器的运行特性主要有外特性和效率特性。

1. 电压调整率与外特性

当变压器一次绕组接额定电压,二次绕组开路时,二次电压 U_{20} 就是二次额定电压 U_{2N}。带上负载以后,二次电压变为 U_2,与空载时二次端电压 U_{2N} 相比,变化了 $(U_{2N}-U_2)$,它与额定电压 U_{2N} 的比值称为电压调整率,用 ΔU 表示为

$$\Delta U = \frac{U_{2N}-U_2}{U_{2N}} \times 100\%$$

采用标幺值得表示为

$$\Delta U = 1 - \underline{U}_2 = 1 - \underline{U}_2'$$

负载时的电压调整率,可以用简化等效电路及其相量图求得(证明略)。

$$\Delta U = \left(\frac{I_{1rk}}{U_{1N}}\cos\varphi_2 + \frac{I_1 X_k}{U_{1N}}\sin\varphi_2 \right) \times 100\% \tag{5-36}$$

式中,φ_2 为 $-\dot{U}_2$ 和 $\dot{I}_1$ 的夹角。当额定负载时有

$$\Delta U = \left(\frac{I_{1Nrk}}{U_{1N}}\cos\varphi_2 + \frac{I_{1N} X_k}{U_{1N}}\sin\varphi_2 \right) \times 100\% \tag{5-37}$$

如果电流不是额定值,用标幺值表示有

$$\Delta U = (\underline{r}_k\cos\varphi_2 + \underline{X}_k\sin\varphi_2)$$

当保持一次侧电压和负载功率因数不变时,变压器二次端电压与负载电流的关系,称为变压器的外特性,画成曲线如图 5.2.18 所示。图中电压、电流用标幺值表示。定义 $\beta = I_1/I_{1N}$ 为负载系数。

从电压调整率看,变压器短路阻抗 $|\underline{Z}_k|$ 虽小,但直接影响变压器的性能,是一个非常重要的参数,其值在国家有关标准中有规定,并且在电压器铭牌上标注该变压器的 $|\underline{Z}_k|$ 值(或标注阻抗电压 u_k)。

图 5.2.18　变压器的外特性

2. 变压器的效率

变压器的效率是变压器的有功功率与输入功率之比,用符号 η,其计算公式为

$$\eta = \frac{P_2}{P_1} = \frac{P_1 - \sum p}{P_1} = 1 - \frac{\sum p}{P_2 + \sum p} \tag{5-38}$$

式中,P_2 为二次绕组输出的有功功率;

　　　P_1 为一次绕组输入的有功功率;

　　　$\sum p$ 为变压器的总损耗。

二次绕组输出的有功功率 P_2 计算如下:

单相变压器

$$P_2 = U_2 I_2 \cos\varphi_2$$
$$\approx U_{2N}\beta I_{2N}\cos\varphi_2$$
$$= \beta S_N \cos\varphi_2$$

三相变压器

$$P_2 \approx \sqrt{3} U_{2N} \beta I_{2N} \cos \varphi_2$$
$$= \beta S_N \cos \varphi_2$$

上两式最后结果一样，都忽略了二次端电压在负载时发生的变化，认为 $U_2 \approx U_{2N}$。

总损耗 $\sum p$ 包括铁损耗 p_{Fe} 和铜损耗 p_{Cu}，即

$$\sum p = p_{Fe} + p_{Cu}$$

前面分析过变压器空载和负载时铁心中的主磁通基本不变，因此相应地，铁损耗对于具体的变压器就基本不变，称为不变损耗。额定电压下的铁损耗近似等于空载试验时输入的有功功率 p_0，即 $p_{Fe} \approx p_0$。铜损耗 p_{Cu} 是一、二次绕组中电流在电阻上的有功功率损耗，因此是与负载电流的平方成正比的，随负载而变化，称为可变损耗。额定电流下的铜损耗近似等于短路试验电流为额定值时输入的有功功率 p_{kN}。负载不为额定负载时，铜损耗与负载系数的平方成正比，即 $p_{Cu} = \beta^2 p_{kN}$。

上面关于 P_2、p_{Fe}、p_{Cu} 的计算，都是在一定假设条件下的近似值，会造成一定的计算误差，但是误差都不超过 0.5%。而且对所有的电力变压器都规定用这种方法来计算效率，可以在相同的基础上比较。将 P_2、p_{Fe} 及 p_{Cu} 分别代入式(5-37)，效率计算公式则变为

$$\eta = 1 - \frac{p_0 + \beta^2 p_{kN}}{\beta S N \cos \varphi_2 + + p_0 + \beta^2 p_{kN}} \tag{5-39}$$

对于给定的变压器，p_0 和 p_{kN} 是一定的，可以用空载试验和短路试验测定。从式(5-38)中看出，对于一台给定的变压器，运行效率的高低与负载的大小和负载功率因数有关。当 β 一定，即负载电流大小不变时，负载的功率因数 $\cos \varphi_2$ 越高，效率 η 越高。当负载功率因数 $\cos \varphi_2$

图 5.2.19　效率特性

为一定时，效率 η 与负载系数的大小有关，用 $\eta = f(\beta)$ 表示，称为效率特性，如图 5.2.19 所示。从效率特性上看出，当变压器输出电流为零时，效率为零。输出电流从零增加时，输出功率增加，铜损耗也增加，但由于此时 β 较小，铜损耗较小，铁损耗相对较大，因此总损耗虽然随 β 增加，但是没有输出功率增加得快，因此效率 η 也是增加的。当铜损耗随着 β 增加，而达到 $p_{Fe} = p_{Cu}$ 时。效率达到最高值（下面推导），这时负载系数叫 β_m。当 $\beta > \beta_m$ 后，p_{Cu} 成了损耗中的主要部分，而且由于 $p_{Cu} \propto I_1^2 \propto \beta^2$，$P_2 \propto I_1 \propto \beta$，因此 η 随着 β 增加反而降低了。

效率特性是一条具有最大值的曲线，最大值出现在 $\frac{d\eta}{d\beta} = 0$ 处，因此取 η 对 β 的微分，其值为零时的 β，即为最高效率时的负载系数 β_m。推导过程如下：

$$\eta = \frac{\beta S_N \cos \varphi_2}{\beta S_N \cos \varphi_2 + p_0 + \beta^2 p_{kN}} = \frac{S_N \cos \varphi_2}{S_N \cos \varphi_2 + \frac{I_{2N}}{I_2} p_0 + \frac{I_2}{I_{2N}} p_{kN}}$$

$$\frac{d\eta}{dI_2} = \frac{S_N \cos \varphi_2}{\left(S_N \cos \varphi_2 + \frac{I_{2N}}{I_2} p_0 + \frac{I_2}{I_{2N}} p_{kN}\right)^2} \cdot \left(-\frac{I_{2N}}{I_2^2} p_0 + \frac{1}{I_{2N}} p_{kN}\right) = 0$$

即 $-\frac{I_{2N}}{I_2^2} p_0 + \frac{1}{I_{2N}} p_{kN} = 0$，$\frac{I_{2N}^2}{I_2^2} p_0 = p_{kN}$

最后得到的结果是

$$\beta_m^2 p_{kN} = p_0 \quad \text{或} \quad \beta_m = \sqrt{\frac{p_0}{p_{kN}}} \tag{5-40}$$

上式表明,最大效率发生在铁损耗 p_0 与铜损耗 $\beta^2 p_{kN}$ 相等的时候。

一般电力变压器带的负载都不会是恒定不变的,而有一定的波动,因此变压器就不可能总运行在额定负载情况,设计变压器时取 $\beta_m < 1$,到底为多大,视变压器负载的实际情况而定。

5.3 三相变压器

5.3.1 三相变压器的磁路系统

三相变压器的磁路系统主要有两种:一种是由三个单相变压器的铁心组成的,称为三相变压器组;另一种是三铁心柱变压器。前者的磁路互相独立,各相磁通走的磁路互无影响,如图 5.3.1 所示。后者,三相的磁路连在一起,如图 5.3.2(a)(b)所示。

如果把三台单相变压器的铁心按照图 5.3.1(b)方式并联在一起,各相磁通都会以中间的那条铁心柱构成回路。中间铁心柱的磁通应等于三相磁通的总和。由于外加三相电压 $\dot{U}_A$,$\dot{U}_B$,$\dot{U}_C$ 是对称的,三相磁通的总和应为

$$\dot{\Phi}_A + \dot{\Phi}_B + \dot{\Phi}_C = 0 \tag{5-41}$$

图 5.3.1　三相变压器

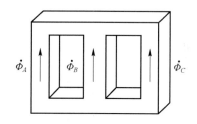

图 5.3.2　三相心柱变压器

既然三相磁通总和等于零,可以把图 5.3.1(a)里中间的铁心柱拿掉,对三相磁路不会产生任何影响。这样,各相磁通都以另外两相的磁路作为自己的回路。

在实际制造时,为了简化结构,把图 5.3.1(a)三铁心柱放在同一个平面上,如图 5.3.2(b)所示。这种磁路结构,三相之间不那么对称,各相的励磁电流略有不同,但影响不大,这样结构重量轻、占地面积小、价格低。不论是三相变压器组,还是三铁心柱变压器,各相基波磁通通过的路径为铁心磁路,遇到的磁阻都较小。

5.3.2　单相变压器的联结组

在分析三相变压器联结组前,先看一下单相变压器联结组。三相变压器单看一相,就是一个单相变压器,它的一次绕组和二次绕组套在同一个铁心柱上,交链一个主磁通,一次绕组和二次绕组电动势的相位关系只有两种:一种是同相位,一种是反相位(相位差180°)。它一方面与绕组的绕制方向有关,另一方面也与首尾端标号的标法有关。绕向不同对应电动势的相位不同,首尾端的标法不同相应电动势的相位也不同,按绕向和首尾端标志方法可有下面四种情况。

(1)绕向相同,标号位置也相同,如图 5.3.3(a)所示。这时一次绕组和二次绕组的首端 U_1 与 u_1 正是互感线圈的同名端,电动势 $\dot{E}_{U_2U_1}$ 与 $\dot{E}_{u_2u_1}$ 同相位,相位差为零。

(2)绕向相同,标号位置不同,如图 5.3.3(b)所示。这时一次绕组和二次绕组的首端 U_1 与 u_1 是异名端,电动势 $\dot{E}_{U_2U_1}$ 与 $\dot{E}_{u_2u_1}$ 相位相反,相位差为180°。

(3)绕向不同,标号位置相同,如图 5.3.3(c)所示,这时一次绕组和二次绕组首端 U_1 与 u_1 为异名端,电动势 $\dot{E}_{U_2U_1}$ 与 $\dot{E}_{u_2u_1}$ 相位相反,相位差为180°。

(4)绕向不同,标号位置也不同,如图 5.3.3(d)所示。这时一次绕组与二次绕组首端 U_1 与 u_1 是同名端,电动势 $\dot{E}_{U_2U_1}$ 与 $\dot{E}_{u_2u_1}$ 相位相同,相位差为零。

以上四种情况可以看出单相变压器一次绕组和二次绕组电动势的相位是相同还是相反,决定于两绕组的首端(或尾端)是否是同名端,如果是同名端,则电动势相位相同,如果不是同名端电动势相位相反,差180°。这就是电路理论中互感线圈的同名端问题。

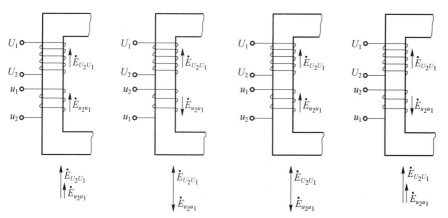

(a) 绕向相同标号相同　(b) 绕向相同标号不同　(c) 绕向不同标号相同　(d) 绕向不同标号不同

图 5.3.3　单相变压器一次绕组和二次绕组电动势的相位关系

变压器的联结组用时钟表示法来表示一次绕组和二次绕组对应电动势的相位关系。它是使一次绕组电动势相量指向时钟表面的"12",这时对应的二次绕组电动势相量指向时钟几,就是第几组。单相交压器一次绕组和二次绕组电动势相位只有同相位和反相位两种,对应时钟的 0 点和 6 点,所以按照这样的表示法,图 5.3.3(a)和(d)属于 I、I_0 联结组,图 5.3.3(b)和(c)属于 I、I_6 联结组,其中 I,I_0 表示单相变压器。

5.3.3 三相变压器的联结组

三相变压器高、低压绕组线电动势之间的相位差,因其联结方法的不同而不一样。但是,不论怎样联结,高低压绕组线电动势$\dot{E}_{AB}$和$\dot{E}_{ab}$之间的相位差,要么为0°角,要么为30°角的整数倍。当然,$\dot{E}_{BC}$与$\dot{E}_{bc}$、$\dot{E}_{CA}$与$\dot{E}_{ca}$也有同样的关系。因此,国际上仍采用时钟表示法标志三相变压器高、低压绕组线电动势的相位关系。即规定高压绕组线电动势为$\dot{E}_{AB}$长针。永远指向钟面上的"12",低压绕组线电动势$\dot{E}_{ab}$为短针,它指向的数字,表示为三相变压器联结组标号的时钟序数,其中指向"12",时钟序数为0。联结组标号书写的形式是:用大写、小写英文字母 Y 或 y 分别表示高、低压绕组星形联结,D 或 d 分别表示高、低压绕组三角形联结,高压后用",",低压接其后,在英文字母后边写出时钟序数。

1. Y,y 联结组

以绕组联结图如图 5.3.4 (a)所示的 Y,y 联结三相变压器为例,确定其联结组标号。三相变压器绕组联结图中,上下对着的高、低压绕组套在同一铁心柱上。图 5.3.4 (a)中的绕组上,A 与 a、B 与 b、C 与 c 打"·",表示每个铁心柱的高、低压绕组都是首端为同极性端,三相对称。当已知三相变压器绕组联结及同极性端,确定变压器的联结组标号的方法是:分别画出高压绕组和低压绕组的电动势相量图,从图中高压边线电动势$\dot{E}_{AB}$与对应低压边线电动势$\dot{E}_{ab}$的相位关系,便可确定其联结组标号具体步骤如下:

(a) 绕组联结图   (b) 相量图

图 5.3.4　Y,y₀ 联结

(1) 在绕组联结图上标出各个相电动势与线电动势。如图 5.3.4(a)所示,标出了$\dot{E}_{XA}$、$\dot{E}_{YB}$、$\dot{E}_{ZC}$、$\dot{E}_{AB}$及$\dot{E}_{xa}$、$\dot{E}_{yb}$、$\dot{E}_{zc}$、$\dot{E}_{ab}$等。

(2) 按照高压绕组 Y 联结方式,首先按顺时针方向画出高压绕组电动势相量图,如图 5.3.3 (b)表示。

(3) 根据同一铁心柱上高、低压绕组的相位关系,先确定低压绕组相电动势相量,然后按照低压绕组的联结方式,画出低压绕组电动势相量图。从图 5.3.4 (a)看出,同一铁心柱上的绕组 AX 和 ax,两绕组首端是同极性端,因此,高、低压绕组电动势 $\dot{E}_A$ 和 $\dot{E}_a$ 同相位(即单相变压器是 I,I_0 联结);同理 $\dot{E}_B$ 和 $\dot{E}_b$ 同相位,$\dot{E}_C$ 和 $\dot{E}_c$ 同相位。低压绕组也是 Y 联结,其电动势相量图如图 5.3.4(b)所示。

从高、低压绕组线电动势相量图中 $\dot{E}_{AB}$ 与 $\dot{E}_{ab}$ 的相位关系,根据时钟表示法的规定,$\dot{E}_{AB}$ 指向钟面"12"的位置,由 $\dot{E}_{ab}$ 指的数字确定联结组标号。如图 5.3.3 (b)所示,$\dot{E}_{AB}$ 与 $\dot{E}_{ab}$ 同相,因此该变压器联结组别标号为 Y,y0。

如果把图 5.3.4 (a)每相高、低压绕组异极性作为首端,在画它们的相量图时,把相电动势 $\dot{E}_{XA}$、$\dot{E}_{YB}$、$\dot{E}_{ZC}$ 分别与 $\dot{E}_{xa}$、$\dot{E}_{yb}$、$\dot{E}_{zc}$ 反相即可。这种情况联结组标号为 Y,y6。

以上确定联结组标号的步骤,对各种接线情况的三相变压器都适用。在这个步骤中,有两点要注意:(1)根据高、低压绕组的联结方式画出各自的电动势相量图;(2)高压绕组电动势相量图与低压绕组电动势相量图之间的相位关系要画对,其依据就是套在同一铁心柱上的高、低压绕组电动势,当绕组首端为同极性端时,它们的相位相同,当绕组首端为异极性端时,它们的相位相反。

考虑到高、低压绕组首端既可为同极性端,也可为异极性端,绕组既可为 ax、by、cz 的标记,又可为 cz、ax 与 by 的标记,还可为 by、cz 与 ax 的标记等 Y,y 联结的三相变压器,可以得到 Y、y0,Y、y2,Y、y4,Y、y6,Y、y8 和 Y、y10 几种联结组标号,时钟序数都是偶数。

2. Y,d 联结组

若低压绕组为一种三角形联结,以绕组联结如图 5.3.5 (a)所示的三相变压器为例,首端为同极性端,把高压绕组星形联结电动势相量图与低压绕组三角形联结电动势相量图画在一起,且 $\dot{E}_{XA}$ 与 $\dot{E}_{xa}$ 同相,如图 5.3.5 (b)所示。可见,为 Y,d11 联结。Y,d 联结的变压器,还可以得到联结组 Y,d3,Y,d5,Y,d7,Y,d9 标号,时钟序数都是奇数。此外,D,d 联结可以得到与 Y,y 联结一样时钟序数的联结组标号,D,y 联结也可以得到与 Y,d 联结一样的时钟序数的联结组标号。

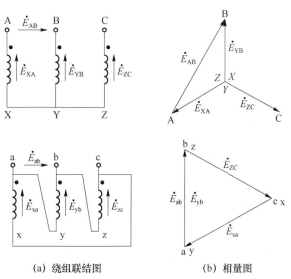

(a) 绕组联结图   (b) 相量图

图 5.3.5   Y,d11 联结

三相双绕组电力变压器常用的联结组标号为 Y,yn0,Y,d11,YN,d11 和 YN,y0 及 Y, y0。Y,yn0 中 n 表示二次侧有中线引出,作为三相四线制供电。YN,y0 中 N 表示用于一次需要接地的场合。

例 5-3 已知三相变压器的联结组标号为 9,求出可能的联结方式。

解 已知联结组标号求出联结方式,是确定联结组的逆求解,这类问题在直流调速系统已遇到。因为标号 9 为奇数,所以连接法必然为 D,y 或 Y,d。现按 D,y 接法进行分析。

(1)设原绕组按下列顺序连接:AX→BY→CZ,画出原边电动势相量三角形如图 5.3.6(a)所示。

(2)因为标号为 9,所以副边线电动势相量滞后与原边线电动势相量的角度为 $9 \times 30° = 270°$,将原边线电动势相量按顺时针方向旋转 $270°$,便可确定对应标志的副边线电动势相量的位置;

(3)根据副边线电动势相量三角形作出副边相电动势相量 $\dot{E}_{xa}$、$\dot{E}_{yb}$、$\dot{E}_{zc}$;

(4)比较对应标志的原、副边相电动势的相位关系知,$\dot{E}_{xa}$ 与 $\dot{E}_{YB}$ 相位相反,$\dot{E}_{yb}$ 和 $\dot{E}_{ZC}$ 相位相反,$\dot{E}_{zc}$ 和 $\dot{E}_{XA}$ 相位相反。因此,绕组 ax 与 BY、by 与 CZ、cz 与 AX 应当分别在同一铁心上,且原、副绕组的首端不是同名端。由此得出绕组标志如图 4-39(a)所示。

如果原绕组的联结顺序为 AX→CZ→BY,同理可以得到绕组标志和相量图,如图 5.3.6(b)所示。

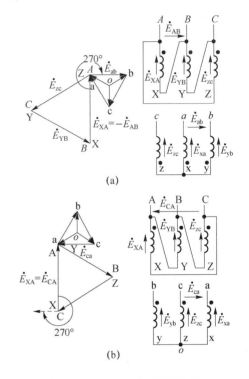

图 5.3.6　D,y 联结组的两种接法

5.3.4　三相变压器磁路系统和联结法对电势波形的影响

由于磁路的饱和和磁滞的影响,励磁电路为一尖顶波,它含有奇次谐波。在单相变压器中,3 次谐波电流和基波电流都有自己的回路而可自由流通,因此,磁通 Φ 和电势 e 的波形总是正弦形。但对三相变压器来说,情况就要复杂一些,由于三相绕组中的 3 次谐波电流具有大小相等、时间相位相同的特征,所以当三相变压器 Y 联结,又无中线引出时,3 次谐波电流无法同时流入或流出中点,因而这种情况下 3 次谐波电流也就不能流通。但当三相接成△联结或 Y_N 联结时,则 3 次谐波电流可以在△构成的闭路或 Y_N 的中线流通。故在三相变压器中 3 次谐波电流(3 次谐波最大,高次谐波逐渐减小)的流通情况与绕组的联结密切相关。以下分别说明。

1."Y_N,y"或"D,y"联结的三相变压器

在 Y_N,y 联结时,中线上的 3 次谐波电流等于每相绕组中的 3 次谐波电流的 3 倍。如果 D,y 联结,原绕组空载电流的三次谐波分量可以通过。这两种联结组,原边接通三相交流电源后,3 次谐波电流均可在原绕组畅通,因此即使在磁路饱和的情况下,铁心中的磁通和绕组中的感应电势仍呈(或接近)正弦形。而且不论是线电势(或电压)、相电势(或电压),不论是原边还是副边电势,其波形均呈正弦形。

2. "Y,y"联结组

由于原边中无中线,原边 3 次谐波电流不能存在,亦即 i_0 波形近似呈正弦形。磁路饱和时,铁心中的磁通为一平顶波,说明磁通中的奇次谐波分量存在,而且 3 次谐波磁通影响最大。但是 3 次谐波磁通是否能够流通,将取决于三相变压器是何种铁心结构(即组式或芯式),以下分别叙述。

(1) 在三相组式变压器中,它们各相之间的磁路互不关联,因此 3 次谐波磁通 Φ_3 可以同在基波磁通 Φ_1 的路径流通。Φ_3 所遇磁阻很小,故对幅值的影响较大。三次谐波的频率是基波频率的三倍,所以 3 次谐波电势却使相电压增高,其幅值可达基波幅值的(45～60)%,这样将危及变压器绕组的绝缘。因此,在电力变压器中不能采用"Y,y"联结组的三相组式变压器(也叫三相变压器组)。

(2) 三相芯式变压器中,由于三相铁心互相关联,所以方向相同的 3 次谐波磁通不能沿铁心闭合,只能通过非磁性介质(变压器油或空气)及箱壁形成回路,将遇到很大的磁阻,使 3 次谐波磁通大为削弱,则主磁通仍接近于正弦波,从而使每相电势也接近正弦波。即使铁心饱和的情况下,相电势、线电势仍可以认为是具有正弦波形。所以在中、小型三相芯式变压器中,"Y,y"联结组也还是可以采用的。

3. "Y,d"联结组

如果三相变压器采用 Y,d 联结,原绕组中有空载电流的,三次谐波分量不能通过,因此主磁通和原、副绕组将出现三次谐波电动势。但因为副绕组为三角形联结,三次谐波相电动势大小相等,相位相同,它在副绕组三角形的闭合回路内产生三次谐波电流。副绕组的三次谐波电流同样起着励磁电流的作用,因此,变压器的主磁通由原绕组的正弦空载电流和副绕组的三次谐波电流共同建立。由此可见,其效果与 D,y 联结时相似,主磁通仍接近于正弦波。

5.3.5 三相变压器的并联运行

变压器并联运行是指两台或多台变压器的原绕组和副绕组分别接到原边和副边的公共母线上,同时对负载供电,如图 5.3.7 所示。这种运行方法广泛用在电力系统中。变压器并联供电有很多优点,首先可以提高供电的可靠性,当其中一台变压器发生故障时,可将其切除检修,另一台可投入供电,而不致中断供电;其次可以根据负载的变化来调整投入并联运行的变压器台数,以提高效率;还可以减小装设容量,随着用电量增加再分批安装新变压器。但并联台数也不宜过多,因为单台变压器容量过小会使总的设备投资和占地面积增加。

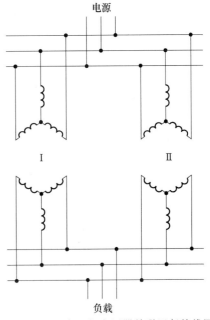

图 5.3.7 两台三相变压器并联运行接线图

1. 变压器理想并联运行的条件

变压器并联运行的理想情况是：

(1) 空载时各变压器的副边电动势必须大小相同、相位相同,使得副绕组之间不致因形成环流而增加损耗,这样,并联运行就像单台运行一样,空载时的副边电流为零;

(2) 负载时各变压器的电流应当按照它们的容量成比例地分配,这样可使各变压器同时达到满载,最大限度地利用全部变压器的容量;

(3) 负载时,各变压器副边电流同相位,总负载电流等于各变压器负载电流的算术和,这样,在总负载电流一定时,各变压器所分担的电流最小。

要想符合上述理想情况,并联运行的变压器必须满足的条件是:

(1) 一、二次侧额定电压相同,即变比相同;

(2) 具有相同的连接组标号;

(3) 各变压器的短路阻抗的模和幅角都相等,即短路阻抗标幺值相同。

实际并联运行时,连接组必须相同,变比允许有少量差异,对短路阻抗幅角相同的要求通常不太严格。

2. 理想变压器并联条件的分析

并联变压器的影响有连接组不同对变压器并联运行的影响,变比不同对变压器并联运行的影响,短路阻抗不同对变压器并联运行的影响等。这里仅讨论连接组不同对变压器并联运行的影响,设两台并联运行的变压器的连接组分别为 Y,y12 和 Y,d11,则它们的空载副边线电压之间有 30° 相位差,如图 5.3.8 所示,线电压差值为

$$\Delta U_{20} = 2 \times \sin\frac{30°}{2} \times U'_{20} = 0.52 U'_{20}$$

图 5.3.8　Y,y12 和 Y,d11 并联运行时的副边电压

当电压为额定时,$\Delta U_{20} = 0.52 U_{2N}$,这个电压加在很小的短路阻抗上,必然产生很大的空载环流。例如当 $z_k^* = 0.05$ 时,$\Delta I^* = \Delta U_{20}^* / 2z_k^* = 0.52/(2 \times 0.05) = 5.2$,即二次侧开路时的环流约为额定电流的 5.2 倍。由于连接组不同引起的空载副边线电压的相位差是 30° 的整倍数,所以电压差值很大,环流也就很大。因此,不同绕组的变压器绝对不许可并联运行。

5.4　其他变压器

1. 自耦变压器

图 5.4.1 (a)为普通双绕组变压器的原理图。设 N_{ab} 匝的原边绕组与 $N_{b'c'}$ 匝的副边绕组共同套在一个铁心柱上,被同一个主磁通 Φ_m 所匝链,因此在 N_{ab} 和 $N_{b'c'}$ 上每一匝的感应电势都相同。若我们在 N_{ab} 上找一点 c 并使 N_{bc} 和 $N_{b'c'}$ 相等,则相应的 $\dot{E}_{cb} = \dot{E}_{c'b'}$。于是,当我们把 bc 和 b'c' 对应点短接起来也不会有何影响(如图 5.4.1(b)所示),这样就可以使用一个绕组(如图 5.4.1(c)所示)。这种原、副绕组有共同部分的变压器就称为自耦变压器。当变压器空载运行时从图 5.4.1 (c),若略去漏阻抗压降,则有:

$$U_2 = U_{bc} = \left(\frac{U_1}{N_{ab}}\right) N_{bc} = \frac{U_1}{\dfrac{N_{ab}}{N_{bc}}} = \frac{U_1}{k_a} \tag{5-42}$$

式中，$\dfrac{U_1}{N_{ab}}$ 为每匝的感应电势；k_a 为自耦变压器的变比。

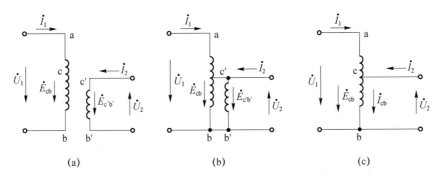

图 5.4.1　从双绕组变压器到自耦变压器的演变过程

$$k_a = \frac{U_1}{U_2} = \frac{N_{ab}}{N_{bc}} \tag{5-43}$$

自耦变压器空载时，一次侧流过励磁电流 $\dot{I}_0$，磁路中的磁动势为 $N_{ab}\dot{I}_0$。自耦变压器的副边接上负载后有电流 $\dot{I}_2$ 流过，这里于普通变压器一样，略去一次侧漏阻抗，认为 $\dot{U}_1 = -\dot{E}_1$，空载和负载时认为 $\dot{E}_1$ 不变，因此空载磁动势和负载磁动势相等。

则其磁势平衡方程式为：

$$\dot{I}_1 N_{ac} + (\dot{I}_1 + \dot{I}_2) N_{bc} = \dot{I}_0 N_{ab} \tag{5-44}$$

或

$$\dot{I}_1 (N_{ab} - N_{bc}) + (\dot{I}_1 + \dot{I}_2) N_{bc} = \dot{I}_0 N_{ab} \tag{5-45}$$

当不计励磁电流 $\dot{I}_0$ 时，则有：

$$\dot{I}_1 N_{ab} + \dot{I}_2 N_{bc} = 0 \qquad \dot{I}_1 = -\frac{1}{ka} \dot{I}_2 \tag{5-46}$$

容量关系，自耦变压器的容量和双绕组变压器的容量计算方法相同：

$$S_N = U_{1N} I_{1N} = U_{2N} I_{2N} \tag{5-47}$$

绕组 ac 段、bc 段的容量分别为：

$$S_{ac} = U_{ac} I_{1N} = \left(U_{1N} \frac{N_{ab} - N_{bc}}{N_{ab}} \right) I_{1N} = S_N \left(1 - \frac{1}{k_a} \right) \tag{5-48}$$

$$S_{bc} = U_{bc} I_{bc} = U_{2N} I_{2N} \left(1 - \frac{1}{k_a} \right) = S_N \left(1 - \frac{1}{k_a} \right) \tag{5-49}$$

由以上 3 式的分析可以看出，若变压器的容量为 S_N，则绕组 ac、bc 的容量都比 S_N 小。即都只有 S_N 的 $\left(1 - \dfrac{1}{k_a} \right) \times 100\%$。一般双绕组变压器的原、副边容量相等，绕组容量总和等于 2 倍的额定容量。

因此，只要比较一下自耦变压器与双绕组变压器就可以看出，自耦变压器不仅可以省去一个绕组，而且在容量相同时，自耦变压器的绕组容量 $E_{cb} I_{cb} = E_N I_N$（电磁容量或计算容量）比双绕组变压器要小。这样就可以减少硅钢片、铜（铝）等材料的消耗，并使损耗降低，效率提高。同样，在一定容量的条件下，还使得变压器的外形尺寸缩小。以达到节省材料，减少成本的目的。用自耦变压器改接成调压器是很方便的，如图 5.4.1（c）所示，若将 c 点做滑动接触形式就演变成调压器了。

显然,上述优点的产生是由于自耦变压器的绕组容量小于一般变压器容量所致,即 $S_{\mathrm{ac}} = S_{\mathrm{bc}} = S_{\mathrm{N}}\left(1-\dfrac{1}{k_{\mathrm{a}}}\right) < S_{\mathrm{N}}$ 可以看出,当 k_{a} 越接近 1 时,系数 $\left(1-\dfrac{1}{k_{\mathrm{a}}}\right)$ 就越小,上述自耦变压器的优点也就越是显著。故系统 $\left(1-\dfrac{1}{k_{\mathrm{a}}}\right)$ 又称为效率系数。因而自耦变压器适用于原、副边电压比变化不大的场合(一般希望 k_{a} 在 2 以下)。

2. 互感器

互感器(又称仪用互感器)是一种测量用装置,它是按照变压器原理来工作的。互感器可分为电流互感器与电压互感器两种。对于较大电流、较高电压的电路,这时已不能直接用普通的电流表、电压表进行测量,必须借助互感器将原电路的电量按比例变化为某一较小的电量后,才能进行测量,因此互感器具有以下双重的任务。

(1) 将大的电量按一定比例变换为能用普通标准仪表直接进行测量的电量。通常电流互感器的副边额定电流为 1 A 或 5 A,电压互感器副边的额定电压为 100 V 或 150 V。这样,还可使仪表规格统一,从而降低生产成本。

(2) 使测量仪表与高压电路隔离,以保证可能接触测量仪表的工作人员的安全。互感器除用于电流和电压之外,还要用以供电给各种继电保护装置(一种在电气设备事故时保护设备安全的装置)的测量系统,因此它的应用是十分广泛的。由于互感器是一种测量用设备,所以它必须保证测量的准确度,因此它的基本特性就是准确等级,人们首先关心的也就是它的测量误差有多大。显然,对互感器的许多问题的考虑和分析都以此为重点。以下对两种互感器分别作进一步介绍。

1. 电流互感器

电流互感器的原理接线如图 5.4.2 所示。它的原绕组是由 1 匝或几匝截面较大的导线构成,并串联接入待测电流的电路中。相反,副绕组的匝数比较多,截面积较小,而且与阻抗很小的仪表(如电流表、功率表的电流线圈)构成闭路。因此,电流互感器的运行情况实际上就相当于一个副边短路的变压器。在正常工作时,磁动势关系为:

图 5.4.2　电流互感器原理图

$$\dot{I}_1 N_1 + \dot{I}_2 N_2 = \dot{I}_0 N_1$$

因为励磁电流 I_0 很小, $I_0 N_1$ 可以忽略。上式可以写成

$$\dot{I}_1 N_1 + \dot{I}_2 N_2 = 0$$

$$\dot{I}_1 = -\frac{N_2}{N_1}\dot{I}_2$$

由于电流互感器要求误差较小,所以希望励磁电流 I_0 越小越好,因而一般选择电流互感器铁心中的磁通密度 B 的值较低。

一般取 $B = 0.08 - 0.1T$(800~1 000 GS),如果忽略产生这样低的磁通密度所需要的极小的励磁电流 I_0,那么 $\dfrac{I_1}{I_2} = \dfrac{N_2}{N_1} = k$, k 称为电流互感器的变比。可见,一次和二次电流比与匝数成反比,据此由 I_2 可以推算出 I_1 的量值和相位。由于电磁互感器内总有一定的励磁电流 I_0 存在,因而电流互感器测量电流总是有误差的。按照误差的大小,电流互感器被分为 0.2、0.5、1.0、3.0 和 10 这五个标准等级。例如,0.5 级准确度就表示在额定电流时,原、副边电流

变比的误差不超过±0.5%。

电流互感器在运行中必须特别注意下列两点。

(1) 为了使用安全,电流互感器的副边绕组必须可靠地接地,以防止由于绕组绝缘破坏,原边的高电压传到副边发生人身伤害事故。

(2) 电流互感器的副绕组绝对不容许开路。这是由于开路时互感器成了空载状态,这时铁心的磁通密度比它在额定时高出好多倍。这样,不但增加了铁心损耗,使铁心过热,影响电流互感器的性能,更严重的是因为二次侧绕组开路,没有去磁磁势,一次侧电流将全部用于励磁。这样在匝数很多的二次侧绕组中就感应出高电压,有时可高达数千伏,这无疑对工作人员是十分危险的。因此,电流互感器在使用时,任何情况下都不容许副边开路。当我们在运行中要换接电流表时必须事先把电流互感器的副边短路。

2. 电压互感器

电压互感器的原理如图 5.4.3 所示。它实际上相当于一个空载运行的变压器,只是它的负载为阻抗较大的测量仪表,所以它的容量比一般变压器要小得多。它的一次侧匝数 N_1 多,二次侧匝数 N_2 少,一次侧被检测的电压为 U_1,二次侧电压为 U_2,有

$$\frac{U_1}{U_2} \approx \frac{E_1}{E_2} = \frac{N_1}{N_2} = k$$

通过改变匝数可以用小电压 U_2 测得大电压 U_1。按照误差的大小,电压互感器被分为 0.2、0.5、1.0、3.0 几个等级,每等级允许误差见有关技术标准。

影响电压互感器误差的原因有两个方面,一是负载过大,副边电流过大,引起内部压降大;二是励磁电流 I_0 过大。为了保证一定的测量准确度,要求:

(1) 电压互感器副边的负载不能接得太大;

(2) 互感器要用性能好的硅钢片做成,且铁心磁密不饱。电压互感器在使用时应注意副边不能短路,否则将产生大的短路电流。此外,为了安全起见,电压互感器的副边连同铁心,都必须可靠地接地。

3. 电焊变压器

交流电焊机在生产上应用很广泛。它实际上是一台特殊的降压变压器,工作原理与普通变压器没有本质的差别,但工作性能则有很大不同。根据弧焊的需要,电焊变压器应能满足: (1) 有一定的空载电压,约 60~80 V,以便容易引燃电弧;(2) 电弧产生后,电压要迅速下降,在额定焊接电流时,电压约为 30~40 V;(3) 当焊条碰在工件上,变压器处于短路状态时,则副边短路电流不过大。此外,能调节副边输出焊接电流的大小。

为满足上述要求,电焊变压器的结构必须具有以下特点,即应有较多的漏磁,以得到较大的漏抗和急剧下降的外特性,如图 5.4.4 所示。副绕组匝数可以改变,绕组漏抗也可以改变,以便调节副边输出电流,满足不同厚度焊件对焊接电流的要求,具有良好的调节特性。

图 5.4.3　电压互感器原理图

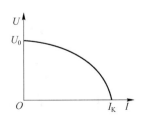

图 5.4.4　电焊变压器的外特性

下面介绍一种较为常用的磁分路动铁式电焊变压器的结构和原理。

这种电焊变压器有三个铁心柱,两边是主铁心,中间是动铁心,如图5.4.5所示。副绕组分成两部分,其中右边铁心往上的绕组有中间抽头,引出端5接焊枪,引出端1接焊件。焊接电流有粗调和细调两种调节方法,粗调依靠更换线匝。如抽头3与抽头2连接,副绕组匝数全部接入,漏抗最大,工作电流较小;抽头3与抽头4连接,副绕组有一部分匝数未接入,漏抗较小,工作电流较大。动铁心的位置是通过螺杆调节,改变磁分路的磁通大小,从而调节漏磁的大小。当动铁心调进时,漏抗增大,工作电流减小,外特性变得陡峭;当动铁心调出时,漏抗减小,工作电流增大,外特性变得平坦。

图5.4.5 电焊变压器结构图

思考题与习题

5-1 简述变压器的基本工作原理及用途。

5-2 变压器的主要结构部件有哪些? 各自的作用是什么?

5-3 变压器的额定值中有哪些应注意的问题?

5-4 变压器按铁心如何分类?

5-5 变压器有哪些主要额定数据?

5-6 研究变压器时,都要在图上标明各电磁量的正方向,而且电磁方程就是在这些正方向规定下推导出来的。因此固定正方向很重要。请讲一讲,在变压器中正方向的规定惯例。

5-7 一台变压器高压绕组接在电压为3 000 V、频率为50 Hz的交流电网上,测得低压绕组的电压为220 V,已知,低压绕组的匝数为120匝,求:(1)变比k;(2)高压绕组匝数?

5-8 变压器中主磁通和漏磁通的性质有何不同? 在等效电路中怎样反映它们的作用?

5-9 变压器副边开路时,原边加额定电压,电阻r_1很小,为什么电流不会很大?Z_m代表什么物理意义?

5-10 一台$\frac{220}{110}$ V的单相变压器,想用通电流的方法去测量它的电阻r_1及r_2,你看应该加多大直流电压? 加110 V行不行? 为什么?

5-11 一台变压器$S_N=5$ kVA,一次绕组由两个同样的额定电压为3 000 V的线圈组成。二次绕组由两个同样的额定电压为230 V的线圈组成。问这合变压器可以有哪几种不同电压比的联结法,每种联结法一次侧和二次侧的额定电压和额定电流各为多少?

5-12 为什么变压器的空载损耗可以看成铁耗? 短路损耗可以看成铜耗? 负载时的铁

耗与空载损耗有多大差别? 负载时的铜耗与短路损耗有多大差别?

5-13　变压器二次侧带负载运行时,铁心中的主磁通仅由一次电流产生吗? 励磁所需的有功功率(铁损耗)是由一次侧还是二次侧提供的?

5-14　变压器一、二次绕组在电路上并没有联系,但在负载运行时,二次电流大则一次电流也大,为什么? 由此说明"磁动势平衡"的概念及其在定性分析变压器时的作用。

5-15　说明变压器折算法的依据及具体方法。可以将一次侧的量折算到二次侧吗? 折算后各电压、电流、电动势及阻抗、功率等量与折算前的量分别是何关系?

5-16　变压器一、二次侧间的功率靠什么作用来实现的? 在等效电路上可用哪些电量的乘积来表示? 由此说明变压器能否直接传递直流电功率。

5-17　试证明:当忽略铜损耗时,在高压侧和在低压侧做空载试验所测得的两条空载特性曲线,当用标幺值表示时是重合的。

5-18　什么叫标幺值? 使用标幺值来计算变压器问题时有何优点?

5-19　变压器的电压调整率 $\Delta U\%$ 与哪些因素有关? 变压器的效率与哪些因素有关?

5-20　Y,d 联结的三相变压器,当一次绕组接三相对称电源时,试分析下列各量有无 3 次谐波:

(1)一、二次相、线电流;(2)主磁通;(3)一、二次相、线电动势;(4)一、二次相、线电压。

5-21　自耦变压器的额定容量、电磁容量和传导容量之间的互相关系是如何?

5-22　当变比 k 较大时,一般不采用自耦变压器,为什么?

5-23　电流互感器正常工作时相当于普通变压器是什么状态? 使用时有哪些注意事项? 为什么二次侧不能开路? 为了减小误差,设计时注意什么?

5-24　有一台单相变压器,额定容量 $S_N = 250 \text{ kVA}$,原、副绕组的额定电压为 $\dfrac{U_{1N}}{U_{2N}} = \dfrac{10 \text{ kV}}{0.4 \text{ kV}}$,试计算原、副绕组的额定电流 I_{1N}、I_{2N}。

5-25　有一台三相变压器,主要铭牌值为 $S_N = 5\,000 \text{ kVA}$,$\dfrac{U_{1N}}{U_{2N}} = \dfrac{66 \text{ kV}}{10.5 \text{ kV}}$,一次侧为 Y 接,二次侧为△接法。试求其:(1)额定电流 I_{1N}、I_{2N};(2)线电流 I_{1L}、I_{2L};(3)相电流 I_{1P}、I_{2P}。

5-26　单相变压器 $S_N = 200 \text{ kVA}$,$U_{1N}/U_{2N} = 10 \text{ kV}/0.38 \text{ kV}$,在低压侧加电压做空载试验测得数据为 $U_{2N} = 380 \text{ V}$,$I_{20} = 39.5 \text{ A}$,$p_0 = 1\,100 \text{ W}$。在高压侧加电压做短路试验测得数据为 $U_k = 450 \text{ V}$,$I_k = 20 \text{ A}$,$p_k = 4100 \text{ W}$,室温为 25 ℃,求折算到高压侧的励磁参数和短路参数,画出 Γ 等效电路。

5-27　单相变压器? $S_N = 3 \text{ kVA}$,$U_{1N}/U_{2N} = 230 \text{ V}/115 \text{ V}$,$f = 50 \text{ Hz}$,$r_1 = 0.3 \text{ Ω}$,$r_2 = 0.05 \text{ Ω}$,$X_1 = 0.8 \text{ Ω}$,$X_2 = 0.1 \text{ Ω}$,求(1)折算到高压侧的 r_k,X_k 及 Z_k;(2)折算到低压侧的 r_k,X_k 及 Z_k。

5-28　三相变压器 $S_N = 750 \text{ kVA}$,$U_{1N}/U_{2N} = 10 \text{ kV}/0.4 \text{ kV}$,Y,yn0 联结。从低压侧做空载试验测得 $U_{2N} = 400 \text{ V}$,$I_{20} = 60 \text{ A}$,$p_0 = 3\,800 \text{ W}$。室温为 20 ℃,从高压侧做短路试验测得 $U_{kN} = 440 \text{ V}$,$I_{1k} = 43.3 \text{ A}$,$p_k = 10\,900 \text{ W}$,求变压器参数,画出 T 形等效电路(设 $r_1 = r_2'$,$X_1 = X_2'$);额定负载时 $\cos\varphi_2 = 0.8$,$\cos\varphi_2 = 1$,$\cos(-\varphi_2) = 0.8$ 三种情况下的电压调整率和效率。

5-29　一台 220 V/110 V 单相变压器,在出厂前做"同名端"试验,如题图 5.1 所示,将 U_2u_2 联结在一起,在 U_1U_2 端加 220 V 电压,用电压表量 U_1u_1 间电压,当 U_1u_1 为同名端和不同名端时,表的读数各为多少?

题图 5.1　变压器同名端试验

5-30　画出三相变压器 Y,y2、Y,y6、D,y3、Y,d9 联结组的接线图及对应的相量图。

5-31　画出题图 5.2 所示各三相变压器的电动势相量图,判断其联结组别。

题图 5.2　联结组接线图

第6章 交流电机基础

交流电机包括异步电机和同步电机两大类。二者有相同之处和不同之处。这章分析它们的相同之处,即交流电机的电枢绕组、电动势和磁通势。对于交流电枢绕组的要求是能感应出一定大小而波形为正弦的电动势,对于三相电机要求电动势对称,在绕组中通入三相对称电流时,气隙中有旋转磁场,三相绕组在空间作对称分布,各相绕组的匝数应相同。

6.1 三相异步电动机的绕组及感应电动势

6.1.1 交流机的绕组

1. 单相绕组

我们已经学过直流机的绕组,现在再来学习交流机的绕组,许多概念是共同的,这里不再重复。为简明计,绘制绕组图时用图 6.1.1 那样的示意方法。在图 6.1.1 中给出了两个元件,每个元件的匝数为 N_y,元件有两个出线端子 d 和 K。在图 6.1.1 中两个元件是串联的,亦即第一个元件的尾端 K_1 和第二个元件的首端 d_2 相连。图 6.1.2 表示一种定子单相绕组,假定这是一台交流发电机的定子绕组,电机的转子上有 4 个磁极。图示瞬间,定子槽 1 至 6 处于第一个 N 极区,定子槽 7 至 12 处于第一个 S 极区,定子槽 13 至 18 处于第二个 N 极区,定子槽 19 至 24 处于第二个 S 极区。位于 N 极区的导体产生的电势方向是向上的,位于 S 极区的另一些导体产生的电势方向是向下的。构成单相绕组的原则是让所有导体的电势都能串联相加,没有互相抵消的现象。

图 6.1.1 绕组的示意图

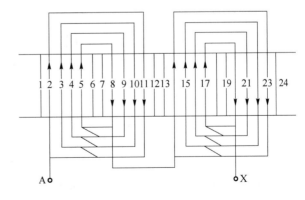

图 6.1.2 单相同心链绕组 $Z=24;2p=4$

如果照图 6.1.2 那样接线,所有导体的电势都是串联相加的,得到的单相绕组是合理的。这种绕组把 4 个元件一个套一个安放,叫作同心链式绕组。定子槽数 Z 等于 24,极数 $2p$ 等于 4,每极槽数 Q 为:

$$Q = \frac{Z}{2p} = \frac{24}{4} = 6 \tag{6-1}$$

每极每相槽数 q 为:

$$q = \frac{2}{3}Q = \frac{2}{3} \times 6 = 4 \tag{6-2}$$

单相绕组为什么不取 $q = Q$,而用 $q = \left(\frac{2}{3}\right)Q$,这要等到讲分布系数时才能理解。在图 6.1.2 中有 8 个槽子没有使用,它们是槽 1、6、7、12、13、18、19 和 24。图中用槽 2 和槽 11 中的两个元件边构成一个元件,节距最大。由槽 5 和槽 8 中的两个元件边构成的另一个元件节距最小。根据各个元件边的电势方向,也可以构成图 6.1.3 所示的分组同心链式绕组。这种绕组不是 q 个元件同心,而是 $q/2$ 个元件同心。为了保证所有元件的电势都能串联相加,不发生互相抵消的现象,在图 6.1.3 中相邻的两组同心链不允许首尾串联,必须像图中所示那样采用尾尾相连或首首相连。

图 6.1.3　单相分组同心链绕组 $Z=24;2p=4$

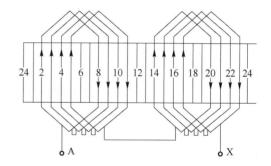

图 6.1.4　单相等节距绕组 $Z=24;2p=4$

也可以如图 6.1.4 那样用等节距元件去构成单相绕组,它也使所有导体的电势都串联相加,相电势的大小和前两种绕组完全一样,不同的只是端接线的接法。这是一种单层等节距绕组,元件节距 y 为:

$$y = \frac{Z}{2p} = \frac{24}{4} = 6 \tag{6-3}$$

由于元件节距 y 等于电机的极距 τ,所以称为整距绕组。同心链式绕组的元件节距虽然有大有小,但它产生的相电势大小和整距绕组完全一样,因此也是属于整距绕组的范畴。如果元件节距 y 小于 τ,称为短距绕组。如果元件节距 y 大于 τ,称为长距绕组。

2. 两相对称绕组

首先介绍电角度。一台电机转子铁心的端面是个圆,从几何的角度来说可以分为 360°,这样划分的角度为机械角度,即电机铁心圆周为 360°机械角度或 2π 弧度。然而从磁场角度看,一对磁极便是一个交变周期,我们把电机的一对极(一个 N 极,一个 S 极)所对应的机械角度定为 360°电角度。在图 6.1.5 中,我们用 x 轴表示将电机沿气隙展开方向,y 轴表示磁密。一个圆周长用 360°机械角度表示。不论电机的极数是多少(图中是 4 极),一个极对应 180°电角度,一对极对应 360°电角度,电机一个圆周对应 $p \times 360$°电角度。

设电机的极对数为 p,电角度与机械角度的关系为:电角度＝$p \times$机械角度。

图 6.1.5　机械角度与电角度

为了构成对称的两相绕组,得出的两个相电势除了大小完全相等外,还必须在时间上严格错开 $90°$ 的电角度。电机的一个极距按电角度计算相当于 $180°$,要求两个元件边产生的电势在时间上错开 $90°$ 电角度,这两个元件边在电机定子圆周上必须彼此相距半个极距。对于整数槽绕组,规定每极每相槽数等于整数。令 m 代表绕组的相数,则每极每相槽数 q 的普遍表达式为:

$$q = \frac{Z}{2pm} \tag{6-4}$$

仍取前面使用的 24 槽定子,将其制成极数等于 4 的两相对称绕组,$m=2$ 则每极每相槽数:

$$q = \frac{Z}{2pm} = \frac{24}{4 \times 2} = 3 \tag{6-5}$$

我们仍采用整距绕组,取节距 $y=6$,亦即 1 至 7 槽下线,这是一个元件的两个边。已知每极每相槽数等于 3,因此取相邻的 3 个元件串联,构成一个元件组。在图 6.1.6 中共有 4 个这样的元件组。为了对称,每相分得两个元件组。用 α 代表槽与槽之间按电角度计算的相角,也叫槽距(或槽距角)。由于电机定子圆周上的一个极距按电角度计算相当于 $180°$,所以槽距:

$$\alpha = \frac{2p \times 180°}{Z} = \frac{4 \times 180°}{24} = 30° \tag{6-6}$$

式(6-6)说明相邻两槽中的导体电势在时间上相差 $30°$ 电角度。不难理解,槽 4 中的导体电势必然比槽 1 中的导体电势滞后或引前 $90°$ 电角度。为了保证两相电势互差 $90°$,A 相绕组从导体 1 进线,B 相绕组从导体 4 进线。

3. 三相对称绕组

三相绕组和两相绕组的区别只是绕组相数 m 由 2 增大为 3,式(6-4)还是适用的。如果仍用 24 槽的定子去构成一个 4 极的三相对称绕组,则每极每相槽数:

$$q = \frac{Z}{2pm} = \frac{24}{4 \times 3} = 2 \tag{6-7}$$

我们采用同心链式绕组,由两个元件串联成一个元件组,每个元件组的元件数仍等于每极每相槽数。如图 6.1.7 所示,一共有 6 个元件组,3 个大的,3 个小的。为了对称,每相分得一大一小两个元件组。在图 6.1.7 中 A 相绕组用粗实线表示,B 相绕组用细实线表示,C 相绕组用虚线表示。A 相绕组从槽 1 进线,B 相绕组从槽 9 进线,C 相绕组从槽 17 进线。三相绕组比较复杂,这里只简单介绍一下同心链式绕组。要说明这种绕组的合理性,那就需要分析三相绕组的电势,这是下一节的内容。

图 6.1.6　两相等节距绕组 $Z=24;2p=4$

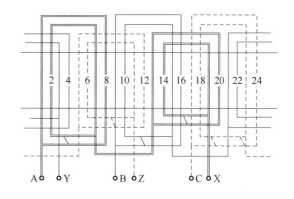

图 6.1.7　三相整距绕组 $Z=24;2p=4$

6.1.2　交流绕组的电势

上一节已经对绕组的构造有了一些概念,现在再从产生电势这一方面去分析一下绕组的构成原则。分析从导体电势开始,逐级说明如何构成元件、元件组和相绕组,最后说明三相绕组的构成原则。在三相异步电机和同步电机中,它们的三相对称绕组及产生的感应电动势是完全一样的。这里用三相同步发电机绕组说明。

1. 导体中的感应电势

图 6.1.8(a)表示一台两极交流发电机,定子上有一根导体 A,固定不动。由永磁材料制成的 2 极转子以恒定的转速 n 顺时针方向旋转。定子的内径为 D,铁心的长度为 l,磁力线切割导体 A 的线速度:

$$v=\pi D \frac{n}{60} \tag{6-8}$$

式中 n 为转子的转速,单位为转/分。导体感应电势:

$$e_{\mathrm{D}}=B_{\delta}lv \tag{6-9}$$

(a) 发电机导体　　　　　(b) 气隙磁密沿空间分布波形

图 6.1.8　两极同步发电机

由于 N、S 极磁场交替切割导体 A,因此导体 A 中的感应电动势是交变的。假定气隙磁密 B_{δ} 在空间的分布是正弦的,则:

$$B_{\delta}=B_{\mathrm{m}}\sin \alpha \tag{6-10}$$

图 6.1.8 中给出了气隙磁密的波形,B_{m} 是气隙磁密的最大值。由于电机的一个极距按电

角度计算等于 π，所以按长度计算的距离 x 和按电角度计算的角度 α 之间存在着下列关系，即：

$$\alpha = \frac{\pi}{\tau} x \qquad (6\text{-}11)$$

将式(6-10)代入式(6-9)，得导体电势：

$$e_D = B_m l v \sin \alpha = E_m \sin \alpha \qquad (6\text{-}12)$$

式中 $E_m = B_m l v$，是导体电势的最大值。导体电势按正弦规律变化，其频率是：

$$f = \frac{pn}{60} = \frac{\omega}{2\pi} \qquad (6\text{-}13)$$

其中 ω 是以电角度表示的角频率，它和电角度 α 之间的关系为：

$$\alpha = \frac{\pi}{\tau} x = \frac{\pi}{\tau} v t = \frac{\pi}{\tau} 2p\tau t = 2\pi f t = \omega t \qquad (6\text{-}14)$$

式中线速度：

$$v = \pi D \frac{n}{60} = 2p\tau \frac{n}{60} = 2\tau f \qquad (6\text{-}15)$$

所以导体电势：

$$e_D = E_m \sin \omega t = \sqrt{2} E_D \sin \omega t \qquad (6\text{-}16)$$

式中 E_D 是导体的有效值，且：

$$E_m = \sqrt{2} E_D \qquad (6\text{-}17)$$

正弦函数平均值是其最大值的 $2/\pi$ 倍，电机的每极磁通：

$$\Phi_m = \frac{2}{\pi} B_m \tau l \qquad (6\text{-}18)$$

利用式(6-12)、式(6-15)、式(6-17)和式(6-18)，可以求出导体电动势的有效值：

$$E_D = 2.22 f \Phi_m \qquad (6\text{-}19)$$

我们已知，对于一个单匝线圈，当它交链的磁通为 Φ_m，交链的频率为 f 时，它所感生的电势为 $4.44 f \Phi_m$。现在只有一根导体，相当于半匝，它所感生的电势是一个单匝线圈的一半。看来两种方法分析结果相同。

2. 电动势星形图

电动势星形图是分析电机绕组常用的理论工具，也就是普通的向量分析。但是用它分析具体绕组，如果对绕组的实际情况了解得不够深入，往往就很难掌握。我们并不要求能用电动势星形图去设计出最佳的绕组，但是希望通过这部分的学习，能够对交流绕组的一般规律有一个比较清晰的概念。

交流电机的定子上都有很多个槽，每个槽内安放着若干根导体。每根导体都可以看成是一个独立的小交流电源。制造绕组就是将这些小交流电源按特定的要求合理地连接起来。这些频率相同的小交流电势虽然有效值都完全相等，但相位各不相同。连接绕组就是合理地安排这些小交流电势的串并联问题，相位问题是主要矛盾，必须把它突出来。电动势星形图就是显示这些导体电势相位关系的理论工具。根据式(6-6)知，相邻两定子槽间的相位差或者按电角度计算的槽距：

$$\alpha = \frac{p 360°}{Z} \qquad (6\text{-}20)$$

对于定子槽数 $Z = 24$，电机极数等于 4 的定子，相邻两槽间的相位差等于 30°。一共有 24

个定子槽,如果用向量 1 去代表槽 1 中的导体电势大小和方向,则代表槽 2 中导体电势的向量 2 一定比向量 1 滞后或引前 30°。在图 6.1.9 中我们取向量 1 引前向量 2 的角度为 30°。同理,比向量 2 滞后 30°的向量 3 代表槽 3 中的导体电势大小和方向。槽 13 中的导体电势向量与槽 1 中的导体电势向量相同,故画在一处。同理槽 14 中的导体电势向量与槽 2 中的导体电势向量相同。依此类推,得到图 6.1.9 的相量图,也就是电动势星形图。

电动势星形图明显地表示出各个槽中的导体电势在相位上有什么不同,它可以帮助我们正确地进行连线,或者帮助我们判断已知的接线方法是否合理。

3. 元件电势

在实际电机中,绕组的基本单元是多匝线圈,或称元件。为简明计,首先分析单匝元件的电势。单匝元件的电势对于等距元件,首要的问题是确定元件的节距 y。节距是指一个元件左右两个边间的距离,度量这个距离的单位通常采用槽数,它代表元件跨越的槽数。例如 $y=5$,就是指元件的左边放在槽 1 内时,它的右边一定下到槽 6 内,元件跨越了 5 个槽子,记作 $y=5(1\sim6$ 槽)。图 6.1.10 表示一个元件,左边的元件边放在槽 1 内,产生的电势为 $\dot{E}_{d1}$,右边的元件边放在槽 $(y+1)$ 内,其电势为 $\dot{E}_{dy}$,现在需要回答的问题是 y 选多大得到的元件电势最大。让我们用电动势星形图说明这个问题。根据图 6.1.9 的正方向规定,匝电势:

图 6.1.9 电动势星形图

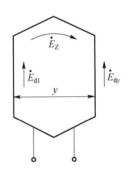

图 6.1.10 元件电势方向

$$\dot{E}_Z = \dot{E}_{d1} - \dot{E}_{dy} \tag{6-21}$$

式(6-21)说明,要想得到最大的元件电势,必须使 $\dot{E}_{d1}$ 和 $\dot{E}_{dy}$ 相差 $180°$,或者说相差一个极距。对于图 6.1.6 那样的等距绕组,为了获得最大电势,我们采用了整距绕组,亦即 $y=\tau$ 的绕组。用图 6.1.9 的电动势星形图去指导接线,就是槽 1 的元件边和槽 7 的元件边相连构成第一个元件,槽 2 的和槽 8 的相连构成第 2 个元件,如此等等,不再逐个说明。这样得到的整距元件的匝电势是导体电势的 2 倍,亦即:

$$E_Z = 2E_D = 4.44f\varPhi_m \tag{6-22}$$

以上讨论了单匝元件的电势,现在讨论多匝整距元件的电势。如果一个元件的匝数为 N_y,将它串联成整距元件时的元件电势:

$$E_\tau = 2N_yE_d = 4.44N_yf\varPhi_m \tag{6-23}$$

整距元件的电势在实际电机中整距元件并不常用,一个原因是嫌绕组的端接线太长,浪费铜线。但更主要的原因是嫌整距元件产生的电势中包含着较大的高次谐波。高次谐波的危害是多方面的,为了适当地消减高次谐波,实际电机中多采用短距绕组。短距绕组的节距小于极距,但按槽数计算时必须等于整数,这是因为一个元件的两个边都必须安放在定子槽内。

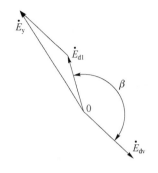

图 6.1.11 短距向量图

如图 6.1.11 所示的短距时的向量关系。如果用 β 代表节距 y 所对应的电角度,由于 τ 相当于 $180°$,所以:

$$\beta = 180° \frac{y}{\tau} \tag{6-24}$$

根据图 6.1.11 中的几何关系,得到短距绕组的匝电势:

$$\dot{E}_y = 2\dot{E}_D \sin \frac{\beta}{2} = 2E_D \sin \frac{y}{\tau} 90° \tag{6-25}$$
$$= E_\tau k_y$$

式中 $E_\tau = 2E_D$ 代表整距元件的电势。

$$k_y = \sin \frac{y}{\tau} 90° \tag{6-26}$$

叫短距系数。短距系数 $k_y \leqslant 1$,它表示整距元件电势和短距元件电势之间的比值。

如果元件的匝数为 N_y,则短距元件的电势:

$$\dot{E}_{yN} = 4.44 f N_y k_y \Phi_m \tag{6-27}$$

4. 元件组电势

由相邻的若干个元件串联成的一组叫作元件组,在图 6.1.4 中由 4 个元件串联成一组,在图 6.1.5 由 3 个元件串联成一组。我们分析等距元件的元件组电势。

等距绕组的元件组电势,既然是等距元件,各个元件的电势大小必然相等,而且彼此错开的相位角等于槽距 α。假定各个元件的电势分别为 $\dot{E}_1$、$\dot{E}_2 \cdots \dot{E}_q$,求元件组电势 $\sum \dot{E}$ 就是求这些元件电势的向量和。如图 6.1.12 所示为每极每相槽数 q 等于 3 时的情况。由于所有元件都依次错开 α 电角度,所以它们构成一个圆的内接多边形。取圆的半径为 R,由小三角形 $\triangle Oab$ 得:

$$\sin \frac{1}{2}\alpha = \frac{E_1}{2R}$$

由大三角形 $\triangle Oad$ 得:

$$\sin \frac{1}{2}q\alpha = \frac{\sum E}{2R}$$

联立求解元件组的电势:

$$\sum E = E_1 \frac{\sin \frac{1}{2}q\alpha}{\sin \frac{1}{2}\alpha} = qE_1 k_f$$

式中

$$k_f = \frac{\sin \frac{1}{2}q\alpha}{q \sin \frac{1}{2}\alpha} \tag{6-28}$$

k_f 称成为基波绕组的分布系数。当为集中绕组时,元件组电势等于 qE_1。由于分布元件组电势由各元件电势的代数和 qE_1 减小为各元件电势的向量和 $\sum \dot{E}$。分布系数就是用来考虑这种电势减小的,所以 $k_f \leqslant 1$。现在解释单相绕组中,为什么 $q \neq Q$。如果 $q = Q = 6$,按分布绕组电动势分析,在同极 N(S) 区内,必有元件边的电动势相差 $6 \times 30° = 180°$ 电角度,有电动势互相抵消(1 槽和 7 槽;8 槽和 2 槽等电动势抵消)。

5. 相电势

相绕组是由元件组的串联或并联组成的。通常元件组的电势要么完全同相,要么互差 $180°$,对于每相串联匝数等于 N 的集中绕组,其相电势:

$$E = 4.44fN\Phi_m \tag{6-29}$$

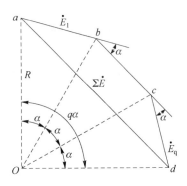

图 6.1.12 分布元件的电势

如果是等距绕组,且节距小于极距,则相电势将比整距时有所减小,应乘以短距系数去考虑短距对电势的削减作用。如果这种等距绕组不但短距而且分布,那就需要乘上 $k_y k_f$ 去考虑短距和分布两方向对相电势削减作用。因此分布短距绕组的相电势:

$$E = 4.44fNk_y k_f \Phi_m \tag{6-30}$$

令 $k_N = k_y k_f$ 叫作绕组系数,它是用来考虑分布和短距对相电势的削减作用的。所以相电势的一般表达式为:

$$E = 4.44fNk_N \Phi_m \tag{6-31}$$

例 对于图 6.1.4 的绕组,已知 $f = 50$ Hz,$\Phi_m = 4.9×10^{-3}$ Wb,$W_y = 30$,$k_f = 0.84$。求相电势。

解 每相串联匝数 $\quad N = 2×4W_y = 8×30 = 240$

绕组系数 $\quad k_N = k_y k_f = 1×0.84 = 0.84$

相电势 $\quad E = 4.44fNk_N \Phi_m = 4.44×50×240×0.84×4.9×10^{-3} = 220$ V

6.1.3 交流绕组中的谐波电势

1. 谐波

我们知道虽然利用改变气隙大小的方法使交流机的气隙磁密波形比较接近正弦,但其谐波分量还是比较大的。图 6.1.13 是凸极同步机的气隙磁密波形。把它分解成富氏级数,得:

$$B_\delta = B_{1m}\sin\alpha + B_{3m}\sin 3\alpha + \cdots + B_{nm}\sin n\alpha + \cdots \tag{6-32}$$

图 6.1.13 凸极同步机的气隙磁密波形

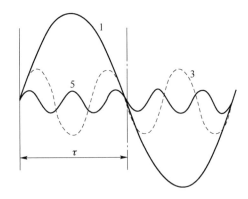

图 6.1.14 气隙磁密的谐波分量

为简便计我们只讨论基波、3 次谐波和 5 次谐波,因其他谐波分量逐渐减小,影响小。图

6.4.14 表示这三种空间谐波波形,它们是同一转子磁极产生的,切割定子绕组的转速都是转子的转速 n。基波磁密是主要成分,它产生有用的基波电势 E_1。基波的极数等于转子的极数,都是 $2p$,所以基波电势的频率仍为:

$$f_1 = pn/60 \tag{6-33}$$

3 次谐波的极对数等于转了极对数的 3 倍,所以 3 次谐放电势的频率:

$$f_3 = 3pn/60 \tag{6-34}$$

它是基波电势频率的 3 倍。同理得 5 次谐波的频率:

$$f_5 = 5pn/60 \tag{6-35}$$

k 次谐波的频率 kf_1。

2. 削弱高次谐波电动势的基本方法

谐波电动势的存在使发电机输出电压波形畸变,附加损耗增加,效率下降;使异步电机产生有害的附加转矩,引起振动与噪声,运行性能变坏;高次谐波电流在输电线引起谐振,产生过电压,并对邻近通信线路产生干扰。为此,应将高次谐波电动势削弱至最小。

(1) 三相绕组的线电势

假定 A 相绕组的相电势:

$$e_A = E_{1m} \sin \omega t + E_{3m} \sin 3\omega t + E_{5m} \sin 5\omega t \tag{6-36}$$

B 相绕组和 C 相绕组相电势分别为:

$$e_B = E_{1m} \sin(\omega t - 120°) + E_{3m} \sin 3(\omega t - 120°) + E_{5m} \sin 5(\omega t - 120°) \tag{6-37}$$

$$e_C = E_{1m} \sin(\omega t - 240°) + E_{3m} \sin 3(\omega t - 240°) + E_{5m} \sin 5(\omega t - 240°) \tag{6-38}$$

对于基波电势而言,$\dot{E}_{1A}$、$\dot{E}_{1B}$ 和 $\dot{E}_{1C}$ 大小相等,相位互差 120°,是一个对称的三相电势。图 6.1.15 是这 3 个相电势的向量图。如果接成星形接法,线电势是相电势的 $\sqrt{3}$ 倍。如果接成三角形接法,线电势和相电势相等。

图 6.1.15　三相电势的谐波分量向量

(2) 三相绕组星形或三角形接法可消除三次谐波。

三次谐波电动势在相位上彼此相差 $3 \times 120° = 360°$,即它们同相位、同大小。在 Y 形联结的电路,由于线电动势 $\dot{E}_{3AB} = \dot{E}_{3A} - \dot{E}_{3B} = 0$,即线电动势中不存在三次谐波。在 D 形联结法的电路中,三角形回路中将形成大小等于相电势 3 倍的总电势,三次谐波电动势在闭合回路内产生环流 $\dot{I}_3$,于是相电势

$$3\dot{E}_{p_3} = 3\dot{I}_3 Z_3 \qquad \text{或} \qquad \dot{E}_{p_3} = \dot{I}_3 Z_3$$

由此可见,三次谐波电动势 $\dot{E}_{p3}$ 刚好等于环流所引起的阻抗压降 $\dot{I}_3 Z_3$,所以线电动势中不会出现三次谐波。同理,也不会出现三的倍数次谐波。虽然 3 次谐波电流并不大,但它引起 3 次谐波损耗,影响电机的效率,所以交流发电机多采用星形接法。

（3）采用短距绕组削弱谐波电动势。

5 次谐波电势的相角位移是 $600°$，相当于 $240°$。所以 5 次谐波电势 $\dot{E}_{5A}$、$\dot{E}_{5B}$ 和 $\dot{E}_{5C}$ 也形成对称的三相，不过相序不再是 A—B—C，而变成 A—C—B，亦即相序发生了倒转。同理可以解释 7 次谐波电势。

可见三相绕组的线电势中不出现 3 次谐，因此消减谐波的重点是 5 次和 7 次谐波。

一般来说，谐波次数越高，谐波磁场幅值越小，相应的谐波电动势也越小。

根据式 $k_y = \sin\dfrac{y}{\tau}90°$，节距 y 小于极距 τ 时，短距系数小于 1。这说明改变节距，可以改变元件电势的大小。电势变小的原因是因为两个元件边的电势不再相差 $180°$。如果两个元件边的电势相差 $360°$ 或 $360°$ 的整数倍，则元件电势等于 0。图 6.1.14 说明，5 次谐波磁密的极距只是基波磁

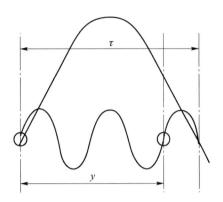

图 6.1.16　消除 5 次谐波的元件

密的极距的五分之一。根据这一道理，我们可以选取一个节距 y，让它正好等于 5 次谐波磁密极距的 4 倍。图 6.1.16 表示这种情况。在这种情况下对 5 次谐被电势，两个元件边的电势互差 $720°$，所以元件电势中将不含 5 次谐波。

还可以用 n 次谐波的短距系数 k_{yn} 来计算短距对谐波的消减作用。对 n 次谐波来说，节距 y 用 n 次谐波的电角度 β_N 去计算时等于 $n\beta$，所以 n 次谐波的短距系数为：

$$k_{yn} = \sin n\frac{y}{\tau}90° \tag{6-39}$$

如果取 $y = 4\tau/5$，则 5 次谐波的短距系数 $k_{y5} = 0$。如果取 $y = 6\tau/7$，则 7 次谐波的短距系数 $k_{y7} = 0$。节距 y 按槽数计算必须对于整数。

单层同心式、交叉式绕组、链式绕组，从电动势计算角度看，它们同属整距绕组，不能利用短距来削弱谐波。

（4）采用分布绕组削弱谐波电动势。

如前所述，绕组分布后，绕圈组电动势将比集中绕组减小，仿照式（6-28）n 次谐波的频率 $f_N = nf_1$（f_1 为基波频率），n 次谐波的分布系数 k_{f_N} 为

$k_{f_N} = \dfrac{\sin\dfrac{nq\alpha}{2}}{q\sin\dfrac{n\alpha}{2}}$。计算可知，每极每相槽数 q 增加时，基波分布系数减小不多，而谐波分布系

数显著减小。因此，采用分布绕组可削弱高次谐波电动势。但 q 值过大，槽数增加，会引起冲剪钢片工时和材料消耗量增加，使电机成本提高。通常选 $q = 2\sim6$。

（5）改善磁极的极靴外形（凸极同步电机）或励磁绕组的分布范围（隐极同步电机），使气隙磁通密度在空间接近正弦分布。

最后，可得 Y 形联结交流绕组的线电动势为：

$$E_L = \sqrt{E_1^2 + E_5^2 + E_7^2 + \cdots} = \sqrt{3}\sqrt{E_{p1}^2 + E_{p5}^2 + E_{p7}^2 + \cdots} \tag{6-40}$$

式中，E_1、E_5、E_7 分别为基波、五次谐波、七次谐波线电动势。

6.2　三相单层绕组分析

6.2.1　三相单层对称绕组

一个铁心槽内放置上、下两个有效边,称为双层绕组,如图 6.2.1(a)所示,而一个铁心槽仅仅放置一个有效边则称为单层绕组,如图 6.2.1(b)所示。由于每两个有效边连接成一个线圈,故单层绕组的电机每台线圈总数为槽数的一半。

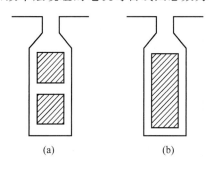

图 6.2.1　双层绕组和单层绕组

现以实例来说明单层绕组的连接方法。设电机定子槽数 $Z=24$、$2p=4$,要求连接三相 $60°$ 相带单层叠绕组(说明:相带是指一个元件组在基波磁场中所跨的电角度,即每个极距内属于每相的槽所占的区域。这里把分散在一个极距 $180°$ 电角度(相带)上的电势向量划分成三组,每个元件组占有的电角度(相带)是 $60°$)。现在的问题是 $Z/2=12$ 个元件怎样组成,怎样把 12 个元件连接成三相对称绕组,使其感应电动势为三相对称电动势。

基本计算如下:

极距

$$\tau=\frac{Z}{2p}=\frac{24}{4}=6$$

每极每相槽数,

槽距角

$$\alpha=\frac{2p\pi}{Z}=\frac{4\times180°}{24}=30°$$

取节距 $y=\tau=6(1\sim7)$。此时应用电动势星形图最为有效。因各槽导体(或元件边)感应的电动势幅值相等,相邻两槽电动势的相位差等于两槽之间所夹槽距角 α,所以依次画出所有槽中导体的电动势相量图正好形成对称星形图,也就是电动势星形图。于是可以画出 24 个槽中各导体的电动势星形图。图 6.2.2(b)所示的电动势星形图是这样绘制的,在图 6.2.2(a)所示瞬间,导体 1 正在 N 极中心下,感应的电动势有正的最大值,在图 6.2.2(b)中把它的电动势相量画在纵坐标轴上。在图示转子转向下,导体 2 中感应的电动势比导体 1 中感应的电动势滞后 $30°$,所以导体 2 的电动势相量在图 6.2.2(b)中画在滞后导体 1 电动势相量 $30°$ 的位置。依次类推,导体 3 的电动势相量滞后导体 2 电动势相量 $30°$ ⋯⋯导体 13 正处在另一 N 极中心下,其感应电动势与导体 1 相同。所以两个导体的电动势相量正好重合。同样道理,导体 14 ~ 24 的电动势相量分别与导体 2 ~ 12 电动势相量重合。因此图 6.2.2(b)所示电动势星形图实际上是相互重合的两重电动势星形图。通常把这种由槽中导体(或元件边)形成的电动势星形图称为槽电动势星形图。

由电动势星形图可以看出,如果在槽 l 和槽 7 中放入一个元件,在槽 2 和槽 8 中放入第二个元件,并把这两个元件串联成一个元件组;在 13 槽和 19 槽中放入一个元件,在 14 槽和 20 槽中放入另一元件,并把这两个元件也联结成一个元件组。显然两个元件组的电动势幅值和

(a) 4极、24槽电机模型　　　　　　　　(b) 槽电机势星形图

图 6.2.2　4 极、24 槽电机模型和槽电动势星形图

相位都是相同的,所以两个元件组的电动势相量完全重合。把两个元件组串联或并联起来就得到了一相绕组,把它叫作 A 相绕组。如果两个元件组串联,其连接顺序可以表示为

$$A-(1-7)-(2-8)-(13-19)-(14-20)-X$$

B 相绕组的电动势相量应与 A 相绕组电动势相量大小相等,相位落后于 A 相 120°。由电动势星形图可知,只要按下列顺序连接 B 绕组组就能满足上述要求。

$$B-(5-11)-(6-12)-(17-23)-(18-24)-Y$$

同样也可以组成 C 相绕组,其连接顺序为

$$C-(9-15)-(10-16)-(21-3)-(22-4)-Z$$

这样组成三相对称绕组,每相有八个槽、四个元件,组成两个元件组。每相绕组都由两个元件组串联而成。图 6.2.3 绘出了 A 相绕组的展开图,B、C 两相绕组只要按上述连接顺序连接即可。

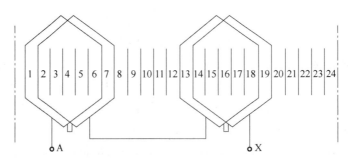

图 6.2.3　A 相绕组的展开图

如果把三相绕组全画出来,不难看出这三相绕组在电机圆周的空间位置上也是对称的,互差 120°电角度。各相绕组的元件数、总匝数等都是一样的,所以三相绕组的电阻、漏抗等参数也是相等的。

在图 6.2.3 中,每相绕组的两个元件组是串联的。如果需要也可以把两元件组并联起来。同样,B、C 两相也需要做相应的该接。两元件组之间由串联改为并联,相电动势为原值的一半,而允许电流则变为原值的两倍。在图 6.2.3 所示的一相绕组中,它的相电动势应为元件组电动势的 2 倍。

6.2.2 三相单层同心式绕组

在实际电机中,对称绕组为了减少端接连线,节省用铜,或为了嵌线工艺上的方便,常常采用同心式绕组、链式绕组成交叉式绕组。这几种绕组与上述典型三相单层绕组比较起来,每相

绕组所占的槽、串联的元件边部没有变化,只是各元件边串接的先后次序变了,因此总电动势并没有变化。

下面讲解同心式绕组连接方法。我们把导体 1 与导体 8 组成一个节距为 7 的大线圈,将导体 2 与 7 组成一个节距为 5 的小线圈,然后顺着导体中的电动势方向把这两个线圈串联成一个元件组。同样,13、14、19、20 四根导体也组成一个元件组。把两个元件组串联(或并联)起来就得到了一相绕组,把它叫作 A 相绕组。其展开图如图 6.2.4 所示。由于同一个线圈组中两个线圈的中心线重合在一起,故称为同心式绕组。按照同样的方法,可画出 B 相及 C 相的同心式绕组。

图 6.2.4 一相同心式绕组展开图

6.3 绕组的磁势

一台电机的绕组,切割磁力线就产生电势,有电流就产生磁势,这两方面往往是同时发生的。理论和实践证明,从电势上看是合理的交流绕组,它所产生的磁势必然是较好的。

6.3.1 整距元件的磁势

如图 6.3.1 所示,异步机定子一个整距元件流过电流时,就产生磁力线,即产生磁动势。电机的气隙是均匀的,如果略去铁磁的磁阻不计,就可以认为这个元件产生的磁势全都降落在两个气隙上了。由于电机结构的对称,两个气隙的大小完全相等,所以每个气隙降落的磁势正好等于元件磁势的一半。假定元件的匝数为 W_y,通过的直流电流为 I_d,则元件磁势为 $I_d W_y$。由图 6.3.1 看出,每根磁力线交链的磁势都是元件磁势 $I_d W_y$,所以气隙中任何一点上的磁势降都是 $0.5 I_d W_y$。如果把 N 极区的磁势取作正,S 极区的磁势取作负,则得图 6.3.2 中所示的气隙磁势曲线,它是一个矩形波,将它分成空间谐波,得:

$$F(x) = \frac{4}{\pi} \frac{I_d W_y}{2} \left(\sin \alpha + \frac{1}{3} \sin 3\alpha + \cdots + \frac{1}{n} \sin n\alpha + \cdots \right) \tag{6-41}$$

6.3.2 单相绕组的磁势

如图 6.3.3 所示为单相绕组通过直流电流 I_d 产生的气隙磁势波形,它是由各个元件产生的矩形波叠加而成。由图看出,由于绕组的分布,气隙磁势波形变成阶梯形,比较接近正弦。实际电机是既分布而又短距的,绘出的气隙磁势波形更接近正弦。如果略去高次谐波不计,可

以认为单相绕组产生的气隙磁势中只含有基波,这个基波磁势的振幅:

图 6.3.1　整距绕组产生的磁力线

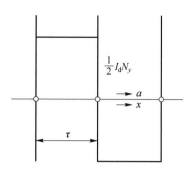

图 6.3.2　矩形磁势波

$$F_\mathrm{m}=\frac{2}{\pi}I_\mathrm{d}W_\mathrm{d} \tag{6-42}$$

式中,W_d 是单相绕组每极磁势的等效匝数。

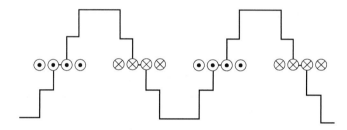

图 6.3.3　单相绕组产生的阶梯形磁势波

对于一个极数为 $2p$ 的电机,如果每相串联匝数为 N,则每对磁极分得的匝数应为 N/p。加上绕组是分布和短距的,还需要考虑绕组系数对磁势的消减作用,这种消减作用不再证明,只取用结论。因此:

$$W_\mathrm{d}=\frac{Nk_\mathrm{N}}{p} \tag{6-43}$$

代入(6-42),的每极磁势的振幅:

$$F_\mathrm{m}=\frac{2}{\pi}I_\mathrm{d}\frac{Nk_\mathrm{N}}{p} \tag{6-44}$$

6.3.3　理想绕组产生的磁势

1. 恒定磁势

图 6.3.4 表示这种理想绕组,它是一个等效的集中整距绕组,匝数等于等效匝数 W_d。当通入直流电流 I_d 时,它所产生的磁势是一个空间正弦波。磁极中心线和绕组轴线重合,安放导体的地方磁势等于零,是几何中性线。

从纯数学的角度看,图 6.3.4 的空间正弦波和电流、电压等时间正弦波没有什么两样,也可以用一个向量去表示。为了和时间向量相区别,我们用符号 $\overline{F}_\mathrm{m}$ 去表示这个磁势向量。

在图 6.3.5 中我们用磁势向量 $\overline{F}_\mathrm{m}$ 去表示理想绕组所产生的恒定磁势,磁势向量 $\overline{F}_\mathrm{m}$ 的方向和绕组的轴线重合。电机的极数可以多于 2,但我们只绘出一对磁极的磁势。由于电机结构的对称性,其他各对磁极的磁势和图 6.3.5 中的磁势重合,没有必要一一标出。气隙中任一点上的磁势大小可以用向量 $\overline{F}_m$ 在那一点法线上的投影去求,亦即:

$$F(x) = F_m \cos \alpha = F_m \cos \frac{\pi}{\tau} x \tag{6-45}$$

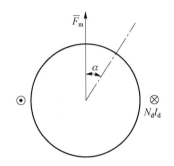

图 6.3.4　理想绕组的恒定磁势　　　　图 6.3.5　恒定磁势向量

2. 脉振磁势

现在进一步分析理想绕组通入正弦交流电流后产生的磁势,看它都有什么特点。假定 $i = \sqrt{2} I \cos \omega t$,是一个时间上的正弦波,则绕组磁势就变成了一个时空函数 $F(x,t)$,有:

$$F(x,t) = \frac{2\sqrt{2}}{\pi} W_d I \cos \alpha \cos \omega t = F_m \cos \alpha \cos \omega t \tag{6-46}$$

式中 F_m 代表这个磁势的振幅,且:

$$F_m = \frac{2\sqrt{2}}{\pi} W_d I = 0.9 W_d I = 0.9 \frac{W k_r}{p} I \tag{6-47}$$

很明显,在任何一个特定的瞬间,或者说让时间 t 保持恒定时,这个磁势和图 6.3.4 一样是一个空间正弦被。随着时间的推移,这个磁势的大小随着电流的大小一同变化。如果电流从正最大值减小为原有值的一半,各点的磁势大小也将按同一比例减小。当电流等于零时,各点的磁势也下降为零。这种大小和方向都随时间变化,且波峰和波谷都被绕组位置固定了的磁势叫作脉振磁势。如图 6.3.6 所示为这种脉振磁势。它是一个沿电枢表面正弦分布的磁势曲线,其振幅在一个正最大值和负最大值之间振动,振动的频率等于交流电流的频率。

在式(6-46)中,α 代表沿电枢表面的空间角,计量单位仍是电角度,亦即一个极距相当于 $180°$。α 的坐标原点选在绕组的轴线上,亦即让磁势最大的地方作为 $\alpha = 0$ 的地方。

F_m 是电流达到最大值时产生的磁势振幅。$\omega = 2\pi f$ 是交流电流的角频率。式(6-46)也是物理学中驻波的表达式,所以脉振磁势也是一种驻波,波峰落在绕组轴线上,波结就是安放导体的地方。

脉振磁势也可以用一个向量表示,图 6.3.7 是这种表示方法。图中向量的振幅是随时间变化的,亦即:

$$\overline{F} = \overline{F}_m \cos \omega t \tag{6-48}$$

图 6.3.7　脉振磁势向量

图 6.3.6　脉振磁势的波形

图中给出的角度是时间角 ωt。所以图中给出了时间上经过一个周期时脉振磁势的振幅如何变化。脉振磁势的波峰和波结在空间是固定不动的,代表这个磁势的向量 $\overline{F}$ 或是和 $\overline{F}_m$ 同相,或是和 $\overline{F}_m$ 反相,不可能有别的相位。空间任一点上的磁势的大小等于磁势向量 $\overline{F}$ 在该点法线上的投影。

在图 6.3.7 中如果采用复数坐标,令绕组轴线距离实轴 $\gamma°$,则磁势向量 $\overline{F}$ 可以写作:

$$\overline{F}=F_m e^{j\gamma}\cos \omega t$$

6.3.4　旋转磁势

不管是异步机还是同步机,它们的气隙磁势都是旋转磁势。现在说明旋转磁势的一些基本性质。

如图 6.3.8 所示为一台凸极同步发电机,它由安放交流绕组的定子和同步旋转的磁极组成,磁极由直流激磁。假定由直流激磁产生的气隙磁密是正弦的。这个磁势在定子内同步旋转,对定子上的绕组说来这个磁势的位置是随时间变化的,但是这个磁势本身的振幅并不变化。这样的磁势就叫旋转磁势。

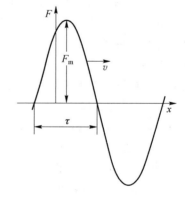

图 6.3.8　凸极同步发电机的旋转磁势

图 6.3.9　旋转磁势的波形

如果将电机切开、展平,正弦形的旋转磁势就变成了图 6.3.9 的正弦曲线,它向前移动的线速度为 v,而且 $v=\pi Dn/60$。定子的周长为 $2p\tau$,所以:

$$v=2p\tau\frac{n}{60}$$

(6-49)

当磁极旋转时,站在定子的任何一点上去观察扫过这一点的磁势,它的大小都是随时间周期性变化的。当扫过任一点的磁势波走完一个完整的 N 极和 S 极时,时间上就是经过了一个周期。一个极对数等于 p 的磁极就是一个有 p 个波峰的旋转磁势。如果它的每分钟转速等于 n,则在选定的定子观测点上就会看到每秒钟有 $pn/60$ 个波峰扫过。这种磁势在定子绕组中感生电势的频率为:

$$f = pn/60 \qquad (6\text{-}50)$$

这个关系式对所有的交流机都是适用的。将式(6-50)代入式(6-49),得旋转磁势移动的线速度:

$$v = 2\tau f \qquad (6\text{-}51)$$

这就是物理学中学过的电磁波的传播速度公式。速度 v 和波长 $\lambda = 2\tau$ 以及频率 f 成正比。因此,旋转磁势也可以用行波的公式去描述,即:

$$F(x,t) = F_{\mathrm{m}} \sin(\frac{\pi}{\tau} x \pm \omega t) \qquad (6\text{-}52)$$

式中负号代表行波向空间坐标 x 的正值方向移动,而正号则代表行波向坐标的负值方向移动。

式(6-52)能够准确地描述一个旋转磁势,它可以这样来验证:对于定子圆周上任一个固定点 x 而言,这一点上的磁势大小是随时间作正弦变化的,这种正弦变化是由于旋转磁势扫过这一点造成的。对式(6-52)说来就是让 $x\pi/\tau$ 等于常数去求 $F(x,t)$ 随时间变化的规律。与此相反,我们也可以在时间上选取一个特定的瞬间,把时间固定下来,然后绕定子圆周巡回一周观察定子圆周各点上的磁势,它也是空间 x 的一个正弦函数。对式(6-52)说来就是令 ωt 恒定不变去求 $F(x,t)$ 在空间的分布状态。所以式(6-52)能够准确地描述一个旋转磁势。

现在分析一下行波的传播速度 v。如果把观测点选在磁势的正最大值上,亦即波峰上,换句话说我们站在波峰上随同波峰一同前进,则对式(6-52)说来就是要求正弦的值永远等于1,亦即:

$$\frac{\pi}{\tau} x \pm \omega t = k\,\frac{\pi}{2} \quad (k = 1,3,5,\cdots) \qquad (6\text{-}53)$$

经过一次微分,得:

$$\frac{\pi}{\tau} \mathrm{d}x \pm \omega \mathrm{d}t = 0 \qquad (6\text{-}54)$$

将 $\omega = 2\pi f$ 代入上式,经整理后得:

$$v = \frac{\mathrm{d}x}{\mathrm{d}t} = \pm \frac{\omega\tau}{\pi} = \pm 2\tau f \qquad (6\text{-}55)$$

这和式(6-51)完全一致,而且正负号的规定也得到了证实。

旋转磁势也可以用一个向量去表示,图 6.3.10 表示这种旋转向量,它的旋转角频率是 ω,我们用这种旋转向量 $\overline{F}$ 去表示旋转磁势的大小和振幅在空间的瞬时位置,亦即:

$$\overline{F} = \overline{F}_{\mathrm{m}} \mathrm{e}^{\pm \mathrm{j}\omega t} \qquad (6\text{-}56)$$

式(6-56)也可以很好地描述旋转磁势。在学习向量时已知算子 $\mathrm{e}^{\mathrm{j}\omega t}$ 具有这样的性质,用它去乘一个向量,代表将这个向量正转 ωt 度。所以当时间固定时,向量 $\overline{F}$ 在空间的位置也固定不动,向量的方向就是磁势最大值所在的地方,空间其他

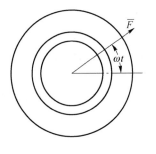

图 6.3.10 旋转磁势向量

各点上的磁势大小是磁势向量在该点法线上的投影。如果时间变化,随着时间的推移,磁势向量以角频率 ω 连续转动,转动的角度等于 ωt。

6.3.5 脉振磁势的分解

我们已经分析了交流机的两种主要磁势:脉振磁势和旋转磁势。这两种磁势都是时空函数,但性质上有不少差异,必须很好地掌握它们各自的特点。这一节主要分析这两种磁势间的相互关系。在学习向量时已知:

$$e^{\pm j\omega t} = \cos \omega t \pm j\sin \omega t$$

$$\cos \omega t = \frac{1}{2}e^{j\omega t} + \frac{1}{2}e^{-j\omega t} \tag{6-57}$$

将式(6-57)代入式(6-48),得脉振磁势:

$$\overline{F} = \overline{F}_m \cos \omega t = \frac{1}{2}\overline{F}_m e^{j\omega t} + \frac{1}{2}\overline{F}_m e^{-j\omega t} \tag{6-58}$$

式(7-58)说明:一个脉振磁势 $\overline{F}_m \cos \omega t$ 可以分解成一个正转的旋转磁势 $\left(\frac{1}{2}\right)\overline{F}_m e^{j\omega t}$ 和一个反转的旋转磁势 $\left(\frac{1}{2}\right)\overline{F}_m e^{-j\omega t}$,这两个旋转磁势大小相等,都等于脉振磁势最大振幅的一半,但旋转方向相反,转动的角频率都等于 ω。式(6-58)也可以解释成:两个振幅相等,用相同的角频率向两个相反的方向旋转的旋转磁势可以合成一个脉振磁势。

6.3.6 三相交流绕组产生的磁势

要想理解多相交流机的工作原理,首先需要分析多相绕组产生的气隙磁势。常用的是三相异步机和同步机,所以着重分析三相绕组产生的气隙磁势。和前面一样,我们只分析 2 极时的情况。由于电机结构的对称性,它也可以被看作多极的一对磁极。三相对称电流产生的磁通势,不完全正弦,可以分解成各次谐波。可以证明三的倍数次谐波,如九次、十五次等的磁通势都为零。至于绕组的五、七次谐波磁通势,绕组采用分布、短距可以削弱到极小;更高次数的谐波磁通势,本身很小。因此,三相绕组中的基波分量是主要的,下面分析的是基波磁通势的合成。

1. 用三角函数求合成磁势

在三相电机内,如图 6.3.11 所示,三相绕组的轴线在空间上互差120°。我们用三个理想绕组去代表实际的三相绕组,如果通入正弦电流,它们在气隙中产生的 3 个脉振磁势 $\overline{F}_a$、$\overline{F}_b$ 和 $\overline{F}_c$ 的正方向也互差120°,都落在各自的绕组轴线上。我们把这三个正方向规定成绕组轴线的正方向,并用向量 $\overline{A}$、$\overline{B}$ 和 $\overline{C}$ 去表示它们。

在三相电流也对称的条件下,我们取:

$$i_a = I_m \cos \omega t$$

$$i_b = I_m \cos(\omega t - 120°)$$

$$i_c = I_m \cos(\omega t - 240°) \tag{6-59}$$

式中 I_m 为电流的最大值。

可以把时间坐标轴的原点选在 a 相电流达正最大值的瞬间,亦即图 6.3.12 中的 t_0 点,电流的相序为 a—b—c。当三相交流电流流入三相绕组后,每相绕组都产生一个脉振磁势,脉振磁势的振幅和该相电流瞬时值的大小成正比,方向随着电流的正负在该绕组的轴线上来回变动。在给定的某一个特定瞬间,各相绕组中的电流大小和方向都是固定的,我们可以先规定一个特定的瞬间,求出各相电流的大小和方向,然后求出各相脉振磁势的大小和方向,最后求出给出瞬间合成磁势的大小和方向来。

合成磁势可以用向量法求,也可以用图解法去求,又可以三角函数法推导。下面我们用三角函数去推导三相绕组产生的合成磁势。

首先认为三相绕组产生的脉振磁势在空间的分布是正弦的,三相绕组的轴线正方向仍采用上述图 6.3.11 中的规定,并把空间角 α 的坐标原点选在 a 相绕组的正轴线上,规定 α 的正方向是由轴线 $\overline{A}$ 向轴线 $\overline{B}$ 移动。给定任一个时间 t,三个脉振磁势的振幅分别为 F_{at}、F_{bt} 和 F_{ct},它们在气隙中的分布是正弦的。根据选定的空间坐标,写作:

图 6.3.11　三相绕组的轴线正方向

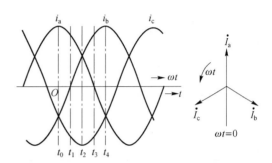

图 6.3.12　三相绕组的瞬时值

$$F_a(x,t) = F_{at}\cos\alpha$$
$$F_b(x,t) = F_{bt}\cos(\alpha - 120°)$$
$$F_c(x,t) = F_{ct}\cos(\alpha - 240°) \tag{6-60}$$

合成磁势 $\sum F(x,t)$ 是 3 个脉振磁势的和,有:

$$\sum F(x,t) = F_{at}\cos\alpha + F_{bt}\cos(\alpha - 120°) + F_{ct}\cos(\alpha - 240°) \tag{6-61}$$

但是脉振磁势的振幅是随着各相电流的大小变化的。如果各相电流随时间变化的规律如式(6-59)所示,则各相脉振磁势的振幅为:

$$F_{at} = F_m\cos\omega t$$
$$F_{bt} = F_m\cos(\omega t - 120°)$$
$$F_{ct} = F_m\cos(\omega t - 240°) \tag{6-62}$$

式中 F_m 是各相脉振磁势的最大振幅,也就是电流达到最大值时产生的相脉振磁势的振幅。将式(6-62)代入式(6-61)可以得到合成磁势:

$$\sum F(x,t) = F_m\cos\omega t\cos\alpha + F_m\cos(\omega t - 120°)\cos(\alpha - 120°)$$
$$+ F_m\cos(\omega t - 240°)\cos(\alpha - 240°) \tag{6-63}$$

式(6-63)右边的每一项都是一个脉振磁势,三角函数中的空间角 α 说明各个脉振磁势在空间的分布是正弦函数;而三角函数中的时间角 ωt 说明各个脉振磁势的振幅随时间作正弦变化。已知三角函数积化和差的公式:

$$\cos \alpha \cos \beta = \frac{1}{2}\cos(\alpha - \beta) + \frac{1}{2}\cos(\alpha + \beta) \tag{6-64}$$

将式(6-63)中的积都化成和差,有:

$$\sum F(x,t) = \frac{1}{2}F_m\cos(\alpha - \omega t) + \frac{1}{2}F_m\cos(\alpha + \omega t) + \frac{1}{2}F_m\cos(\alpha - \omega t)$$

$$\frac{1}{2}F_m\cos(\alpha + \omega t - 240°) + \frac{1}{2}F_m\cos(\alpha - \omega t) \tag{6-65}$$

$$+ \frac{1}{2}F_m\cos(\alpha + \omega t - 480°)$$

式(6-65)中拥有角度 $\alpha + \omega t$ 的3个余弦项是3个互差120°相角的正弦函数(有 $480° - 360° = 120°$),它们的和等于零,因此式(6-65)变成:

$$\sum F(x,t) = \frac{3}{2}F_m\cos(\alpha - \omega t) \tag{6-66}$$

这是一个旋转磁势,振幅为 $3F_m/2$,旋转方向是向 α 坐标的正值方向移动。在图 6.3.11 中我们规定 α 的正向是逆时钟方向的,所以式(6-66)表示的旋转磁势也是逆时钟方向旋转的。分析了磁势,我们得出三相交流绕组产生的一个旋转磁势。

2. 用图解法求合成磁势

以上用数学方法得出三相绕组产生合成磁势特性的一些结论,也可以直观地用图解法得到。图 6.3.13 表示两极异步(同步)电动机的三相磁势的合成。

图 6.3.13 中竖看有三种图,左边四个图各表示四个不同瞬间的对称三相电流的相量;中间四个图表示 A、B、C 三相绕组分别用个等效的集中整距线圈表示,其轴线互差120°空间电角度,各相的脉振磁势在中间的图里用脉振的正弦波表示,在右边的图里用相应的矢量表示。

在上下的四组图里,第一组图为 $\omega t = 0°$,$t = 0$,(即 A 相电流到达最大值)的情况,下面三组依次为 $\omega t = 120°$、$\omega t = 240°$、$\omega t = 360°$,相应的时间为 $t = T/3$、$t = 2T/3$、$t = T$ 的情况。

根据所选定四个瞬时的各相电流的瞬时值,画出各相脉振磁势波以及相应的空间脉振矢量,并注意幅值的大小及性质(正负);然后将三相脉振磁势波及相似的空间脉振矢量合成,即可得出三相合成磁通势波(图中用粗线表示),以及相应的矢量。

电流变化一个周期,(基波)磁动势波就移动360°电角度,即一个波长。可以这样说,当交流电流在时间上经过多少度,则三相磁动势在空间转过同样的电角度。当交流电流频率为 f,这样电流每分钟变化 $60f$ 个周期,磁动势每分钟移动个 $60f$ 波长。定子圆周有 p 个波长,可以求得旋转磁动势转速为 $n_1 = 60f/p$,n_1 称为同步转速。

观察四个瞬间的图形,并加以比较,可看出三相合成磁通势的特性。

3. 合成磁势的性质

从以上分析可知,当对称三相绕组中通以对称三相电流时,所形成的三相合成磁通势具有以下特性。

(1)三相合成磁通势是一个(圆)旋转磁通势,转速为同步转速 $n_1 = 60f/p$,旋转方向决定于电流的相序,即从超前电流相转到滞后电流相。

(2)三相合成磁通势幅值 F 不变,为各相脉振磁通势幅值的3/2倍。由于幅值恒定,且旋转幅值的轨迹是一个圆,所以这种旋转磁通势和由它建立的旋转磁场称为圆形旋转磁通势和圆形旋转磁场。如果在对称的 m 相绕组内通入对称的 m 相电流,则合成磁通势的基波幅值为每相脉振磁通势基波幅值的 $m/2$ 倍。

(a) $\omega t=0°$, $i_a=I_m$

(b) $\omega t=120°$, $i_b=I_m$

(c) $\omega t=240°$, $i_c=I_m$

(d) $\omega t=360°$, $i_a=I_m$

图 6.3.13 三相绕组合成磁通势的图解

（3）三相电流中任一相电流的瞬时值到达最大值时，三相合成磁通势的幅值，恰好在这一相绕组的轴线上。

可以证明二相对称绕组通入二相对称电流或多相对称绕组通入多相对称电流时，同样产生圆旋转磁势。如果电流不对称（各相电流的振幅不等或各相电流的相角不完全差 $360°/m$，m 为相数）通入多相绕组，则产生椭圆旋转磁势。

思考题与习题

6-1 试述单相绕组、两相绕组和三相绕组各自的特点。

6-2 电角度的意义是什么？它与机械角度之间有怎样的关系？

6-3 定子表面在空间相距 α 电角度的两根导体,它们的感应电动势大小与相位有何关系?

6-4 交流绕组与直流绕组有什么异同?为什么直流绕组的支路数一定是偶数?而交流绕组的支路数可以是奇数?

6-5 为什么交流绕组用短距和分布的方法可以改善磁势波形和电势波形?

6-6 相带是如何定义的,为什么采用 60° 相带分配三相绕组的槽?是否可采用 120° 相带?为什么?

6-7 为了得到三相对称的基波感应电动势,对三相绕组安排有什么要求?

6-8 为什么交流绕组产生的磁势既是空间函数,又是时间函数?试分别用单相绕组产生的脉振磁势和三相绕组产生的旋转磁势加以说明。

6-9 试分析单相交流绕组、三相交流绕组所产生的磁动势有何区别,与直线电机电枢磁动势又有何区别。

6-10 削弱谐波电势有哪些方法?

6-11 三相交流电机线电压中是否有 3 次谐波?为什么?三相交流发电机的定子绕组为什么一般都用星形联结?

6-12 一个脉振磁动势可以分解成两个磁动势行波,试说明这两个行波的特点。

6-13 一个脉振磁动势分解成两个旋转磁动势,这时脉振磁动势在空间还是呈矩形波吗?

6-14 在维修三相异步电动机的定子绕组时,若把每相的匝数适当增加,则气隙中每极磁通将如何变化?

6-15 如果给一个三相对称绕组各相通入大小和相位均相同的单相交流电流 $i = I_m \sin \omega t$,求合成磁势的基波幅值和转速。

6-16 某一台三角形接线的交流电机的定子对称三相绕组,当电机运行时有一相绕组断线,则产生的基波磁势是什么性质的磁势?

6-17 已知一个元件的两个元件边电动势分别为 $\dot{E}_1 = 10\angle 0°$、$\dot{E}_2 = 10\angle 150°$,求这个元件的短距系数 k_{y1},k_{y5}。

6-18 将三个相邻元件串联成一个元件组,元件电动势分别为 $40\angle 0°$、$40\angle 20°$、$40\angle 40°$,求这个元件的电动势及分布系数 k_f。

6-19 有一单层交流绕组,$Z_1 = 36$,$2p = 4$,试求:(1)画出电势星形图;(2)画出各元件节距时的 A 相绕组的同心式绕组展开图。

6-20 有一单层三相绕组,$Z_1 = 24$,$2p = 4$,试求:(1)画出支路数 $a = 2$ 的 A 相单层对称绕组展开图;(2)计算出绕组系数。

6-21 一台四极三相异步电机,定子槽数 $Z = 36$,试计算基波和 5 次、7 次谐波磁势的分布系数。

6-22 某台三相异步电动机接在 50 Hz 的电网上工作,每相感应电势的有效值 $E_1 = 350$ V,定子绕组的每相每个支路串联匝数 $N_1 = 312$,绕组系数 $K_{w1} = 0.96$,求每极磁通 Φ_1?

6-23 已知一台三相 4 极交流电机,定子是双层分布短距绕组,定子槽数 $Z_1 = 36$ 槽,线圈节距 $y_1 = \left(\dfrac{7}{9}\right)\tau$(是极距),定子绕组 Y 联结,线圈匝数 $N_y = 2$ 匝,气隙基波每极磁通是 $\Phi_1 = 0.73$ Wb,绕组并联支路数 $a = 1$。试求:(1)基波绕组系数 k_{N_1};(2)基波相电势 E_{p1};(3)基波线电势 E_{l1}。

6-24　有一台三相交流电机,6 极,定子绕组为双层叠绕组,$Z_1 = 54$ 槽,$y = 7$ 槽,Y 联结,支路数 $a = 1$,每一个线圈的 $N_y = 10$ 匝,$f = 50$ Hz,$I_1 = 10$ A 电流为三相对称式,试求:(1)基波旋转磁势的振幅 F_1;(2)基波旋转磁势的转速 n_1。

6-25　有一台三相异步电动机,极数为 6 极,定子绕组为双层叠绕组,$Z_1 = 36$ 槽,$y_1 = \left(\dfrac{5}{6}\right)\tau$,每相每个支路的串联匝数 $N_1 = 72$ 匝,当通入对称三相电流时每相电流的有效值为 20 A 时,试求(1)基波;(2)3 次谐波;(3)5 次谐波的三相合成磁势的幅值和转速。

第7章 三相异步电动机原理

异步电动机的用途十分广泛,它遍及各个生产部门,容量从几十瓦到高于几千千瓦。在轧钢厂中被用来拖动小型轧机,在相关工厂用来拖动卷扬机和鼓风机。在工厂和家庭中到处可以看到异步电动机。异步机之所以用得如此广泛,主要原因是它的结构简单、造价低廉、维修方便。有较好的工作特性。但是异步电动机也存在着功率因数低、调速性能不够好等缺点。随着变频技术的发展,异步电动机的调速性能大大地得到了改善。

7.1 三相异步电动机的结构和原理

7.1.1 三相异步电动机的结构

异步电机由定子和转子两部分组成,定子和转子之间有气隙,为了减小励磁电流、提高功率因数,气隙应做的尽可能小。按转子结构不同,异步电动机分为笼型异步电动机和绕线转子异步电动机两种。这两种电动机的定子结构完全一样,仅转子结构不同。

1. 定子的结构

异步电动机定子由定子铁心、定子绕组和机座等组成。定子铁心是电机磁路的一部分,一般由涂有绝缘漆的 0.5 mm 硅钢片叠压而成,采用硅钢片的原因是为了减少铁损,绝缘漆可以减少铁心的涡流损耗。定子铁心的内圆上开有很多个定子槽,用来安放三相对称绕组。有引出三根线的,也有引出六根线的,可以根据需要结成星形和三角形。机座的作用主要是固定定子铁心的,因此有足够的强度,另外还要考虑通风和散热的需要。图7.1.1是笼型异步电动机定子的结构图、图7.1.2是笼型异步电动机的纵向结构图。

图 7.1.1 笼型异步电动机
定子的外观图

2. 转子的结构

异步电动机转子由转子铁心、转子绕组和转轴等组成。转子铁心也是磁路的一部分,一般由 0.5 mm 硅钢片叠成,铁心与转轴必须可靠地固定,以便传递机械功率。转子绕组分绕线型和笼型两种,绕线型转子铁心的外圆周上也充满槽,槽内安放转子绕组。绕线型转子为三相对称绕组,常联结成星形,三条出线通过轴上的三个滑环及压在其上的三个电刷把电路引出。这种电动机在起动和调速时,可以在转子电路中串入外接电阻,或进行串级调调速。绕线转子异步电动机转子绕组联结如图7.1.3所示。

1—轴；2—弹簧片；3—轴承；4—端盖；5—定子绕组；6—机座；7—定子铁心；
8—转子铁心；9—吊环；10—出线盒；11—风罩；12—风扇；13—轴承内盖

图 7.1.2　笼型异步电动机的结构图

图 7.1.3　绕线转子绕组联结示意图

　　笼型转子绕组由槽内的导条和端环构成多相对称闭合绕组，有铸铝和插铜条两种结构。铸铝转子把导条、端环和风扇一起铸出，结构简单、制造方便，常用于中、小型电动机。插铜条式转子把所有的铜条与端环焊接在一起，形成短路绕组。笼型转子如果把铁心去掉单看绕组部分形似鼠笼，如图 7.1.4 所示，因此称为笼型转子。

图 7.1.4　去掉铁心后的笼型转子

7.1.2　三相异步电动机的工作原理

这里只想简单说明一下异步电动机是怎样旋转起来的。异步电动机定子上装有三相对称绕组,通入三相对称交流电流后,在电机气隙中产生一个旋转磁场。这个旋转磁场称为同步转速 n_1,它和定子电流的频率 f_1 以及电机的极对数 p 有关,亦即

$$n_1 = \frac{60 f_1}{p} \tag{7-1}$$

异步机的转子是一个自己短接的多相绕组。定子旋转磁场切割转子绕组并在其中感生电动势,由于转子绕组短接,在其中感生的电动势将形成转子电流。转子电流的方向在大多数导体中与感生电动势方向一致。转子上的载流导体在定子旋转磁场的作用下将形成转矩,它迫使转子转动。我们用示意图 7.1.5 来说明这种物理过程。

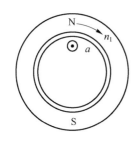

图 7.1.5　异步电动机转
子导体和转矩

在图 7.1.5 中用磁极 N 和 S 去表示定子绕组产生的旋转磁场,它顺时针方向旋转的转速是 n_1。假定转子上有某一根导体 a,在图示瞬间它正处于 N 极中心线上。首先考虑转子不转时的情况,根据图 7.1.5 中的磁势方向和导体 a 的运动方向,利用右手定则,得导体 a 中的电势方向,它是穿出纸面指向读者的,我们用符号⊙表示。转子导体由两个端环短接,产生的导体电流假定和导体电势同相,因此图 7.1.5 中的符号⊙也代表导体 a 的电流方向。根据定子磁势方向和导体 a 的电流方向,利用左手定则可以定出导体 a 的受力方向。显然导体 a 产生的转矩是迫使转子跟着定子旋转磁场旋转。

随着转子转速的升高,定子旋转磁场切割转子导体的转速越来越小,只要转子转速低于气隙旋转磁场的转速,转子导体和气隙旋转磁场之间会有相对运动,转子导体中就会产生电流并形成电磁转矩,这就是异步电动机的简单工作原理。

异步电动机的转子导体中本来没有电流,转子导体电流是靠切割旋转磁场后产生出来的,所以转子中的电流是感应出来的。因此异步电动机也叫感应电动机。

7.1.3　三相异步电动机的铭牌数据

和直流电动机一样,异步电动机的机座上都有一个铭牌,铭牌上标注着额定数据。主要的额定数据为:

额定电压 U_N,指电动机额定运行时定子加的线电压,单位为 V 或 kV;

额定电流 I_N,指定子加额定电压,轴端输出额定功率时的定子线电流,单位为 A;

额定功率 P_N,指电动机额定运行时轴端输出机械功率,单位为 kW;

额定频率 f_1,我国规定标准工业用电的频率(工频)为 50 Hz。

额定转速 n_N,指电动机在额定电压、额定功率及额定频率下的转速,单位为 r/min。

此外铭牌上还标有定子绕组相数、联结方法、功率因数、效率、温升、绝缘等级和重量等。对绕线转子异步电动机还标有转子额定电压(指定子绕组加额定电压,转子开路时滑环之间的线电压)和转子额定电流。

7.2 三相异步电动机转子不转的电磁关系

正常运行的异步电动机转子总是旋转的,但是,为了便于理解,先从转子不转时进行分析,最后再分析转子旋转的情况。异步电动机从定子(一次侧)电源吸收电功率,通过电磁耦合把功率传送到转子(二次侧)。电磁过程的分析方法与变压器分析方法相似。

7.2.1 转子绕组开路时的电磁关系

1. 磁势状况

图 7.2.1 是一台绕线型三相异步电动机,定、转子绕组都是 Y 联结,定子绕组接在三相对称电源上,转子绕组开路。其中图(a)仅仅画出定、转子三相绕组的联结方式,并在图中标明各有关物理量的正方向。图(b)是定、转子三相等效绕组在定、转子铁心中的布置图。此图是从电机轴向看进去的,应该想象它的铁心和导体都有一定的轴向长度,用 L 表示。这两个图是一致的,是从不同的角度画出的,应当弄清楚。

(a) 转子绕组开路接线图   (b) 定子、转子空间坐标图

图 7.2.1 转子开路时,三相绕线异步电动机各物理量的方向

作用在磁路上的励磁磁动势产生的磁通,如图 7.2.2 所示。像双绕组变压器那样,把通过气隙同时链着定、转子两个绕组的磁通称为主磁通,气隙里每极主磁通量用由 Φ_m 表示。把不链转子绕组而只链定子绕组本身的磁通称为定子绕组漏磁通,简称定子漏磁通,用 $\Phi_{1\sigma}$ 表示。漏磁通主要有槽部漏磁通、端部漏磁通和由谐波磁动势产生的谐波磁通。气隙是均匀的,励磁磁动势产生的主磁通 Φ_m 所对应的气隙磁通密度,是一个在空间以正弦分布、并且以同步角频率旋转的磁通密度波,同时切割在空间上是静止的定、转子绕组,从而在定子、转子绕组中感应电动势。此时转子绕组开路,转子绕组无电流,故 $\Phi_{2\sigma}=0$。

定、转子绕组中的感应电动势为

$$\dot{E}_1 = -\mathrm{j}4.44 f_1 N_1 k_{N_1} \dot{\Phi}_m$$

$$\dot{E}_2 = -\mathrm{j}4.44 f_2 N_2 k_{N_2} \dot{\Phi}_m \tag{7-2}$$

式中,$-\mathrm{j}$ 表示电动势在时间上滞后主磁通 Φ_m 电角度 $90°$。当定、转子绕组轴线重合时,

$\dot{E}_1$ 与 $\dot{E}_2$ 同相位。N_1 是定子绕组每相串联的匝数，N_2 是转子绕组每相串联的匝数，k_{N_1} 和 k_{N_2} 分别是定转子绕组系数，f_1 和 f_2 分别是定转子电势频率，此时 $f_1 = f_2$。

(a) 四级异步电动机主磁通分布情况　　　(b) 主磁通与漏磁通

图 7.2.2　转子开路时三相绕线异步电动机各物理量的方向

定、转子绕组中的感应电动势有效值为

$$E_1 = 4.44 f_1 N_1 k_{N_1} \Phi_m$$
$$E_2 = 4.44 f_2 N_2 k_{N_2} \Phi_m \tag{7-3}$$

定、转子每相电动势(有效值)之比为

$$k_e = \frac{E_1}{E_2} = \frac{N_1 k_{N_1}}{N_2 k_{N_2}}$$
$$E_1 = k_e E_2 = E_2' \tag{7-4}$$

定子绕组漏磁通 $\Phi_{1\sigma}$ 也是交变磁通，在定子绕组中感应漏电动势 $\dot{E}_{1\sigma}$。$\dot{E}_{1\sigma}$ 在时间上滞后主磁通 Φ_m 电角度 90°。

$$\dot{E}_{1\sigma} = -j4.44 f_1 N_1 k_{N_1} \dot{\Phi}_{1\sigma} \tag{7-5}$$

与变压器相似，可以把定子绕组中感应漏电动势看成是定子电流(也称励磁电流)I_0 在漏电抗 x_1 上的压降，$\dot{E}_{1\sigma}$ 在时间上滞后 $\dot{I}_0$ 电角度 90°，即

$$\dot{E}_{1\sigma} = -j \dot{I}_0 X_1 \tag{7-6}$$

上述电磁过程可用图 7.2.3 电磁关系示意图表示。

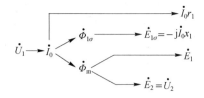

图 7.2.3　转子开路时电磁关系示意图

2. 电压平衡方程式、等值电路及相量图

由于异步电动机三相对称，所以分析它的等效电路方程式和相量图时可抽出一相来分析。由如图 7.2.3 所示的异步电动机转子开路时的电磁状况可知，定子侧一相绕组外加电压 $\dot{U}_1$ 后，绕组中产生励磁电流 $\dot{I}_0$。它等于定子绕组中各部分压降之和，分别是电阻压降、漏抗压降(漏磁通引起的电动势)和主磁通产生的电动势。

$$\dot{U}_1 = -\dot{E}_1 + \dot{I}_0(r_1 + jx_1) = -\dot{E}_1 + \dot{I}_0 Z_1 \qquad (7\text{-}7)$$

式中，$Z_1 = (r_1 + jx_1)$ 为定子一相绕组漏阻抗。上式是按照用电惯例各量正方向。

类似于变压器，异步电动机的励磁电流 $\dot{I}_0$（转子开路时是空载电流）可分为有功分量 $\dot{I}_{Fe}$（铁损耗电流分量）与无功分量 $\dot{I}_\mu$（磁化电流分量）两部分。有功分量超前主磁通 $\dot{\Phi}_m 90°$，与 $-\dot{E}_1$ 同相。无功分量与 $\dot{\Phi}_m$ 同相，超前 $\dot{E}_1 90°$。上述关系可表示：

$$\dot{I}_0 = \dot{I}_{Fe} + \dot{I}_\mu \qquad (7\text{-}8)$$

类似变压器，反电动势 $-\dot{E}_1$ 可用励磁阻抗 Z_m 上压降来表示。其中电阻 r_m 上所消耗的功率等于铁心中的铁损耗，Z_m 上的压降等于电动势 $-\dot{E}_1$

$$-\dot{E}_1 = \dot{I}_0(r_m + jx_m) = \dot{I}_0 Z_m \qquad (7\text{-}9)$$

根据式(5-6)、式(5-7)、式(5-8)可以画出等效电路和向量图，如图 7.2.4 所示。异步电动机转子开路时的时间相量图以磁通 $\dot{\Phi}_m$ 为参考相量画在横坐标轴上，再根据电压平衡方程式(5-6)画出。

(a) 等值路图　　　　　(b) 相量图

图 7.2.4　转子绕组开路时异步电动机等值电路图和相量图

必须说明，以上等效电路、方程式和相量图虽然在形式上与变压器一样，但在定量分析时两者却有一定区别，主要是异步电动机气隙较大，而变压器气隙较小或无气隙，因此异步电动机的励磁电流较变压器大，可占额定电流的 $20\%\sim50\%$，而变压器仅占 $5\%\sim10\%$。异步电机的漏阻抗也比变压器大，因此，变压器空载时一次侧的漏阻抗压降不超过额定电压的 0.5%，而异步机转子开路时漏阻抗压降可达额定电压的 $2\%\sim5\%$。尽管如此，$I_0 Z_1$ 仍远小于 E_1，在正常负载范围内，分析异步电动机时仍可认为 $\dot{U}_1 \approx -\dot{E}_1$，$E_1$ 正比于 Φ_m。在外加电压和频率不变时，异步电动机仍可按磁通恒定的恒电压系统来进行分析。

7.2.2　转子绕组短路并堵转时电磁关系

正常情况下，转子短路电动机就要旋转，为使电动机停转我们需用强制的方法把转子堵住。因此，这种状态也称为异步电动机的堵转状态，它相当于变压器短路。其接线图如图 7.2.5 所示。

1. 电磁状况

当定子侧加入三相对称电压 $\dot{U}_1$ 之后，定子绕组中流过电流 $\dot{I}_1$，转子短路之后磁路也发生了较大的变化。这时定子三相对称电流$\dot{I}_1$产生的空间旋转磁动势$\dot{F}_1$,$\dot{F}_1$在定、转子绕组中分别感应出电动势$\dot{E}_1$和$\dot{E}_2$。旋转磁场极对数为p,同步转数为n_1,不转的转子导体与磁场有相对运动,每经过一对磁极,导体中感应电动势就变化一周,即$f=pn_1/60$(Hz)。旋转磁场转数与电网频率f_1之间有$n_1=60f_1/p$的关系,所以感应电动势的频率$f=\dfrac{p}{60}\cdot\dfrac{60f_1}{p}=f_1$,等于电网频率。转子绕组短接,故转子绕组有对称的三相电流$\dot{I}_2$流过也要建立旋转磁动势$\dot{F}_2$。由于此时定、转子电流有相同的频率、相同的相序。定、转子极数又相等,所以$\dot{F}_1$与$\dot{F}_2$在电机气隙圆周上同向、同速旋转,两者相对静止,并合成为电机气隙圆周上实际存在的磁动势$\dot{F}_0$。$\dot{F}_0$才是在定、转了绕组中产生电动势的磁动势。

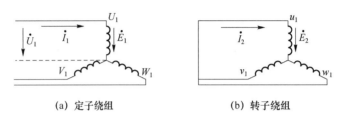

(a) 定子绕组   (b) 转子绕组

图 7.2.5 转子绕组短路并堵转时异步电动机

磁动势平衡方程

$$\dot{F}_1+\dot{F}_2=\dot{F}_0 \tag{7-10}$$

定子绕组中流过电流$\dot{I}_1$,它在定子绕组中产生相应的漏阻抗降$\dot{I}_1r_1$和$\mathrm{j}\dot{I}_1x_1$。此外,定子绕组还有由旋转磁动势感生的电动势$-\dot{E}_1$,所以此时定子电路除电流$\dot{I}_1$比转子开路时的定子电流$\dot{I}_0$大之外,与转子开路时没有什么区别。这时的转子电路由于绕组短路,所以旋转磁动势在转子绕组中感生的电动势$\dot{E}_2$也类似于定子中的$\dot{E}_1$被绕组内部的漏阻抗压降$\dot{I}_2r_2$和$\mathrm{j}\dot{I}_2x_2$所平衡。$\mathrm{j}\dot{I}_2x_2$是转子电流$\dot{I}_2$在转子产生是漏磁通$\dot{\Phi}_{2\sigma}$所产生的漏电势$\dot{E}_{2\sigma}$,表示方法同定子的漏电势$\dot{E}_{1\sigma}$。

图 7.2.6 异步电动机转子堵转时
定、转子等效电路

图 7.2.6 是异步电动机转子堵转时定、转子侧等效电路。定子按用电惯例规定正方向,转子按发电惯例规定正方向。电动势平衡方程式

$$\dot{U}_1=-\dot{E}_1+\dot{I}_1r_1+\mathrm{j}\dot{I}_1x_1$$
$$\dot{E}_2=\dot{I}_2r_2+\mathrm{j}\dot{I}_2x_2=\dot{I}_2Z_2 \tag{7-11}$$

其中$Z_2=r_2+\mathrm{j}x_2$

综上所述,异步电机堵转时的电磁关系可用图 7.2.7 表示。

2. 转子绕组的折算

通常异步电动机转子的相数、每相串联的匝数和绕组系数与定子对应的相数、每相串联的匝数和绕组系数不同。为简化分析和计算,与变压器相似,这要找到一个假想的新转了,让新转子的相数、绕组串联匝数及绕组系数与定子完全一致,这样新转子的电动势与定子电动势相

等,就可以把转子电路接到定子电路—上去。把本来是两个电路和一个磁路组成的异步电动机用一个比较简单的等效电路来代替。要想让这个新转子与实际转子完全等效,就要使新转子产生的磁动势与原转子的磁动势完全一致。这样转子对定子的影响才能相同。因此,转子折算的原则是折算前后磁动势、功率损耗等关系不变。折算后转子每相电动势变为 $\dot{E}'_2$、电流变为 $\dot{I}'_2$、转子漏阻抗变为 $Z'=r'_2+\mathrm{j}x'_2$。

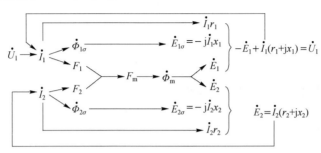

图 7.2.7　转子堵转时的电磁关系示意图

3. 电流的折算

根据折算前后转子磁动势保持不变的条件,有

$$\frac{m_1}{2}\times 0.9\,\frac{N_1 k_{N_1} I'_2}{P}=\frac{m_2}{2}0.9\,\frac{N_2 k_{N_2} I_2}{P}$$

故得

$$I'_2=\frac{m_2 N_2 k_{N_2}}{m_1 N_1 k_{N_1}}I_2=\frac{I_2}{k_i} \tag{7-12}$$

式中,$k_i=\dfrac{m_2 N_2 k_{N_2}}{(m_1 N_1 k_{N_1})}$ 为定、转子电流比。

对于绕线式异步电动机有 $m_1=m_2=3$。对于笼型电机,$m_1\neq m_2$(详细解释请参考有关书),这里的相数比的物理意义是把 m_2 相的笼型转子在磁动势等效的前提下,折算为等效的三相转子,然后可以接到定子上去。

4. 电动势的折算

转子电动势折算应是 $\dot{E}'_2=\dot{E}_1$,因此有

$$\frac{E'_2}{E_2}=\frac{E_1}{E_2}=\frac{4.44 f_1 k_{N_1} N_1 \Phi_m}{4.44 f_1 k_{N_2} N_2 \Phi_m}=\frac{k_{N_1} N_1}{k_{N_2} N_2}=k_e \tag{7-13}$$

折算后的转子电动势 $E'_2=k_e E_2$。k_e 称为异步电动机定、转子电动势比。

5. 阻抗的折算

根据折算前后转子上的有功功率不变,即铜耗保持不变,可得

$$m_1 I'^2_2 r'_2=m_2 I^2_2 r_2$$

则折算后的转子电阻 r'_2 为

$$r'_2=\frac{m_2 I^2_2 r_2}{m_1 I'^2_2}=\frac{m_2}{m_1}k_i^2 r_2=\frac{m_2}{m_1}\left(\frac{m_1 N_1 k_{N_1}}{m_2 N_2 k_{N_2}}\right)^2 r_2=k_e k_i r_2 \tag{7-14}$$

根据转子漏磁场储能不变,有

$$m_1 I'^2_2 x'_2=m_2 I^2_2 x_2$$

得

$$x'_2 = k_e k_i x_2 \tag{7-15}$$

折算后的转子功率因数 φ'_2 为

$$\varphi'_2 = \mathrm{tg}^{-1} \frac{x'_2}{r'_2} = \mathrm{tg}^{-1} \frac{x_2}{r_2} = \varphi_2 \tag{7-16}$$

根据磁动势方程(5-9)有

$$\frac{m_1}{2} \times 0.9 \frac{N_1 k_{N_1} \dot{I}_1}{P} + \frac{m_1}{2} \times 0.9 \frac{N_1 k_{N_1} \dot{I}'_2}{P} = \frac{m_1}{2} \times 0.9 \frac{N_1 k_{N_1} \dot{I}_0}{P}$$

可得电流形式的异步电动机磁动势方程

$$\dot{I}_1 + \dot{I}'_2 = \dot{I}_0 \tag{7-17}$$

6. 折算后的方程式、等值电路和相量图

根据式(7-9)、式(7-11)、式(7-13)、式(7-14)、式(7-15)、式(7-17),转子短路且堵转的异步电动机折算后的基本方程式为

$$\dot{U}_1 = -\dot{E}_1 + \dot{I}_1 r_1 + \mathrm{j} \dot{I}_1 x_1 = -\dot{E}_1 + \dot{I}_1 Z_1$$
$$-\dot{E}_1 = \dot{I}_0 (r_m + \mathrm{j} x_m) = \dot{I}_0 Z_m$$
$$\dot{E}'_2 = \dot{E}_1$$
$$\dot{E}'_2 = \dot{I}'_2 (r'_2 + \mathrm{j} x'_2) = \dot{I}'_2 Z'_2$$
$$\dot{I}'_1 + \dot{I}'_2 = \dot{I}_0 \tag{7-18}$$

根据式(7-18),可以画出如图 7.2.8 所示的等值电路和相量图。

定子侧的输入阻抗为

$$\frac{\dot{U}_1}{\dot{I}_1} = Z_1 + \frac{1}{\dfrac{1}{Z_m} + \dfrac{1}{Z'_2}} \tag{7-19}$$

图 7.2.8 异步电动机堵转时的等效电路

图 7.2.9 异步电动机堵转时的相量图

7.3　三相异步电动机转子旋转的电磁关系

7.3.1　转子回路电压方程

当三相异步电动机转子以转速 n 恒速旋转时,转子绕组是闭合的,这是正常工作状态。转子回路的电压方程式为

$$\dot{E}_{2s} = \dot{I}_{2s}(r_2 + jx_{2s}) \tag{7-20}$$

式中,$\dot{E}_{2s}$ 是转子转速为 n 时,转子绕组的相电动势;

$\quad\dot{I}_{2s}$ 是上述情况下转子的相电流;

$\quad x_{2s}$ 是转子转速为 n 时,转子绕组一相的漏电抗,注意 x_{2s} 与 x_2 有区别。

$\quad r_2$ 是转子一相绕组的电阻。

转子以转速 n 恒速旋转时,转子绕组的感应电动势、电流和漏电抗的频率(称转子频率)用 f_2 表示,这就和转子不转时的大不一样。异步电动机运行时,转子的转向与气隙旋转磁通密度转向一致,它们之间的相对转速为 $n_2 = n_1 - n$,表现在电动机转子上的频率 f_2 为

$$f_2 = \frac{pn_2}{60} = \frac{p(n_1 - n_2)}{60} = \frac{pn_1(n_1 - n_2)}{n_1 60} = f_1 s \tag{7-21}$$

式中,$s = \dfrac{n_1 - n}{n_1}$ 称为转差率。转子频率 f_2 等于定子频率 f_1 乘以转差率 s。为此,转子频率 f_2 也叫转差频率。当 s 为任何值时,上式的关系都成立。

正常运行的异步电动机,转子转速 n 接近于同步转速 n_1,转差率 s 很小,一般 $s = 0.01 \sim 0.05$,因此,转子频率 f_2 约为 $0.5 \sim 2.5\ \mathrm{Hz}$。

转子旋转时,转子绕组中感应电动势为

$$E_{2s} = 4.44 f_2 N_2 k_{N_2} \Phi_m = 4.44 s f_1 N_2 k_{N_2} \Phi_m = s E_2 \tag{7-22}$$

式中,E_2 是转子不转时转子绕组中感应电动势。上式说明了,当转子旋转时,每项感应电动势与转差率 s 成正比。

值得注意的是,电动势 E_2 并不是异步电动机堵转时真正的电动势。因为,电机堵转时,气隙主磁通 Φ_m 的大小要发生变化。上式中的 Φ_m 是电机正常运行时气隙里每极磁通量,可认为是常数。

转子漏电抗 x_{2s} 是对应转子频率 f_2 时的漏电抗,它与转子不转时转子漏电抗 x_2(对应于频率 $f_1 = 50\ \mathrm{Hz}$)的关系为

$$x_{2s} = 2\pi f_2 L_2 = 2\pi s f_2 L_2 = s x_2$$

忽略集肤效应,转子电阻对频率的变化不敏感,认为电阻不变,$r_{2s} = r_2$。

可见,当转子以不同的转速旋转时,转子的漏电抗 x_{2s} 是个变数,它与转差率 s 成正比变化。正常运行时的异步电动机有 x_2 远远大于 x_{2s}。

7.3.2　定子、转子磁动势关系

下面对转子旋转时,定、转子绕组电流产生的空间磁动势进行分析。

当三相异步电动机旋转起来后,定子绕组里流过的电流由不转时的 $\dot{I}_0$ 变为 $\dot{I}_1$,产生旋转磁动势 $\dot{F}_1$,这里仍假设它相对于定子绕组以同步转速 n_1 旋转,设其方向 $A-B-C$ 或说 $A-B-C$。转子转速为 n,转子感应电动势的频率为 $f_2 = sf_1$,由于转子电流 $\dot{I}_{2s}$ 也是三相对称电流,它在转子也产生一个旋转磁动势 $\dot{F}_2$,显然,$\dot{F}_2$ 在转子上同定子相序 $A-B-C$ 的方向以 $n_2 = 60f_2/p$ 的速度旋转。从而可知 $\dot{F}_2$ 对定子的相对转速为

$$n_2 + n = 60f_2/P + n = sn_1 + n = \frac{n_1 - n}{n_1}n_1 + n = n_1 \tag{7-23}$$

可见,无论 n 为何值,转子旋转磁动势 $\dot{F}_2$ 与定子旋转磁动势 $\dot{F}_1$ 总是同速同向旋转,两个磁动势相对静止。这一结论十分重要,对于任何正常运行的电机都是适用的。两个磁动势在空间相对静止,最终它们合成一个合成磁动势 $\dot{F}_0$,$\dot{F}_0$ 才是在定、转子绕组中感生电动势的实际磁动势。这一磁动势平衡方程式可写成

$$\dot{F}_1 + \dot{F}_2 = \dot{F}_0$$
$$\dot{F}_1 = \dot{F}_0 - \dot{F}_2 \tag{7-24}$$

异步电机磁动势平衡的概念也与变压器相似。假定电机原运行在理想空载状态,电机轴上没加负载,并假定空载转矩非常小,可以忽略。这样,总的阻转矩为零,转子转速可以达到同步转速(即旋转磁场转速 n_1)。由于此时转差率为零,所以转子电动势 $\dot{E}_{2s}$ 和转子电流 $\dot{I}_{2s}$ 也都为零,因此磁动势 F_2 也为零,电机只有励磁磁动势,$F_1 = F_0$。如果电机轴上加上一定负载,转子转速就要下降,随之转差率 s 增大,$\dot{E}_{2s}$ 和 $\dot{I}_{2s}$ 也增大,产生转子磁动势 F_2。它力图使磁通 Φ_m 减小,这将使感应电动势 E_1 减小。与变压器一样,由于定子漏阻抗很小,无论空载还是负载均可认为 $-\dot{E}_1 = \dot{U}_1$,所以只要 $\dot{U}_1$ 不变,$\dot{E}_1$ 基本不变,这样磁路中的磁通 $\dot{\Phi}_m$ 和合成磁动势 F_0 基本不变。因此。当转子磁动势 F_2 出现时,定子磁动势必须增加一个 F_2 与之平衡,以保证合成磁动势 F_0 不变。于是,定子电流要响应增加,定子将从电网吸收更多的电能转换成机械能,以满足负载增大的需要。

与变压器的磁动势平衡方程式相似。

7.3.3 转子绕组的折算

经分析,转子电流频率 f_2 的大小仅仅影响转子旋转磁动势 F_2 相对于转子的转速,而 F_2 相对于定子的相对转速永远是 n_1,与 f_2 的大小无关。另外,定、转子之间是通过磁动势相联系而无电的联系,图 7.3.1 是转子旋转后定、转子等效电路图。由于转子旋转后转子电动势与定子电动势不仅数值上不等,频率也不相同。如把转子电路折算后接到定子上去,使之有电的联系就要进行两步折算,首先进行频率折算,把 f_2 折算到 f_1,然后再把频率为 f_1 转子电动势、电流、阻抗折算到定子上去。这样,经过两步折算的 E_2' 才能与 E_1 完全相等,转子电路才能接到定子电路上去。

异步电动机转子电路频率 f_2 折算。实质上就是在磁场不变的情况下用一个静止的假想转子(频率为 f_1)来代替真实转子(频率为 f_2)。或者说,保持电磁性能不变指两方面:折算前后转子磁动势 F_2 相对定子的转速、转向、幅值与空间相位保持不变;折算前后转子绕组的有

功功率、无功功率和铜耗均保持不变。

图 7.3.1 旋转时异步电动机的一相电路等效电路图

我们已知,转子转与不转,转子磁动势 F_2 的转速和转向均与同步转速相同,所以转子转动折算成转子不动时,F_2 的转速和转向不发生变化,因此只要使 F_2 的幅值和空间相位不变就可以了。

为了保持折算前后转子磁动势 F_2 的幅值相等要求不转的等效转子电流有效值与旋转的实际转子的电流有效值相等。

为了保持折算前后转子磁动势与定子磁动势的空间相位不变,应使转子的阻抗角保持不变。因为合成磁动势的空间位置与电流的时间相位存在严格不变关系,保持阻抗角不变就使电流与电动势的相位差保持不变,从而使转子磁动势与定子磁动势的空间相位关系保持不变。

当转子直接短接时,旋转的实际转子的电流为

$$\dot{I}_{2s} = \frac{\dot{E}_{2s}}{r_2 + jx_{2s}} = \frac{s\dot{E}_2}{r_2 + jsx_2} \tag{7-25}$$

将上式中的分子和分母同除以 s,得到

$$\dot{I}_2 = \frac{\dot{E}_2}{\dfrac{r_2}{s} + jx_2} \tag{7-26}$$

阻抗角 $\varphi_2' = \text{aretg}\dfrac{x_2}{r_2/s} = \text{arctg}\dfrac{sx_2}{r_2} = \text{aretg}\dfrac{x_{2s}}{r_2} = \varphi_2$。式(7-25)是一个变换后的等式,同变换前式(7-24)其物理意义有所不同,$\dot{I}_{2s}$ 和 $\dot{I}_{20}$ 有效值相等,它们与各自电动势的相位差也相同,两者产生的 F_2 完全一致。式(7-24)是转子转动时的转子电流,其频率为 f_2,而式(7-25)却对应一个转子不转的转子电流,频率为 f_1。所以图 7.3.1 所表示的转子转动异步电机定、转子电路可以等效成图 7.3.2 所示的转子不转异步电机定、转子电路,两个图产生的 F_2 完全一致。

图 7.3.2 频率折算后异步电动机的一相电路图

在完成频率折算之后,电机已变成一个等效的不转的电机。下面还要进行第二步折算,这就是把转子电路折算到定子电路上去。折算方法与转子不转时异步电机的折算完全相同。折

算后的有关参数分别为 $\dot{E}'_2$、$\dot{I}'_2$、r'_2、x'_2，此时对应频率 f_1。折算后的转子各分量为

$$\dot{I}'_2 = \dot{I}_2/k_i \qquad r'_2 = k_e k_i r_2 \qquad x'_2 = k_e k_i x_2 \qquad \dot{E}'_2 = k_e \dot{E}_2 = \dot{E}_1 \qquad (7\text{-}27)$$

转子旋转时的基本方程式为

$$\dot{U}_1 = -\dot{E}_1 + \dot{I}_1(r_1 + \mathrm{j}x_1)$$

$$-\dot{E}_1 = \dot{I}_0(r_m + \mathrm{j}x_m)$$

$$\dot{I}_1 = \dot{I}_0 - \dot{I}'_2$$

$$\dot{E}'_2 = \dot{I}'_2(r'_2/s + \mathrm{j}x'_2) \qquad (7\text{-}28)$$

例 7-1 一台三相绕线式异步电动机，当定子绕组加频率为工频电压，转子绕组开路电动势 $E_{2N} = 260$ V（已知转子绕组为 Y 联结）。转子电阻 $r_2 = 0.06\ \Omega$，$x_2 = 0.2\ \Omega$，电动机的额定转差率 $s_N = 0.04$。求电动机额定运行时：1）转子电路的频率 f_2；2）转子电动势 E_{2sN}；3）转子电流 I_{2sN}。

解 1）转子电路的频率

$$f_2 = s_N f_1 = 0.04 \times 50 = 2\ \text{Hz}$$

2）转子额定运行时，转子的电动势（相电动势）

$$E_{2sN} = s_N E_2 = 0.04 \times \frac{260}{\sqrt{3}} = 6\ \text{V}$$

其中 $E_{2N} = 260(\text{V})$ 是线电动势，除以 $\sqrt{3}$ 变成相电动势。

3）额定运行时，转子电流

$$I_{2sN} = \frac{E_{2sN}}{Z_2} \approx \frac{6}{0.06} = 100\ \text{A}$$

式中 $$Z_2 = \sqrt{r_2^2 + (s_N x_2)^2} = \sqrt{0.06^2 + (0.04 \times 0.2)^2} \approx 0.06\ \Omega$$

7.3.4 异步电动机的等值电路及向量图

由式(5-27)可以得出图 7.3.3 所示的异步电机折算后的等效电路，图 7.3.4 所示的异步电机 T 等效电路。与变压器等效电路对应理解可以更清楚地反映电机内部的能量关系。可把转子电阻 r'_2/s 分成两部分，$r'_2/s = r'_2 + r'_2(1-s)/s$。由于异步电动机定子漏阻抗 Z_1 不是很大，所以定子电流从空载到额定负载时，在 Z_1 上的压降比 $\dot{U}_1$ 小得多，可以认为 $\dot{U}_1 \approx -\dot{E}_1$，如外加电压 $\dot{U}_1$ 恒定，主磁通 Φ_m 和相应的励磁电流 $I_m(=I0)$ 基本是常数。

图 7.3.3 异步电机折算后的等效电路

图 7.3.4 异步电动机 T 形等效电路图

根据图 7.3.4 可以画出异步电动机负载时的相量图，如图 7.3.5 所示。这里取 $\dot{\Phi}_m$ 放在水平位置作为参考向量，由于有铁损，励磁电流 $\dot{I}_m$ 超前于 $\dot{\Phi}_m$ 一个铁损角 α_{Fe}；$\dot{I}'_2$ 滞后于 $\dot{E}'_2$ 的角

度为

$$\psi_2 = \text{tg}^{-1}\left(\frac{sx_2'}{r_2'}\right)$$

图 7.3.4 是复数阻抗串、并联电路,计算比较麻烦。为简化计算,在要求精度不是很高的情况下,也常用图 7.3.6 所示的异步电机 Γ 形简化等效电路。这一电路是把励磁回路前移接到电源电压 $\dot{U}_1$ 上去,也就是用 $\dot{U}_1$ 加在 $Z_1 + Z_m$ 上产生的励磁电流代替 T 形等效电路中的励磁电流。替换后的励磁电流略有增加,但误差并不大。

图 7.3.5　异步电动机 T 形等效电路的向量图　　　图 7.3.6　异步电动机 Γ 形简化等效电路

例 7-2　一台 Y 联结的三相异步电动机,额定容量(功率)$P_N = 400$ kW,额定电压 $U_{1N} = 3\,000$ V,额定转速 $n_N = 975$ r/min,每相参数为 $r_1 = 0.42\ \Omega$,$x_1 = 2\ \Omega$,$r_2 = 0.45\ \Omega$,$x_2' = 2\ \Omega$,$r_m = 4.67\ \Omega$,$x_m = 48.7\ \Omega$,试用两种等效电路求:定子电流、转子电流、励磁电流、功率因数、输入功率和效率。

解　先用 T 形等效电路计算

(1) 额定负载时的转差率 s_N,n_1 的求法,根据 $f_1 = 50$,$n_1 = 60f_1/p$,且极对数 p 只能取 1、2、3…,所以对应的 n_1 是 $3\,000$、$1\,500$、$1\,000$…。取 $n_1 - n_N$ 差最小的 n_1。

$$s_N = \frac{n_1 - n}{n_1} = \frac{1\,000 - 975}{1\,000} = 2.5\%$$

(2) 等效电路的总阻抗 Z

$$Z = Z_1 + \frac{\left(\dfrac{r_2'}{s} + jx_2'\right)Z_m}{\left(\dfrac{r_2'}{s} + jx_2'\right) + Z_m} = (0.42 + j2) + \frac{\left(\dfrac{0.45}{0.025} + j2\right) \times (4.67 + j48.7)}{\left(\dfrac{0.45}{0.025} + j2\right) + (4.67 + j48.7)} = 17.25\angle 30.4°$$

(3) 设定子相电压为 $\dfrac{3\,000}{\sqrt{3}}\angle 0°$V

定子电流 $\dot{I}_1$

$$\dot{I}_1 = \frac{\dot{U}_1/\sqrt{3}}{Z} = \frac{3\,000/\sqrt{3}}{17.25\angle 30.4°} = 100.41\angle -30.4°\text{A}$$

(4) 定子功率因数 $\cos\varphi_1$

$$\cos\varphi_1 = \cos 30.4° = 0.863\ (\text{滞后})$$

(5) 定子输入功率 P_1

$$P_1 = \sqrt{3}U_1 I_1 \cos\varphi_1 = \sqrt{3} \times 3\,000 \times 100.41 \times 0.863 = 450\,267 \text{ W}$$

（6）电机效率 η

$$\eta = \frac{P_2}{P_1} = \frac{400 \times 10^3}{450\,267} = 88.8\%$$

（7）转子电流 $\dot{I}_2'$

$$\dot{I}_2' = -\dot{I}_1 \frac{Z_m}{\left(\dfrac{r_2'}{s} + \mathrm{j}x_2'\right) + Z_m} = -100.41\angle 30.4° \frac{4.67 + \mathrm{j}48.7}{\left(\dfrac{0.45}{0.025} + \mathrm{j}2\right) + (4.67 + \mathrm{j}48.7)}$$

$$= 88.44\angle 168.21° \text{A}$$

（8）励磁电流 $\dot{I}_m$

$$\dot{I}_m = \dot{I}_1 \frac{\left(\dfrac{r_2'}{s} + \mathrm{j}x_2'\right)}{\left(\dfrac{r_2'}{s} + \mathrm{j}x_2'\right) + Z_m} = 100.41\angle 30.4° \times \frac{\dfrac{0.45}{0.025} + \mathrm{j}2}{\left(\dfrac{0.45}{0.025} + \mathrm{j}2\right) + (4.67 + \mathrm{j}48.7)}$$

$$= 32.74\angle -89.97° \text{A}$$

另用简化电路计算

（1）转子电流 $\dot{I}_2'$

$$\dot{I}_2' = -\frac{\dot{U}_1}{r_1 + \mathrm{j}x_1 + \left(\dfrac{r_2'}{s} + \mathrm{j}x_2'\right)} = \frac{3\,000/\sqrt{3}}{0.42 + \mathrm{j}2 + \dfrac{0.45}{0.025} + \mathrm{j}2}$$

$$= 91.89\angle 167.75° \text{A}$$

（2）励磁电流 $\dot{I}_m$

$$\dot{I}_m = \frac{\dot{U}_1}{Z_m} = \frac{3\,000/\sqrt{3}}{4.67 + \mathrm{j}48.7} = 35.4\angle -84.52 \text{ A}$$

（3）定子电流 $\dot{I}_1$

$$\dot{I}_1 = \dot{I}_m - \dot{I}_2' = 35.4\angle -84.52° + 91.89\angle -12.25° = 108\angle -30.43° \text{A}$$

（4）定子功率因数 $\cos\varphi_1$

$$\cos\varphi_1 = \cos 30.43° = 0.862 \text{（滞后）}$$

（5）定子输入功率 P_1

$$P_1 = \sqrt{3}U_1 I_1 \cos\varphi_1 = \sqrt{3} \times 3\,000 \times 108 \times 0.862 = 483\,741 \text{ W}$$

电机效率 η

$$\eta = \frac{P_2}{P_1} = \frac{400 \times 10^3}{483\,741} = 82.7\%$$

由以上计算看出，用 Γ 形简化等值电路得到的定、转子电流和励磁电流比 T 形等值电路算出的大些，而效率低些。

7.4　三相异步电动机的功率传递与转矩

7.4.1　异步电动机的功率传递与功率方程式

与直流电机相似,异步电动机也是机电能量转换装置。下面我们根据异步电动机的 T 形等效电路来分析它的功率传递关系及各部分损耗。图 7.4.1 用 T 等效电路及功率流程图画出了功率传递关系。

图 7.4.1　功率传递关系

电动机正常工作时,从电网吸收的总电功率也就是它的总输入功率为 $P_1 = m_1 U_{1p} I_{1p} \cos \varphi_1$。式中 m_1 是定了相数;U_{1p}、I_{1p} 分别是定子的相电压和相电流;$\cos \varphi_1$ 是定子的功率因数。

P_1 进入电动机后,首先在定子上消耗一小部分定子铜损耗,这部分功率为 $p_{Cu1} = m_1 I_1^2 r_1$。另一部分损耗是铁损耗,它主要是定子铁心中的磁滞和涡流损耗,在等效电路上正是 r_m 上损耗的有功功率,这部分功率为 $p_{Fe} = m_1 I_0^2 r_m$。总的输入功率 P_1 减去定子铜损耗和铁损耗,余下的部分是通过磁场经过气隙传到转子上去的电磁功率 P_M,就是转子等效电路上的有功功率,或者说是电阻 r_2'/s 上的有功功率。由等值电路知

$$P_M = P_1 - p_{Cu1} - p_{Fe} = m_1 I_2'^2 \left[r_2' + \frac{1-s}{s} r_2' \right] = m_1 I_2'^2 \frac{r_2'}{s} \qquad (7-29)$$

$$= m_1 E_2' I_2' \cos \varphi_2$$

式中 φ_2 是转子回路的功率因数角。电磁功率 P_M 进入转子后,在转子电阻之上产生转子铜损耗 $p_{Cu2} = m_1 I_2'^2 r_2'$,因为异步电动机在正常工作时转子频率很低,转子铁损耗实际很小,可以忽略,因此电磁功率减掉转子铜损耗,余下部分全部转换为机械功率,称为总机械功率,用 P_m 表示。

$$P_m = P_M - p_{Cu2} = m_1 I_2'^2 r_2' \frac{1-s}{s} \qquad (7-30)$$

它是转子旋转对应的功率。机械功率 P_m 与电磁功率可由等值电路得出如下关系

$$P_m = m_1 I_2'^2 r_2' \frac{1-s}{s} = (1-s) m_1 I_2'^2 \frac{r_2'}{s} = (1-s) P_M \qquad (7-31)$$

即总机械功率为电磁功率 P_M 与转差功率 sP_M 之差,转差功率正好是转子的铜耗。因为

$$P_M = m_1 I_2'^2 \frac{r_2'}{s} = \frac{1}{s} p_{Cu2}$$

$$p_{Cu2} = s P_M \qquad (7-32)$$

总机械功率并没有全部由轴头输出给生产机械,在输出之前还要消耗掉机械损耗 p_m 和附加损耗 p_s。机械损耗主要由电机的轴承摩擦和风阻摩擦构成,绕线转子异步电动机还包括电刷摩擦损耗。附加损耗是由磁场中的高次谐波磁通和漏磁通等引起的损耗,这部分损耗在小电机中满载时能占到额定功率的 $1\%\sim3\%$,在大型电机中所占比例小些,通常在 0.5% 左右。总机械功率 P_m 减掉机械摩擦损耗 p_m 和附加损耗 p_s 之后,才是电机轴头输出的功率 P_2,因此有

$$P_2 = P_m - p_m - p_s \tag{7-33}$$

7.4.2 异步电动机的电磁转矩

异步电动机的电磁转矩 T 是指转子电流 I_2 与主磁通 Φ_m 相互作用产生电磁力形成的总转矩。从转子产生机械功率的方面出发,它等于异步电动机总机械功率 P_m 除以转子旋转的角速度 Ω。

$$T = \frac{P_m}{\Omega} \tag{7-34}$$

如果我们把 $P_m = (1-s)P_M$ 和 $\Omega = (1-s)\Omega_1$ 代入式(7-33),这里 Ω_1 是旋转磁场的角速度,也称同步角速度,有

$$T = \frac{P_m}{\Omega} = \frac{(1-s)P_M}{(1-s)\Omega_1} = \frac{P_M}{\Omega_1} = \frac{m_1 I_2'^2 r_2'/s}{2\pi f_1/p} \tag{7-35}$$

由式(7-34)可以看出电磁转矩,也可以用电磁功率 P_M,除以同步速度 Ω_1 获得。

下面我们推导电磁转矩的物理表达式。

旋转磁场的角速度 $\Omega_1 = 2\pi f_1/p$,再考虑到式(7-28)所示电磁功率 P_M 的表达式,可得

$$T = \frac{P_M}{\Omega_1} = \frac{m_1 E_2' I_2' \cos\varphi_2}{2\pi f_1/p} = \frac{p}{2\pi f_1} m_1 \times 4.44 f_1 k_{N_1} N_1 \Phi_m I_2' \cos\varphi_2 \tag{7-36}$$
$$= C_T' \Phi_m I_2' \cos\varphi_2$$

式中,$C_T' = \frac{p}{\sqrt{2}} m_1 k_{N_1} N_1$ 为异步电机的转矩常数。式(7-35)很类似直流电动机的电磁转矩表达式。电流 I_2' 的单位为 A;主磁通 Φ_m 的单位为 Wb;则电磁转矩 T 的单位为 N·m。

7.4.3 异步电动机的转矩平衡关系

当异步电动机带动负载稳态运行时,从力学的角度上看,有三个转矩作用在这个拖动系统上。拖动系统转动的是电磁转矩 T,它是转子电枢在磁场中受力产生的转矩。除这一拖动转矩外,系统上有两个阻转矩,一个阻转矩是负载转矩 T_m,它是被拖动负载对转子的阻转矩,在数值上它等于异步电动机的输出转矩 T_2,因此,它也等于输出功率 P_2 除以转子角速度 Ω,即

$$T_m = T_2 = \frac{P_2}{\Omega} \tag{7-37}$$

另一个阻转矩是电机的空载摩擦转矩 T_0,是电机风阻摩擦、轴承摩擦及附加损耗等对应的空载阻转矩,在数值上它等于机械损耗与附加损耗之和被转子角速度除,即

$$T_0 = \frac{p_m + p_s}{\Omega} \tag{7-38}$$

因此,在电机稳态运行时,转矩的平衡关系式为

$$T = T_m + T_0$$
$$T = T_2 + T_0 \qquad\qquad (7\text{-}39)$$

也可以从对应的功率方程式式(7-32)两边同除以转子角速度 Ω 得到。

例 7-3　已知电机参数上例,又知机械损耗 $p_m = 4\ kW$ 和附加损耗 $p_s = 2\ kW$,计算定子、转子铜损耗和定子铁损耗,总机械功率,轴上输出转矩,空载转矩及电磁转矩。

解

定子铁损耗　　　$p_{Fe} = 3 I_m^2 r_m = 3 \times (32.74)^2 \times 4.67 = 15\ 017\ W$

定子铜损耗　　　$p_{Cu1} = 3 I_1^2 r_1 = 3 \times (100.41)^2 \times 0.42 = 12\ 704\ W$

转子铜损耗　　　$p_{Cu2} = 3 I_2'^2 r_2' = 3 \times (88.44)^2 \times 0.45 = 10\ 559\ W$

总机械功率　　$P_m = P_2 + p_m + p_s = 400\ 000 + 4\ 000 + 2\ 000 = 406\ 000\ W$

电磁功率　　　$P_M = P_m + p_{Cu2} = 406\ 000 + 10\ 559 = 416\ 559\ W$

轴上输出转矩　　$T_2 = \dfrac{P_2}{\Omega} = \dfrac{P_2}{\dfrac{2\pi}{60} \times 975} = \dfrac{400 \times 10^3}{102.1} = 3\ 917.73\ N \cdot m$

空载转矩　　　　$T_0 = \dfrac{p_m + p_s}{\Omega} = \dfrac{4\ 000 + 2\ 000}{102.1} = 58.77\ N \cdot m$

电磁转矩　　　　$T = T_2 + T_0 = 3917.73 + 58.77 = 3976.5\ N \cdot m$

也可以按照对应功率除以对应角速度计算电磁转矩。

7.5　三相异步电动机的工作特性

异步电动机的工作特性是指在定子电压、频率均为额定值时,电动机的转速、定子电流、功率因数、电磁转矩、效率与输出功率的关系,即在 $U_1 = U_N$、$f_1 = f_N$ 时, n、I_1、$\cos \varphi_1$、T、η 同 P_2 的关系。对于中、小型电动机,其工作特性可以用直接加负载的办法测得。大容量电动机因受设备的限制,通常由空载和短路试验测出电机的参数,然后再利用等值电路来计算出工作特性。

7.5.1　工作特性分析

图 7.5.1 为异步电动机的工作特性曲线,分别介绍如下。

1. 转速特性 $n = f(P_2)$

当电动机空载时,输出功率 P_2 为零,电动机的电磁转矩只用于克服空载转矩 T_0。此时转子电流、转子铜损耗很小,可忽略;转差率 s 很小,接近于零,电动机的转速接近同步转速 n_1。随着负载的增加,P_2 增大,这时转子电动势、转子电流均增大,以产生大的电磁转矩来平衡负载转矩。相应的转速有所下降,但降得不多;转差率增加并不很大。当 $P_2 = P_N$ 时,s_N 也增大到 $0.015 \sim 0.05$。转速特性 $n = f(P_2)$ 是稍微向下倾斜的一条近似直线的曲线。图 7.5.1 上数第一条曲线。这里的曲线从上是 1、2…到最下是 5。

2. 定子电流特性 $I_1 = f(P_2)$

根据公式 $\dot{I}_1 = \dot{I}_0 - \dot{I}_2'$,电动机空载时,转子电流 I_2' 差不多为零,定子电流近似等于励磁

电流 I_m。随着负载增加,转速下降,转子电流增大,励磁电流基本不变,定子电流也增大。当 P_2 较大时,定子电流几乎随 P_2 按正比例增加。图 7.5.1 上数第四条曲线。

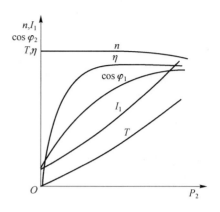

3. 定子功率因数特性 $\cos \varphi_1 = f(P_2)$

空载时 $\dot{I}_1 = \dot{I}_m$,空载电流基本上是无功电流,因此功率因数 $\cos \varphi_1$ 很低,不超过 0.2。当负载增大时,定子电流中的有功电流增加,使 $\cos \varphi_1$ 提高得较快。接近额定负载时,$\cos \varphi_1$ 最高。负载再增加时,由于转差率增大,sx_2 加大,转子电流的无功分量有所增加,相应定子电流无功分量随之增加,$\cos \varphi_1$ 反而略有下降。图 7.5.1 上数第三条曲线。

图 7.5.1 异步电动机的工作特性

4. 电磁转矩特性 $T = f(P_2)$

将输出转矩 $T_2 = \dfrac{P_2}{\Omega}$ 代入式 $T = T_2 + T_0$ 可得异步电动机转矩方程式为 $T = \dfrac{P_2}{\Omega} + T_0$。可以得出,电动机空载时,电磁转矩 $T = T_0$,随着负载增大,P_2 增加,当 P_2 在 $0 \sim P_N$ 之间变化时,s 变化不大,机械角速度 Ω 变化也不大,电磁转矩随着 P_2 的变化近似地为一条直线。图 7.5.1 上数第五条曲线。

5. 效率特性 $\eta = f(P_2)$

由效率公式

$$\eta = \frac{P_2}{P_1} = \frac{P_2}{P_2 + p_{Cu1} + p_{Fe} + p_{Cu2} + p_m + p_s} \tag{7-40}$$

可知,电动机空载时,$P_2 = 0$,$\eta = 0$。随着输出功率 P_2 增加,效率也在增加,但效率的高低决定于损耗在输入功率中所占的比重。损耗中的铁损耗和机械损耗基本上不随负载的变化而变化,称为不变损耗;而铜损耗和附加损耗随负载的变化而变化,称为可变损耗。当输出功率增加时,由于可变损耗增加较慢,所以效率上升较快。当可变损耗等于不变损耗时,效率最高,约为 $0.75 \sim 0.94$,此时负载出现在 $0.7 \sim 1.0 P_N$ 范围内。当超过额定负载时,可变损耗增加很快,效率反而降低。一般来说,电动机容量越大,效率越高。图 7.5.1 上数第 2 条曲线。在电动机工作时,选择电动机的容量应当适当,保持电动机长期工作在额定负载附近,是一种正确的选择。

7.5.2 工作特性的求取

用直接负载法求取工作特性时,先做空载试验测出异步电动机的铁损耗和机械损耗,并用电桥测出定子电阻。

负载试验时,保持电源的电压和频率为额定值,先将负载加到 5/4 额定值,然后减小负载到 1/4 额定值,分别读取不同负载下输入功率 P_1、定子电流 I_1 和转速 n(或转差 $n_1 - n$),然后计算出不同负载下的功率因数 $\cos \varphi_1$、电磁转矩 T 及效率 η 等,并绘制出工作特性。

7.6 三相异步电动机的参数测定

为了要用等值电路计算异步电动机的工作特性,应先知道它的参数。和变压器一样,通过空载和短路(堵转)试验,便可测出异步电动机的 r_1、x_1、r_2'、x_2'、r_m、x_m。

7.6.1 空载试验

空载试验的目的是测励磁参数 r_m、x_m、机械损耗 p_m 和铁损耗 p_{Fe}。试验时,电动机轴上不带任何负载,定子施以额定频率的对称三相额定电压,使电机运转一段时间,让机械损耗达到稳定。然后调节外加电压,使其从 $(1.1 \sim 1.3) U_{1N}$ 开始,逐渐降低电压直到电动机转速明显下降,电流开始回升为止。记录几组定子相电压、空载相电流及空载输入功率数据,从而绘出空载特性 $I_0 = f(U_1)$ 及 $p_0 = f(U_1)$,如图 7.6.1 所示。图 7.6.2 为空载时异步电动机的等效电路。

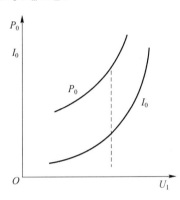

图 7.6.1 异步电动机的空载特性

异步电动机空载时,转子铜损耗和附加损耗很小,可忽略不计。此时定子输入的功率 p_0 消耗在定子铜损耗 $m_1 I_0^2 r_1$、铁损耗 p_{Fe} 和机械损耗 p_m 中,即

$$p_0 = m_1 I_0^2 r_1 + p_{Fe} + p_m \tag{7-41}$$

从输入功率 p_0 中减去定子铜损耗 $m_1 I_0^2 r_1$ 并用 p' 表示,得

$$p_0' = p_0 - m_1 I_0^2 r_1 = p_{Fe} + p_m \tag{7-42}$$

上述损耗中,铁损耗 p_{Fe} 与磁通密度平方成正比,因此可认为它与 U_1^2 成正比,而机械损耗 p_m 与电压 U_1 无关,只要转速没有大的变化,就可认为 p_m 是个常数。对应不同的电压可以算出各点 $p_{Fe} + p_m$,画出曲线如图 7.6.3 所示。将曲线延长与纵坐标相交于 O' 点,交点的纵坐标就是机械损耗,过这一点作一与横坐标平行的直线,该线的上部分就是铁损耗 p_{Fe}。

图 7.6.2 空载时异步电动机的等效电路

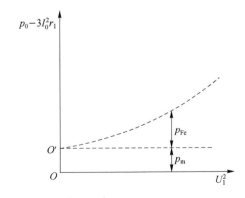

图 7.6.3 $p_0' = f(U_1^2)$ 曲线

定子加额定电压 U_1 时,根据空载测得的相电流 I_0 和三相功率 p_0,可以算出

$$Z_0 = \frac{U_1}{I_0}$$

$$r_0 = \frac{p_0 - p_m}{I_0^2}$$

$$x_0 = \sqrt{Z_0^2 - r_0^2} \tag{7-43}$$

电动机空载时,$s \approx 0$,从 T 形等效电路中看出,这时

$$\frac{1-s}{s} r_2' \approx \infty$$

有 $x_0 = x_m + x_1$,x_1 可以从短路(堵转)试验中测出,于是励磁电抗为

$$x_m = x_0 - x_1$$

$$r_m = r_0 - r_1 \text{ 或 } r_m = \frac{p_{Fe}}{m_1 I_0^2} \tag{7-44}$$

异步电动机的定子电阻 r_1 和绕线转子电阻可以由短路试验算出,也可以用加直流电压并测直流电压、直流电流的方法直接测出,但是这是直流电阻,等效电路中的电阻是交流电阻,因有集肤效应,交流电阻比直流电阻稍大,需要加以修正。

7.6.2　堵转试验

堵转试验是在转子堵住不动时,对定子绕组施加不同数值的电压,故又称堵转试验(也称短路试验)。为了在做短路试验时不出现过电流,可把加在异步电动机定子上的电压降低。一般从 $U_1 = 0.4 U_{1N}$ 开始,然后逐渐降低电压。记录下几组定子电压 U_{1k}、定子电流 I_{1k} 和定子输入功率 p_{1k} 数据,画出异步电动机的短路特性 $I_{1k} = f(U_{1k})$、$p_{1k} = f(U_{1k})$,如图 7.6.4 所示,下标 k 代表堵转状态。

异步电动机堵转时,$s = 1$,代表总机械功率的附加电阻 $r_2' \frac{(1-s)}{s} = 0$,由于 $Z_m \gg Z_2'$,有 $I_m \approx 0$,励磁支路近似开路,从而得出堵转试验等值电路,如图 7.6.5 所示。

图 7.6.4　异步电动机的短路特性

图 7.6.5　堵转试验等值电路

堵转试验时,$n = 0$,所以机械损耗 $p_m = 0$,又近似认为 $I_m \approx 0$,所以铁损耗 $p_{Fe} = 0$,则定子输入功率 p_{1k} 全部变为定、转子绕组铜损耗。

$$p_{1k} = m_1 I_1^2 r_1 + m_1 I_2'^2 r_2' \tag{7-45}$$

由于 $I_m \approx 0$，则可认为 $I_2' = I_1 = I_{1k}$，

所以

$$p_{1k} = m_1 I_{1k}^2 (r_1 + r_2') = m_1 I_{1k}^2 r_k \tag{7-46}$$

式中 $r_k = r_1 + r_2'$。根据短路阻抗数据，可以算出短路阻抗 Z_k，短路电阻 r_k 和短路电抗 x_k。

$$Z_k = \frac{U_{1k}}{I_{1k}}$$

$$r_k = \frac{p_{1k}}{m_1 I_{1k}^2} = r_1 + r_2'$$

$$x_k = \sqrt{Z_k^2 - r_k^2} = x_1 + x_2' \tag{7-47}$$

在大、中型异步电动机中，可以认为 $x_1 \approx x_2' \approx \dfrac{x_k}{2}$，$r_1 = r_2' = \dfrac{r_k}{2}$。对于 100 kW 以下的小型异步电动机可取 $x_2' \approx 0.97 x_k$（2、4、6 极），或 $x_2' \approx 0.57 x_k$（8、10 极）。

例 7-4 Y 连接三相笼型异步电动机的额定功率 $P_N = 3$ kW，$U_N = 380$ V，$I_N = 7.25$ A，$n_N = 740$ r/min，测得 $r_1 = 2.01\ \Omega$，频率为 50 Hz。空载试验数据：$U_1 = 380$ V，$I_0 = 3.64$ A，$p_0 = 246$ W，$p_m = 11$ W。短路试验数据：$U_{1k} = 100$ V，$I_{1k} = 7.05$ A，$p_{1k} = 470$ W，忽略空载附加损耗，计算参数 r_m，x_m，x_1，x_2' 和 r_2'。

解 求空载参数

空载阻抗
$$Z_0 = \frac{U_N}{\sqrt{3} I_0} = \frac{380}{\sqrt{3} \times 3.64} = 60.3\ \Omega$$

空载电阻
$$r_0 = \frac{p_0 - p_m}{m_1 I_0^2} = \frac{264 - 11}{3 \times 3.64^2} = 5.91\ \Omega$$

$$x_0 = \sqrt{Z_0^2 - r_0^2} = \sqrt{60.3^2 - 5.91^2} = 60\ \Omega$$

求短路参数

短路阻抗
$$Z_k = \frac{U_{1k}/\sqrt{3}}{I_{1k}} = \frac{100/\sqrt{3}}{7.05} = 8.19\ \Omega$$

短路电阻
$$r_k = \frac{p_{1k}}{m_1 I_{1k}^2} = \frac{470}{3 \times 7.05^2} = 3.15\ \Omega$$

短路电抗
$$x_k = \sqrt{Z_k^2 - r_k^2} = \sqrt{8.19^2 - 3.15^2} = 7.56\ \Omega$$

转子电阻折算值
$$r_2' = r_k - r_1 = 3.15 - 2.01 = 1.14\ \Omega$$

定子和转子漏抗折算值，根据 $n_1 = 60 f_1 / p = 60 \times 50 / 4 = 750$ r/min，当 $p = 4$ 时 n_1 大于 n_N，且最接近。

$$X_2' = 0.97 X_k = 0.97 \times 7.56 = 7.3332\ \Omega$$

$$X_1 = X_k - X_2' = 7.56 - 7.3332 = 0.2268\ \Omega$$

求励磁参数

励磁电阻
$$r_m = r_0 - r_1 = 5.91 - 2.01 = 3.9\ \Omega$$

励磁电抗
$$x_m = x_0 - x_1 = 60 - 3.78 = 56.22\ \Omega$$

思考题与习题

7-1 三相异步电动机的转子漏电抗是否为常数？为什么？

7-2 三相异步电动机的功率因数在额定电压下与什么有关?

7-3 异步电动机额定运行时,由定子电流产生的旋转磁势相对于定子的转速是多少? 相对于转子的转速又是多少? 由转子电流产生的旋转磁势相对于转子的转速是多少? 相对于定子的转速又是多少?

7-4 三相异步电动机的电动势比与电流比有什么不同?

7-5 三相异步电动机的主磁通在定、转子绕组中感应电动势的大小、相序、相位与什么有关? 它在定子 A 相绕组和转子 a 相绕组中所感应电动势的相位关系是固定不变的吗? 为什么? 这与变压器一相的一、二次绕组感应电动势的关系有何不同?

7-6 一台已经选好的异步电动机,其主磁通的大小与什么因素有关?

7-7 异步电动机短路与变压器短路是否相同?

7-8 三相异步电动机在接三相对称电源堵转时,转子电流的相序如何确定? 电动势是多少? 转子电流产生的磁动势性质如何? 其转向和转速如何?

7-9 若三相异步电动机在额定电压下起动,其起动电流是额定运行时的 5 倍,是否起动时电磁转矩也为额定电磁转矩的 5 倍? 为什么?

7-10 一台三相异步电动机额定运行时的转差率为 0.02,问这时通过气隙传递的功率有百分之几转化为铜耗? 有百分之几转化为机械功率?

7-11 三相异步电动机原设计频率为 60 Hz,今接在频率为 50 Hz 的电网上运行,设额定电压和输出功率均保持在原设计值,问电动机内部的各种损耗、转速、功率因数、效率将有什么变化?

7-12 一台三相异步电动机,定子绕组损坏了,经修复后发现其空载电流较正常值大了 10%,假定磁路不饱和,问将定子线圈匝数增加多少才能使其空载电流达到正常值? 并说明这样处理后对电动机其他电磁性能有何影响?

7-13 有一台三相绕组转子异步电动机,定子绕组短路,在转子绕组中通入三相对称交流电流,频率为 f_1,这时旋转磁动势相对转子以同步转速 n_0 顺时针方向旋转,问转子转向如何? 转差率如何计算?

7-14 异步电动机转子电路中感应电动势的大小、漏电抗的大小、转子电流和转子电动势夹角的大小与转子的转差率有何关系? 如果通过集电环从外部给绕线型异步电动机的转子绕组串联上电抗器,这个电抗数值会随转子转速而改变吗? 为什么?

7-15 异步电动机运行时,为什么总是要从电源吸收滞后的无功电流?

7-16 某台三相异步电动机,$P_N=11$ kW,$U_N=380$ V,$f_N=50$ Hz,$n_N=1460$ r/min,定子绕组△联结,$2p=4$ 极,$\eta_N=89.07\%$,$\cos \varphi_N=0.858$,试求:定子绕组额定相电流 I_{NP}。

7-17 某台三相感应电动机,$P_N=75$ kW,$U_N=3000$ V,$f=50$ Hz,$n_N=975$ r/min,$I_N=18.5$ A,$\cos \varphi_N=0.87$,试求:(1)该电机的极数 $2p$;(2)转差率 s_N;(3)效率 η_N。

7-18 某台三相 8 极异步电动机,$f=50$ Hz,$s_N=0.0467$,试求:(1)额定转速 n_N;(2)额定运行时改变相序瞬时的转差率 s。

7-19 某台三相 8 极异步电动机,$f=50$ Hz,$s_N=0.043$,试求:(1)旋转磁势的转速 n_1;(2)额定转速 n_N;(3)转子转速为 700 r/min 时的转差率 s;(4)$n=800$ r/min 时的转差率 s;(5)起动瞬时的转差率 s;

7-20 一台三相绕线型异步电动机,额定电压 $U_N=380$ V,额定电流 $I_N=35$ A,定、转子绕组均为 Y 联结,每相绕组的匝数和绕组系数为 $N_1=320$,$k_{N_1}=0.945$,$N_2=170$,$k_{N_2}=$

0.93。求：

(1) 这台电机的变比 k_e, k_i；

(2) 若转子绕组开路，定子加额定电压，求转子每相感应电动势 E_2；

(3) 若转子绕组短路堵转，定子接电源，测得定子电流为额定值，求转子每相电流 I_2（忽略励磁电流）。

7-21 一台三相 6 极绕线型异步电动机，当定子接到额定电压、转子不转且开路时的每相感应电动势为 110 V，电源频率为 50 Hz。已知电动机的额定转速 $n_N = 980$ r/min，转子堵转时的参数 $r_2 = 0.1$ Ω，$x_2 = 0.5$ Ω，忽略定子漏阻抗的影响，额定运行时，求：

(1) 转子电流频率 f_2；

(2) 转子每相电动势 E_{2s}；

(3) 转子每相电流 I_{2s}。

7-22 有一台三相绕线转子异步电动机，Y 联结，$2p = 4$ 极，$U_N = 380$ V，$f = 50$ Hz，$r_1 = 0.45$ Ω，$x_1 = 2.45$ Ω，$N_1 = 200$ 匝，$k_{N_1} = 0.94$，$R_2 = 0.02$ Ω，$x_2 = 0.09$ Ω，$N_2 = 38$ 匝，$k_{N_2} = 0.99$，$r_m = 4$ Ω，$x_m = 24$ Ω，机械损耗和附加损耗为 250 W，转差率为 0.04。试求：(1) 定子、转子电路之间的阻抗变比 $k_N (= k_i k_e)$；(2) 绘出"T"形等效电路；(3) 输入功率 P_1、输出功率 P_2 和效率 η。

7-23 有一台三相异步电动机，△联结，$U_N = 380$ V，$n_N = 1455$ r/min，$r_1 = 1.375$ Ω，$x_1 = 2.43$ Ω，$r'_2 = 1.047$ Ω，$x'_2 = 4.4$ Ω，$r_m = 8.34$ Ω，$x_m = 82.6$ Ω，额定时机械损耗和附加损耗为 205 W，转差率为 0.04。试求：(1) 绘出"T"形等效电路；(2) 额定时的定子电流 I_1 和功率因数 $\cos \varphi_N$；(3) 输入功率 P_1 和效率 η。

7-24 某台三相感应电动机，定子、转子绕组均为三相，均为 Y 联结，$U_N = 380$ V，$n_N = 1444$ r/min，$r_1 = 0.4$ Ω，$x_1 = 1.0$ Ω，$r'_2 = 0.4$ Ω，$x'_2 = 1$ Ω，$r_m = 0$ Ω，$X_m = 40$ Ω，定子、转子绕组有效匝数比为 4。试求：(1) 满载时的转差率 s；(2) 满载时转子每相电势和频率；(3) 总机械功率。

7-25 一台三相异步电动机数据如下：$P_N = 7.5$ kW，$U_N = 380$ V，$f_N = 50$ Hz，$2p = 4$ 极，$\eta_N = 89.07\%$，$s_N = 0.029$，过载能力 $\lambda_m = T_{max}/T_N = 2$，试求电动机最大电磁转矩。

7-26 某台三相笼型异步电动机数据如下：$P_N = 10$ kW，$U_N = 380$ V，定子绕组△联结，$2p = 4$ 极，$r_1 = 1.33$ Ω，$x_1 = 2.43$ Ω，$r'_2 = 1.12$ Ω，$x'_2 = 4.4$ Ω，$r_m = 7$ Ω，$x_m = 90$ Ω，机械损耗和附加损耗分别为 100 W，$s_N = 0.04$。试求额定负载时电动机转速、输出转矩、定子和转子相电流、定子功率因数和电动机效率。

7-27 某台三相笼型异步电动机数据如下：$P_N = 17$ kW，$U_N = 380$ V，定子绕组△联结，$2p = 4$ 极，$r_1 = 0.715$ Ω，$x_1 = 1.74$ Ω，$r'_2 = 0.416$ Ω，$x'_2 = 3.03$ Ω，$r_m = 6.2$ Ω，$x_m = 75$ Ω，机械损耗和附加损耗分别为 139 W 和 323 W。试求额定负载时的转差率。

7-28 一台三相四极笼型异步电动机额定电压为 220 V，额定频率为 60 Hz，过载能力 $\lambda_m = 2.5$，临界转差率为 0.16。现将该机接在 220 V、50 Hz 电源上，问此时最大电磁转矩为原来额定电磁转矩的多少倍？产生最大电磁转矩时的转速为多少？（不计定子电阻、机械损耗和附加损耗，且较正系数为 1）

7-29 一台三相异步电动机，额定数据如下：$U_N = 380$ V，$f_N = 50$ Hz，$P_N = 7.5$ kW，$n_N = 962$ r/min，定子绕组为△联结法，$2p = 6$，$\cos \varphi_N = 0.827$，$p_{Cu1} = 470$ W，$p_{Fe} = 234$ W，$p_m = 45$ W，$p_s = 80$ W。试求额定负载时的(1)转差率；(2)转子电流频率；(3)转子铜耗；(4)效率；(5)定子

电流。

7-30 一台三相四极笼型异步电动机 $P_N=10\text{ kW}$，$U_N=380\text{ V}$，Y 联结，$I_N=19.8\text{ A}$，测得电阻 $r_1=0.5\ \Omega$，空载试验数据如下：$U_1=380\text{ V}$，$I_0=5.4\text{ A}$，$p_0=0.425\text{ kW}$，$p_m=0.08\text{ kW}$。短路试验数据如下：$U_{1k}=130\text{ V}$，$I_{1k}=19.8\text{ A}$，$p_{1k}=1.1\text{ kW}$。求等效电路参数 r_1、r_2'、x_1、x_2'、r_m 和 x_m。

第8章 同步电机

同步电机是一种常用的交流电机。同步电机和直流电机、异步电机一样,也是根据电磁感应原理而工作的一种旋转电机。由于在稳态时它们能够以恒定转速、恒定频率运行,所以称为同步电机。与异步电机相比较,同步电机的特点是转子的转速 n 与定子产生旋转磁场的转速 n_1 相等,且与频率 f 之间具有固定不变的关系,即 $f = \dfrac{pn}{60}$,或 $n = \dfrac{60f}{p}$,转速 n 就称为同步速率。正常工作时,若电网的频率不变,则同步电机的转速恒为常值而与负载的大小无关。

同步电机主要用作发电机,亦可用作电动机或补偿机。本章主要介绍同步电动机的基本结构和励磁方式以及同步电动机的基本原理。

8.1 同步电机的结构及工作原理

8.1.1 同步电机的基本结构

同步发电机、电动机或补偿机的结构类似,由定子和转子两大部分组成的。同步电机可以分为旋转电枢式和旋转磁极式两类。旋转电枢式的电枢装设在转子上,主磁极装设在定子上,这种结构在小容量同步电机中得到一定的应用。对于高压、大容量的同步电机,长期的制造和运行经验表明,采用旋转磁极式结构比较合理。在旋转磁极式电机里,电枢装设在定子上,主磁极装设在转子上。由于励磁部分的容量和电压常较电枢小得多,所以电刷和集电环的负荷就大为减轻,工作条件得以改善。目前旋转磁极式结构已成为中、大型同步电机的基本结构形式。

8.1.2 同步电机转子结构

在旋转磁极式电机中,按照转子主极的形状,同步电机又可分成隐极式和凸极式两种基本形式,如图8.1.1所示。

同步电机转子与异步电机转子有所不同。隐极式转子做成圆柱形,气隙为均匀,通常由整块铸钢制成,在圆周2/3部分铣有槽和齿,槽中有直流励磁绕组,转子圆没开槽的1/3部分称为大齿,是磁极的中心区;凸极式转子有明显的凸出的磁极,气隙为不均匀,磁极的形状与直流机的磁极相似,铁心常由普通钢片冲压后叠成,磁极上装有直流励磁绕组。由于汽轮机是一种高速原动机,所以汽轮发电机一般采用隐极式结构。水轮机则是一种低速原动机,所以水轮发电机一般都是凸极式结构。同步电动机、由内燃机拖动的同步发电机以及同步补偿机,大多做成凸极式,少数二极的高速同步电动机亦有做成隐极式的。

(a) 隐极式　　　　　　　　　(b) 凸极式

图 8.1.1　同步电机转子结构

同步电机定子与异步电机定子结构基本相同,也是由铁心、电枢绕组、机座和端盖等部分组成。铁心也是由硅钢片叠成,大型同步电机由于尺寸太大.硅钢片常制成扇形,然后对成圆形。电枢绕组也是三相对称绕组。大型高压同步电机定子绕组绝缘性能要求较高,常用云母绝缘。机座和端盖的作用也与异步电机相同。

同步电机的额定数据有:

(1) 额定容量(功率)P_N,电动机指轴上输出的机械功率,发电机指输出的有功功率,单位为 kW;

(2) 额定电压 U_N,额定运行时,电动机指加在定子绕组上的线电压,发电机指定子输出的线电压,单位为 V 或 kV;

(3) 额定电流 I_N,电机额定运行时,电动机指定子绕组输入的线电流,发电机指定子输出的线电流,单位为 A;

(4) 额定功率因数 $\cos\varphi_N$,电机额定运行时的功率因数;

(5) 额定转速 n_N,单位为 r/min;

(6) 额定效率 η_N,为电机额定运行时的效率。此外同步电机铭牌上还给出额定频率 f_N,单位为 Hz;额定励磁电压 U_{fN},单位为 V;额定励磁电流 I_{fN},单位为 A。

额定容量(功率)、额定电压、额定电流、额定效率、额定功率因数之间的关系:

发电机:$P_N = \sqrt{3}U_N I_N \cos\varphi_N$;电动机 $P_N = \sqrt{3}U_N I_N \eta_N \cos\varphi_N$。

8.1.3　同步电机的简单工作原理

同步发电机的作用是把机械能转变成电能,它由原动机拖动旋转。当转子直流励磁绕组送入直流励磁电流后,转子磁极显出固定极性,转子转起来后,磁场切割定子绕组,或者说定子绕组做切割磁力线运动,三相对称绕组中将感生出三相对称电动势,成为三相交流电源。如果该发电机单独给负载供电,对频率的要求并不十分严格,则对原动机的转速要求也不很严格。但现代的发电机很少单独供电,绝大多数都是向共同的大电网供电,这就对同步发电机的频率要求很严,我国电网频率为 50 Hz,所以发电机发出的电动势频率也必须为 50 Hz,如果发电机的频率与电网频率不等会造成严重事故,这是绝对不允许的。

同步电动机的工作原理也很容易理解,电动机的作用是把电能转换为机械能,带动生产机械完成生产任务,同步电动机工作时定子三相绕组接入三相电网,电能由电网送入电动机,这时定子三相对称绕组中流过三相对称电流,它将产生圆形旋转磁场。如果转子已经送入直流励磁电流、转子磁极已经显示固定极性,则旋转磁场的磁极对转子异性磁极的磁拉力牵引转子与旋转磁场同速旋转,如图 8.1.2 所示,这就是同步电动机的简单工作原理。由于转子转速与旋转磁场转速相同,故称同步电动机。同步电动机转子转速与旋转磁场的转速必须相等,不能有转速差,因为一有转速差,定、转子磁极的相对位置就不断变化,

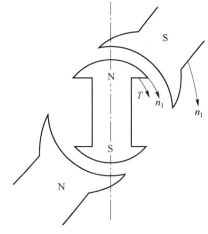

图 8.1.2　同步电动机

在一段短时间内定、转子磁极为 N、S 极异性相吸,转子受磁拉力,过 $180°$ 后 N、N 极相排斥,转子受推力,这样交替进行,转子所受平均力矩为 0,电动机不能运转。因此,同步电动机正常工作时转子转速必须与旋转磁场转速相等,形成固定的电磁转矩,拖动负载同步旋转。

8.2　同步电动机的电磁特性

8.2.1　同步电动机的磁通势

异步电机主、漏磁通的概念可以应用到同步机中。同步电动机中,同时交链着定子、转子绕组的磁通为主磁通(或磁通势),主磁通一定通过气隙,其路径为主磁路;只交链定子绕组不交链转子绕组的磁通为定子漏磁通,漏磁通感应产生的电动势可以用电路在电抗上的电压降来表示。

当同步电动机的定子三相对称绕组接到三相对称电源上时,就会产生三相合成旋转磁通势,简称电枢磁通势,用空间矢量 $\dot{F}_a$ 表示。设电枢磁通势 $\dot{F}_a$ 的转向为逆时针方向,转速为同步转速。

先不考虑同步电动机的起动过程,认为它的转子也是逆时针方向以同步转速旋转着,并在转子上的励磁绕组里通入直流励磁电流 I_f。由励磁电流 I_f 产生的磁通势,称励磁磁通势(直流磁通势),用 $\dot{F}_0$ 表示,它也是一个空间矢量。由于励磁电流 I_f 是直流,励磁磁通势 $\dot{F}_0$ 相对于转子而言是静止的,但转子本身以同步转速逆时针方向旋转着,所以励磁磁通势 $\dot{F}_0$ 相对于定子也以同步转速逆时针方向旋转。可见,作用在同步电动机的主磁路上一共有两个磁通势,即电枢磁通势 $\dot{F}_a$ 和励磁磁通势 $\dot{F}_0$,二者都以同步转速同向方向旋转,相对静止,即所谓同步旋转。但是二者在空间上却不一定非位置相同不可,可能是一个在前,一个在后,一道旋转。

为了简单起见,不考虑电机主磁路有饱和现象,认为主磁路是线性磁路。这就是说,作用在电机主磁路上的各个磁通势,可以认为它们在主磁路里单独产生自己的磁通,当这些磁通与定子相绕组交链时,单独产生自己的相电动势。最后把相绕组里的各电动势根据基尔霍夫第二定律一起考虑即可。

先考虑励磁磁通势 $\dot{F}_0$ 单独在电机上磁路里产生磁通时的情况。

在研究磁通势产生磁通之前,我们先规定两个轴:把转子一个 N 极和一个 S 极的中心线称为纵轴,或称 d 轴;与纵轴相距 90°空间电角度的地方称横轴,或称 q 轴,如图 8.2.1 所示。d 轴和 q 轴都随着转子一同旋转。

从图 8.2.1 中看出,励磁磁通势 $\dot{F}_0$ 作用在纵轴方向,产生的磁通如图 8.2.2 所示。若把励磁磁通势 $\dot{F}_0$ 单独产生的磁通叫励磁磁通,用 Φ_0 表示,显然 Φ_0 经过的磁路是依纵轴对称的磁路,并且 Φ_0 随着转子一起旋转。

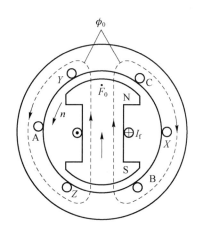

图 8.2.1 同步电动机的纵轴与横轴　　图 8.2.2 由励磁磁通势 $\dot{F}_0$ 单独产生的磁通

电枢磁通势 $\dot{F}_a$ 在主磁路里单独产生的磁通又怎样呢?前面已经说过 $\dot{F}_a$ 与 $\dot{F}_0$ 仅仅同步,但不一定位置相同,已经知道 $\dot{F}_0$ 作用在纵轴方向,只要 $\dot{F}_a$ 与 $\dot{F}_0$ 不同位置(包括相反方向在内),必然 $\dot{F}_a$ 与 $\dot{F}_0$ 的作用方向就不同。这样一来就遇到了困难。因为在凸极式同步电机中,沿着定子内圆的圆周方向气隙很不均匀,极面下的气隙小,两极之间的气隙较大。即使知道了电枢磁通势 $\dot{F}_a$ 的大小和位置,也无法求磁通。这就需要介绍凸极同步电动机的双反应原理。

如果电枢磁通势 $\dot{F}_a$ 与励磁磁通势 $\dot{F}_0$ 的相对位置已给定,如图 8.2.3(a)所示,由于电枢磁通势 $\dot{F}_a$ 与转子之间无相对运动,可以把电枢磁通势 $\dot{F}_a$ 分成两个分量:一个分量叫纵轴电枢磁通势,用 $\dot{F}_{ad}$ 表示,作用在纵轴方向;一个分量叫横轴电枢磁通势,用 $\dot{F}_{aq}$ 表示,作用在横轴方向,即

$$\dot{F}_a = \dot{F}_{ad} + \dot{F}_{aq}$$

$\dot{F}_{ad}$ 和 $\dot{F}_{aq}$ 在空间正交,以同步转速旋转。单独考虑 $\dot{F}_{ad}$ 或 $\dot{F}_{aq}$ 在电机主磁路里产生磁通的情况,即分别考虑纵轴电枢磁通势 $\dot{F}_{ad}$、横轴电枢磁通势 $\dot{F}_{aq}$ 单独在主磁路里产生的磁通 ϕ_{ad} 和

ϕ_{aq}，其结果就等于考虑了电枢磁通势 $\dot{F}_a$ 的作用，而 $\dot{F}_{ad}$ 永远作用在纵轴方向，$\dot{F}_{aq}$ 永远作用在横轴方向，尽管气隙不均匀，但对纵轴或横轴来说，都分别为对称磁路。这就给分析带来了方便。这种处理问题的方法，称为双反应原理。

　　由纵轴电枢磁通势 $\dot{F}_{ad}$ 单独在电机的主磁路里产生的磁通，称纵轴电枢磁通，用 Φ_{ad} 表示，画在图 8.2.3(b) 里。由横轴电枢磁通势 $\dot{F}_{aq}$ 单独在电机的主磁路里产生的磁通，称横轴电枢磁通，用 Φ_{aq} 表示，画在图 8.2.3(c) 里。Φ_{ad}、Φ_{aq} 都以同步转速逆时针方向旋转着。

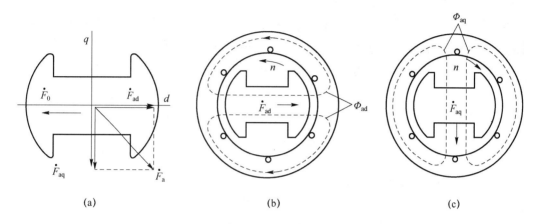

(a)　　　　　　　　　　(b)　　　　　　　　　　(c)

图 8.2.3　电枢反应磁通势及磁通

　　纵轴、横轴电枢磁通势 $\dot{F}_{ad}$、$\dot{F}_{aq}$ 除了单独在主磁路产生过气隙的磁通外，分别都要在定子绕组漏磁路里产生漏磁通，图 8.2.3 里没有画出。这里 N 为匝数，k_r 为绕组系数。

　　电枢磁通势 $\dot{F}_a$ 的大小为

$$F_a = \frac{3}{2}\frac{4}{\pi}\frac{\sqrt{2}}{2}\frac{Nk_r}{p}I$$

　　现在纵轴电枢磁通势 $\dot{F}_{ad}$ 可以写成

$$F_{ad} = \frac{3}{2}\frac{4}{\pi}\frac{\sqrt{2}}{2}\frac{Nk_r}{p}I_d$$

　　横轴电枢磁通势 $\dot{F}_{aq}$ 可以写成

$$F_{aq} = \frac{3}{2}\frac{4}{\pi}\frac{\sqrt{2}}{2}\frac{Nk_r}{p}I_q$$

　　若 $\dot{F}_{ad}$ 转到 A 相绕组轴线上，i_{dA} 为最大值；若 $\dot{F}_{aq}$ 转到 A 相绕组轴线上，i_{qA} 为最大值。显然 $\dot{I}_{dA}$ 与 $\dot{I}_{qA}$ 相差 90° 时间电角度。由于三相对称，只取 A 相，简写为 $\dot{I}_d$ 与 $\dot{I}_q$ 便可。考虑到 $\dot{F}_a = \dot{F}_{ad} + \dot{F}_{aq}$ 的关系，所以有

$$\dot{I} = \dot{I}_d + \dot{I}_q$$

即把电枢电流 $\dot{I}$ 按相量的关系分成 $\dot{I}_d$ 和 $\dot{I}_q$ 两个分量，其中 $\dot{I}_d$ 产生了磁通势 $\dot{F}_{ad}$，$\dot{I}_q$ 产生了磁通势 $\dot{F}_{aq}$。

8.2.2 凸极同步电动机的电动势及向量图

1. 凸极同步电动机的电动势

下面分别考虑电机主磁路里各磁通在定子绕组里感应电动势的情况。

不管是励磁磁通 Φ_0 也好,还是各电枢磁通 Φ_{ad}、Φ_{aq} 也好,它们都是以同步转速逆时针方向旋转着,于是都要在定子绕组里感应电动势。

励磁磁通 $\dot{\Phi}_0$ 在定子绕组里感应电动势用 $\dot{E}_0$ 表示。纵轴电枢磁通 $\dot{\Phi}_{ad}$ 在定子绕组里感应电动势用 $\dot{E}_{ad}$ 表示,横轴电枢磁通 $\dot{\Phi}_{aq}$ 在定子绕组里感应电动势用 $\dot{E}_{aq}$ 表示。

根据图 8.2.4 给出的同步电动机定子绕组各电量正方向,可以列出 A 相回路的电压平衡等式为

$$\dot{E}+\dot{I}(r+jx_1)=\dot{E}_0+\dot{E}_{ad}+\dot{E}_{aq}+\dot{I}(r_1+jx_1)=\dot{U} \tag{8-1}$$

式中 r_1 是定子绕组一相的电阻;

X_1 是定子绕组一相的漏电抗。

为了分析简单,不考虑磁路饱和,认为磁路线性,E_{ad} 与 Φ_{ad} 成正比,Φ_{ad} 与 F_{ad} 成正比,F_{ad} 又与 I_d 成正比,所以 E_{ad} 与 I_d 成正比。同异步电机类似,电枢反应电动势可以表示成电流和电抗乘积形式。纵轴电枢反应电动势 $\dot{E}_{ad}$ 表示成电抗上的压降 $j\dot{I}_dx_{ad}$,即

$$\dot{E}_{ad}=j\dot{I}_dx_{ad} \tag{8-2}$$

同理 $\dot{E}_{aq}$ 可以写成

$$\dot{E}_{aq}=j\dot{I}_qx_{aq} \tag{8-3}$$

式中 x_{ad} 是个比例常数,称为纵轴电枢反应电抗;

x_{aq} 称为横轴电枢反应电抗,x_{ad}、x_{aq} 对同一台电机都是常数。

把式(8-2)、式(8-3)代入式(8-1),得

$$\dot{U}=\dot{E}_0+j\dot{I}_dx_{ad}+j\dot{I}_qx_{aq}+\dot{I}(r_1+jx_1)$$

把 $\dot{I}=\dot{I}_d+\dot{I}_q$ 代入上式,得

$$\dot{U}=\dot{E}_0+j\dot{I}_dx_{ad}+j\dot{I}_qx_{aq}+(\dot{I}_d+\dot{I}_q)(r_1+jx_1)$$
$$=\dot{E}_0+j\dot{I}_d(x_{ad}+x_1)+j\dot{I}_q(x_{aq}+x_1)+(\dot{I}_d+\dot{I}_q)r_1$$

一般情况下,当同步电动机容量较大时,可忽略电阻 r_1。于是

$$\dot{U}=\dot{E}_0+j\dot{I}_dx_d+j\dot{I}_qx_q \tag{8-4}$$

式中,$x_d=x_{ad}+x_1$ 称为纵轴同步电抗;

$x_q=x_{aq}+x_1$ 称为横轴同步电抗。

对同一台电机,x_d、x_q 也都是常数,可以用计算或试验的方法求得。

同步电机要想作为电动机运行,电源必须向电机的定子绕组传输有功功率。从图 8.2.4 规定的电动机惯量知道,这时输入给电机的有功功率 P_1 必须满足 $P_1=3UI\cos\varphi>0$。

这就是说,定子相电流的有功分量 $I\cos\varphi$ 应与相电压 U 同

图 8.2.4 同步电动机各电量
的正方向(用电惯例)

相位。可见,$\dot{U}$、$\dot{I}$ 二者之间的功率因数角 φ 必须小于 $90°$,才能使电机运行于电动机状态。

2. 凸极同步电动机的电动势相量图

根据式(8-4)的关系,当 $\phi > 90° <$(领先性)时,凸极同步电机运行于电动机状态,画出的相量图如图 8.2.5 所示。当然也可以画 $\phi > 90° <$(落后性)的相量图。

图中 $\dot{U}$ 与 $\dot{I}$ 之间的夹角 φ 是功率因数角;$\dot{E}_0$ 与 $\dot{U}$ 之间的夹角是 θ;$\dot{E}_0$ 与 $\dot{I}$ 之间的夹角是 ψ,并且

$$I_d = I \sin \psi$$

$$I_q = I \cos \psi$$

θ 称为功率角,很重要,后面分析时要用到。

综上所述,研究凸极同步电动机的电磁关系,画出它的相量图,是按图 8.2.6 的思路进行的。且有 $\psi = \theta + \varphi$

图 8.2.5 同步电动机当 $\varphi < 90°$(领先性)的相量图

$$\dot{I}_f \rightarrow \dot{F}_0 \rightarrow \dot{\Phi}_0 \rightarrow \dot{E}_0$$
$$\left.\begin{cases} \dot{I}_d \rightarrow \dot{F}_{ad} \rightarrow \dot{\Phi}_{ad} \rightarrow \dot{E}_{ad} = j\dot{I}_d X_{ad} \\ \dot{I}_q \rightarrow \dot{F}_{aq} \rightarrow \dot{\Phi}_{aq} \rightarrow \dot{E}_{aq} = j\dot{I}_q X_{aq} \end{cases}\right\} = \dot{U} - \dot{I}(r_1 + jX_1)$$
$$\dot{I} = \dot{I}_d + \dot{I}_q$$

图 8.2.6 凸极同步电动机的电磁关系

8.2.3 隐极同步电动机的电动势及向量图

对于隐极式同步电动机,电机的气隙是均匀的,表现的参数,如纵、横轴同步电抗 x_d、x_q,二者在数值上彼此相等,即

$$x_d = x_q = x_c$$

式中 x_c 为隐极同步电动机的同步电抗。

对隐极式同步电动机,式(8-4)变为

$$\dot{U} = \dot{E}_0 + j \dot{I}_d x_d + j \dot{I}_q x_q = \dot{E}_0 + j(\dot{I}_d + \dot{I}_q)x_c \tag{8-5}$$
$$= \dot{E}_0 + j \dot{I} x_c$$

图 8.2.7 是隐极式同步电动机的电动势相量图。

例 8-1 已知一台隐极式同步电动机的端电压标幺值 $U = 1$,电流的标幺值 $I = 1$,同步电抗的标幺值 $X_c = 1$ 和功率因数 $\cos \varphi = 1$(忽略定子电阻)。求:(1)画出这种情况下的电动势相量图;(2)E_0 的标幺值;(3)θ。

解

(1) 如图 8.2.8 所示为这种情况下的电动势相量图。

图 8.2.7　隐极式同步电动机的电动势相量图

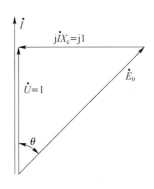

图 8.2.8　例 8-1 的相量图

（2）从图 8.2.8 相量图中直接看出，等边直角三角形斜边长为 $\sqrt{2}$，即 $\underline{E_0}=\sqrt{2}\underline{U}=\sqrt{2}$。

（3）从图 8.2.8 中看出，这种情况下，$\theta=45°$。

8.3　同步电动机的功率、转矩和功角特性

8.3.1　功率传递与转矩平衡

同步电动机从电源吸收的有功功率 $P_1=3UI\cos\varphi$，有小部分消耗于定子绕组的铜损耗 $p_{Cu}=3I^2r_1$ 后，其余功率通过气隙传到转子，转变为电磁功率 P_M，即

$$P_1-p_{Cu}=P_M \tag{8-6}$$

从电磁功率 P_M 里再扣除铁损耗 p_{Fe}、机械摩擦损耗 p_m 和附加损耗 p_s 后，转变为电动机轴上的机械功率 P_2 输出给负载，即

$$P_M-p_{Fe}-p_m-p_s=P_2 \tag{8-7}$$

其中铁损耗 p_{Fe}、机械摩擦损耗 p_m 和附加损耗 p_s 之和称为空载损耗 p_0，即

$$p_0=p_{Fe}+p_m+p_s \tag{8-8}$$

如图 8.3.1 所示为同步电动机的功率流程图。

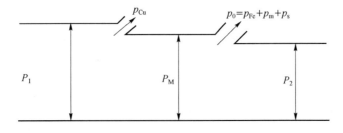

图 8.3.1　同步电动机的功率流程图

知道电磁功率 P_M 后，将式（8-7）同除以同步角速度 Ω_1 能很容易地算出它的电磁转矩 T，即

$$\frac{P_2}{\Omega_1}=\frac{P_M}{\Omega_1}-\frac{p_0}{\Omega_1}$$

$$T_2=T-T_0$$

$$T=\frac{P_M}{\Omega_1} \tag{8-9}$$

式中 $\Omega_1=\frac{2\pi n_1}{60}$，式(8-8)是同步电动机的转矩平衡等式，$T$ 为电磁转矩，T_0 为空载转矩，T_2 为电动机轴上输出转矩

例 8-2　已知一台三相六极同步电动机的数据为：额定容量 $P_N=250$ kW，额定电压 $U_N=380$ V，额定功率因数 $\cos\varphi_N=0.8$，额定效率 $\eta_N=88\%$，定子每相电阻 $r_1=0.03$ Ω，定子绕组为 Y 连接。求：

（1）额定运行时定子输入的电功率 P_1；

（2）额定电流 I_N；

（3）额定运行时的电磁功率 P_M；

（4）额定电磁转矩 T_N。

解

（1）额定运行时定子输入的电功率

$$P_1=\frac{P_N}{\eta_N}=\frac{250}{0.88}=284 \text{ kW}$$

（2）额定电流

$$I_N=\frac{P_1}{\sqrt{3}U_N\cos\varphi_N}=\frac{284\times10^3}{\sqrt{3}\times380\times0.8}=539.4 \text{ A}$$

（3）额定电磁功率

$$P_M=P_1-3I_N^2 r_1=284-3\times539.4^2\times0.03\times10^{-3}=257.8 \text{ kW}$$

（4）额定电磁转矩

$$T_N=\frac{P_M}{\Omega_1}=\frac{P_M}{\frac{2\pi n}{60}}=\frac{257.8\times10^3}{\frac{2\pi\times1\,000}{60}}=2\,462 \text{ N}\cdot\text{m}$$

下面讨论电磁功率。当忽略同步电动机定子电阻 r_1 时，电磁功率

$$P_M=P_1=3UI\cos\varphi$$

从图 8.2.5 中看出 $\varphi=\psi-\theta$，ψ 角是 $\dot{E}_0$ 与 $\dot{I}$ 之间的夹角，θ 是 $\dot{U}$ 与 $\dot{E}_0$ 之间的夹角，于是

$$P_M=3UI\cos\varphi=3UI\cos(\psi-\theta)$$
$$=3UI\cos\psi\cos\theta+3UI\sin\psi\sin\theta$$

从图 8.2.5 中知道

$$I_d=I\sin\psi$$

$$I_q=I\cos\psi$$

$$I_d X_d=E_0-U\cos\theta$$

$$I_q X_q=U\sin\theta$$

考虑以上这些关系，得

$$P_M = 3UI_q\cos\theta + 3UI_d\sin\theta$$

$$= 3U\frac{U\sin\theta}{X_q}\cos\theta + 3U\frac{(E_0 - U\cos\theta)}{X_d}\sin\theta$$

$$= 3\frac{E_0 U}{X_d}\sin\theta + 3U^2\left(\frac{1}{X_q} - \frac{1}{X_d}\right)\cos\theta\sin\theta$$

将三角函数关系式 $\sin 2\theta = 2\cos\theta\sin\theta$，代入上式得

$$P_M = \frac{3E_0 U}{X_d}\sin\theta + \frac{3U^2(X_d - X_q)}{2X_d X_q}\sin 2\theta \tag{8-10}$$

8.3.2 功(矩)角特性

讨论功角特性。从式(8-9)看出，电磁功率 P_M 的大小与角度 θ 呈函数关系，即当 θ 角变化时，电磁功率 P_M 的大小也跟着变化。把 $P_M = f(\theta)$ 的关系称为同步电动机的功角特性，用曲线表示，如图 8.3.2 所示。接在电网上运行的同步电动机，已知电源电压 U、电源的频率 f 等都保持不变，如果保持电动机的励磁电流 I_f 不变，那么对应的电动势 E_0 的大小也是常数，另外电动机的参数 X_d，X_q 又是已知的数。

式(8-9)凸极同步电动机的电磁功率 P_M 中，第一项与励磁电动势 E_0 成正比，与励磁电流的 I_f 大小有关，是功角 θ 的正弦函数，叫作励磁电磁功率。公式中的第二项，与励磁电流 I_f 的大小无关，是由参数 $X_d \neq X_q$ 引起的，也就是因电机的转子是凸极式的引起的，是 2θ 的正弦函数，这一项的电磁功率叫凸极电磁功率。如果电机的气隙均匀(像隐极同步电机)，$X_d = X_q$，式(8-9)中的第二项为零，即不存在凸极电磁功率。隐极同步电机可以看成是凸极同步电动机的特例。

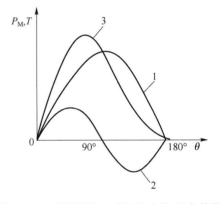

图 8.3.2　凸极同步电动机的功角、矩角特性

式(8-9)中第一项励磁电磁功率是主要的，第二项的数值比第一项小得多。

励磁电磁功率

$$P_{M励} = \frac{3E_0 U}{X_d}\sin\theta \tag{8-11}$$

$P_{M励}$ 与 θ 呈正弦曲线变化关系，如图 8.3.2 中的曲线 1。

当 $\theta = 90°$ 时，$P_{M励}$ 为最大，用 P'_m 表示，则

$$P'_m = \frac{3E_0 U}{X_d}$$

凸极电磁功率

$$P_{M凸} = \frac{3U^2(X_d - X_q)}{2X_d X_q}\sin 2\theta \tag{8-12}$$

当 $\theta = 45°$ 时，$P_{M凸}$ 为最大，用 P''_m 表示，则

$$P''_m = \frac{3U^2(X_d - X_q)}{2X_d X_q}$$

$P_{M凸}$ 与 θ 的关系,如图 8.3.2 中的曲线 2。图 8.3.2 中的曲线 3 是合成的总的电磁功率与 θ 角的关系。可见,总的最大电磁功率 P_{Mm} 对应的 θ 角小于 $90°$

对于矩角特性的讨论是把式(8-10)等号两边同除以同步机械角速度 Ω_1,得电磁转矩为

$$T=\frac{3E_0U}{\Omega_1X_d}\sin\theta+\frac{3U^2(X_d-X_q)}{2X_dX_q\Omega_1}\sin 2\theta \tag{8-13}$$

把电磁转矩 T 与 θ 的变化关系也画在图 8.3.2 中,称为矩角特性,与功角特性仅差个比例尺。

由于隐极同步电动机的参数 $X_d=X_q=X_c$,于是式(8-10)变为

$$P_M=\frac{3E_0U}{X_c}\sin\theta$$

是隐极同步电动机的功角特性,X_c 是隐极式同步电动机的同步电抗。可见,隐极式同步电动机没有凸极电磁功率这一项。

隐极式同步电动机的电磁转矩 T 与 θ 角的关系为

$$T=\frac{3E_0U}{\Omega_1X_c}\sin\theta \tag{8-14}$$

如图 8.3.3 所示为隐极式同步电动机的矩角特性。

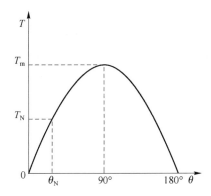

图 8.3.3　隐极式同步电动机的矩角特性

在某固定励磁电流条件下,隐极式同步电动机的最大电磁功率 P_{Mm} 与最大电磁转矩 T_m 分别为

$$P_{Mm}=\frac{3E_0U}{X_c} \qquad\qquad T_m=\frac{3E_0U}{\Omega_1X_c}$$

8.3.3　同步电动机静态稳定问题

与异步电动机一样,同步电动机也有静态稳定运行的问题。我们以隐极式同步电动机为例来说明这一问题。

1. 当电动机拖动机械负载运行于 $\theta_1=0°\sim90°$ 范围内,如图 8.3.4 (a)所示,这时电磁转矩 T 与负载转矩 T_L 相平衡,即 $T=T_L$。由于某种原因,负载转矩 T_L 突然增大为 $T_L{}'$。根据式 (8-14),这时转子要减速使 θ 角增大,例如变为 θ_2,在 θ_2 时对应的电磁转矩为 T',如果 $T'=T_L{}'$,电机就能继续同步运行。不过这时运行在 θ_2 角度上,如果负载转矩又恢复为 T_L,电动机的 θ 角恢复为 θ_1,$T=T_L$。所以电动机能够稳定运行。$0<\theta<90°$ 是隐极式同步电动机稳定工

作区。

2. 当同步电动机带负载运行在 $\theta=90°\sim180°$ 范围内,假设电动机运行于 θ_3,如图 8.3.4 (b)所示,这时电磁转矩 T 与负载转矩 T_L 相平衡,即 $T=T_L$。由于某种原因,负载转矩突然增大为 T'_L。这时 θ 角要增大,例如为 θ_4,如图 8.3.4 (b)所示。但 θ_4 对应的电磁转矩 T' 比增大了的负载转矩 T'_L 小,即 $T'<T'_L$。于是电动机的 θ 角还要继续增大,而电磁转矩反而变得更小,找不到新的平衡点。这样继续的结果,电机的转子转速会偏离同步速,即失去同步,因而无法工作。可见,$90°<\theta<180°$,隐极式同步电动机不能稳定工作。

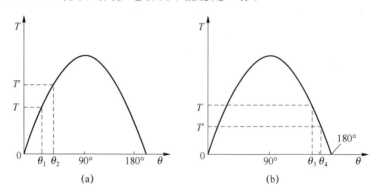

图 8.3.4 同步电动机的稳定运行

为了保证最大同步电动机有一定的过载能力,与异步电动机一样,电磁转矩 T_m 与额定转矩 T_N 之比叫过载倍数(能力),且应有一定的数值,用 λ 表示,即

$$\lambda=\frac{T_m}{T_N}=\frac{\dfrac{3UE_0}{X\mathrm{d}\Omega_1}}{\dfrac{3UE_0\sin\theta_N}{X\mathrm{d}\Omega_1}}=1/\sin\theta_N=2\sim3.5$$

隐极式同步电动机额定运行时,$\theta_N\approx30°\sim16.5°$。凸极式同步电动机额定运行时的功率角还要小些。

当负载改变时,θ 角随之变化,就能使同步电动机的电磁转矩 T 或电磁功率 P_M 跟着变化,以达到相平衡的状态,而电机的转子转速 n 却严格按照同步转速旋转,不发生任何变化,所以同步电动机的机械特性 $n=f(T)$ 为一条直线,是硬特性。

仔细分析同步电动机的原理,知道 θ 角有着双重的含义。一为电动势 $\dot{E}_0$ 与 $\dot{U}$ 之间的夹角,显然是个时间电角度。另外一层含义是,产生电动势 $\dot{E}_0$ 的励磁磁通势 $\dot{F}_0$ 与作用在同步电动机主磁路上的总的合成磁通势$(\dot{F}_0+\dot{F}_a)$ 之间的角度,这是个空间电角度。$\dot{F}_0$ 对应着 $\dot{E}_0$,合成磁通势$(\dot{F}_0+\dot{F}_a)$((8-1)式忽略 $I(\dot{r}_1+x_1)$)近似地对应着 $\dot{U}$。我们把合成磁通势$(\dot{F}_0+\dot{F}_a)$磁通势看成为等效磁极,由它拖着转子磁极以同步转速 n_1 旋转,如图 8.3.5 所示。

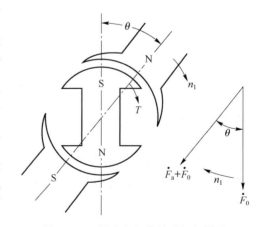

图 8.3.5 同步电机等效磁极与转子

如果转子磁极在前,等效磁极在后,即转子拖着等效磁极旋转,是同步发电机运行状态。

由此可见,同步电机作电动机运行还是作发电机运行,要视转子磁极与等效磁极之间的相对位置来决定。

8.4 同步电动机的功率因数的调节与 U 形特性曲线

8.4.1 同步电动机的功率因数调节

当同步电动机接在电源上,认为电源的电压 U 以及频率 f 都不变,维持常数。另外让电动机拖动的有功负载也保持为常数,仅改变它的励磁电流,就能调节它的功率因数。在分析过程中,忽略电动机的各种损耗。

通过画不同励磁电流下同步电动机的电动势相量图,可以使问题得到解答。为了简单,采用隐极式同步电动机电动势相量图来进行分析,所得结论完全可以用于凸极式同步电动机。

同步电动机的负载不变,是指电动机转轴输出的转矩 $T_2(T_L)$ 不变,为了简单,忽略空载转矩,这样有 $T=T_2$。

当 T_2 不变时,可以认为电磁转矩 T 也不变。

根据式(8-13)知道

$$T = \frac{3E_0 U}{\Omega_1 X_c} \sin\theta = 常数$$

由于电源电压 U,电源频率 f 以及电机的同步电抗等都是常数,上式中

$$E_0 \sin\theta = 常数 \tag{8-15}$$

当改变励磁电流 I_f 时,电动势 E_0 的大小要跟着变化,但必须满足式(8-14)的关系。

当负载转矩不变时,也认为电动机的输入功率 P_1 不变(因为忽略了电机的各种损耗),于是

$$P_1 = 3UI\cos\varphi = 常数$$

在电压 U 不变的条件下,必有

$$I\cos\varphi = 常数 \tag{8-16}$$

式(8-15)实则是电动机定子边的有功电流,应维持不变。

图 8.4.1 根据式(8-15)和式(8-16)这两个条件,画出了三种不同励磁电流 I_f,I_f',I_f'' 对应的电动势 E_0,E_0',E_0'' 的电动势相量图,其中

$$I_f'' < I_f < I_f'$$

所以

$$E_0'' < E_0 < E_0'$$

从图 8.4.1 中可以看出,不管如何改变励磁电流的大小,为了要满足式(8-16)的条件,电流 $\dot{I}$ 的轨迹总是在与电压 $\dot{U}$ 垂直的虚线上。另外,要满足式(8-15)的条件,$\dot{E_0}$ 的轨迹总是在与电压 $\dot{U}$ 平行的虚线上。这样我们就可以从图 8.4.1 看出,当改变励磁电流 I_f 时,同步电动机功率因数变化的规律如下。

(1) 当励磁电流为 I_f 时,使定子电流 $\dot{I}$ 与 $\dot{U}$ 同相,称为正常励磁状态,如图 8.4.1 中的 $\dot{E}_0$, $\dot{I}$ 相量。这种情况下运行的同步电动机像个纯电阻负载,功率因数 $\cos\varphi_N = 1$。

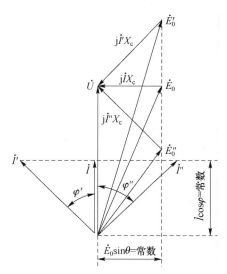

图 8.4.1 负载不变时,仅改变励磁电流的电动势相量图

(2) 当励磁电流比正常励磁电流小时,称为欠励状态,如图 8.4.1 中的 $\dot{E}_0''$ 和 $\dot{I}''$。这时 $E_0'' < U$,定子电流 $\dot{I}''$ 落后 $\dot{U}$ 角 φ''。同步电动机除了从电网吸收有功功率外,还要从电网吸收滞后性的无功功率。这种情况下运行的同步电动机,像是个电阻电感负载。继续减小励磁电流,E_0 会更小,θ 角和 φ 增大,定子电流 I 增大,$\theta = 90°$ 时,有最大输出转矩和最大输出功率,已经达到稳定工作的极限。若再减小励磁电流同步电动机将进入不稳定工作区。

本来电网就供应着如异步电动机、变压器等这种需要滞后性无功功率的负载,现在欠励的同步电动机,也需要滞后性的无功功率,这就加重了电网的负担,所以,很少采用这种运行方式。

(3) 当励磁电流比正常励磁电流大时,称为过励状态,如图 8.4.1 中的 $\dot{E}_0'$ 和 $\dot{I}'$。这时 $E_0' > U$,定子电流 $\dot{I}'$ 领先 $\dot{U}$ 角 φ'。同步电动机除了从电网吸收有功功率外,还要从电网吸收领先的无功功率。这种情况下运行的同步电机,像是个电阻电容负载。

可见,过励状态下的同步电动机对改善电网的功率因数有很大的好处。

总之,当改变同步电动机的励磁电流时,能够改变它的功率因数,这点三相异步电动机是办不到的。所以同步电动机拖动负载运行时,一般要过励,至少运行在正常励磁状态下,不会让它运行在欠励状态。过励状态可以输出机械功率,又可以向电网提供一定数量的无功功率,对其他设备所需的无功功率进行补偿。

例 8-3 某企业变电所,变压器容量为 1 000 kVA,二次电压为 6 000 V。已用的容量为有功功率 400 kW、无功功率 400 kvar(感性),现在企业要增加一台较大的设备,要求电动机功率为 500 kW,转速在 370 r/min 左右。根据生产机械的要求,由产品目录中查出的可供选用的异步电动机和同步电动机分别为:

Y500-6/1430 笼型异步电动机,$P_N = 500$ kW,$U_N = 6\ 000$ V,$I_N = 67$ A,$n_N = 370$ r/min,$\cos\varphi_N = 0.78$,$\eta_N = 0.92$。

　　TDK173/20-16 同步电动机，$P_N = 550$ kW，$U_N = 6\,000$ V，$I_N = 64$ A，$n_N = 375$ r/min，$\eta_N = 0.92$。

　　试计算选用异步机时变压器需要输出的视在功率，不增加变电所容量是否可行。选用同步电动机时，调节 I_f 向电网提供无功功率，调到 I_1 额定时，求同步电动机输入的有功功率；向电网提供的无功功率；电动机此时的功率因数；再求出此时电源变压器的有功功率；无功功率及视在功率。

解　1. 选用异步机时它正好运行在额定状态

① 异步机输入的有功功率为

$$P_1 = \sqrt{3}U_1 I_1 \cos\varphi_1 = \sqrt{3} \times 6\,000 \times 67 \times 0.78 \text{ kW} = 543.1 \text{ kW}$$

② 异步机从电网吸收的无功功率为

$$Q = \sqrt{3}U_1 I_1 \sin\varphi_1 = \sqrt{3} \times 6\,000 \times 67 \times 0.6258 \text{ kvar} = 435.7 \text{ kvar}$$

③ 变压器输出的总有功功率为

$$P = (400 + 543.1) \text{ kW} = 943.1 \text{ kW}$$

④ 变压器输出的总无功功率为

$$Q = (400 + 435.7) \text{ kvar} = 835.7 \text{ kvar}$$

⑤ 变压器的总视在功率为

$$S = \sqrt{P^2 + Q^2} = \sqrt{943.1^2 + 835.7^2} \text{ kV} \cdot \text{A} = 1\,260 \text{ kV} \cdot \text{A}$$

由此可见，视在功率已超过变压器容量，如不采取措施就不能正常工作。

2. 选用同步电动机时，假定输出功率仍为 500 kW，效率仍为 0.92，则有

① 同步电动机从电网吸收的有功功率为

$$P_1 = P_2/\eta_N = \frac{500}{0.92} \text{ kW} = 543.5 \text{ kW}$$

② 调节 I_f 使 I_1 到额定，此时电动机的视在功率为

$$S = \sqrt{3}U_N I_N = \sqrt{3} \times 6\,000 \times 64 \text{ kV} \cdot \text{A} = 665.1 \text{ kV} \cdot \text{A}$$

③ 同步电动机向电网提供的无功功率为

$$Q = \sqrt{S^2 - P^2} = \sqrt{665.1^2 - 543.5^2} \text{ kvar} = 383.4 \text{ kvar}$$

④ 同步电动机功率因数为

$$\cos\varphi = \frac{P}{S} = 0.817 (超前)$$

⑤ 变压器输出的总有功功率为

$$P = (543.5 + 400) \text{ kW} = 943.5 \text{ kW}$$

⑥ 变压器的无功功率为

$$Q = (400 - 383.4) \text{ kvar} = 16.6 \text{ kvar}$$

⑦ 变压器的视在功率为

$$S = \sqrt{P^2 + Q^2} = \sqrt{943.5^2 + 16.6^2} \text{ kV} \cdot \text{A} = 943.6 \text{ kV} \cdot \text{A}$$

可见，选用同步电动机时，由于补偿了无功功率，使变压器的视在功率未超过变压器容量，不用增加变压器容量，可以工作。

8.4.2　同步电动机的 U 形特性曲线

现在再研究一下图 8.4.1,当改变励磁电流时电动机定子电流变化情况。从图中看出,三种励磁电流情况下,只有正常励磁时,定子电流为最小,过励或欠励时,定子电流都会增大。把定子电流 I 的大小与励磁电流 I_f 的大小的关系 $I=f(I_f)$ 用曲线表示,如图 8.4.2 所示。图中定子电流变化规律像 U 字形,故称 U 形特性曲线。

当电动机带有不同的负载时,对应有一组 U 形曲线,如图 8.4.2 所示。输出功率越大,在相同的励磁电流条件下,定子电流增大,所得 U 形曲线往右上方移。图 8.4.2 中各条 U 形曲线对应的功率为 $P_2''' > P_2'' > P_2'$。

图 8.4.2　同步电动机的 U 形特性曲线

对每条 U 形曲线,定子电流有一个最小值,这时定子仅从电网吸收有功功率,功率因数 $\cos\varphi=1$。把这些点连起来,称为 $\cos\varphi=1$ 的线。它微微向右倾斜,说明输出为纯有功功率时,输出功率增大的同时,必须相应地增加一些励磁电流。

$\cos\varphi=1$ 线的左边是欠励区,右边是过励区。

当同步电动机带了一定负载时,减小励磁电流,电动势 E_0 减小,P_M 与 E_0 成正比,当 P_M 小到一定程度,θ 超过 $90°$,电动机就失去同步,如图 8.4.2 中虚线所示的不稳定区。从这个角度看,同步电动机最好也不运行于欠励状态。

对同步电动机功率因数可调的原因不妨简单地这样理解:同步电动机的磁场是由定子边电枢反应磁通势 $\dot{F}_a$ 和转子边励磁磁通势 $\dot{F}_0$ 共同建立的,因此(1)转子边欠励时,定子边需要从电源输入滞后的无功功率建立磁场,定子边便呈滞后性功率因数;(2)转子边正常励磁,不需要定子边提供无功功率,定子边便呈纯电阻性,$\cos\varphi=1$;(3) 转子边过励时,定子边反而要吸收领先性无功功率,定子边便呈领先性的功率因数。所以同步电动机功率因数呈电感性还是呈电阻性还是呈电容性,完全可以人为地调节励磁电流改变励磁磁通势大小来实现。

8.5　同步电动机的起动

1. 同步电动机起动方法

长期以来,同步电动机起动困难是限制它广泛应用的一个重要原因。由同步电动机模型可知,它在正常工作时是靠合成磁场对转子磁极的磁拉力牵引转子同步旋转的,转子转速只有与合成磁场同步才有稳定的磁拉力,形成一定的同步转矩。同步转矩能使同步电动机正常旋转,但在非变频起动中它却无能为力,这是因为同步转矩是功角 θ 的函数。在非变频起动过程中,转子转速与旋转磁场转速不等,功角 θ 在 $0\sim360°$ 之间不断变化,当 θ 在 $0\sim180°$ 之间时,定、转子磁极相吸引,转矩起拖动作用,而当 θ 在 $180°\sim360°$ 之间时,定、转子磁极相排斥,转矩起制动作用。θ 角变化一个周期平均转矩为零。无法使电动机加速,所以在同步电动机恒频率起动时,起动转矩为零,不能依靠同步转矩、必须采取其他措施。同步电动机起动可有如下三种方法。

第一种起动方法是辅助电动机法,通常是用一台与同步电动机极数相同的小型异步电动机把同步电动机拖动到异步转速,然后投入电网,加入直流,靠同步转矩把转子牵入同步。这种起动方法投资大、不经济、占地面积大,不适合带负载起动,所以用得不多,个别用于起动同步补偿机。

第二种方法是变频起动,这是一种性能很好的起动方法,起动电流小,对电网冲击小,它要求有为同步电动机供电的变频电源。变频起动是在起动之前将转子加入直流,然后使变频器的频率从零缓慢上升,旋转磁场牵引转子缓慢地同步加速,直到额定转速。这种起动方法只要有变频电源是容易实现的。现在,除应用变频调速的变频电源对同步电动机进行起动外,还有专门为起动同步电动机的变频电源,这种电源把电动机起动起来后,投入电网,变频电源即被切除,因此它可以用一台变频电源分时起动多台同步电动机。这样的变频电源只在起动时短时应用,所以它的容量也可比同步电动机大为减小。

第三种方法是异步起动,这是同步电动机采用的一种方法,起动过程分为两个阶段,即异步起动和牵入同步阶段,下面我们仅对这种起动方法进行分析。

2. 异步起动阶段

同步电动机转子上装有笼型绕组,主要靠它在起动的第一阶段把转子加速到正常的异步转速,这一转速通常大于同步转速的 95％,也称为准同步转速。同步电动机的异步起动与笼型电动机的起动过程完全一样,只是同步电动机的笼条可以细些,容量可以小些。这是因为它只在异步起动过程中起作用,在同步运行时不切割磁场,不产生感应电动势也无电流,在同步电动机出现振荡时,笼型绕组感生的瞬时电流起稳定作用。

与异步电动机起动一样,同步电动机在异步起动阶段也要求有足够大的起动转矩倍数;有尽量小的起动电流倍数;有一定的过载能力。此外,为了能够顺利地牵入同步,它也要求在准同步转速下有一定的转矩,我们把它称为牵入转矩。

不同的生产机械对起动有不同的要求,风机、水泵类机械,对起动转矩要求不高,但希望有较大的牵入转矩,球磨机则对起动转矩有较高的要求。与笼型电动机起动一样,同步电动机异步起动时,可以直接起动,也可以减压起动,这要根据具体情况而定。

在异步起动过程中,转子直流励磁绕组如何处理也是一个值得注意的问题。这时它不能加入直流励磁电流,原因是如果加入直流励磁电流,随着转速的上升转子磁极在定子绕组中能感生出一个频率随转速变化的三相对称电动势,这个电动势的频率与电网电压的频率不相同,它通过电源变压器二次绕组构成回路,产生很大的电流,这一电流与定子绕组起动电流按瞬时叠加,使定子电流过大,这是不允许的。在异步起动过程中,直流励磁绕组也不能开路,因为直流绕组匝数很多,正常运行时旋转磁场并不切割它,而在起动过程中,特别是在低速时,旋转磁场以很高的速度切割直流励磁绕组,在其上感生很高的电动势,容易击穿绕组绝缘,对操作人员的人身安全也构成了一定的威胁,这也是不允许的。

在异步起动过程中,如果把直流励磁绕组直接短路,将产生单轴转矩。假定这时定子旋转磁动势转速为 n_1,转子转速为 n,那么旋转磁场切割转子的速度为 $n_1 - n$,旋转磁场在转子直流励磁绕组中感应电动势的频率为 $f_2 = p(n_1 - n)/60 = sf_1$,这与异步机的情形相同,这一电动势在直流励磁绕组中产生频率为 f_2 的单相短路电流。根据磁动势理论,它将在旋转着的转子上产生一个脉振磁动势,我们把这一脉振磁动势再分成两个大小相等、方向相反的旋转磁动势 F_{r+} 和 F_{r-},分别看它们在起动过程中所起的作用。

正序磁动势 F_{r+},在转子上继续向前旋转,它对转子的转速为 $\Delta n=60f_2/p=sn_1$,所以 F_{r+} 对定子的转速为 $n+\Delta n=n+n_1s=n+n_1(n_1-n)/n=n_1$,可见它与定子旋转磁动势同速、同向旋转,产生固定的转矩,这与正常异步电动机一样,画出 $T_+=f(n)$ 曲线如图 8.5.1 中曲线 1 所示。

负序磁动势 F_{r-},以 $\Delta n=sn_1$ 速度在转子上向反方向旋转,它对定子的转速为 $n_-=n-sn_1=n_1-sn_1-sn_1=n_1(1-2s)$。可见,$F_r$ 的转速是随 s 而变化的,它与定子旋转磁场转速不等,产生小的转矩周期性变化,平均转矩为零。所以 F_r 对定子旋转磁场的作用可以不必考虑,但由于 F_r 在气隙中旋转切割定子三相绕组,在定子绕组中感生一组与电网不同频率的三相对称电动势,它在定子三相绕组及供电变压器二次绕组中形成三相对称电流,这组三相对称电流产生的旋转磁场,与 F_{r-} 同速、同向旋转,两者相对静止,形成了一个反装的异步电动机(转子为一次侧,定子为二次侧),产生的转矩我们用 T_- 表示,T_- 随 s 的变化曲线 $T_-=f(s)$ 如图 8.5.1中曲线 2 所示。当 $1>s>0.5(0<n<0.5n_1)$ 时,F_{r-} 的转速 $n_1(1-2s)$ 为负,它力图拉着定子反向旋转,但定子不动,其反作用转矩把转子推向前进,所以在转速的这个范围里 T_- 对转子起拖动作用,使转子加速,T_- 为正。当 $s=0.5(n=0.5n_1)$ 时,F_{r-} 的转速 $n_1(1-2s)$ 为零,这时不切割定子绕组,$T_-=0$。当 $0.5>s>0(0.5n_1<n<n_1)$ 时,F_{r-} 的转速 $n_1(1-2s)$ 为正,F_{r-} 力图拉着定子正向旋转,定子不动,反作用力把转子推向反转,T_- 为负,对电动机起制动作用,特别是转速在 $0.5n_1$ 附近时,反作用转矩很大,对电动机起动有较大影响。

把图 8.5.1 中的曲线 $1T_+=f(s)$ 和曲线 2 $T_-=f(s)$ 相加得到的曲线 3 $T=f(s)$ 就是起动过程中的单轴转矩曲线。由图中曲线 2 可知,如果在起动过程中把直流励磁绕组直接短路,在转速升到 1/2 同步速度之后,T_- 出现一个很大的负值,有可能把电动机的转速卡在半速附近,升不上去达不到准同步转速,无法牵入同步,使起动失败。为克服这一缺点,将直流励磁绕组串一电阻闭合,所串电阻阻值一般为励磁绕组电阻的 5~10 倍。串电阻后,T_+ 和 T_- 以及合成转矩 T 的形状都发生了变化,如图 8.5.2 所示,对于 T_+ 相当于正常异步电动机转子串电阻,临界转差率 s_m 增大,对于 T_- 相当于把一次磁动势削弱,$T_-=f(s)$ 曲线与异步电动机降低电源电压时的机械特性相似,所以在串电阻后在半速附近 T_- 的最大制动转矩将大为减小,在起动过程中靠鼠笼产生的异步转矩和单轴转矩中的 T_+,完全可以把转子拉过这段 T_- 制动转矩最大的区域(半速附近),使电动机达到准同步转速,并牵入同步。

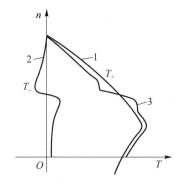

图 8.5.1 直流励磁绕组直接短路时的单轴转矩　　图 8.5.2 直流励磁绕组串电阻闭合时的单轴转矩

3. 牵入同步

异步起动之后,电动机已达到准同步转速,这时笼型绕组的异步转矩虽然仍有一定数值,但不能靠它把转子拉入同步,因为由异步电动机机械特性可知,在这一段的异步转矩基本与转差率成正比,转速升高,转差率减小,转矩与之成正比地减小,到同步转速时该项转矩为零,所以不能靠它把转子牵入同步。为把转子拉入同步,这时要靠同步转矩起作用,为此在电动机达到准同步转速后,应及时给直流励磁绕组加入励磁电流,同步转矩在异步起动阶段不起加速作用,那是因为在转速较低时,旋转磁场以较高的速度扫过转子磁场,对转子推拉减半,平均转矩为零。但到准同步转速之后,情况发生了变化,这时转子转速已接近旋转磁场转速,加入直流励磁后,旋转磁场相对转子转速已经很低,功角 θ 由 $0°$ 变到 $180°$ 这段时间较长,而在这半个周期旋转磁场对转子一直是拉力,这一转矩再加上这段时间的异步转矩,完全有可能把转子由准同步转速度拉到同步转速,使电动机进入稳定的同步运行。这就是同步电动机起的第二阶段——牵入同步阶段。

牵入同步进行得是否顺利与以下几个因素有关:首先与这时的负载转矩有关,负载越轻越容易牵;其次是与系统的转动惯量 GD^2 有关,惯量越小加速越快,越容易牵入;再一个因素就是与加入直流励磁的瞬间有关,显然当功角 θ 等于零时,加入直流励磁最为有利。这时牵入的可能性最大。因此,对于负载较重、惯量较大、牵入困难的同步电动机,希望在 θ 为零时加入直流励磁,因而要在控制电路中加入测量功角的环节,以保证在 θ 过零时加入直流励磁电流。对于牵入不是很困难的同步电动机,一般不检测功角 θ,随时加入直流励磁电流,也能够牵入同步。这是因为即使是在 θ 为 $180°\sim360°$ 区间加入直流,开始同步转矩为负,对转子起减速作用,但因这时异步转矩还有不小的数值,减速又使异步转矩加大,它有效地抑制了减速,速度减不了多少,过一会当 θ 进入 $360°\sim540°$ 区间(即进入 $0°\sim180°$ 区间),同步转矩又起牵入作用,仍能把转子牵入同步。

如果牵入同步有困难,还有一个办法,那就是加大直流励磁。加大直流励磁电流,可以加大 E_0,从而加大同步转矩,有利于牵入同步。

综上所述,同步电动机的异步起动法,是先进行异步起动,然后牵入同步,达到同步后电动机进入稳定运行状态,起动结束。

思考题与习题

8-1　什么叫同步电机? 怎样由极数决定它的转速,试问 750 转/分、50 Hz 的同步电机是几极?

8-2　为什么同步电动机只能运行在同步转速,而异步电动机不能在同步转速下运行?

8-3　试画出同步电动机与并励直流电动机的机械特性 $n=f(T)$,并比较两者有何区别,为什么?

8-4　试述同步电机各种励磁方式的无功功率有何区别,及其适用范围。

8-5　何谓双反应法,为什么分析凸极同步电动机时要用双反应法,而分析隐极同步电动机不用? 凸极同步发电机负载运行时,若 ψ_0 既不等于 $0°$ 又不等于 $90°$,问电枢磁场的基波与电枢磁势的基波在空间是否相同,为什么?

8-6　一台凸极同步电动机,假定它的电枢反应磁动势两个分量 F_{ad} 和 F_{aq} 有相同的量值,它们分别产生的磁通 Φ_{ad} 和 Φ_{aq} 大小是否相等,如果不等,哪一个有较大的数值,为什么?

8-7　一台同步电动机,按电动机惯例,定子电流滞后定子电压,若不断增加励磁电流,则此电动机的概率因数将如何变化?

8-8　说明功角 θ 的物理意义。

8-9　同步电动机在异步起动过程中,直流励磁绕组为什么不能送直流电流,不能开路、也不宜直接短路?

8-10　从磁能观点说明调节励磁可以调节同步电动机功率因数的道理。调节励磁对同步电动机的有功负载有无影响?

8-11　说明同步电动机的补偿原理,为什么补偿时总是工作在过励磁状态?

8-12　说明同步电动机的异步起动过程。

8-13　说明同步电动机的牵入同步过程。

8-14　为什么说同步电动机本身无起动能力? 采用异步法起动同步电动机时应注意哪些事项?

8-15　一台三相凸极同步电动机,定子绕组为星形联结,$U_N = 6\,000$ V,$f_N = 50$ Hz,$n_N = 300$ r/min,$I_N = 57.8$ A,$\cos \varphi_N = 0.8$(超前),$X_d = 64.2$ Ω,$X_q = 40.8$ Ω。不计定子电阻,试求:

(1) 在额定负载下的励磁电动势 E_0;

(2) 在额定负载下的电磁功率及电磁转矩。

8-16　已知一台隐极式同步电动机,额定电压 $U_N = 6\,000$ V,额定电流 $I_N = 71.5$ A,额定功率因数 $\cos \varphi_N = 0.9$(领先性),定子绕组为 Y 接法,同步电抗 $X_c = 48.5$ Ω,忽略定子电阻 r_1。当这台电机在额定运行,且功率因数 $\cos \varphi_N = 0.9$ 领先时,求(1)空载电动势 $\dot{E}_0$;(2)功率角 θ_N;(3)电磁功率 P_M;(4)过载倍数 λ。

8-17　某企业电源电压为 $6\,000$ V,内部使用了多台异步电动机,其总输出功率为 $1\,500$ kW,平均效率 70%,功率因数为 0.8(滞后)。企业新增一台 400 kW 设备计划采用运行于过励状态的同步电动机拖动,补偿企业的功率因数到 1(不计电机本身损耗)。试求:(1)同步电动机的容量为多大? (2)同步电动机的功率因数为多少?

8-18　一台隐极三相同步电动机,电枢绕组 Y 连接法,同步电抗 $X_c = 5.8$ Ω,额定电压 $U_N = 380$ V,额定电流 $I_N = 23.6$ A,不计电阻压降,当输入功率为 15 kW 时,试求:(1)功率因数 $\cos \varphi = 1$ 时的功角 θ;(2)每相电势 $E_0 = 250$ V 时的功角 φ 和功率因数 $\cos \varphi$。

8-19　某厂变电所的容量为 $2\,000$ kV·A,变电所本身的负荷为 $1\,200$ kW,功率因数 $\cos \varphi = 0.65$(滞后)。今该厂欲添一同步电动机,额定数据为:$P_N = 500$ kW,$\cos \varphi_N = 0.8$(超前),效率 $\eta_N = 95\%$。问当同步电动机额定运行时,全厂的功率因数是多少? 变电所是否过载?

第9章 控制电机

控制用交流机、直流机种类繁多,性能各异,这些电机往往拖动小型负载,功率在 750 W 以下,最小的不到 1 W,外形尺寸也小。但就其工作原理看仍可以区别为直流机、异步机和同步机。因此,学习其他电机是建立在学好直流机、变压器、异步机和同步机的基础之上的。随着自动化的发展,不但转速控制和位置控制需要使用电机去满足极不相同的特殊需要,而信号检测、放大和转换,甚至数学解算也都使用电机。这些特殊用途的电机往往突出某一方向的性能和特点,是一些基本概念的扩大和延伸。所以学习这些电机有利于扩大知识面,而且透过具体问题的分析,可以提高分析问题和解决问题的能力。

9.1 单相异步电动机

9.1.1 单相异步电动机工作原理

从常识讲单相比三相简单,但是单相异步机的工作原理却比三相的复杂,这是因为我们分析交流机的工作原理是从旋转磁场以发的,而线圈通单相交流电是脉振磁场,在分析脉振磁场时我们已经知道,一个脉振磁场可以分解成两个大小相等的,方向相反以同一转速旋转的旋转磁场,它们的幅值是脉振磁场最大振幅的一半。

如果定子是单相绕组,它产生的磁势就是脉振磁势。我们采用重叠原理,假想定子上有两套三相绕组,它们产生两个大小相等的,向相反方向同速旋转的旋转磁场,这两个旋转磁场合起来刚好等于实际的单相绕组产生的脉振磁场。

把一台单相电动机想象成两台相同的三相电动机同轴运行,它们的定子旋转磁势向相反的方向旋转。把定子旋转磁势和转子同方向旋转的一台叫作正序电机;而把另一台反方向旋转的叫作负序电机。由于这两台电机的参数完全一样,所以应当具有完全相同的机械特性(异步电动机机械特性 $n=f(T)$ 曲线在第 10 章详述。如图 9.1.1 所示为正序电机的转矩 T_+ 和负序电机的转矩 T_- 机械特性,它们是典型的三相鼠笼机的机械特性。单相异步机的机械特性应当是正序电机的转矩 T_+ 加上负序电机的转矩 T_-,即 $T=T_++T_-$。

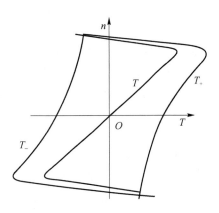

图 9.1.1 单相异步电动机的正负序转矩

两台三相异步电动机同轴运行,参数完全一样,定子旋转磁场向相反的方向旋转,一台处于电动状态时,另一台处于反接制动状态。起动时转矩彼此对消,所以 $n=0$ 时,$T=0$,单相异步电动机没有起动转矩,自己不能起动。当 $n \neq 0$ 时,合成转矩不等于零。由图 9.1.1 看出,单相异步电动机既可以正序电机为主进行正转,也可以负序电机为主进行反转。所以单相异步电动机没有固定方向,外力拨它正转它就正转,外力拨它反转它就反转。

9.1.2 单相异步电动机的起动

如前所述。单相异步电动机不能自行起动,究其原因,是在 $n=0$ 时,$T=0$,气隙中不存在合成的旋转磁场。因此,若要单相异步电动机能够自行起动,必须设法使电动机在起动时气隙中能建立起旋转磁场。针对这一要求,设计了电容起动、罩极起动等单相异步电动机。

1. 单相电容起动电动机

单相电容起动电动机定子上有两套绕组,如图 9.1.2 所示,工作绕组 N_1(又称主绕组)和起动绕组 N_s(又称辅助绕组)均嵌放在定子铁心槽中。起动绕组串联电容器 C 后,与工作绕组一起接在单相电源上。

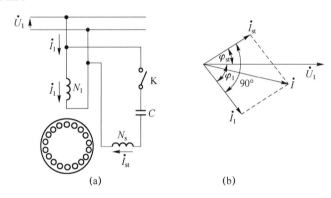

图 9.1.2　单相电容起动电动机原理图

从两套绕组的空间位置上看,它们彼此相距 90°电角度,从通过两套绕组中的电流时间关系上看,它们彼此有 90°的相位差(在正确选择电容数值的情况下)。因此,电动机在起动时能获得一个两相旋转磁场,这个磁场使电动机产生起动转矩。电动机的转动方向决定于起动绕组和工作绕组空间位置的关系,所以互换这两个绕组中任何一个绕组的端头,使其绕组轴线方向相反,就是改变两个绕组空间位置的相对关系,因而改变了电动机的转向。当电动机的转速达到同步转速的 70%~80% 时,装在电动机轴上的离心式开关 K 就自动地把起动绕组断开。所以这种电动机被称为"电容起动电动机"。如果起动绕组设计成可以长期运行的话,这种电机就称为"电容电动机"了。电容电动机运行时。定子绕组在空气隙中产生的不是脉振磁场,而是旋转磁场,这就使得电容电动机的运行性能较电容起动电动机有较大的改善。

2. 罩极电动机

罩极电动机的定子铁心做成凸极式、每个磁极上装有工作绕组,如图 9.1.3(a)所示,在每个磁极的极靴的一边开有一个小槽,用短路铜环 W_s 把部分极靴(约占 1/3 极靴表面)围起来形成被罩部分,短路铜环 W_s 和工作绕组 W_1 二者轴线之间有一定的角度,转子为笼型。

当单相交流电流通过工作绕组 W_1 时,定子主磁极产生脉振磁通,其中 $\dot{\Phi}_1$ 不穿过短路环,

$\dot{\Phi}_2$ 穿过短路环。由于 $\dot{\Phi}_1$、$\dot{\Phi}_2$ 皆随工作绕组电流的变化而变化,故 $\dot{\Phi}_1$ 与 $\dot{\Phi}_2$ 同相位。在 $\dot{\Phi}_2$ 的作用下,短路环中感生电势,并产生电流 $\dot{I}_s$。$\dot{I}_s$ 被罩部分磁极中产生与 $\dot{I}_s$ 同相位的磁通 $\dot{\Phi}_s$、于是穿过短路环的合成磁通为 $\dot{\Phi}_3 = \dot{\Phi}_2 + \dot{\Phi}_s$,如图 9.1.3(b)所示。在 $\dot{\Phi}_3$ 作用下、短路环中感生电势 $\dot{E}_s$,它的相位比 $\dot{\Phi}_3$ 滞后 90°。而 $\dot{I}_s$ 滞后 $\dot{E}_s$ 一个小角度。

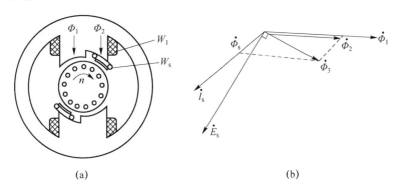

图 9.1.3　罩极电动机原理图

　　由于 $\dot{\Phi}_1$、$\dot{\Phi}_3$ 在空间位置上和时间相位上都有一定的位差,而且 $\dot{\Phi}_3$ 始终滞后于 $\dot{\Phi}_1$,因此,二者的合成作用,使气隙中建立起一个"移动磁场",其移动方向总是从磁极的未罩部分移向被罩部分。由于这个"移动磁场"的作用,使电动机产生了起动转矩,电机转子沿移动磁场的移动方向旋转罩极电动机的起动转矩不大,但是由于它的结构非常简单,故常用于小型电扇中,其功率一般不超过 40 W。

9.2　测速发电机

　　测速发电机是一种检测元件,它能将转速变换成电讯号。输出的电讯号与转速成正比。测速发电机具有测速和计算等功能。在调速系统中,作为测速元件,构成主反馈通道;在位置随动系统中,作为测速反馈元件,形成局部反馈回路,改善系统的动态性能和稳态精度;在解算装置中,作解算元件,进行积分、微分运算。按测速发电机用途不同,对其性能有不同的要求。如作测速元件,要求有较高的灵敏度、线性度,且反应要快;作解算元件时,要有较高的线性度、较小的温度误差和剩余电压,但对灵敏度则要求不高;而作为阻尼元件时,要有较高灵敏度,对线性度要求则不高。

　　测速发电机分直流测速发电机与交流测速发电机。

9.2.1　直流测速发电机

　　直流测速发电机就是微型直流发电机。其结构工作原理与直流发电机相同。只是有的测速发电机磁极做成永磁式,而且,随着永磁材料性能的提高和价格下降,永磁测速发电机的数量迅速增加。有多种测速发电机,如永磁式无槽电枢发电机、杯形电枢发电机、无刷直流测速发电机和霍尔测速发电机等,它们在减小转动惯量、电压纹波,提高抗干扰能力及线性度等方面有突出的优点。

直流测速发电机的接线如图 9.2.1 所示。

当测速发电机转子在磁通为 Φ 的磁场中以 n 旋转时,电枢绕组中的感应电势为

$$E_a = C_e \Phi_N \tag{9-1}$$

空载时输出电压 $U_a = E_a$。输出电压与转速成正比。当测速发电机接上负载 R_L 时,输出电压为

$$U_a = E_a - I_a R_a \tag{9-2}$$

式中,R_a 为电枢回路总电阻。

由于负载电流为

$$I_a = \frac{U_a}{R_L} \tag{9-3}$$

式(9-2)变为

$$U_a = C_e \Phi_N - \frac{U_a}{R_L} R_a$$

整理得

$$U_a = \frac{C_e \Phi}{1 + \dfrac{R_a}{R_L}} n = K_L n \tag{9-4}$$

其中

$$K_L = \frac{C_e \Phi}{1 + \dfrac{R_a}{R_L}} \tag{9-5}$$

从式(9-4)可见,当 Φ、R_a、R_L 保持不变时,U_a 与 n 呈线性关系。K_L 表示输出特性的斜率,称为测速发电机的灵敏度。

输出电压的极性随旋转方向而变。

负载电阻 R_L 的大小将影响灵敏度。R_L 变大,灵敏度提高,空载时灵敏度最高。

直流测速发电机的静态输出特性如图 9.2.2 所示。

图 9.2.1　直流测速发电机接线图

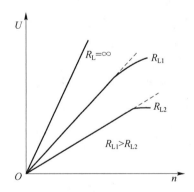

图 9.2.2　直流测速发电机输出特性

以上是静态特性,现在讨论动态特性。直流测速发电机的动态方程为

$$U_a = E_a - L_a \frac{dI_a}{dt} - I_a R_a \tag{9-6}$$

将式(9-1)和式(9-3)代入式(9-6)得

$$U_a = C_e \Phi_N - \frac{L_a}{R_L} \frac{dU_a}{dt} - \frac{R_a}{R_L} U_a \tag{9-7}$$

整理后,并记

$$T = \frac{L_a}{R_a + R_L} \tag{9-8}$$

$$K'_L = \frac{9.55 C_e \Phi}{1 + \frac{R_a}{R_L}} \tag{9-9}$$

得

$$T \frac{dU_a}{dt} + U_a = K'_L \Omega \tag{9-10}$$

对式(9-10)两边取拉氏变换得

$$(TS+1)U_a = K'_L \Omega(s) \tag{9-11}$$

传递函数为

$$G(s) = \frac{U_a(s)}{\Omega(s)} = \frac{K'_L}{TS+1} \tag{9-12}$$

可见,考虑电枢电流变化和电感时,直流测速发电机是惯性环节。当 $\frac{1}{T}$ 远大于系统带宽时,可看成比例环节。

对误差进行分析。从式(9-4)可见,只有保持 Φ、R_a、R_L 不变时,U_a 才与 n 有严格的线性关系。实际上 Φ、R_a、R_L 很难保持不变,因而,直流测速发电机存在一定的线性误差 δ,

$$\delta = \frac{\Delta U_{max}}{U_{amax}} \tag{9-13}$$

式中,ΔU_{max} 表示在工作转速范围内,实际输出的电压与理想输出电压的最大差值;

U_{amax} 表示最高转速对应的理想输出电压。一般的测速发电机,$\delta = 1\% \sim 2\%$;较精密的测速发电机 $\delta = 0.25\% \sim 0.1\%$。

产生线性误差的因素很多,主要有如下 3 个因素。

(1) 电枢反应的影响,和直流发电机一样,直流测速发电机中也存在电枢反应,使气隙磁密发生畸变。当负载电流增大,磁路出现饱和时,将产生去磁效应,使每极下的合成磁通减小。负载电流愈大,去磁愈厉害。磁通减小,将使输出电压减小,破坏线性关系。

(2) 温度的影响,环境温度及电机本身温度的变化,使电枢电阻和励磁绕组电阻发生变化。例如铜导线,温度每增加 25℃,其阻值将增加 10%,电枢绕组 R_a 增加,将使 U_a 下降。励磁绕组电阻增加,励磁电流减少,磁通下降,造成输出电压 U_a 降低,从而形成线性误差。

(3) 电刷与换向器接触电阻影响,电刷与换向器接触电阻是电枢回路总电阻的重要组成部分。接触电阻不仅与电刷与换向器接触面、压紧弹簧状况有关,还与转速、负载电流有关。因此,转速与负载电流变化使电枢电阻变化,造成线性误差。

人们采取各种方法抑制线性误差。如将磁路设计得比较饱和,即使励磁电流变化较大,磁通也不会有大的改变;有的在励磁回路中串入较大电阻或具有负温度系数的电阻,以减少励磁电阻的影响;有的采用永磁材料,而无须励磁电流;有的接入较大负载电阻或采用较低转速,以限制负载电流,避免产生较强的电枢反应。

9.2.2　交流测速发电机

交流测速发电机分交流同步测速发电机和交流异步测速发电机。前者的输出电压,不仅其幅值与转速有关,其频率也与转速有关,致使电机本身的阻抗与负载阻抗也与转速有关。这样,输出电压不再与转速呈线性关系,因此,同步测速发电机不宜用于自动控制系统。后者的输出电压与转速有严格的线性关系,广泛用于自动控制系统。我们仅对交流异步测速发电机作一介绍。

1. 杯形转子交流异步测速发电机结构

它的优点是转动损量小,反应快。杯形转子交流异步测速发电机的定子槽内嵌放互呈90°电角度的励磁绕组和输出绕组。对于机座号较大的杯形转子测速发电机,将励磁绕组嵌放在外定子槽内,而将输出绕组嵌放在内定子槽内。通过调整内外定子的相对位置,使剩余电压最小。

2. 杯形转子交流异步测速发电机工作原理

从工作原理上讲,发生在笼型转子的电磁过程和杯形转子基本相同。所不同的是笼型转子为有限根导条,而杯形转子可看成无数根导条。因此,完全可以用笼型转子说明其工作原理。

将转子杯形绕组等效成其轴线与 d、q 轴重合的两个绕组。当将定子励磁绕组 W_1 接在恒定的单相交流电压 U_1 上时,在气隙中便产生与励磁绕组轴线一致的脉振磁通 Φ_d,如图 9.2.3 (a)所示。当 $n=0$ 时,脉振磁通 Φ_d 只与等效绕组 1—1′ 交链,产生变压器电势 E_r,其电磁现象与副边短路的变压器相同。而等效绕组 2—2′ 轴线、定子输出绕组 W_2 轴线都与 Φ_d 垂直,没有交链,不产生感应电势,输出电压为零。当 $n \neq 0$ 时,等效线圈 2—2′ 将切割 Φ_d,产生旋转感应电势 e_{r2}。若气隙磁密 $B_\delta = B_{\delta m}\sin \omega t$,则有

$$e_{r2} = W_{22}lvB_\delta = W_{22}l\frac{\pi Dn}{60}B_{\delta m}\sin \omega t$$

$$= Cn\Phi_d\sin \omega t = \sqrt{2}E_{r2}\sin \omega t \tag{9-14}$$

式中,W_{22} 表示等效绕组 2—2′ 的匝数

$$E_{r2} = \frac{1}{\sqrt{2}}C\Phi_d n \tag{9-15}$$

由式(9-14)可见,等效线圈 2—2′ 的旋转电势是一个有效值与转速 n 成正比、频率与电源频率相同的电势。若等效线圈 2—2′ 流过与 E_{r2} 相位相同的电流 $\dot{I}_r$,认为转子等效绕组 2—2′ 是纯电阻,忽略电感。如图 9.2.3(b)所示。根据右手螺旋定则,$\dot{I}_r$ 产生与 q 轴重合的磁势 F_q,因 q 轴方向气隙较大,磁路不会饱和,所以,沿 q 轴方向的磁通 Φ_q 与 F_q 成比例,转子是由高电阻材料制成,电阻远大于电抗,亦即当 I_r 和 E_{r2} 互成比例、同相,所以有

$$\Phi_q = KE_{r2} = K\frac{C\Phi_d}{\sqrt{2}}n \tag{9-16}$$

Φ_q 和 E_{r2} 一样,也是以电源频率 f 交变的。输出绕组 W_2 轴线与 q 轴重合,刚好与 Φ_q 交链,在 W_2 中产生变压器电势

$$U_2 = 4.44fW_2\Phi_q = 4.44fW_2K\frac{C\Phi_d}{\sqrt{2}}n = K'n \tag{9-17}$$

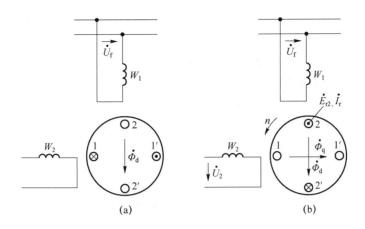

图 9.2.3　交流异步测速发电机原理

这就形成了输出电压与转速呈线性关系。若转子转向相反，$\dot{E}_{r2}$ 相位将变化 $180°$，从而使 Φ_q 相位亦变化 $180°$。这样，输出电压除反应转速的大小外，还能反应转动的方向。

误差分析，一台理想的交流异步速发电机具有如下特性：

(1) 输出电压与转速成严格的线性关系；

(2) 输出电压与励磁电压相位相同；

(3) 转速 $n=0$ 时，输出电压为零。

实际上，由于测速发电机参数受温度变化影响和工艺的原因，难以满足上述要求，总会产生误差。

1. 线性误差　从式(9-17)可见，若要使 U_2 与 n 成严格的线性关系，$\dot{\Phi}_d$ 必须为常数。由前而分析可知，当 $n=0$ 时，交流异步调速发电机沿 d 轴的电磁关系与副边短路的变压器相似，$\dot{\Phi}_d$ 是由原、副边共同产生的。当 $n \neq 0$ 时，除存在上述电磁关系外，要注意到等效线圈 2—2′ 产生旋转电势 E_{r2}，$E_{r2} \rightarrow I_r \rightarrow \Phi_q$，等效线圈 1—1′ 又要切割 $\dot{\Phi}_q$，产生旋转电势 $\dot{E}_{rd}$，其方向如图 9.2.4 所示。$\dot{E}_{rd}$ 产生 $\dot{I}_{rd}$，$\dot{I}_{rd}$ 产生的磁通刚好与 $\dot{\Phi}_d$ 相反。由于 $\Phi_q \propto n$，$\dot{I}_{rd}$ 也与转速有关，它产生的磁通也随转速变化。这样，$\dot{\Phi}_d$ 就不能保证不变，必造成线性误差。

图 9.2.4　转子电流对励磁磁势的作用

2. 相位误差　理想的异步测速发电机输出电压与励磁电压应当是同相位的，但由于转子杯导体不是纯电阻性,励磁绕组和输出绕组也有漏抗,这些电抗在异步测速发电机中引起一定的相位误差。

3. 剩余电压　剩余电压是指 $n=0$ 时仍有输出电压,亦称零信号电压,一般约为几毫伏到几十毫伏。产生剩余电压的原因很多,主要有两方面:一是工艺方面的原因,如磁路不对称,绕组匝间短路。励磁绕组与输出绕组不严格成90°等;二是导磁材料的原因,如不均匀、非线性等。

在选用交流测速发电机时,除注意选择技术条件较优者外,还可采取相应措施使误差减小。

9.3　伺服电动机

伺服电动机在自动控制系统中作为执行元件故又称执行电动机,其功能是把所接受的电信号转换为电动机转轴上的角位移或角速度的变化。伺服电动机按电流种类的不同,可分为直流伺服电动机和交流伺服电动机两大类。

9.3.1　直流伺服电动机

1. 基本结构

一般的直流伺服电动机的基本结构与普通直流电动机并无本质的区别。也是由装有磁极的定子,可以转动的电枢和换向器组成。按励磁方式的不同,可分为电磁式和永磁式两种。电磁式直流伺服电动机的磁场由励磁电流通过励磁绕组产生。按励磁绕组与电枢绕组连接方式的不同,又分为他励式、并励式和串励式三种,一般多用他励式。永磁式直流伺服电动机的磁场由永磁铁产生,无须励磁绕组和励磁电流。

2. 工作原理

直流伺服电动机的工作原理与普通直流电动机相同。电路如图9.3.1所示。电枢电流 I_a 与磁场相互作用产生了使电枢旋转的电磁转矩。

(a) 电磁式　　　　　　(b) 永磁式

图9.3.1　直流伺服电动机

$$T=C_{\mathrm{T}}\Phi I_{\mathrm{a}} \tag{9-18}$$

电枢旋转时,电枢绕组又会切割磁感线而产生电动势

$$E=C_{\mathrm{e}}\Phi_{\mathrm{N}} \tag{9-19}$$

电枢电流 I_a 与电枢电压和电动势的关系为

$$E=U-R_{\mathrm{a}}I_{\mathrm{a}} \tag{9-20}$$

电动机的转速

$$n = \frac{U}{C_e \Phi} - \frac{R_a}{C_e C_T \Phi^2} T \tag{9-21}$$

为简化分析,假设磁路不饱和,且不考虑电枢反应的影响,则电磁式直流伺服电动机的磁通就与励磁电压成正比,即

$$\Phi = C_\Phi U_f$$

式中,比例常数 C_Φ 由电机结构决定。将上式代入式(9-21)得

$$n = \frac{U}{C_e C_\Phi U_f} - \frac{R_a}{C_e C_T C_\Phi^2 U_f^2} T \tag{9-22}$$

可见,电磁式直流伺服电动机有两种控制转速的方式:改变 U 和 U_f 都可以改变转速 n,对应电枢控制和磁场控制。对永磁式直流伺服电动机来说,则只有电枢控制一种方式。

采用电枢控制时,电枢绕组加上控制信号电压,电磁式伺服电动机的励磁绕组加上额定电压。当控制信号电压 $U = 0$ 时,$I_a = 0$,$T = 0$ 电动机不会旋转,即转速 $n = 0$。当 $U \neq 0$ 时,$I_a \neq 0$,$T \neq 0$,电动机在电磁转矩 T 的作用下运转。改变 U 的大小或极性,电动机的转速或转向将随之改变,电动机随着电枢电压大小或极性的改变而处于调速或反转的状态中。U 不同时,伺服电动机的机械特性与普通直流电动机相同,是一组平行的略为倾斜的直线。

采用磁场控制时,电磁式直流伺服电动机的励磁绕组加上控制信号电压,电枢绕组加上额定电压。如前所述,这种控制方式在永磁式直流伺服电动机中不能采用。这时电磁式伺服电动机的工作原理与电枢控制时相同,只是当控制信号电压 U_f 的大小和极性改变时,电动机随着磁场强弱和方向的改变而处在调速或反转状态中,U_f 不同时,电磁式直流伺服电动机的机械特性与普通直流电动机在不同 I_f 时的机械特性相同。I_f 减小,机械特性上移,斜率增加。两种控制方式相比,在性能上,电枢控制远较磁场控制优越,故应用最多。磁场控制的主要优点是控制功率小,仅用于小功率电动机中。直流伺服电动机的调解特性是指转矩恒定时,转速 n 随控制电压 U_c 的变化关系特性曲线。

图 9.3.2 是直流伺服电动机的特性图。这里 U_{ai} 对应不同的 U。

图 9.3.2 直流伺服电动机的特性

9.3.2 交流伺服电动机

1. 基本结构

交流伺服电动机实质上是一个两相异步电动机。定子上装有两个在空间相差 $90°$ 的绕

组:励磁绕组和控制绕组。运行时,励磁绕组始终加上一定的交流励磁电压U_f,控制绕组则加上控制信号电压U_c。转子的结构形式主要有两种:笼型转子和空心杯形转子。

笼型转子交流伺服电动机的结构与普通笼型异步电动机相同,空心杯形转子交流伺服电动机的结构如图9.3.3所示。定子分外定子和内定子两部分。外定子的铁心槽内放有定子两相绕组。内定子由硅钢片叠成,压在一个端盖上,一般不放绕组。它的作用只是为了减小磁路的磁阻。转子由导电材料(例如铝)做成薄壁圆筒形,放在内、外定子之间,杯子底部固定在转轴上,杯壁薄而轻,厚度一般不超过0.5 mm,因而转动惯量小,动作快速灵敏。多用于要求低速运行平滑的系统中。

图9.3.3　空心杯形转子交流伺服电动机结构

2. 工作原理

电路如图9.3.4所示。f是励磁绕组,c是控制绕组,当两相绕组分别加上交流电压U_f和U_c时,两相绕组中的电流i_f和i_c各自产生磁通势。它们的大小和方向随时间按正弦规律变化,方向符合右手螺旋定则,即始终在绕组的轴线方向。也就是说,F_f总在水平方向,F_c总在垂直方向,两者构成了电机的合成磁通势F。现在通过对以下几种情况下的合成磁通势以及所产生的磁场的分析来研究电动机的工作状态。

图9.3.4　交流伺服电动机接线图

(1) 当两相绕组分别加上相位相差90°的额定电压时。这时交流伺服电动机处于对称运行状态。对称两相电流通过对称两相绕组与对称三相电流通过对称三相绕组原理相似,产生幅值不变的旋转磁通势和旋转磁场。旋转磁通势的旋转方向与两相绕组中两相电流的相序一致。由于这一合成磁通势的幅值不变,若用一空间矢量表示它,则其末端的轨迹为一个圆,因而称为圆形磁通势,简称圆磁通势。它所产生的磁场称为圆形磁场,简称圆磁场。与普通三相异步电动机在对称状态下运行时的情况一样,圆磁场在转子上将产生与磁场旋转方向一致的电磁转矩,使转子运转起来。

如果控制电压反相,则两相绕组中两相电流相序随之改变,转子的转向也就改变了。如果控制电压和励磁电压都随控制信号的减小而同样地减小,并始终保持两者的相位差为$90°$,则电动机仍处于对称运行状态,合成磁通势的幅值减小,使得电磁转矩也随之减小。若负载一定,则转子的转速必然下降,转子电流增加,使得电磁转矩又重新增加到与负载转矩相等,电动机便在比原来低的转速下稳定运行。

(2) 当控制电压等于零或当控制电压虽不等于零,但与励磁电压相位相同时。这时交流伺服电动机处于单相运行状态。合成磁通势为脉振磁通势,它可以分解为两个幅值相等、转速相同、转向相反的旋转圆磁通势,产生两个转向相反的圆磁场。它们在转子上分别产生了两个方向相反的电磁转矩 T_+ 和 T_-。决定转子能否转动的总电磁转矩等于两者之差。

当转子静止时,由于 $T_+ = T_-$,总电磁转矩 $T=0$,电动机没有起动转矩。不会自行起动。

倘若上述单相状态在运转中出现,对于普通异步电动机来说,其机械特性如图 9.3.5(a)所示,总电磁转矩不等于零,电动机仍将继续运转,这种单相自转现象在伺服电动机中是决不允许的。为此,交流伺服电动机的转子电阻都取得比较大。使得机械特性成为如图 9.3.5(b)所示的下垂的机械特性。于是,总电磁转矩 T 始终是转子转向相反的制动转矩,从而保证了单相供电时不会产生自转现象,而且可以自行制动,使转子迅速停止运转。

(a) 普通异步电动机　　　　　(b) 交流伺服电动机

图 9.3.5 单相供电时的机械特性

(3) 当励磁电压等于额定值,而控制电压小于额定值,但与励磁电压的相位相差保持 $90°$时,或者控制电压与励磁电压都等于额定值,但两者的相位差小于 $90°$时,交流伺服电动机处于不对称运行状态。将不同时刻的 F_c 和 F_f 矢量相加,便可得到相应时刻的合成磁通势 F。上述两种情况下 F_c 和 F_f 的波形及合成磁通势分别如图 9.3.6(a)和图 9.3.6(b)所示,合成磁通势都是以变化的幅值和转速在空间旋转的,其末端的转迹为一椭圆,故称椭圆磁通势,它所产生的磁场称为椭圆磁场。

椭圆磁通势也可以分解为两个转速相同、转向相反,但幅值不等的旋转圆磁通势。其中,与原椭圆磁通势 F 转向相同的正向圆磁通势的幅值大,与原椭圆磁通势转向相反的反向圆磁通势幅值小。电动机的工作状态越不对称,反向圆磁通势的幅值就越接近正向圆磁通势的幅值。当电动机处于单相状态时,正、反向圆磁通势幅值相等。反之电动机的工作状态越接近于对称,反向圆磁通势的幅值就越小于正向圆磁通势的幅值。当电动机处于对称运行状态时,反向圆磁通势为零,只有正向圆磁通势。

交流伺服电动机在不对称状态下运行时的总电磁转矩 T 应为正向和反向两个圆磁场分别产生的电磁转矩 T_F 和 T_R 之差。电动机的工作状态越不对称,$T=T_+ - T_-$ 越小,负载一定

(a) 控制电压小于额定值时

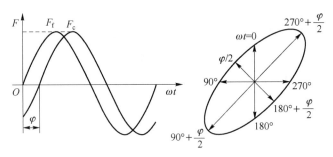

(b) 相位差小于90°时

图 9.3.6 椭圆磁通势

时,电动机的转速势必下降,转子电流增加,直到 T 又重新增加到与负载转矩相等,电动机便在比原来低的转速下稳定运行。可见,改变控制电压的数值或相位也可以控制电动机的转速。普通的两相和三相异步电动机正常情况下都是在对称状态下运行的,不对称状态属于故障运行。而交流伺服电动机则可以靠不同程度的不对称运行来达到控制的目的。这是交流伺服电动机在运行上与普通异步电动机的根本区别。

3. 转速控制方式

综上所述,可知交流伺服电动机可以有以下几种转速控制方式。

(1) 双相控制,控制电压与励磁电压的相位差保持 90°不变,同时按相同比例改变它们的大小来改变电动机的转速。

(2) 幅值控制,控制电压与励磁电压的相位差保持 90°不变,通过改变控制电压的大小来改变电动机的转速。

(3) 相位控制,控制电压与励磁电压的大小保持额定值不变,通过改变它们的相位差来改变电动机的转速。

(4) 幅相控制。同时改变控制电压的大小和相位来改变电动机的转速。

9.4 步进电动机

9.4.1 步进电动机的基本结构

步进电动机,又称脉冲电动机。其功能是把电脉冲信号转换成输出轴上的转角或转速。

步进电机按相数的不同可分为三相、四相、五相、六相等；按转子材料的不同，可分为磁阻式（反应式）和永磁式等。目前以磁阻式步进电机应用最多。

图 9.4.1 是三相磁阻式步进电机的结构原理图。定子和转子都用硅钢片叠成双凸极形式。定子上有六个极，其上装有绕组，相对两个极上的绕组串联起来，组成三个独立的绕组，称为三相绕组，独立绕组数称为步进电机的相数。因此，四相步进电机，定子上应有八个极，四个独立的绕组，五相、六相步进电机依此类推。图中转子有四个极或称四个齿，其上无绕组。图 9.4.2 是一种增加转子齿数的典型结构图。为了不增加直径，还可以按相数 n 做成多段式等。无论是哪一种结构形式，其工作原理都相同。

图 9.4.1　三相磁阻式步进电机原理图　　图 9.4.2　步进电机典型结构图

9.4.2　步进电动机的工作原理

步进电机在工作时，需由专用的驱动电源将脉冲信号电压按一定的顺序轮流加到定子的各相绕组上。驱动电源主要由脉冲分配器和脉冲放大器两部分组成。

步进电机的定子绕组从一次通电到下一次通电称为一拍。转子前进一步的角度称为步距角。m 相步进电机按通电方式的不同，有以下三种运行方式。

（1）m 相单 m 拍运行

"m 相"指 m 相电动机，"单"指每次只给一相绕组通电，"m 拍"指通电 m 次完成一个通电循环。

以三相步进电机为例，其运行方式即为三相单三拍运行。U-V-W 或反之。

当 U 相绕组单独通电时，如图 9.4.3(a)所示，定子 U 相磁极产生磁场，由于磁力线类似弹簧，有磁通力图走磁阻最小的磁路，所以靠近 U 相的转子齿 1 和 3 被吸引到定子极 U_1 和 U_2 对齐的位置。

当 V 相绕组单独通电时，如图 9.4.3(b)所示，定子 V 相磁极产生磁场，同理磁通力图走磁阻最小的磁路，靠近 V 相的转于齿 2 和 4 被吸引到定子极 V_1 和 V_2 对齐的位置。

当 W 相绕组单独通电时，如图 9.4.3(c)所示，定子 W 相磁极产生磁场，同理磁通力图走磁阻最小的磁路，靠近 W 相的转子齿 3 和 1 被吸引到定子极 W_1 和 W_2 对齐的位置。

(a) U相通电   (b) V相通电   (c) W相通电

图 9.4.3 三相单三拍运行

以后重复上述过程,可见,当三相绕组按 U-V-W 的顺序通电时,转子将顺时针方向旋转。若改变三相绕组的通电顺序,即按 W-V-U 的顺序通电时,转子就变成逆时针方向旋转。显然,该电动机在这种运行方式下的步距角为 $\theta = 30°$。

(2) m 相双 m 拍运行

"双"指每次同时给两相绕组通电。以三相步进电机为例,其运行方式即为三相双三拍运行。其通电顺序为 UV-VW-WU 或反之。

当 U、V 两相绕组同时通电时,由于 U、V 两相的磁极对转子齿都有吸引力,故转子将转到如图 9.4.4(a)所示位置。当 V、W 两相绕组同时通电时,同理,转子将转到如图 9.4.4(b)所示位置。当 W、U 两相绕组同时通电时,转子将转到如图 9.4.4(c)所示位置。以后重复上述过程。可见,当三相绕组按 UV-VW-WU 顺序通电时,转子顺时针方向旋转。改变通电顺序,使其按 WU-VW-UV 顺序通电时,即可改变转子的转向。显然这种运行方式下的步距角仍为 $\theta = 30°$。

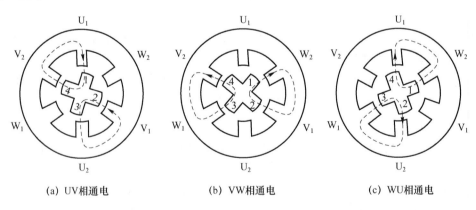

(a) UV相通电   (b) VW相通电   (c) WU相通电

图 9.4.4 三相双三拍运行

(3) m 相单、双 $2m$ 拍运行

以三相步进电机为例其运行方式即为三相单、双六拍运行,简称三相六拍运行。其通电顺序为 U-UV-V-VW-W-WU 或反之。所以采用这种运行方式,经过六拍才完成一个通电循环,步距角 $\theta = 15°$。

磁阻式步进电机在脉冲信号停止输入时,转子不再受到定子磁场的作用力,转子将因惯性而可能继续转过某一角度,因此必须解决停机时的转子定位问题。磁阻式步进电机一般是在最后一个脉冲停止时,在该绕组中继续通以直流电,即采用带电定位的方法。永磁式步进电机因转子本身有磁性,可以实现自动定位,不需采用带电定位的方法。

由以上的讨论可以看到,无论采用何种运行方式,步距角(机械角度)θ与转子齿数z和拍数N之间都存在着如下关系

$$\theta = \frac{360}{zN} \tag{9-23}$$

由于转子每经过一个步距角相当于转了$\frac{1}{zN}$圈,若脉冲频率为f,则转子每秒钟就转了$\frac{f}{zN}$圈,故转子每分钟的转速为

$$n = \frac{60f}{zN} \tag{9-24}$$

磁阻式步进电机作用于转子上的电磁转矩为磁阻转矩。转子处在不同位置,磁阻转矩的大小不同。其中转子受到的最大电磁转矩称为最大静转矩。它是步进电机的重要技术数据之一。

步进电机在起动时,起动转矩不仅要克服负载转矩,而且还要克服惯性转矩。如果脉冲频率过高,转子跟不上,电机就会失步,甚至不能起动。步进电机不失步起动的最高频率称为起动频率。

步进电机在起动后,惯性转矩的影响不像起动时那么明显,电机就可以在比起动频率高的脉冲频率下不失步地连续运转。步进电机不失步运行的最高频率称为运行频率。

步距角小,最大静转矩大,则起动频率和运行频率高。

综上所述,可以看到步进电机的转角与输入脉冲数成正比,其转速与输入脉冲频率成正比,因而不受电压、负载及环境条件变化的影响。步进电机的上述工作职能又正好符合数字控制系统的要求,因而随着数字技术的发展,它在数控机床、轧钢机和军事工业等部门得到了广泛的应用。

9.5 旋转变压器

9.5.1 旋转变压器的结构

旋转变压器是自动控制系统中的一种精密控制微电机。当在旋转变压器一次侧外施单相交流电压励磁时,其二次侧的输出电压将与转子转角严格保持某种函数关系。在控制系统中,它可以作为解算元件,用于坐标变换,三角运算,实现加、减、乘、除、乘方和开方等数学运算;在随动系统中,它可代替控制式自整角机,传输与机械角度有关的电信号;在数码变换装置中,它可以作为电感移相器来使用。

旋转变压器有多种分类方法。若按有无电刷和滑环的滑动接触来分,可分为接触式和无接触式两种。在无接触式中,还可再分为有限转角和无限转角两种。通常在无特别说明时,均指接触式旋转变压器。

若按电机的磁极对数多少来分,可分为单极对和多极对两种。通常在无特别说明时,均指单极对旋转变压器。在高精度双通道系统中则采用电气变速的双通道旋转变压器。

若按它的使用要求来分,可分为用于解算装置的旋转变压器和用于随动系统的旋转变压器。通常以此分类居多。

用于解算装置中的旋转变压器,它可分为以下四种基本形式。

1. 正余弦旋转变压器,当它的一次侧外施单相交流电源励磁时,其二次侧的两个输出电压分别与转子转角呈正弦和余弦函数关系。

2. 线性旋转变压器,它是在一定的工作转角范围内,其输出电压与转子转角(通常单位为弧度 rad)呈线性函数关系的一种旋转变压器。

3. 比例式旋转变压器,它除了在结构上增加了一个带有调整和锁紧转子位置的装置外,其他都与正余弦旋转变压器相同。在系统中作为调整电压的比例元件。

4. 特殊函数旋转变压器,它是在一定转角范围内,输出电压与转子转角呈某一给定函数关系(如正割函数、倒数函数、圆函数及对数函数等)的一种变压器。它的工作原理和结构与正余弦旋转变压器基本相同。

旋转变压器的结构类似于普通绕线型感应电动机。为了获得良好的电气对称性,以提高旋转变压器的精度,它们都设计成两极隐极式的四绕组旋转变压器。如图 9.5.1 所示是正、余弦旋转变压器结构图。旋转变压器的定子、转子铁心都是采用高磁导率的铁镍软磁合金片或高硅钢片经冲制、绝缘,叠装而成。

1—定子;2—转子;3—电刷;4—滑环

图 9.5.1　旋转变压器结构图

为使旋转变压器的导磁性能沿气隙圆周各处均匀一致,在定、转子铁心叠片时,采用每片错过一齿槽的旋转叠片法。在定子铁心的内圆周上和转子铁心的外圆周上都冲有均匀齿槽,里面各放置两套空间轴线互相垂直的绕组。其绕组通常采用高精度的正弦分布绕组。转子上的两套绕组分别通过滑环和电刷装置引出,与外电路接通。

我国现在生产的 XZ、XX、XL 系列的旋转变压器均为接触式结构,它们为封闭式,可以防止因机械撞击和环境恶劣所造成的接触不良而影响电机性能。

无接触式旋转变压器,有一种是将转子绕组引出线做成弹簧卷带状,这种转子只能在一定转角范围内转动,称为有限转角的无接触式旋转变压器;另一种是将两套绕组中的一套自行短接,而另一套通过环形变压器从定子边引出。这种无接触式旋转变压器的转子转角不受限制,因此,称其为无限转角的无接触式旋转变压器。无接触式旋转变压器,由于没有电刷和滑环间的滑动接触,所以工作时更为可靠。

9.5.2　正、余弦旋转变压器的工作原理

正余弦旋转变压器,在定子上放置两套完全相同的正弦分布绕组,它们的空间位置相差

$90°$电角度。其中一套绕组为励磁绕组,另一套绕组为补偿绕组,在一般情况下,它们的匝数及绕组系数都相同,统称为定子绕组。在转子上也相似,也放置两套完全相同、空间位置相差$90°$电角度的绕组。其中一套绕组的输出电压与转子转角α呈正弦函数关系,另一套绕组的输出电压与转子转角α呈余弦函数关系,故称为正余弦旋转变压器。

下面用图9.5.2分两种情况分析正余弦旋转变压器的工作原理,L、C为定子绕组,A、B为转子绕组。

转子绕组开路,即空载运行。这时转子绕组A、B开路,同时将定子补偿绕组C也开路,如图9.5.2所示。在励磁绕组L上外施单相交流电压励磁,电压为U_d,并把励磁绕组的轴线方向确定为直轴,即d轴,则补偿绕组轴线方向即为交轴,即q轴。这时磁路中产生直轴脉振磁通Φ_{d0},由直轴脉振磁通在励磁绕组中产生的感应电动势为

$$E_d = 4.44 f N_d K_d \Phi_d = U_d \tag{9-25}$$

式中,N_d—励磁绕组匝数;

k_d—定子绕组基波绕组系数;

Φ_{d0}—直轴脉振磁通幅值。

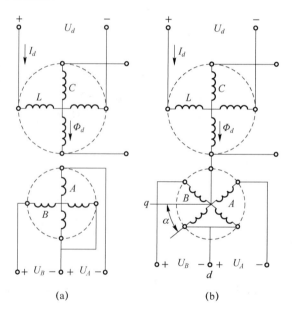

(a)　　　　　　　(b)

图9.5.2　正余弦旋转变压器定、转子空载接线图

若忽略漏磁通,则$E_d = U_d$,当交流励磁电压恒定时,直轴磁通的幅值Φ_d恒定。由于采用了正弦绕组,直轴磁场在空间呈正弦分布。

如图9.5.2(a)所示,转子上有两套绕组A和B,在定子励磁绕组形成的直轴磁场中,此时直轴磁通Φ_{d0}与转子的正弦输出绕组B垂直交链,与余弦输出绕组A不交链。只在正弦输出绕组中产生感应电动势E_B。与普通双绕组变压器比较,其励磁绕组L相当于变压器的一次侧,正弦输出绕组B相当于变压器的二次侧。而区别仅在于正弦输出绕组B所交链磁通的多少取决于它和励磁绕组之间的相对位置。

设转子正弦输出绕组B的轴线和交轴的夹角α为转子转角,如图9.5.2(b)所示。为了求得正弦输出绕组B的开路电压,可先将励磁绕组的直轴磁通Φ_{d0}分解为两个分量,第一个分量为Φ_{d1},它和正弦绕组B的轴线一致,能在该绕组中产生感应电动势,第二个分量为Φ_{d2}它和正

弦输出绕组 B 的轴线方向垂直,因此不会在该绕组 B 中产生感应电动势。这两个磁通分量的幅值大小为

$$\begin{cases} \Phi_{d1} = \Phi_{d0} \sin \alpha \\ \Phi_{d2} = \Phi_{d0} \cos \alpha \end{cases} \tag{9-26}$$

正弦绕组 B 的开路电压侧为

$$U_{B0} = E_{B0} = 4.44 f N_Z K_Z \Phi_{d1} = 4.44 f N_Z K_Z \Phi_{d0} \sin \alpha \tag{9-27}$$

式中,N_Z——为转子绕组匝数;

K_Z——转子绕组基波绕组系数。

将式 $\Phi_{d0} = \dfrac{E_d}{4.44 f N_d K_d}$ 代入(9-26)得

$$\begin{aligned} U_{B0} = E_{B0} &= \frac{4.44 f N_Z K_Z}{4.44 f N_d K_d} E_d \sin \alpha \\ &= \frac{N_Z K_Z}{N_d K_d} E_d \sin \alpha = K_u E_d \sin \alpha \\ &= K_u U_d \sin \alpha \end{aligned} \tag{9-28}$$

式中 $K_u = \dfrac{N_Z K_Z}{N_d K_d}$ 称为变比。它为定子、转子绕组的有效匝数比,即空载二次侧最大输出电压与一次侧励磁电压之比。K_u 是一个常数。

由式(9-27)可以看出,在正余弦旋转变压器中,当转子正弦输出绕组空载,在励磁绕组电压恒定时,其输出电压 U_{B0} 将与转子转角 α 呈正弦函数关系。

转子的余弦输出绕组和正弦输出绕组在空间位置相差 $90°$ 电角度。同样道理,余弦输出绕组的开路电压为

$$U_{A0} = K_u U_d \sin(\alpha + 90°) = K_u U_d \cos \alpha \tag{9-29}$$

由于定子补偿绕组 C 与定子励磁绕组 L 相互垂直,当正弦输出绕组 B 的轴线与定子励磁绕组 L 重合时,余弦输出绕组 A 也与定子励磁绕组 L 垂直,则此时补偿绕组 C 和余弦绕组 A 的轴线均与脉振磁场 Φ_d 的轴线正交,绕组内都没有感应电动势产生。当转子转动离开此位置时,情况就如上所述了。

9.5.3　正、余弦旋转变压器对交轴磁势的补偿

假设转子正弦输出绕组 B 和交轴的夹角仍为转子转角 α。则转子绕组接有负载时的接线图如图 9.5.3 所示。此时,接入负载后(其负载阻抗为 Z_{BN}),正弦输出绕组 B 中便有电流 I_B 通过。余弦输出绕组 A,其负载阻抗为 Z_{AN},流过电流为 I_A。它们分别在各自绕组内产生磁通 Φ_B 和 Φ_A。为便于分析,Φ_B、Φ_A 将按绕组轴线方向分解为直轴和交轴磁通分量,即

$$\left. \begin{aligned} \Phi_{Bd} &= \Phi_B \sin \alpha \\ \Phi_{Bq} &= \Phi_B \cos \alpha \\ \Phi_{Ad} &= \Phi_A \cos \alpha \\ \Phi_{Aq} &= \Phi_A \sin \alpha \end{aligned} \right\} \tag{9-30}$$

由此可得

$$\begin{aligned} \Phi_d &= \Phi_B \sin \alpha + \Phi_A \cos \alpha \\ \Phi_q &= \Phi_B \cos \alpha - \Phi_A \sin \alpha \end{aligned} \tag{9-31}$$

如果能使 $\Phi_B\cos\alpha = \Phi_A\sin\alpha$ 则 $\Phi_q = 0$，即交轴磁场为零。消除副边对主磁场影响,得到完全补偿效果,这要求转子两套绕组和负载的参数完全相同,称为副边对称。

转子绕组直轴磁通分量 Φ_d 与定子励磁绕组直轴磁通 Φ_{dL} 方向相反,对主磁通来说起去磁作用。一般定子励磁绕组外加电压 U_d 为常数,在理想情况下,$U_d = E_d = 4.44fN_dk_d\Phi_{d0}$ 不变,则合成磁场与空载时励磁磁场保持相等。于是励磁绕组 L 中电流增加,磁通 Φ_{dL} 增加,而保持 $\Phi_{dL} - \Phi_d = \Phi_{d0}$ 不变。所以直轴合成磁场在转子绕组中产生感应电动势也与空载时一样。仍可用式(9-27)、式(9-28)表达。这和双绕组变压器空载和负载运行时原理是同样的。

根据如图 9.5.3 所示转子回路,在二次侧对称的条件下,可以得到转子正、余弦绕组电动势平衡方程式

$$E_A = I_A Z_A = I_A(A_{AL} + Z_{AN})$$
$$E_B = I_B Z_B = I_B(A_{BL} + Z_{BN})$$

Z_{AL}、Z_{BL} 分别是转子绕组的阻抗。则转子电流 I_A 和 I_B 分别为

图 9.5.3　旋转变压器负载时接线图

$$I_B = \frac{E_B}{Z_B} = \frac{K_u E_d \sin\alpha}{Z_B}$$

$$I_A = \frac{E_A}{Z_A} = \frac{K_u E_d \cos\alpha}{Z_A}$$

从而得到转子正、余弦输出绕组的输出电压分别为

$$U_A = Z_{AN} I_A = \frac{Z_{AN}}{Z_A} K_u E_d \cos\alpha$$

$$U_B = Z_{BN} I_B = \frac{Z_{BN}}{Z_B} K_u E_d \sin\alpha \tag{9-32}$$

由此可见,正余弦旋转变压器在副边对称条件下,输出电压分别与转子转角 α 正弦或余弦成正比。

由以上可知,二次侧对称条件是 $\Phi_{Aq} = \Phi_{Bq}$ 即 $\Phi_B\cos\alpha = \Phi_A\sin\alpha$。可见若要达到二次侧对称,除绕组 A、B 参数形状完全相同外,负载阻抗也必须相等,即 $Z_{AN} = Z_{BN}$。这样,无论 α 角为多大,交轴磁通 $\Phi_q = 0$,输出电压分别与 $\sin\alpha$、$\cos\alpha$ 成正比。

当然,除了二次侧对称外,也可以采用一次侧对称的方法进行补偿。即在定子上放置一套补偿绕组 C。当转子绕组带负载后,在转子输出绕组出现交轴磁通时,则在短路的补偿绕组 C 中(也可以接负载)产生感应电动势及电流,并产生磁通且与转子交轴磁通方向相反,起到削弱转子交轴磁通的作用。如果正好完全抵消,称为完全补偿。这种方法称为一次侧补偿。在实际上,为了达到完善补偿的目的,通常采用一次侧对称或二次侧对称的四绕组结构形式,这称为双重补偿。

9.5.4　线性旋转变压器的工作原理

另外介绍一下线性旋转变压器。线性旋转变压器是指转子输出电压的大小与转子转角 α

成正比关系的旋转变压器。即 $U_2 = f(a)$ 的函数曲线为一条直线。

正余弦旋转变压器的正弦输出绕组的输出电压大小与 $\sin \alpha$ 成正比。当转子转角 α 用弧度作单位,且 α 在很小范围内时 $\sin \alpha \approx \alpha$。因此,正余弦旋转变压器在转子转角很小的情况下,可以作为线性旋转变压器来使用,如式(9-32)$U_B = \dfrac{Z_{BN}}{Z_B} K_u E_d \sin \alpha = \dfrac{Z_{BN}}{Z_B} K_u E_d \alpha$。在 $|\alpha| \leqslant 14°$ 范围内,$\sin \alpha$ 的线性误差不超过 1%,如果要求线性误差不超过 0.1%,则 α 角旋转范围应小于 $4.5°$。显然,这样小的转角范围不能满足实际使用的要求。为了扩大线性的角度范围,将四绕组旋转变压器进行适当连接(请参考有关书),使输出电压与转子转角 α 呈如下函数关系

$$U_2 \propto \frac{\sin \alpha}{1 + K_u \cos \alpha} \tag{9-33}$$

当选取最佳变比值 $K_u = 0.54$ 时,在转子偏转角 α 小于 $60°$ 范围内,线性误差不超过 0.1%。但在实际设计中,因最佳变比还与其他参数有关,通常选取变比 $K_u = 0.56 \sim 0.57$,对机座号较小的线性旋转变压器,其最佳变比取较大值。

9.6 永磁式直流力矩电动机

在某些自动控制系统中,被控对象的转速要比驱动电动机的转速低很多,需要设置减速装置来匹配转速。对于小功率的随动控制系统而言,减速装置的设置有时是困难的,并且由于减速机构的间隙特性会影响精密随动控制系统的响应性能,有时甚至会出现自激振荡。永磁式直流力矩电动机是为低速运转的并可提供大的电磁转矩而设计的伺服电动机。在某些控制场合,使用永磁式直流力矩电动机可以直接拖动负载,省掉减速机构的中间环节。永磁式直流力矩电动机具有精度高、线性度好、反应速度快等优点,并且能够容许堵转,可用于需要调节转矩和控制张力的系统作为拖动电机。例如,X-Y 函数记录仪、X-Y 焊枪的焊条传动、人造卫星天线的驱动、数控机床中的伺服控制等。

永磁式直流力矩电动机制造的径向尺寸大而轴向尺寸小,这与普通的伺服电动机具有小转动惯量的细长结构相反,其目的在于获得大转矩和低转速。

9.6.1 获得大转矩

由电磁感应原理知,直流电动机电枢绕组中流过的电流为 I_a 时,每根导体受到的电磁力为

$$F = BI_a l$$

式中,BI_a 为直流电动机每极磁通下磁感应强度的平均值,l 为导体切割磁力线的有效长度。电磁转矩为

$$T = NF \frac{D}{2} = \frac{NBI_a l}{2} D \tag{9-34}$$

式中,N 为绕组在磁极下的导体总数;D 为绕组径向平均等效直径。由式(9-34)知,减小导体有效长度 l,增加绕组匝数使 $N \cdot l$ 不变时,可维持绕组的做功能力不变。在此条件下,D 值的增大能使转矩成比例增加。

1—定子；2—电枢；3—刷架

图 9.6.1　永磁式直流力矩电动机结构示意图

9.6.2　获得低转速

由电磁感应原理知,在磁极下以线速度 v 运动的 N 个导体的感生电动势为

$$E=BNlv$$

理想空载时,电动机的转速为 n_0,外加电压完全由反电动势平衡,即

$$U=E=BNlv=BNl\,\frac{\pi Dn_0}{60}$$

解得

$$n_0=\frac{60U}{\pi BNlD} \tag{9-35}$$

在 $N\cdot l$ 不变时,空载转速与 D 成反比,增大 D 可使转速降低。

9.7　直线异步电动机

将普通异步电动机的旋转运动变换成直线运动的异步电动机称为直线异步电动机。运用直线异步电动机可以驱动做直线运动的物体,省略了由旋转电动机拖动的经涡轮涡杆转换成直线运动的转换机构。

直线异步电动机的结构如图 9.7.1 所示,其工作原理如同鼠笼式异步电动机。在固定的初级上安装有交流绕组,按相序顺序通入交流电时,在空间形成平移的行波磁场,次级连通导体中感生的电流在磁场中受到与磁场运动方向相同的作用力,即

$$F=KpI_2\Phi_{\mathrm{m}}\cos\varphi_2$$

式中,K 为与电动机结构有关的常数,p 为初级磁极对数,I_2 为次级电流有效值,Φ_{m} 为初级一对磁极产生的磁通量幅值,$\cos\varphi_2$ 为次级功率因数。在电磁力的作用下,次级沿水平方向运动。设行波磁场运动的速度为 v_{s},转差率为

$$S=\frac{v_s-v}{v_s}$$

则次级运动的速度为

$$v=v_s(1-S)=2f\tau(1-S) \tag{9-36}$$

式中，τ 为极距。

与旋转异步电动机相同,改变直线异步电动机初级绕组通电的相序可以改变电动机的运动方向。

图 9.7.1　直线异步电动机

思考题与习题

9-1　说明单相绕组为什么不能产生起动转矩。

9-2　说明罩极起动的工作原理。

9-3　有哪些因素能引起直流测速发电机的误差,怎样消除。

9-4　说明交流测速发电机的工作原理。

9-5　在分析交流测速发电机工作原理时,变压器电动势与旋转感应电动势交织在一起,说明哪些是变压器电动势,哪些是旋转感应电动势。

9-6　什么是直流伺服电动机的调节特性,绘出用标幺值表示的调节特性曲线组。

9-7　说明交流伺服电动机,在两相绕组对称,而外加两相电压不对称时,将产生椭圆形旋转磁场。

9-8　什么是交流伺服电动机的自转现象,应如何消除。

9-9　说明两相交流伺服电动机的控制方法。

9-10　何为步进电机的"拍",步距角 θ 与转子齿数 z 和拍数 N 之间都存在着什么关系。

9-11　说明正、余弦旋转变压器的工作原理。

9-12　说明正、余弦旋转变压器转子边补偿和定子边补偿的工作原理。

9-13　为了获得大转矩、低速度,永磁直流力矩电动机在结构上有什么特点?

9-14　说明直线异步电动机的工作原理。

第10章　三相异步电动机的电力拖动

与直流电动机相比,异步电动机具有结构简单、运行可靠、价格便宜、维护方便等一系列优点,尤其是随着电力电子技术的发展和交流调速技术的日益成熟,使得异步电动机在调速性能方面完全可与直流电动机相媲美。因此异步电动机的电力拖动已被广泛地应用在各个工业电气自动化领域中,并逐步成为电力拖动的主流。本章主要讲述异步电动机电力拖动的以下几个内容:三相异步电动机机械特性的三种表达式以及固有机械特性与人为机械特性;三相笼型和绕线转子异步电动机的起动;三相异步电动机的调速方法及性能分析;三相异步电动机的制动;异步电动机拖动系统的机械过渡过程分析。

10.1　三相异步电动机的机械特性

10.1.1　三相异步电动机机械特性的三种表达式

三相异步电动机的机械特性指当定子电压、频率以及绕组参数都固定时,电动机的转速 n 与电磁转矩 T 之间的关系 $T=f(n)$。由于电动机的转差率 s 与转速 n 之间存在着线性关系 $s=1-n/n_1$,三相异步电动机的机械特性常用 $T=f(s)$ 的形式表示。在用曲线表示三相异步电动机的机械特性时,习惯上以 T 为横坐标,n 或 s 为纵坐标。

三相异步电动机的机械特性有三种表达式,分别是物理表达式、参数表达式和实用表达式。

1. 物理表达式

由三相异步电动机的电磁转矩 T、电磁功率 P_M 以及转子电动势 E_2' 表达式,可推得三相异步电动机转矩公式为:

$$T=\frac{P_M}{\Omega_1}=\frac{3E_2'I_2'\cos\varphi_2}{2\pi f_1/p}=\frac{3p}{2\pi f_1}\times 4.44 f_1 k_{\omega 1} N_1 \Phi_m I_2'\cos\varphi_2=C_T\Phi_m I_2'\cos\varphi_2 \qquad (10-1)$$

式中:C_T 为三相异步电动机的转矩常数;N_1 为定子绕组每相串联匝数;$k_{\omega 1}$ 为基波绕组系数;Φ_m 为异步电动机每极磁通;I_2' 为转子电流的折算定子侧值;$\cos\varphi_2$ 为转子电路的功率因数。

式(10-1)表明:三相异步电动机的电磁转矩 T 是由磁通 Φ_m 与转子电流的有功分量 $I_2'\cos\varphi_2$ 相互作用产生的。在物理上,这三个量的方向遵循左手定则且三者相互垂直,因此式(10-1)称为三相异步电动机机械特性的物理表达式。该表达式在形式上与直流电动机的转矩表达式 $T=C_T\Phi I_N$ 相似,反映了异步电动机电磁转矩产生的物理本质,适用于对异步电动机机械特性做定性分析。但物理表达式没有直接反映出电磁转矩与电动机参数之间的关系,更没有明显地表示电磁转矩与转速之间的关系,因此分析或计算三相异步电动机的机械特性时,一般不采用物理表达式,而是采用参数表达式。

2. 参数表达式

（1）参数表达式的推导

三相异步电动机的电磁转矩 T 可用电磁功率 P_M 和同步角速度 Ω_1 表示为:

$$T = \frac{P_M}{\Omega_1} = \frac{3 I_2'^2 r_2'/s}{2\pi f_1/p} \qquad (10\text{-}2)$$

根据图10.1.1异步电动机的 T 形等效电路,略去励磁电流 I_0,可得转子电流的折算值 I_2' 为:

$$I_2' = \frac{U_1}{\sqrt{(r_1 + r_2'/s)^2 + (x_1 + x_2')^2}} \qquad (10\text{-}3)$$

将式(10-3)代入式(10-2)可得:

$$T = \frac{3p}{2\pi f_1} \cdot \frac{U_1^2 r_2'/s}{(r_1 + r_2'/s)^2 + (x_1 + x_2')^2} \qquad (10\text{-}4)$$

图10.1.1 异步电动机的 T 形等效电路

式(10-4)表明:三相异步电动机的电磁转矩 T
与定子电源电压 U_1、电源频率 f_1、电动机定转子参数 r_1、r_2'、x_1、x_2'、p 以及转差率 s 之间的关系。对于一台已经制造好的电动机,其定转子参数等均不变,若 U_1 和 f_1 不变,则 $T = f(s)$ 或 $T = f(n)$ 称为三相异步电动机机械特性的参数表达式。按式(10-4)绘制的三相异步电动机机械特性曲线如图10.1.2所示。图中第Ⅰ象限部分,旋转磁场的转向与转子转向一致,而且 $0 < n < n_1, 0 < s < 1$。电磁转矩 T 和转子转速 n 均为正,电动机处于电动运行状态。第Ⅱ象限部分,旋转磁场的转向与转子转向一致,但 $n > n_1, s < 0$。此时 $T < 0, n > 0$,电动机处于发电回馈制动状态。

（2）机械特性曲线的分析

根据图10.1.2,分析三相异步电动机机械特性曲线中的几个特殊点。

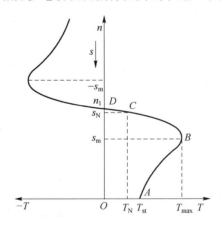

图10.1.2 三相异步电动机的机械特性曲线

① 起动点 A:该点 $n = 0, s = 1$,对应的转矩称为起动转矩 T_{st},它是异步电动机接通电源开始起动时的电磁转矩。令式(10-4)中的 $s = 1$,即有:

$$T_{st} = \frac{3p}{2\pi f_1} \cdot \frac{U_1^2 r_2'}{(r_1 + r_2')^2 + (x_1 + x_2')^2} \qquad (10\text{-}5)$$

式(10-5)表明:T_{st} 与 U_1^2 成正比。当 U_1 过低时,会引起起动转矩明显下降,甚至使 $T_{st} < T_N$,造成电机不能起动。在一定范围内,增大 r_2',可以增大 T_{st}。当 f_1 和 U_1 一定时,$(x_1 + x_2')$

越大，T_{st} 就越小。

起动转矩 T_{st} 与额定转矩 T_N 的比值称为起动转矩倍数，用 λ_{st} 表示。λ_{st} 是异步电动机的一个重要参数。只有 $\lambda_{st} > 1$ 时，异步电动机才能在额定负载下起动。一般情况下，λ_{st} 是针对笼型异步电动机而言的，因为绕线转子异步电动机通过增加转子电阻 r_2'，可加大或改变起动转矩，这也是绕线转子异步电动机的优点。一般笼型电动机的 $\lambda_{st} = 1.0 \sim 2.0$；起重、冶金机械专用的笼型电动机的 λ_{st} 可达 3.0。

② 最大转矩点 B：该点电磁转矩为最大转矩 T_{max}，对应的转差率为 s_m，称为临界转差率。当 $s < s_m$ 时，随 T 的增加 s 增大，转速下降，机械特性曲线的斜率为负；当 $s > s_m$ 时，随 T 的增加 s 减小，转速升高，机械特性曲线的斜率为正。将式(10-4)对 s 求导，并令 $dT/ds = 0$，可求出 T_{max} 及其对应的 s_m 为：

$$s_m = \pm \frac{r_2'}{\sqrt{r_1^2 + (x_1 + x_2')^2}} \tag{10-6}$$

$$T_{max} = \pm \frac{3p}{4\pi f_1} \cdot \frac{U_1^2}{\left[\pm r_1 + \sqrt{r_1^2 + (x_1 + x_2')^2} \right]} \tag{10-7}$$

式中正号对应于 Ⅰ 象限的电动状态，负号对应于 Ⅱ 象限的发电回馈制动状态。

通常 $r_1 \ll (x_1 + x_2')$，忽略 r_1，则式(10-6)和式(10-7)可近似写成：

$$s_m \approx \pm \frac{r_2'}{x_1 + x_2'} \tag{10-8}$$

$$T_{max} = \pm \frac{3p}{4\pi f_1} \cdot \frac{U_1^2}{(x_1 + x_2')} \tag{10-9}$$

由式(10-8)和式(10-9)可得出如下结论。

1) 当电动机参数和电源频率 f_1 不变时，最大转矩 T_{max} 与 U_1^2 成正比；s_m 与 U_1 无关，保持不变。

2) 当 f_1 和 U_1 不变时，s_m 和 T_{max} 均与漏电抗 $(x_1 + x_2')$ 成反比。

3) T_{max} 与转子电阻 r_2' 无关，s_m 与 r_2' 成正比。当增加 r_2' 时，T_{max} 不变，s_m 则与 r_2' 成正比增大，使机械特性变软。

最大电磁转矩 T_{max} 与额定电磁转矩 T_N 的比值称为电动机的过载倍数，用 λ_m 表示。λ_m 是异步电动机的另一个重要参数。异步电动机运行时，绝不可能长期运行在最大转矩处。因为此时电流过大，电动机温升如超过允许值，有可能烧毁电动机。同时在最大转矩处电动机运行转速也不稳定。一般情况下，异步电动机的 $\lambda_m = 1.8 \sim 3.0$，起重、冶金机械专用的异步电动机的 λ_m 可达 3.5。

③ 额定运行点 C：该点电磁转矩和转速均为额定值，用 T_N 和 n_N 表示，对应的额定转差率用 s_N 表示。异步电动机可长期运行在额定状态。

④ 同步转速点 D：该点 $n = n_1 = 60f_1/p$、$s = 0$、$T = 0$。此时电动机不能进行能量转换。

3. 实用表达式

(1) 实用表达式的推导

三相异步电动机机械特性的参数表达式，对于分析电动机各种参数变化对电磁转矩的影响是非常有用的。但在机械特性的工程计算时，电动机定转子参数 r_1、r_2'、x_1、x_2'、在产品手册中是查不到的，因此使用机械特性的参数表达式也不方便。为了能利用电动机产品手册中的数据,计算出异步电动机的机械特性,有必要推导出三相异步电动机机械特性的实用表达式。

将式(10-4)除以式(10-7)可得:

$$\frac{T}{T_{\max}} = \frac{2r_2'\left[r_1 + \sqrt{r_1^2 + (x_1 + x_2')^2}\right]}{s\left[(r_1 + r_2'/s)^2 + (x_1 + x_2')^2\right]} \tag{10-10}$$

并由式(10-6)可得:

$$\sqrt{r_1^2 + (x_1 + x_2')^2} = r_2'/s_{\mathrm{m}} \tag{10-11}$$

将式(10-11)代入式(10-10)可得:

$$\frac{T}{T_{\max}} = \frac{2r_2'(r_1 + r_2'/s_{\mathrm{m}})}{s\left[(r_2'/s_{\mathrm{m}})^2 + (r_2'/s)^2 + 2r_1 r_2'/s\right]} \tag{10-12}$$

$$= \frac{2(1 + r_1 s_{\mathrm{m}}/r_2')}{s/s_{\mathrm{m}} + s_{\mathrm{m}}/s + 2r_1 s_{\mathrm{m}}/r_2'} = \frac{2+q}{s/s_{\mathrm{m}} + s_{\mathrm{m}}/s + q}$$

式中 $q = 2r_1 s_{\mathrm{m}}/r_2'$。

一般情况下,对于三相异步电动机 $s_{\mathrm{m}} = 0.1 \sim 0.2$,$r_1 \approx r_2'$,因此 $q \approx 0.2 \sim 0.4$。而式(10-12)中对任何 s 值,都有 $(s/s_{\mathrm{m}} + s_{\mathrm{m}}/s) \geqslant 2$,可见 $q \approx 2s_{\mathrm{m}} \ll 2$,则式(10-12)可化简为:

$$\frac{T}{T_{\max}} = \frac{2}{s/s_{\mathrm{m}} + s_{\mathrm{m}}/s} \tag{10-13}$$

式(10-13)就是三相异步电动机机械特性的实用表达式。

(2) 实用表达式的使用

从实用表达式看出,只有求出最大转矩 $T_{\max}$ 和临界转差率 s_{m},才能求出 T。

根据三相异步电动机的产品手册,可得知电动机的额定功率 $P_{\mathrm{N}}(\mathrm{kW})$,额定转速 $n_{\mathrm{N}}(\mathrm{r/min})$ 和过载倍数 λ_{m},则额定输出转矩 $T_{2\mathrm{N}} = 9550 P_{\mathrm{N}}/n_{\mathrm{N}}(\mathrm{N} \cdot \mathrm{m})$。忽略空载转矩 T_0,认为电动机的额定电磁转矩 $T_{\mathrm{N}} = T_{2\mathrm{N}}$,则最大转矩 $T_{\max} = \lambda_{\mathrm{m}} T_{\mathrm{N}} = \lambda_{\mathrm{m}} T_{2\mathrm{N}}$。式(10-13)可表示为:

$$\frac{T}{\lambda_{\mathrm{m}} T_{\mathrm{N}}} = \frac{2}{s/s_{\mathrm{m}} + s_{\mathrm{m}}/s} \tag{10-14}$$

如果已知机械特性上某点的转矩 T(如 T_{N})和对应的转差率 s(如 s_{N}),根据式(10-14)可得:

$$s_{\mathrm{m}} = s\left[\frac{\lambda_{\mathrm{m}} T_{\mathrm{N}}}{T} \pm \sqrt{\left(\frac{\lambda_{\mathrm{m}} T_{\mathrm{N}}}{T}\right)^2 - 1}\right] \tag{10-15}$$

当 $s_{\mathrm{m}} > s$ 时,式(10-15)中取"+"号,当 $s_{\mathrm{m}} < s$ 时,式(10-15)中取"-"号。当 $s = s_{\mathrm{N}}$ 时,$T = T_{\mathrm{N}}$,有 $s_{\mathrm{m}} = s_{\mathrm{N}}\left[\lambda_{\mathrm{m}} + \sqrt{\lambda_{\mathrm{m}}^2 - 1}\right]$。算出最大转矩 $T_{\max}$ 和临界转差率 s_{m} 后,只需给出 s 值,就可以得出相应的 T 值。

当三相异步电动机在额定负载范围内运行时,转差率很小,额定转差率 s_{N} 仅为 $0.012 \sim 0.05$。这时,

$$\frac{s}{s_{\mathrm{m}}} \ll \frac{s_{\mathrm{m}}}{s}$$

为进一步简化,可忽略式(10-14)分母中的 s/s_{m},于是式(10-14)变为

$$T = \frac{2\lambda_{\mathrm{m}} T_{\mathrm{N}}}{s_{\mathrm{m}}} s$$

这说明在 $0 < s < s_{\mathrm{N}}$ 的范围内三相异步电动机的机械特性呈线性关系,具有与他励直流电动机相似的特性。计算起动转矩时不能用简化机械特性,否则误差很大。

10.1.2　三相异步电动机的固有机械特性和人为机械特性

1. 固有机械特性

三相异步电动机的固有机械特性是指三相异步电动机定子电压和频率为额定值,定子绕组按规定的接线方式联结,定子及转子回路不外接任何电器元件的条件下的机械特性。固有机械特性可以利用机械特性的参数表达式或实用表达式计算得到。方法是利用参数表达式或实用表达式计算出同步转速点、额定运行点、最大转矩点和起动点这几个特殊点,然后将这些点连接起来便得到固有特性曲线。当然,计算的点越多,做出的曲线就越精确。

例 10-1　一台三相四极笼型异步电动机,技术数据为 $P_N = 5.5$ kW, $U_N = 380$ V, $I_N = 11.2$ A,三角形联结, $n_N = 1\ 442$ r/min, $f_N = 50$ Hz, $\lambda_m = 2.33$,绕组参数为 $r_1 = 2.83\ \Omega$, $r_2' = 2.38\ \Omega$, $x_1 = 4.94\ \Omega$, $x_2' = 8.26\ \Omega$。根据机械特性的参数表达式和实用表达式,分别计算电动机的固有机械特性。求用实用表达式求起动转矩,且当负载转矩 $T_L = 64.2$ N·m 时的转速。

解: (1) 用机械特性的参数表达式计算

① 同步转速:
$$n_1 = 60 f_1 / p = 60 \times 50 / 2 = 1\ 500 (\text{r/min})$$

② 额定转差率:
$$s_N = (n_1 - n_N) / n_1 = (1\ 500 - 1\ 442) / 1\ 500 = 0.038\ 7$$

③ 临界转差率:
$$s_m = r_2' / \sqrt{r_1^2 + (x_1 + x_2')^2} = 2.38 / \sqrt{2.83^2 + (4.94 + 8.26)^2} = 0.176$$

④ 机械特性表达式:
$$T = \frac{3p}{2\pi f_1} \cdot \frac{U_1^2 r_2' / s}{(r_1 + r_2'/s)^2 + (x_1 + x_2')^2} = \frac{6\ 567/s}{(2.83 + 2.38/s)^2 + 174.2}$$

给出不同 s 值,按上式计算相应的电磁转矩 T,计算结果列于表 10.1.1 中。

(2) 用机械特性实用公式计算

① 临界转差率:
$$s_m = s_N (\lambda_m + \sqrt{\lambda_m^2 - 1}) = 0.038\ 7 \times (2.33 + \sqrt{2.33^2 - 1}) = 0.172$$

③ 额定转矩:
$$T_N = 9\ 550 P_N / n_N = 9\ 550 \times 5.5 / 1\ 442 = 36.4\ \text{N·m}$$

③ 机械特性实用表达式:
$$T = \frac{2 T_{max}}{s/s_m + s_m/s} = \frac{2 \lambda_m T_N}{s/s_m + s_m/s} = \frac{169.6}{s/0.172 + 0.172/s}$$

给出不同 s 值,按上式计算相应的电磁转矩 T,计算结果列于表 10.1.1 中,根据计算结果也可画出固有特性曲线。

表 10.1.1　固有机械特性计算数据

	s	0	0.038 7	0.08	0.176	0.25	0.6	0.8	1.0
T(N·m)	按参数公式计算	0	39.3	66.4	84.5	80.4	49.7	39.5	32.6
	按实用公式计算	0	36.4	64.2	84.3	78.9	44.9	34.9	28.3

从表 10.1.1 可以看出,当 $s < s_m$ 时,用两种方法求出的机械特性十分接近,因此在工程计算时可以使用实用公式。

将 $s = 1$ 代入机械特性的实用表达式得到起动转矩为

$$Ts = \frac{169.6}{\frac{1}{0.172} + \frac{0.172}{1}} = 28.33 \text{ N} \cdot \text{m}$$

当 $T = T_L = 64.2$ N·m,查表 10.1.1 得 $s = 0.08$

$$n = (1-s)n_1 = (1-0.08) \times 1\,500 = 1\,380 \text{ r/min}$$

也可以在机械特性实用表达式中令 $T = T_L = 64.2$ N·m,即

$$64.2 = \frac{169.6}{\frac{s}{0.172} + \frac{0.172}{s}}$$

求出 s,把 s 大于 s_m 的舍去,然后求转速 n。

2. 人为机械特性

三相异步电动机的人为机械特性是指人为地改变电源参数或电动机参数而得到的机械特性。由机械特性的参数表达式可知,可以改变的参数有:定子电源电压 U_1、电源频率 f_1、极对数 p、定转子电路电阻或电抗 r_1、r_2'、x_1、x_2' 等。所以,三相异步电动机的人为机械特性种类很多,这里介绍三种常见的人为机械特性。

(1)降低定子电压的人为机械特性

由前面的分析可知,当定子电压 U_1 降低,其他参数都与固有机械特性相同时,电动机的电磁转矩 T 与 U_1^2 成正比地降低,临界转差率 s_m 和同步转速 n_1 与 U_1 无关而保持不变。因此可得出降低 U_1 时的人为机械特性曲线是一组通过同步转速点的曲线簇。

由图 10.1.3 可见,降低定子电压后的人为机械特性,其近似线性段斜率变大,即机械特性变软。起动转矩 T_{st} 和最大转矩 T_{max} 均与 U_1^2 成正比地降低,电动机的起动转矩倍数和过载能力均显著下降。如果电动机在额定负载下运行,U_1 降低后将导致转速 n 下降,转差率 s 增大,转子电流将因转子电动势的增大而增大,从而引起定子电流增大,导致电动机过载。电动机长期欠压过载运行,势必造成电动机过热,缩短电动机的使用寿命。另外,定子电压下降过多,可能出现最大转矩小于负载转矩,将使电动机停转。

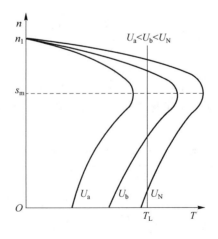

图 10.1.3　异步电动机降定子电压时的人为机械特性

（2）定子回路外串对称电阻或对称电抗器时的人为机械特性

三相异步电动机定子串对称电阻或对称电抗器时，相当于增大了电动机定子回路的漏阻抗，从式（10-5）、式（10-6）和式（10-7）可知，这不影响电动机同步转速 n_1 的大小，而临界转差率 s_m、最大转矩 T_{max} 和起动转矩 T_{st} 都随外串电阻或电抗的增大而减小。图 10.1.4（a）和（b）分别为三相异步电动机定子串对称电阻 R_s 及对称电抗器 X_s 时的人为机械特性。

（a）串三相对称电阻   （b）串三相对称电抗

图 10.1.4 定子串对称电阻或电抗时的人为机械特性

（3）转子回路串接对称电阻时的人为机械特性

在绕线转子异步电动机的转子回路中串入三相对称电阻 R_2，如图 10.1.5（a）所示。由前面的分析可知，此时同步转速 n_1 和最大电磁转矩 T_{max} 不变，而临界转差率 s_m 随外接电阻 R_s 的增大而增大，其人为机械特性也是一组通过同步转速点的曲线簇，如图 10.1.5（b）所示。由 10.1.5（b）可见，转子回路串接对称电阻，机械特性曲线线性段的斜率增大，特性变软。同时，在一定范围内增加转子电阻，可以增大电动机的起动转矩。当所串接的电阻，如图 10.1.5（b）中的 R_{s3}，使 $S_{m3}=1$ 时，对应的起动转矩将达到最大转矩。如果再增大转子电阻，起动转矩反而会减小。

（a）电路图   （b）机械特性

图 10.1.5 绕线转子异步电动机转子电路串对称电阻

转子回路串接对称电阻 R_s 时，除 R_s 外，其他参数都保持固有机械特性时的数值不变，根据式（10-4），要保持电磁转矩不变，只有保持 $r_2'/s=(r_2'+R_s')/s'$ 为常数才行，即：

$$\frac{s'}{s}=\frac{r_2'+R_s'}{r_2'}=\frac{r_2+R_s}{r_2} \tag{10-16}$$

式中，s 为固有机械特性上电磁转矩为 T_L 时的转差率；s' 为在同一电磁转矩下人为机械特性上的转差率,R'_s 为 R_s 的折算值。

式(10-16)表明:当转子串接对称电阻时,若保持电磁转矩不变,则串接电阻后电动机的转差率与转子回路中的电阻成正比地增加,这一规律称为三相异步电动机转差率的比例推移。如果取最大转矩,则按比例推移规律有 $s'_m/s_m=(r_2+R_s)/r_2$,由此可得转子回路外串电阻为:

$$R_s=\left(\frac{s'_m}{s_m}-1\right)r_2 \tag{10-17}$$

转子绕组星形连接时,根据式(10-22),转子每相绕组的电阻 $r_2\approx Z_{2s}=s_N E_{2N}/\sqrt{3}I_{2N}$,其中 E_{2N} 为转子额定电动势;I_{2N} 为转子额定线电流;Z_{2s} 为 $s=s_N$ 时转子每相绕组的阻抗,且 $Z_{2s}=r_2+jx_{2s}=r_2+js_N x_2$。由于 $s_N\ll 1$,$r_2\gg s_N x_2$,故 $r_2\approx Z_{2s}$。E_{2N} 和 I_{2N} 的数据可在电动机的产品手册中查到。转差率的比例推移规律在绕线转子异步电动机的各种工程计算中经常用到。

例 10-2 一台三相绕线转子异步电动机的技术数据为:$p_N=75$ kW,$n_N=720$ r/min,$E_{2N}=213$ V,$I_{1N}=148$ A,$I_{2N}=220$ A,$\lambda_m=2.4$,该电动机转子为 Y 联结,拖动恒转矩负载 $T_L=T_N$。

(1) 要求起动转矩 $T_{st}=T_{max}$,求转子回路每相应串入的电阻值。

(2) 要求电动机的转速 $n=300$ r/min,求转子回路每相应串入的电阻值。

解:(1) 要求起动转矩 $T_{st}=T_{max}$ 时转子回路每相应串入的电阻值的计算

① 额定转差率:

$$s_N=(n_1-n_N)/n_1=(750-720)/750=0.04$$

② 固有机械特性的临界转差率:

$$s_m=s_N\left(\lambda_m+\sqrt{\lambda_m^2-1}\right)=0.04\times\left(2.4+\sqrt{2.4^2-1}\right)=0.183$$

③ 转子绕组每相电阻:

$$r_2=s_N E_{2N}/\sqrt{3}I_{2N}=0.04\times213\sqrt{3}\times220=0.0224 \ \Omega$$

④ 要求起动转矩 $T_{st}=T_{max}$,故 $s'_m=1$。按比例推移关系,转子回路每相串入的电阻值为:

$$R_s\left(\frac{s'_m}{s_m}-1\right)r_2=\left(\frac{1}{0.183}-1\right)\times0.0224=0.1 \ \Omega$$

(2) 要求 $T_L=T_N$,$n=300$ r/min 时转子回路每相应串入的电阻值的计算

① $n=300$ r/min 时的转差率:

$$s'=(n_1-n)/n_1=(750-300)/750=0.6$$

② 人为机械特性的临界转差率:

$$s'_m=s'\left[\frac{\lambda_m T_N}{T}+\sqrt{\left(\frac{\lambda_m T_N}{T_N}\right)^2-1}\right]=0.6\times\left[\frac{2.4 T_N}{T_N}+\sqrt{\left(\frac{2.4 T_N}{T_N}\right)-1}\right]=2.749$$

③ 按比例推移关系,转子回路每相串入的电阻值为:

$$R_s=\left(\frac{s'_m}{s_m}-1\right)r_2=\left(\frac{2.794}{0.183}-1\right)\times0.0224=0.32 \ \Omega$$

10.2 三相异步电动机的起动

三相异步电动机的起动是指电动机接通电源后,从静止状态加速到某一稳定转速的过程。对异步电动机起动性能的基本要求有:具有足够大的起动转矩,以保证生产机械能够正常地起

动;在保证足够大的起动转矩的前提下,电动机的起动电流越小越好,以减小对电网的冲击;起动设备力求结构简单、运行可靠、操作方便。

10.2.1　异步电动机的固有起动特性

不论是笼型异步电动机还是绕线转子异步电动机,直接接入额定电压 U_N 时的起动特性称为固有起动特性。根据式(10-3),令 $s=1$,此时,略去 I_0,$I_1 = I_2'$ 可得该时的起动电流 I_{st},又称为堵转电流 I_{kN} 为:

$$I_{st} = I_{kN} = \frac{U_N}{\sqrt{(r_1 + r_2')^2 + (x_1 + x_2')^2}} \tag{10-18}$$

由于通常电动机额定运行时 $s_N = 0.02 \sim 0.05$,而起动时 $s=1$,所以 I_{kN} 约为额定电流的 $4 \sim 7$ 倍。同理,根据式(10-5),可计算出直接接入 U_N 时的起动转矩 T_{st},又称为堵转转矩 T_k,并得出起动转矩倍数 $\lambda_{st} = 0.9 \sim 1.3$。可见,在异步电动机固有起动特性中,起动电流很大,而起动转矩却不大。因此,根据异步电动机对起动性能的基本要求,异步电动机的固有起动特性并不理想。

10.2.2　三相笼型异步电动机的起动

1. 直接起动

利用刀开关或接触器将电动机直接接到具有额定电压电网上的起动方法称为直接起动或全压起动,此时电动机的起动特性即为固有起动特性。笼型异步电动机直接起动的优点是起动设备和操作最为简单。缺点是起动电流大,因此只允许在额定功率 $P_N \leqslant 7.5 \text{ kW}$ 的小容量电动机中使用。为了利用直接起动的优点,当今设计的笼型异步电动机都按直接起动时的电磁力和发热来考虑电动机的机械强度和热稳定性,因此就电动机本身来说,笼型异步电动机都允许直接起动方法起动。而最终能否采用直接起动,主要取决于电网供电变压器的容量。只要起动电流对电网造成的电压降不超过允许值,就应优先考虑采用直接起动方法起动。工程上,若电动机的起动电流满足式(10-19)所示的经验公式,就可以考虑采用直接起动,当然还要校验电动机的其他指标,如起动转矩等。

$$k_1 = \frac{I_{st}}{I_N} \leqslant \frac{1}{4}\left[3 + \frac{\text{电源总容量(kV·A)}}{\text{电动机容量(kW)}}\right] \tag{10-19}$$

式中,k_1 为笼型异步电动机的起动电流倍数,其值可根据电动机的型号和规格从电动机的产品说明书中查得。

例 10-3　某三相笼型异步电动机,$P_N = 40 \text{ kW}$,$U_N = 380 \text{ V}$,$I_N = 70 \text{ A}$,$n_N = 960 \text{ r/min}$,$\lambda_m = 2.5$,$k_1 = 6.5$,供电电源容量 $S_N = 1\,000 \text{ V·A}$。试问该电动机能否带动额定负载直接起动?

解　由式(10-19)得

$$\frac{1}{4}\left[3 + \frac{\text{电源总容量(kV·A)}}{\text{起动电动机功率(kW)}}\right] = \frac{1}{4} \times \left(3 + \frac{1\,000}{40}\right) = 7 > k_1 = 6.5$$

所以,就起动电流而言,供电电网允许电动机直接起动,但是能否带动负载起动还需校验电动机的起动转矩。额定转差率为

$$s_N = \frac{n_1 - n}{n_1} = \frac{1\,000 - 960}{1\,000} = 0.04$$

$$s_{\mathrm{m}}=s_{\mathrm{N}}(\lambda_{\mathrm{m}}+\sqrt{\lambda_{\mathrm{m}}-1})=0.04\times(2.5+\sqrt{2.5^{2}-1})=1.192$$

在固有特性实用表达式中令 $s=1$ 可得直接起动转矩

$$T_{s}=\frac{2T_{\mathrm{m}}}{\dfrac{s}{s_{\mathrm{m}}}+\dfrac{s_{\mathrm{m}}}{s}}=\frac{2\times2.5T_{\mathrm{N}}}{\dfrac{1}{0.192}+\dfrac{0.192}{1}}=0.924T_{\mathrm{N}}<T_{\mathrm{N}}$$

故该电动机不能带动额定负载直接起动。

2. 减压起动

当直接起动不能满足电网电压降的要求时,应采用降低定子电压 u_1 的起动方法以限制起动电流。但由于电磁转矩 T 和 U_1^2 成正比,因此减压起动只适用于空载或轻载起动的负载。减压起动时,可以采用传统的减压起动方法,也可以采用近几年逐渐得到广泛应用的电动机软起动器。

(1) 定子电路串电阻或电抗器减压起动

① 起动过程

电动机起动过程中,在定子电路串联电阻或电抗器,起动电流在电阻或电抗器上将产生压降,降低了电动机定子绕组上的电压,起动电流从而得到减小。图 10.2.1 为定子电路串电阻减压起动的原理图。图中 Q_1 是主开关,起隔离电源的作用。起动时把换接开关 Q_2 投向"起动"的位置,此时起动电阻 R_{st} 接入定子电路,然后闭合主开关 Q_1,电动机开始旋转,待转速接近稳定转速,把开关 Q_2 换接到"运行"位置,电源电压直接加到定子绕组上,电动机起动结束。定子电路串电抗器减压起动,只需将图 10.2.1 中的起动电阻换为电抗器,工作过程和串电阻减压起动一样。

图 10.2.1 三相笼型异步电动机串电阻减压起动原理图

定子电路串电阻或电抗器减压起动具有起动平稳、运行可靠、构造简单等优点。如用串电阻减压起动,起动阶段功率因数较高。但串电阻减压起动能耗较大,所以只能在电动机的容量较小时使用。容量较大的笼式异步电动机多采用串电抗器减压起动。同时,定子电路串电阻或电抗器减压起动有手动及自动等多种控制线路。

② 起动电流和起动转矩

设定子电路串电阻或电抗器减压起动时,加在定子绕组上的电压为 U_1,令 $\alpha=U_1/U_{\mathrm{N}}$,称为减压系数。并令式(10-18)中的 $\sqrt{(r_1+r_2')^2+(x_1+x_2')^2}=Z_{\mathrm{k}}$,则有:

额定电压下直接起动时,起动电流 $I_{\mathrm{st}}=I_{\mathrm{kN}}=U_{\mathrm{N}}/Z_{\mathrm{k}}$,起动转矩 $T_{\mathrm{st}}=T_{\mathrm{k}}$;

减压起动时,起动电流 $I_{\mathrm{st}}'=U_1/Z_{\mathrm{k}}=\alpha U_{\mathrm{N}}/Z_{\mathrm{k}}=\alpha I_{\mathrm{kN}}$,起动转矩 $T_{\mathrm{st}}'=\alpha^2 T_{\mathrm{k}}$。

可见,降压后,起动电流降低到全压时的 α 倍,起动转矩降低到全压时的 α^2 倍。

(2) 自耦变压器减压起动

① 起动过程

电动机起动过程中,利用自耦变压器降低加到电动机定子绕组上的电压,以减小起动电流。其原理图如图 10.2.2(a)所示。起动时把换接开关 Q 投向"起动"的位置,自耦变压器 TA 一次绕组加全电压,而电动机定子电压仅为自耦变压器抽头部分电压值,电动机减压起动。待转速接近稳定值时,把换接开关换接到"运行"位置,切除自耦变压器,电动机全压运行,起动结束。

(a) 自耦变压器减压起动原理图　　(b) 自耦变压器减压的一相电路

图 10.2.2　三相笼型异步电动机自耦变压器减压起动原理图

② 起动电流和起动转矩

自耦变压器减压起动时,自耦变压器的一相电路如图 10.2.2(b)所示。设自耦变压器的电压比为 $k_A = N_1/N_2$,电动机的减压系数 $\alpha = U_1/U_N = 1/k_A$。额定直接起动电动机的起动相电流 $I_{kN} = \dfrac{U_N}{\sqrt{(r_1+r_2)^2+(X_1+X_2)^2}}$,有变压器起动,变压器二次侧电流,即电动机起动相电流 $I_{st} = \dfrac{U_1}{\sqrt{(r_1+r_2)^2+(X_1+X_2)^2}}$。起动时电动机的起动电流 I_{st} 为自耦变压器的二次电流,即 $I_{st} = \alpha I_{kN} = I_{kN}/k_A$。忽略自耦变压器的空载电流,电网供给的起动电流,即自耦变压器的一次电流 I'_{st} 为:

$$I'_{st} = I_{st}/k_A = I_{kN}/k_A^2 \tag{10-20}$$

可见,自耦变压器减压起动时电动机起动电流为直接起动时的堵转电流的 $1/k_A$。而电网供给的起动电流为堵转电流的 $1/k_A^2$。

自耦变压器减压起动时,起动转矩与加在定子绕组上的电压平方成正比,即

$$T'_{st} = (U_1/U_N)^2 T_k = T_k/k_A^2 \tag{10-21}$$

式(10-20)和式(10-21)表明:采用自耦变压器减压起动与直接起动比较,起动电流和起动转矩都降低到全压时的 $1/k_A^2$。而与定子电路串电阻或电抗器减压起动相比较,在电动机起动转矩相同时,自耦变压器减压起动所需电网电流较小,或者说当电网提供的起动电流相同时,自耦变压减压起动可以获得较大的起动转矩。所以,起动电流较小,起动转矩较大是自耦变压器减压起动的优点。其缺点是起动设备体积大、笨重、价格贵、维修不方便。

为了便于调节起动电流和起动转矩,起动用自耦变压器常备有三个抽头,抽头电压比即减压系数 $\alpha = U_1/U_N = 1/k_A$。常用的起动用自耦变压器有 QJ1 和 QJ2 两种系列。QJ1 型的三个抽头分别为电源电压的 55%、64% 和 73%;QJ2 型的三个抽头分别为电源电压的 40%、60% 和 80%。此外,自耦变压器容量的选择与电动机的容量、起动时间和连续起动次数有关。

例 10-4　有一三相笼型异步电动机,其额定功率 $P_N = 65\ kW$,额定电压 $U_N = 380\ V$,定子星形连接,额定电流 $I_N = 140\ A$,起动电流与额定电流之比 $k_1 = 6.6$,起动转矩与额定转矩之比 $T_s/T_N = 1.11$,但因供电变压器的限制,允许该电动机的最大起动电流 490 A。若拖动负载转矩 $T_L = 0.35 T_N$,串有抽头 73%、64%、55% 的自耦变压器起动,问用那种抽头才能满足起动要求?

解 自耦变压器的变比为抽头比的倒数。

1) 抽头为 73% 时,供电变压器流过的起动电流为

$$I'_s = \frac{1}{k_A^2}I_s = 0.73^2 \times 6.6 \times 140 = 492.4 \text{ A} > 490 \text{ A}$$

电流不满足要求,不能采用。

2) 抽头为 64% 时,则

起动电流 $I'_s = \frac{1}{k_A^2}I_s = 0.64^2 \times 6.6 \times 140 = 378.5 \text{ A} < 490 \text{ A}$

起动转矩 $T'_s = \frac{1}{k_A^2}T_s = 0.64^2 \times 1.11 T_N = 0.45 T_N > T_L = 0.35 T_N$

满足要求,可以正常起动。

3) 抽头为 55% 时,则

起动电流 $I'_s = \frac{1}{k_A^2}I_s = 0.55^2 \times 6.6 \times 140 = 279.5 \text{ A} < 490 \text{ A}$

起动转矩 $T'_s = \frac{1}{k_A^2}T_s = 0.55^2 \times 1.11 T_N = 0.336 T_N < T_L = 0.35 T_N$

起动电流满足要求,但起动转矩不满足要求,故不能正常起动。

(3) 星形-三角形(Y-△)起动

① 起动过程

对于正常运行时定子绕组为三角形联结,并有六个出线端子的笼型异步电动机,为了减小起动电流,起动时定子绕组星形联结,降低定子电压,起动后在联结成三角形,这种起动方法称为 Y-△ 起动。其原理图如图 10.2.3 所示。起动时,将换接开关 Q_Y 闭合,$Q_\triangle$ 断开,定子绕组联结成星形,每相电压为 $U_1 = U_N/\sqrt{3}$,实现减压起动;待转速接近稳定值时,将换接开关 Q_Y 断开,换接开关 $Q_\triangle$ 闭合,使定子绕组联结成三角形全压运行,起动过程结束。

图 10.2.3 三相笼型异步电动机
星-三角减压起动原理图

② 起动电流和起动转矩

图 10.2.4 示出 Y-△ 起动时的起动电流及起动电压。

星形联结起动时,电网供给电动机的起动电流为 $I'_{st} = U_N/\sqrt{3}Z_k$;如三角形接法直接起动时,电网供给的线电流 $I_{kN} = \sqrt{3}U_N/Z_k$,因此有:

$$I'_{st} = I_{kN}/3 \tag{10-22}$$

Y-△ 起动时,减压系数 $\alpha = U_1/U_N = U_N/\sqrt{3}U_N = 1/\sqrt{3}$。由于电磁转矩 $T \propto \alpha^2$,因此 Y-△ 起动时,起动转矩为:

$$T'_{st} = T_k/\alpha^2 = T_k/3 \tag{10-23}$$

式(10-22)和式(10-23)表明:Y-△ 起动时,起动电流和起动转矩都降为直接起动时的 1/3。Y-△ 起动的优点是起动电流小、起动设备简单、价格便宜、操作方便。缺点是起动转矩小。它仅适合于 30 kW 以下的中小功率电动机空载或轻载起动。

(a) 星形联结起动　　　　　　(b) 三角形联结起动

图 10.2.4　星-三角起动时的电压和电流

例 10-5　数据同例 10-4 中的电动机,问能否采用星形-三角形起动法来起动?

解　星形-三角形起动电流为

$$I'_s = \frac{1}{3} I_s = \frac{1}{3} \times 6.6 \times 140 = 308 \text{ A} < 490 \text{ A}$$

此时的起动转矩

$$T'_s = \frac{1}{3} T_s = \frac{1}{3} \times 1.11 T_N = 0.37 T_N > T_L = 0.35 T_N$$

故能采用星形-三角形起动。

(4) 笼型异步电动机起动方法比较

表 10.2.1 列出了笼型异步电动机几种常用起动方法的有关数据。

表 10.2.1　笼型异步电动机几种常用起动方法的比较

起动方法	起动电压比值 U_1/U_N	起动电流比值 I'_{st}/I_{kN}	起动转矩比值 T'_{st}/T_k	起动设备	特点
直接起动	1	1	1	最简单	起动电流大,只适用于小容量轻载起动
定子串电阻或电抗器起动	α	α	α^2	一般	起动转矩小,适用于轻载起动
自耦变压器起动	$1/k_A$	$1/k_A^2$	$1/k_A^2$	较复杂	起动转矩较大,适用于大负载不频繁起动
Y-△起动	$1/\sqrt{3}$	$1/3$	$1/3$	简单	起动转矩小,适用于轻载起动,可频繁起动

例 10-6　一台三相笼型异步电动机,$P_N = 75$ kW,$n_N = 1\,470$ r/min,$U_N = 380$ V,定子三角形联结,$I_N = 137.5$ A,$\eta_N = 92\%$,$\cos \varphi_2 = 0.9$,起动电流倍数 $k_1 = 6.5$,起动转矩倍数 $\lambda_{st} = 1$,拟带半载起动,电源容量为 $1\,000$ kVA,选择适当的起动方法。

解:(1) 直接起动

供电电网允许电动机直接起动的条件是:

$$k'_1 \leqslant \frac{1}{4} \left[3 + \frac{\text{电源总容量}}{\text{电动机容量}} \right] = \frac{1}{4} \left[3 + \frac{1\,000}{75} \right] \approx 4$$

因为 $k_1 = 6.5 > k'_1 = 4$,故该电动机不能采用直接起动方法。

（2）拟半载起动，即 $T_{st}=0.5T_N$，尚属轻载，故考虑减压起动

① 定子串电抗器（电阻）起动

由（1）可知，电网允许该电动机的起动电流倍数 $k_1'=I_{st}'/I_N=4$，而电动机直接起动的电流倍数 $k_1'=I_{st}'/I_N=6.5$，定子串电抗器（电阻）满足起动电流时，

对应的减压系数为：

$$\alpha=I_{st}'/I_{kN}=k_1'/k_1=4/6.5=0.615$$

对应的起动转矩为：

$$T_{st}'=\alpha^2 T_k=\alpha^2 \lambda_{st} T_N=0.615^2\times1\times T_N=0.378T_N$$

可见，取 $\alpha=0.615$ 时，满足电网对起动电流的要求，但因 $T_{st}'=0.378T_N<T_{st}=0.5T_N$，起动转矩不能满足要求，故不能采用定子串电抗器（电阻）起动方法。

② Y-△起动

对应的起动电流为：

$$I_{st}'=I_{kN}/3=k_1 I_N/3=6.5\times I_N/3=2.17I_N<4I_N$$

对应的起动转矩为：

$$I_{st}'=T_k/3=\lambda_{st} T_N/3=1\times T_N/3=0.33T_N<0.5T_N$$

同样，起动电流可以满足要求，而起动转矩不满足要求，故不能采用 Y-△起动方法。

③ 自耦变压器起动

选用 QJ1 系列自耦变压器，其电压抽头为 55%、64% 和 73%。

如选用 64% 挡的抽头时，减压系数 $\alpha=1/k_A=0.64$

对应的起动电流为：

$$I_{st}'=I_{kN}/k_A^2=k_1 I_N/k_A^2=6.5\times I_N\times0.64^2=2.66I_N<4I_N$$

对应的起动转矩为：

$$T_{st}'=T_k/k_A^2=\lambda_{st} T_N/k_A^2=1\times T_N\times0.64^2=0.41T_N<0.5T_N$$

起动转矩也不满足要求。

如选用 73% 挡的抽头时，减压系数 $\alpha=1/k_A=0.73$

对应的起动电流为：

$$I_{st}'=I_{kN}/k_A^2=k_1 I_N/k_A^2=6.5\times I_N\times0.73^2=3.46I_N<4I_N$$

对应的起动转矩为：

$$T_{st}'=T_k/k_A^2=\lambda_{st} T_N/k_A^2=1\times T_N\times0.73^2=0.55T_N>0.5T_N$$

起动电流和起动转矩均满足要求。

根据计算结果，该三相笼型异步电动机应采用电压抽头为 73% 的自耦变压器起动。

3. 软起动

前面介绍的几种减压起动方法都属于有级起动，起动的平滑性不高。目前，应用电动机软起动器可以实现笼型异步电动机的无级平滑起动，这种起动方法称为软起动。软起动器是一种电子调压装置，其主回路采用晶闸管交流调压电路。使用时，将其串接于供电电网和电动机之间，通过控制晶闸管的导通角，按预先设定的模式调节输出电压，实现控制电动机的起动过程。当起动结束后，软起动器内部的旁路接触器吸合，短路掉所有的晶闸管，使电动机直接投入电网运行。目前软起动一般有以下几种起动方式。

（1）限流软起动

在电动机起动过程中限制起动电流不超过某一设定值，主要用于轻载起动。其输出电压

从零开始迅速增加,直到输出电流达到预先设定的电流限值 I_m,然后在保持输出电流 $I < I_\mathrm{m}$ 的条件下,逐渐升高电压,直到额定电压,使电动机转速逐渐升高到额定转速。这种起动方式的优点是起动电流小,可按需要调整,对电网电压影响小。

(2) 电压斜坡起动

输出电压按预先设定的斜坡线性上升,主要用于重载起动。其缺点是起动转矩小,转矩特性呈抛物线形上升,起动时间长,改进方法可采用双斜坡起动。双斜坡起动时,先使输出电压按较大斜率的设定斜坡迅速上升至电动机起动所需最小转矩对应的电压值,然后按较小斜率的设定斜坡逐渐升压,直至达到额定电压。这种起动方式的特点是起动电流相对较大,但起动时间相对较短。

(3) 转矩控制起动

按电动机的起动转矩线性上升的规律控制输出电压,主要用于重载起动。它的优点是起动平滑、柔性好,同时减少对电网的冲击,但起动时间较长。

(4) 加突跳转矩控制起动

与转矩控制起动一样也用于重载起动的场合。所不同的是在起动瞬间加突跳转矩,用以克服拖动系统的静转矩,然后转矩平滑上升。这种起动可以缩短起动时间,但加突跳转矩会给电网带来冲力,干扰其他负载。

(5) 电压控制起动

用软起动器控制电压以保证电动机起动时产生较大的起动转矩,尽可能缩短起动时间,是较好的轻载软起动方法。

目前,一些生产厂家,如 AB 公司、西门子公司等已经生产出各种类型的软起动器,可供不同类型的用户选用。具体使用可查阅相关产品手册。

综上所述,笼型异步电动机的减压起动方法历经了传统的 Y-△ 起动和自耦变压器起动,发展到目前先进的软起动。实际应用中,当笼型异步电动机不能用直接起动时,应该首先考虑选用软起动。软起动也为进一步的异步电动机智能控制打下良好的基础。

10.2.3 特种笼型异步电动机的起动

由以上对普通笼型异步电动机起动方法的分析可见:直接起动时,起动电流太大;降压起动时,虽然减小了起动电流,但起动转矩也随之减小。根据绕线转子异步电动机转子串电阻的人为机械特性(图 10.1.5)可知,在一定范围内增大转子电阻,可以增大起动转矩,同时转子电阻增大还将减小起动电流,因此,较大的转子电阻可以改善电动机的起动性能。但是,电动机正常运行时,又希望转子电阻小一些,这样可以减小转子铜耗,提高电动机的效率。怎样才能使笼型异步电动机在起动时具有较大的转子电阻,而在正常运行时转子电阻又自动减小呢?深槽和双笼型异步电动机可以实现这一目的。

1. 深槽笼型异步电动机

深槽笼型异步电动机的转子槽形深而窄,通常槽深与槽宽之比大到 8～12。当转子导条中流过电流时,槽漏磁通的分布如图 10.2.5(a)所示。由图可见,与导条底部相交链的漏磁通比槽口部分相交链的漏磁通要多。如果将转子导条看成是由若干个沿槽高划分的许多导体单元并联组成(如图 10.2.5(a)的阴影部分),则越靠近槽底的导体单元的漏电抗越大,而越接近槽口部分的导体单元的漏电抗越小。在电动机起动时,转子电流的频率达到最高,$f_2 = f_1 =$

50 Hz,转子导条的漏电抗大于转子电阻,因此各导体单元中电流的分配将主要决定于漏电抗,漏电抗越大则电流越小。这样在由气隙主磁通所感应的相同电动势的作用下,导条中靠近槽底处的电流密度将很小,而越靠近槽口处的则越大,沿槽高的电流密度分布如图 10.2.5(b)所示,这种现象称为电流的集肤效应,或挤流效应。集肤效应的效果相当于减小了导条的截面,如图 10.2.5(c)所示。因此,起动时增大了转子电阻,使起动转矩增加,满足了起动的要求。

(a) 转子槽漏磁分布　　　(b) 导条电流密度分布　　　(c) 导条有效截面积

图 10.2.5　深槽笼型异步电动机转子导条的集肤效应

随着电动机转速的升高,转子电流频率降低。当达到额定转速时,转子电流频率降低到1~3 Hz,转子导条的漏电抗比电阻小得多,导体单元中电流的分配主要决定于电阻。由于各导体单元电阻相等,导条中的电流将均匀分布,集肤效应基本消失,转子阻抗自动减小到最小电阻值,从而满足了减小转子铜损耗,提高电动机效率的要求。

2. 双笼型异步电动机

双笼型异步电动机的转子上有两套导条,即上笼和下笼,如图 10.2.6(a)所示。两笼间由狭长的缝隙隔开,与上笼相比,下笼相链的漏磁通多,即下笼的漏电抗比上笼的大,如图 10.2.6(b)所示。上笼截面积较小,用电阻系数较大的黄铜或铝青铜等材料制成,电阻较大;下笼截面积较大,用电阻系数较小的紫铜制成,电阻较小。

(a) 转子结构　　　　　　　　(b) 漏磁通分布

图 10.2.6　双笼异步电动机的转子结构及漏磁通

起动时,转子电流频率较高,转子漏电抗大于电阻,上、下笼的电流分配主要决定于漏电抗。由于下笼的漏电抗比上笼的大得多,电流主要从上笼流过,因此起动时上笼起主要作用。由于上笼的电阻较大,可以产生较大的起动转矩,限制起动电流,所以常把上笼称为起动笼。其对应的机械特性如图 10.2.7 中 T_1 曲线所示。正常运行时,转子电流频率很低,转子漏电抗远比电阻小,上、下笼的电流分配决定于电阻,于是电流大部分从电阻较小的下笼流过,产生正常运行时的电磁转矩,所以把下笼称为运行笼。其对应的机械特性如图 10.2.7 中 T_2 曲线所示。双笼型异步电动机的机械特性曲线可以看成是 T_1、T_2 两条曲线的合成,如图 10.2.7 中 T 曲线。改变上、下笼的参数就可以得到不同的机械特性曲线,以满足不同的负载要求,这是双笼型异步电动机的一个突出优点。

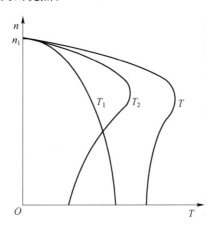

图 10.2.7　双笼异步电动机的机械特性

双笼型异步电动机的起动性能比深槽异步电动机好,但深槽异步电动机结构简单,制造成本较低。它们的共同缺点是转子漏电抗较普通笼型电动机大,因此功率因数和过载能力都比普通笼型异步电动机低。

10.2.4　三相绕线转子异步电动机起动

三相笼型异步电动机直接起动时,起动电流大,起动转矩不大;减压起动时,虽然减小了起动电流,但起动转矩也随电压的平方关系减小,因此笼型异步电动机只能用于空载或轻载起动。绕线转子异步电动机起动时,转子电路串入适当的电阻,既能限制起动电流,又能增大起动转矩,同时克服了笼型异步电动机起动电流大、起动转矩不大的缺点,非常适用于中大容量异步电动机重载起动。绕线转子异步电动机的起动可分为转子串对称电阻和转子串频敏变阻器两种起动方法。

1. 转子串三相对称电阻分级起动

(1) 起动过程

为了在整个起动过程中始终获得较大的加速转矩,并使起动过程比较平滑,应在转子回路串入多级对称电阻。起动时,随着转速的升高,逐段切除起动电阻,这与直流电动机电枢串电阻起动类似,称为电阻分级起动。图 10.2.8 为三相绕线转子异步电动机转子串接对称电阻分级起动的原理图和对应三级起动时的机械特性。

如图 10.2.8(a)所示,起动开始时,开关 Q 闭合,开关 Q_1、Q_2、Q_3 断开,定子绕组接三相电源,转子绕组串入全部起动电阻 R_{st1}、R_{st2}、R_{st3},转子回路总电阻为 $R_1=r_2+R_{st1}+R_{st2}+R_{st3}$,对应的机械特性曲线如图 10.2.8(b)中曲线 1。起动瞬间,转速 $n=0$,电磁转矩 $T=T_1$,T_1 为起动过程中的最大转矩,称为最大起动转矩。由于 $T_1>T_L$,电动机沿曲线 1 从 a 点开始加速,随着 n 上升,T 逐渐减小,到达 b 点时,T 减小到 T_2,这时 Q_1 闭合,切除 R_{st1}。切除电阻时的电磁

转矩 T_2 称为切换转矩。切除电阻 R_{st1} 后,转子回路总电阻变为 $R_2 = r_2 + R_{st2} + R_{st3}$,对应的机械特性曲线如图 10.2.8(b) 中曲线 2。切换瞬间,由于 n 不能突变,电动机的运行点由 b 点跃变到 c 点,T 由 T_2 跃升为 T_1。此后,n、T 从 c 点沿曲线 2 变化,到达 d 点时,T 又由 T_1 减小到 T_2,这时 Q_2 闭合,切除 R_{st2},转子回路总电阻变为 $R_3 = r_2 + R_{st3}$,对应的机械特性曲线如图 10.2.8(b) 中曲线 3,电动机运行点由 d 点跃变到 e 点。n、T 从 e 点沿曲线 3 变化,到达 f 点时,Q_3 闭合,切除 R_{st3},转子绕组直接短接,电动机运行点由 f 点跃变到 g 点后沿固有机械特性曲线 4 加速到负载点 h 稳定运行,起动过程结束。在起动过程中,一般取最大加速转矩 $T_1 = 0.8 \sim 0.9 T_{max}$,切换转矩 $T_2 = 1.1 \sim 1.2 T_L$。

(a) 原理图　　　　(b) 机械特性

图 10.2.8　三相绕线转子异步电动机转子串电阻起动

(2) 起动电阻的计算

计算起动电阻时,主要根据图 10.2.8(b) 和式(8-14)。

若已知机械特性的临界转差率 s_m 和该机械特性上的某点的转矩 T,则由式(8-14)机械特性的实用公式可解出与 T 相应的转差率 s $(s < s_m)$ 为:

$$s = s_m \left[\frac{\lambda_m T_N}{T} - \sqrt{\left(\frac{\lambda_m T_N}{T} \right)^2 - 1} \right] = s_m \delta \tag{10-24}$$

式中,$\delta = \dfrac{\lambda_m T_N}{T} - \sqrt{\left(\dfrac{\lambda_m T_N}{T} \right)^2 - 1}$,称为转矩函数。当电动机的过载倍数 λ_m 和额定转矩 T_N 已知时,δ 仅由 T 决定。与最大起动转矩 T_1 和切换转矩 T_2 相应的转矩函数分别为:

$$\left. \begin{aligned} \delta_1 &= \frac{\lambda_m T_N}{T_1} - \sqrt{\left(\frac{\lambda_m T_N}{T_1} \right)^2 - 1} \\ \delta_2 &= \frac{\lambda_m T_N}{T_2} - \sqrt{\left(\frac{\lambda_m T_N}{T_2} \right)^2 - 1} \end{aligned} \right\} \tag{10-25}$$

设图 10.2.8(b) 中机械特性曲线 1 的临界转差率 s_{m1},根据式(8-24),a 点的转差率 $s_a = s_{m1} \delta_1 = 1$;$b$ 点的转差率 $s_b = s_{m1} \delta_2$,因此 $s_b = \delta_2 / \delta_1$。对机械特性曲线 1 和 2,当 $T = T_1$ 时,按比例推移规律可得 $s_c = R_2 s_a / R_1 = R_2 / R_1$,考虑到 $s_b = s_c$,可得:$R_1 / R_2 = \delta_1 / \delta_2 = q$,$q$ 为起动转矩函数比。按同样的方法可导出 $R_1 / R_2 = R_2 / R_3 = R_3 / r_2 = q$,可见,对图 10.2.8(b) 所示的分级起动机械特性,转子回路总电阻之间存在等比级数关系,公比为 q。如果起动级数为 m,则各起动级转子回路总电阻为:

$$R_m = qr_2$$
$$R_{m-1} = qR_m = q^2 r_2$$
$$R_{m-2} = qR_{m-1} = q^3 r_2 \quad\quad (10\text{-}26)$$
$$\vdots$$
$$R_1 = qR_2 = q^m r_2$$

在图 10.2.8(b)中 g 点和 a 点,按比例推移关系可得:

$$s_g = r_2 s_a / R_1 = r_2 / R_1 \quad\quad (10\text{-}27)$$

在固有机械特性上 s_g 和 s_N 关系为:

$$s_g = \delta_1 s_N / \delta_N \qu\quad (10\text{-}28)$$

式中,$\delta_N = \lambda_m - \sqrt{\lambda_m^2 - 1}$,是 $T = T_N$ 时的转矩函数。

由式(10-27)和式(10-28)可得:

$$R_1 = \delta_N r_2 / \delta_1 s_N \quad\quad (10\text{-}29)$$

把式(10-29)代入式(10-26)中的最后一项,得到:

$$q = \sqrt[m]{\delta_N / \delta_1 s_N} \quad\quad (10\text{-}30)$$

根据上述各式,分两种情况说明起动电阻的计算步骤。

(1) 已知起动级数

① 计算 s_N、δ_N 和 T_N;

② 根据式(10-25)确定 δ_1,通常取 $T_1 = 0.8 \sim 0.9 T_{max}$;

③ 根据式(10-30)计算 q;

④ 由 q 及 δ_1 求得 $\delta_2 = \delta_1 / q$,再根据式(10-25)求出 $T_2 = 2\lambda_m \delta_2 T_N / (1 + \delta_2^2)$,校验 T_2,应使 $T_2 = 1.1 \sim 1.2 T_L$。

⑤ 根据式(10-26),计算各级总电阻 $R_1 \sim R_m$ 以及各段电阻 $R_{st1} \sim R_{stm}$。

(2) 未知起动级数

① 确定 T_1、T_2,并计算 δ_1、δ_2 和 q;

② 由式(10-30)计算 m,即 $m = \lg(\delta_N / \delta_1 s_N) / \lg q$,将求得 m 凑成相近的整数 m';

③ 根据 m' 由式(10-30)计算 q,并校验 T_2;

④ 按校验通过的 q 计算各级起动电阻。

例 10-7 一台三相绕线转子异步电动机的技术数据为:$P_N = 11\ kW$,$n_N = 720\ r/min$,$E_{2N} = 163\ V$,$I_{2N} = 47.2\ A$,$\lambda_m = 1.8$,$T_L = 0.7T_N$。求:转子串电阻三级起动时每级的起动电阻。

解:(1)计算 s_N、δ_N 和 T_N

$$s_N = (n_1 - n_N) / n_1 = (750 - 720) / 750 = 0.04$$

$$\delta_N = \lambda_m - \sqrt{\lambda_m^2 - 1} = 1.8 - \sqrt{1.8^2 - 1} = 0.3$$

$$T_N = 9550 P_N / n_N = 9550 \times 11 / 720 = 145.9\ N \cdot m$$

(2)确定 δ_1

取 $T_1 = 0.85 T_{max} = 0.85 \lambda_m T_N = 0.85 \times 1.8 \times 145.9 = 223.3\ N \cdot m$

$$\delta_1 = \frac{\lambda_m T_N}{T_1} - \sqrt{\left(\frac{\lambda_m T_N}{T_1}\right)^2 - 1} = \frac{1.8 \times 145.9}{223.3} - \sqrt{\left(\frac{1.8 \times 145.9}{223.3}\right)^2 - 1} = 0.557$$

(3)计算 q

$$q = \sqrt[m]{\delta_N / \delta_1 s_N} = \sqrt[3]{0.3 / (0.556 \times 0.04)} = 2.38$$

(4) 校验 T_2

$$\delta_2 = \delta_1/q = 0.557/2.38 = 0.234$$

$$T_2 = 2\lambda_m \delta_2 T_N/(1+\delta_2^2) = 2 \times 1.8 \times 0.234 \times 145.9/(1+0.234^2) = 116.5 \text{ N} \cdot \text{m}$$

$T_2/T_L = 116.5/(0.7 \times 145.9) = 1.14 > 1.1$,选择的 T_2 满足要求。

(5) 计算各级总电阻 $R_1 \sim R_3$ 以及各段电阻 $R_{st1} \sim R_{st3}$

$$r_2 = s_N E_{2N}/\sqrt{3} I_{2N} = 0.04 \times 163/(\sqrt{3} \times 47.2) = 0.0798\ \Omega$$

$$R_3 = r_2 q = 0.0798 \times 2.38 = 0.19\ \Omega$$

$$R_2 = R_3 q = 0.19 \times 2.38 = 0.452\ \Omega$$

$$R_1 = R_2 q = 0.452 \times 2.38 = 1.076\ \Omega$$

$$R_{st3} = R_3 - r_2 = 0.19 - 0.0798 = 0.11\ \Omega$$

$$R_{st2} = R_2 - R_3 = 0.452 - 0.19 = 0.262\ \Omega$$

$$R_{st1} = R_1 - R_2 = 1.076 - 0.452 = 0.624\ \Omega$$

2. 转子串接频敏变阻器起动

绕线转子异步电动机转子串电阻分级起动,虽然可以减小起动电流,增大起动转矩,但起动过程中需要逐级切除起动电阻。如果起动级数少,在切除起动电阻时会产生较大的电流和转矩冲击,使起动不平稳。增加起动级数可以减小电流和转矩冲击,但必然导致起动设备复杂化。如果串入转子回路中的起动电阻在电动机起动过程中能随转速的升高而自动平滑地减小,就可以不用逐级切除电阻而实现无级起动了。频敏变阻器就是具有这样特性的起动设备。

所谓频敏变阻器,实质上是一个铁损耗很大的三相电抗器,它的铁心由较厚的钢板叠成。三个绕组分别绕在三个铁心柱上并作星形联结,然后接到转子滑环上。如图 10.2.9(a)所示。频敏变阻器的一相等效电路如图 10.2.9(b)所示,图中 r_1 为频敏变阻器绕组的电阻,R_m 为反应频敏变阻器铁损耗的等效电阻,X_m 为绕组的励磁电抗。

(a) 原理图   (b) 频敏变阻器一相等效电路

图 10.2.9　三相绕线转子异步电动机转子串频敏变阻器起动

用频敏变阻器起动的过程如下:起动时,开关 Q_2 断开,转子串入频敏变阻器,当开关 Q_1 闭合时,电动机接通电源开始起动。起动瞬间,$n=0$,$s=1$,转子电流频率 $f_2 = sf_1 = f_1$。绕组的励磁电抗 x_m 正比于 f_2,但因磁路饱和,且绕组匝数少,故 $R_m \gg x_m$。频敏变阻器的铁心中与频率平方成正比的涡流损耗最大,即铁损耗大,反映铁损耗大小的等效电阻 R_m 大,这相当于转子回路中串入一个较大的电阻,从而使起动电流减小,起动转矩增大。起动过程中,随着 n 上升,$f_2 = sf_1$ 逐渐减小,频敏变阻器的铁损耗逐渐减小,R_m 也随之减小,这相当于在起动过程中逐渐减小转子回路中串入的电阻。起动结束后,Q_2 闭合,切除频敏变阻器,转子电路直接短路。由于频敏变阻器的等效电阻 R_m 是随频率 f_2 的变化而自动变化的,因此称为"频敏"变阻器,它相当于一种无触点的变阻器。在起动过程中,它能自动、无级地减小电阻,如果参数选择适当,可以在起动过程中保持转矩近似不变,使起动过程平稳、快速。这时电动机的机械特性如图 10.2.10 曲线 2 所示。曲线 1 是电动机的固有机械特性。

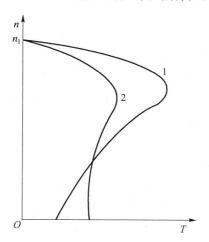

图 10.2.10　三相绕线转子异步电动机转子串频敏变阻器起动机械特性

综上所述,三相绕线转子异步电动机转子串电阻分级起动和转子串频敏变阻器起动,适用于大、中容量电动机的重载起动。转子串频敏变阻器由于起动结构简单、价格便宜、运动可靠、维护方便、能自动操作等优点,目前已获得了广泛地应用;而转子串电阻分级起动,对于大容量电动机,要求级数较多,故设备投资较大,维护不太方便。

10.3　三相异步电动机的调速

异步电动机的调速控制始于 20 世纪 50 年代末。原本只用于恒速传动的交流电动机实现了调速控制,以取代制造复杂、价格昂贵、维护麻烦的直流电动机。随着电力电子技术和计算机技术的发展,再加上现代控制理论向电气传动领域的渗透,使得交流调速技术得到了迅速发展,其设备容量不断扩大,性能指标及可靠性不断提高。目前,在各个工业电气自动化领域中,高性能交流调速系统应用的比例逐年上升,交流调速系统正逐步取代直流调速系统,以达到节能、缩小体积、降低成本的目的。

根据三相异步电动机的转速公式:

$$n = 60f_1(1-s)/p = n_1(1-s) \tag{10-31}$$

式中,f_1 定子供电频率、p 为极对数、s 为转差率、n_1 为同步转速。异步电动机的调速方法可分为变极对数调速、变转差率调速和变定子供电频调速(简称变频调速)三种。

10.3.1　三相异步电动机的变极对数调速

定子频率 f_1 一定时,改变定子的极对数 p 即可改变同步转速 n_1,从而达到调速的目的。要改变电动机的极对数,可以在定子铁心槽内嵌放两套不同极对数的三相绕组,但从制造的角度看,这种方法很不经济。通常是利用改变定子绕组接法来改变极对数,这种电机称为多速电机。根据电机学原理可知,只有定子和转子具有相同的极数时,电动机才具有恒定的电磁转矩,才能实现机电能量的转换。因此,在改变定子极对数的同时,必须改变转子的极对数。由于笼型异步电动机的转子极对数能自动地跟随定子极对数的变化,所以变极调速只用于笼型异步电动机。

1. 变极原理

下面以 4 极变 2 极为例,说明变极对数原理。

图 10.3.1 为三相异步电动机 U(或 A) 相定子绕组的接线及产生的磁动势。每相绕组由两个线圈构成,每个线圈称为半相绕组。两个半相绕组头尾相连,即正向串联时,如图 10.3.1(a)所示。根据线圈中电流的方向,可以看出定子绕组产生的脉动磁动势是 4 极的,即 $2p=4$,如图 10.3.1(b)所示。

(a) 绕组布置及其磁场　　　　(b) 半相绕组正向串联

图 10.3.1　四极三相异步电动机定子 U 相绕组

如果将两个半相绕组的联结方式改成如图 10.3.2(b)或 10.3.2(c) 的形式,改变半相绕组中的电流方向,根据电流方向,用右手螺旋定则确定出磁通方向,此时定子绕组产生的脉动磁动势是 2 极,即 $2p=2$。由此可见,改变半相绕组的电流方向,就能使极对数减半,从而使同步转速增加 1 倍,对于拖动恒转矩负载,运行的转速也近似增加 1 倍。

(a) 绕组布置及其磁场　　　(b) 半相绕组反向串联　　　(c) 半相绕组反向串联

图 10.3.2　两极三相异步电动机定子 U 相绕组

必须注意,绕组联结改变后,应将 $V(B)$、$W(C)$ 两相的出线交换,以保持高速与低速时电动机的转向相同。因为在极对数为 P 时,如果 U、V、W 三相的相位关系为 $0°$,$120°$,$240°$;则在极对数为 $2p$ 时,三者的相位关系将变为 $2×0°=0°$,$2×120°=240°$,$2×240°=480°$(相当于 $120°$)显然,在极对数为 p 及 $2p$ 下的相序将相反,V、W 两端必须对调,以保持变速前后电动机的转向相同。

2. 两种典型的变极调速方法及其机械特性

(1) 由单星形联结改接成并联的双星形联结(Y-YY)

Y-YY 联结方法如图 10.3.3 所示。电动机定子绕组有六个出线端。单星形联结时,U_1、

V_1、W_1 接电源,U_2、V_2、W_2 空着。此时,每相的两个半相绕组正向串联,电流方向一致,极对数为 p,同步转速为 n_1,如图 10.3.3(a)所示。双星形联结时,U_1、V_1、W_1 短接,U_2、V_2、W_2 接电源。此时,两个半相绕组变成反向并联,每相中都有一个半相绕组改变电流,因此,极对数变为 $p/2$,同步转速变为 $2n_1$,如图 10.3.3(b)所示。

(a) 单星形联结　　　　　(b) 双星形联结　　　　　(c) 机械特性

图 10.3.3　Y-YY 变极电动机的绕组联结及机械特性

变极前,电动机为 Y 联结,电动机输出功率 P_{2Y} 和电磁转矩 T_Y 为:

$$P_{2Y}=\eta P_{1Y}=\sqrt{3}\,\eta U_L I_L \cos\varphi=\sqrt{3}\,\eta U_L I_1 \cos\varphi \tag{10-32}$$

$$T_Y=9550 P_{2Y}/\eta_{1Y} \tag{10-33}$$

式中,P_{1Y} 为定子输入功率,η 为电动机效率,L_L 为定子线电压,I_L 为定子线电流,I_1 为定子相电流,$\cos\varphi_1$ 定子输入功率因数,n_{1Y} 为 Y 联结时电动机同步转速。

变极后,电动机为 YY 联结,极对数减少一半,同步转速增大一倍,即 $n_{1YY}=2n_{1Y}$。若保持绕组电流 I_1 不变,则变极后每相电流为 $2I_1$。假定变极后 η 和 $\cos\varphi$ 均保持不变,则变极后,电动机输出功率和电磁转矩为:

$$P_{2YY}=\sqrt{3}\,\eta U_L(2I_1)\cos\varphi=2P_{2Y} \tag{10-34}$$

$$T_{YY}=9550 P_{2YY}/n_{1YY}=9550 P_{TY}/n_{1Y}=T_Y \tag{10-35}$$

由式(10-32)~式(10-35)可见:Y-YY 联结时,电动机转速提高了一倍,输出功率也增加一倍,输出转矩不变,所以,Y-YY 联结方法的变极调速是属于恒转矩调速。其机械特性曲线如图 10.3.3(c)所示。

(2) 由三角形联结改接成双星形联结(△-YY)

△-YY 联结方法如图 10.3.4 所示。三角形联结时,1U、1V、1W 接电源,2U、2V、2W 空着。此时,每相的两个半相绕组正向串联,电流方向一致,极对数为 p,同步转速为 n_1,如图 10.3.4(a)所示。双星形联结时,1U、1V、1W 短接,2U、2V、2W 接电源,成为反相序。此时,半相绕组变成反相并联,其中一个半相绕组电流反相,极对数变为 $p/2$,同步转速变为 $2n_1$,如图 10.3.4(b)所示。

变极前,电动机为△联结,电动机输出功率 $P_{2\triangle}$ 和电磁转矩 $T_\triangle$ 为:

$$P_{2\triangle}=\sqrt{3}\,\eta U_L I_L \cos\varphi=\sqrt{3}\,\eta U_L(\sqrt{3}I_1)\cos\varphi \tag{10-36}$$

$$T_\triangle=9550 P_{2\triangle}/n_{1\triangle} \tag{10-37}$$

变极后,电动机为 YY 联结,极对数减少一半,同步转速增大一倍,即 $n_{1YY}=2n_{1\triangle}$。若保持绕组电流 I_1 不变,则变极后每相电流为 $2I_1$。假定变极后 η 和 $\cos\varphi_1$ 均保持不变,则变极后,电动机输出功率和电磁转矩为:

(a) 三角形联结　　　　(b) 双星形联结　　　　(c) 机械特性

图 10.3.4 △-YY 变极电动机的绕组联结及机械特性

$$P_{2YY}=\sqrt{3}\eta U_{L}(2I_{1})\cos\varphi=2\sqrt{3}\eta U_{L}(\sqrt{3}I_{1})\cos\varphi/\sqrt{3}=2P_{2\triangle}/\sqrt{3} \tag{10-38}$$

$$T_{YY}=9550P_{2YY}/n_{1YY}=9550\times2P_{\triangle}/(\sqrt{3}\times2n_{1\triangle})=1/\sqrt{3}T_{\triangle} \tag{10-39}$$

由式(10-36)～式(10-39)可见：△-YY 联结时，电动机转速提高了一倍，容许输出功率近似不变(相差约 13.4%)，容许输出转矩变成 $T_{YY}=0.577T_{\triangle}$。所以，△-YY 联结方法的变极调速接近于恒功率调速。其机械特性曲线如图 10.3.4(c)所示。

3. 特点和适用场合

变极调速的优点是设备简单、运行可靠、机械特性硬、损耗小、采用不同的联结方式可获得恒转矩调速或接近恒功率调速特性，以满足不同生产机械的要求。缺点是只能分级调节转速，且只能有两个和三个转速。

变极调速广泛应用于机床电力拖动中。对于恒转矩调速方式的双速或三速电动机也可以用来拖动电梯、运输传送带或起重电葫芦等。

10.3.2　三相异步电动机的变转差率调速

根据电机学原理，异步电动机从定子传入转子的电磁功率 P_{M} 可以划分为两部分：一部分是拖动负载的有效机械功率 $P_{m}=(1-s)P_{M}$，另一部分是传输给转子电路的转差功率 $p_{Cu2}=P_{s}=sP_{M}$。变极对数调速和变频调速都是设法改变同步转速以实现调速，无论转速高低，其转差功率仅仅由转子绕组铜耗构成，基本上不变。故从能量转换角度看，此类交流调速方法又称为转差功率不变型，其效率最高。而变转差率调速则不同，其转差功率与转差率成正比，根据转差功率是全部消耗掉，还是能够回馈给电网，又将变转差率调速分成转差功率消耗型和转差功率回馈型。转差功率消耗型由于全部转差功率都转换为热能白白消耗掉，其效率最低。常见的实现方法有：绕线转子串电阻调速、定子调压调速和电磁转差离合器调速等。而转差功率回馈型由于转差功率大部分能回馈到电网，其效率界于消耗型和不变型之间。常见的实现方法有：绕线转子串级调速等。

1. 绕线转子异步电动机转子串电阻调速

(1) 调速原理和机械特性

根据 10.1.2 节可知：绕线转子异步电动机转子回路串入电阻时，同步转速 n_{1} 和最大电磁转矩 T_{max} 不变，而临界转差率 s_{m} 随外接电阻 R_{s} 的增大而增大，其机械特性如图 10.3.5 所示。对于恒转矩负载 T_{L} 时，转子回路串入电阻 $R_{s}(R_{s1}<R_{s2}<R_{s3})$ 越大，临界转差率越大($s_{m}<s_{m1}$

$<s_{m2}<s_{m3}$），则转速越低（$n_A>n_B>n_C>n_D$），从而实现了转速的调节。与此同时，转子回路损耗掉的转差功率 P_s（即转子铜耗 P_{Cu2}）越大，效率则越低。

（2）特点和适用场合

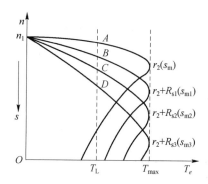

绕线转子异步电动机转子串电阻调速的优点是方法简单，易于实现。缺点是低速运行时损耗大。这是因为电动机运行时转子铜耗 $P_{Cu2}=P_s=sP_M$，随 s 的增大而增加，所以运行效率低。同时在低速时，由于机械特性较软，当负载转矩波动时引起的转速波动比较大，即运行稳定性较差。

绕线转子异步电动机转子串电阻调速主要适用在对调速性能要求不高的生产机械，如桥式起重机、通风机、轧钢辅助机械等。

图 10.3.5　绕线转子串电阻调速的机械特性

2. 定子调压调速

（1）调速原理及机械特性

根据 10.1.2 节可知：当异步电动机定子与转子回路的参数恒定时，在一定转差率 s 下，电动机的电磁转矩 T 与加在定子绕组上电压 U_1 的平方成正比，即 $T\propto U_1^2$，而临界转差率 s_m 和同步转速 n_1 与 U_1 无关而保持不变，其机械特性如图 10.3.6 所示。普通笼型电动机带恒转矩负载，由于稳定运行区转差率 s 限制在 $0\sim s_m$ 范围内，可以调速的范围很小，如图 10.3.6 中的 A、B、C 点，往往不能满足生产机械对调速的要求。如果带风机及泵类负载，稳定运行区可不受 s_m 限制，相应的调速范围可以大一些，如图 10.3.6 中的 A'、B'、C' 点。

为了扩大恒转矩负载时的调速范围，需要采用转子电阻较大的高转差率笼型异步电动机，该电动机在不同定子电压时的机械特性如图 10.3.7 所示。显然，带恒转矩负载时调速范围增大了，但机械特性变得很软，运行稳定性又不能满足生产工艺的要求。可见，单纯地改变定子电压调速很不理想，为了克服这一缺点，调压调速系统通常采用转速负反馈调压调速闭环控制系统。

图 10.3.6　异步电动机在不同电压下的机械特性

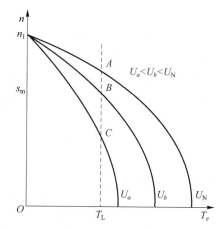

图 10.3.7　高转差率鼠笼转子异步电动机在不同电压下的机械特性

（2）调压调速闭环控制系统原理及其机械特性

图 10.3.8(a)为转速负反馈调压调速闭环控制系统的原理图。电动机转速 n 由测速发电机 TG 检测后反馈一个正比于 n 的电压 U_N，与转速给定信号 U_N^* 进行比较，得到偏差 $\Delta U_N = U_N^* - U_N$，再经过转速调节器 ASR 产生控制电压送至触发电路 GT，使之输出有一定相移的脉冲 α，从而改变晶闸管调压装置 TVC 的输出电压。

图 10.3.8(b)为转速负反馈调压调速闭环控制系统的机械特性。当电动机运行于 A 点时，电动机定子电压为 U，对于负载转矩为 T_L，系统处于平衡状态。由于某种原因，如负载增大到 T_{L2}，若无转速负反馈，则转速会下降。采用转速负反馈调压调速系统后，系统会自动调高定子电压到 U_b，使电动机运行于 A'' 点。同理，若负载减小到 T_{L1}，系统会自动降低定子电压到 U_a，使电动机运行于 A' 点，将三个工作点 A'、A、A'' 连接起来便是调压调速闭环控制系统的机械特性。

(a) 原理图　　　　(b) 机械特性

图 10.3.8　转速负反馈调压调速闭环系统

（3）调压调速时电动机的允许输出

异步电动机定子调压调速是一种转差功率消耗型调速方法。因为电动机的气隙磁通近似地与定子电压成正比，当电动机的负载转矩恒定而定子电压低于额定值时，由于气隙磁通降低而稳态下运行，$T = T_L$ 不变，因此转子电流必然增大，此时转差功率 $P_s = sP_M = sT_L\Omega_1 = 3I_2'^2 r_2'$ 也随着转子电流增大。忽略空载电流 I_0 时，定、转子电流 $I_1 = I_2' = \sqrt{sT_L\Omega_1/3r_2'}$，可见对于恒转矩负载，降压调速时转速越低，转差率越大，定转子电流越大，消耗的转差功率也越大。

定子调压调速时异步电动机的电磁转矩为：

$$T = P_M/\Omega_1 = \frac{3I_2'^2 r_2'/s}{\Omega_1} \tag{10-40}$$

当 $I_2' = 2_{2N}'$ 时，$T \propto 1/s$。可见，定子调压调速方法既不属于恒转矩调速方式，又属于恒功率调速方式。

（4）特点和适用场合

定子调压调速的优点是调速装置简单，价格便宜，适合于高转差率笼型异步电动机和绕线转子异步电动机，最适合拖动风机及泵类负载。缺点是低速运行时损耗大、效率低且转速稳定性差。

定子调压调速主要适用于对调速精度和调速范围要求不高的生产机械，如低速电梯、简单的起重机械设备、风机、泵类等生产机械。

3. 电磁转差离合器(滑差电机)调速

(1) 调速原理及机械特性

如图 10.3.9(a)所示,电磁转差离合器是一个笼型异步电动机与负载之间互相连接的电器设备,主要由电枢和磁极两个旋转部分组成。电枢与电动机同轴相连,由电动机带动旋转,称为主动部分。通常电枢用整块铸钢加工而成,形状像一个杯子。磁极与负载相连,称为从动部分。磁极由铁心和励磁绕组组成,其励磁绕组通过滑环、电刷与整流装置连接,由整流装置提供励磁电流。

图 10.3.9　电磁转差离合器

当笼型异步电动机带动电磁转差离合器电枢部分旋转时,设转速为 n,转向为逆时针。若磁极的励磁绕组中励磁电流为零,无电磁转矩产生,磁极及关联的负载不会转动,这时负载相当于与电动机"离开"。若磁极的励磁绕组通入励磁电流,则产生磁场,磁极与电枢之间有磁的联系。由于电枢与磁极之间有相对运动,电枢就会因切割磁力线感应出涡流来,根据右手定则可判定涡流的方向如图 10.3.9(b)所示。涡流受磁极磁场作用,产生作用于电枢上的电磁力 f 和电磁转矩 T',根据左手定则可以判定 T' 的方向与电枢旋转方向相反,为制动转矩,它与作用在电枢上的输入转矩 T 相平衡。而磁极则受到与 T' 大小相等,方向相反的电磁转矩 T''。在 T'' 的作用下,与磁极相连的负载跟随电枢转动,转速为 n',此时负载相当于被"合上",而且负载转速 n' 始终小于电动机转速 n,即电枢与磁极之间有转差 $\Delta n = n - n'$。这种基于电磁感应原理,并必须有转差才能产生电磁转矩带动负载工作的设备称为电磁转差离合器。

电磁转差离合器调速时,由于笼型异步电动机的转速变化不大,所以机械特性主要是电磁转差离合器本身的机械特性。在电磁转差离合器中磁极的转速 n' 取决于磁极绕组中励磁电流 I_f 的大小,只要改变 I_f,就可以改变磁极和负载转速 n',从而达到调速的目的。电磁转差离合器改变励磁电流时的机械特性如图 10.3.10 所示。由图可见,励磁电流越小,机械特性越软,随着转矩的增大,转速下降较大,机械特性变软。工程上,为了提高机械特性的硬度,扩大调速范围,常采用转速负反馈电磁转差离合器调速闭环控制系统,其调速特性的分析类似与转速负反馈调压调速闭环控制系统,这里就不再赘述。

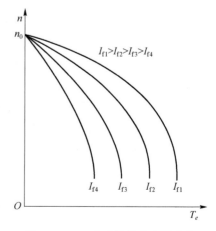

图 10.3.10　电磁转差离合器改变励磁电流时的机械特性

（2）特点和适用场合

电磁转差离合器调速的优点是结构简单、运行可靠、价格便宜、维修方便、可以实现无级调速。缺点是低速运行时损耗大、效率低、离合器发热严重。

电磁转差离合器调速主要适用于风机、泵类的变速传动,也广泛应用于纺织、印染、造纸、船舶、冶金和电力等工业部门的许多生产机械中。电磁转差离合器与三相笼型异步电动机装成一体时,称为滑差电机或电磁调速异步电动机。

4. 绕线转子串级调速

（1）调速原理及机械特性

对于绕线转子异步电动机,在其转子上不串入电阻,而是串入一个与转子电动势 $E_{2s}=sE_2$ 频率相同、相位相同或相反的交流附加电动势 E_{add},如图 10.3.11 所示,通过改变 E_{add} 的幅值和相位来实现调速。这样,即使电动机运行在低速,也只有少量的转差功率消耗在转子电阻上,而转差功率的大部分被 E_{add} 所吸收。再利用产生 E_{add} 的装置,设法把所吸收的这部分转差功率回馈电网(或再送回电动机轴上输出),就能使电动机在低转速时仍具有较高的效率。这种在绕线转子异步电动机转子回路中串入附加电动势的高效率调速方法,就称为绕线转子串级调速。

在转子绕组回路中引入一个可控的交流附加电动势 E_{add},等效电路如图 10.3.12 所示。此时转子电流 I_2 为:

$$I_2 = \frac{sE_2 \pm E_{add}}{\sqrt{r_2^2 + (sx_2)^2}} \tag{10-41}$$

式中,正号表示 E_{2s} 与 E_{add} 同相,负号表示 E_{2s} 与 E_{add} 反相。

图 10.3.11　绕线转子异步电动机
附加电动势原理图

图 10.3.12　转子回路附加
电动势的等效电路

电机处于电动状态时,I_2 与负载大小有直接关系。当电动机的负载转矩 T_L 恒定时,可近似地认为 I_2 恒定。设在未串入 E_{add} 前,电动机在转差率 s_1 下稳定运行,电磁转矩 $T=T_L$。引入同相的 E_{add} 后,电动机转子回路的合成电动势增大,I_2 和 T 也相应增大。由于 T_L 恒定,电动机必然加速,因而 s 降低,转子电动势 E_{2s} 随之减少,I_2 和 T 也逐渐减少,直至转差率降低到 s_2,I_2 又恢复到原值,T 又等于 T_L 时,电动机进入新的更高转速的稳定状态。同理,若减少 $+E_{add}$ 或串入反相的 $-E_{add}$,则可实现电动机的转速降低。

由式(8-41)可知:转子回路电流 I_2 由转子电动势 sE_2 产生的电流 $I_{2D}=\dfrac{sE_2}{\sqrt{r_2^2+(sx_2^2)}}$ 和

附加电动势 E_{add} 产生的电流 $I_{2f}=\dfrac{\pm E_{add}}{\sqrt{r_2^2+(sx_2^2)}}$ 两部分组成。因此,电动机的电磁转矩为:

$$T = C_T\Phi_m I_2'\cos\varphi_2 = \frac{C_T\Phi_m I_2\cos\varphi_2}{k_i} = \frac{C_T\Phi_m(I_{2D}\pm I_{2f})\cos\varphi_2}{k_i} = T_1 \pm T_2 \tag{10-42}$$

式中，$k_i = \dfrac{I_2}{I_2'}$，为异步电动机的转子电流比。

$$T_1 = C_T' \Phi_m I_{20} \cos \varphi_2 / ki, \quad T_2 = C_T' \Phi_m I_{2f} \cos \varphi_2 / ki$$

可见，串级调速中，绕线转子异步电动机的电磁转矩 T 由两部分组成：T_1 为旋转磁场 Φ_m 与 I_{2D} 作用产生的转矩分量。其机械特性与转子不串附加电动势 E_{add} 时的异步电动机的机械特性一样，如图 10.3.13(a)所示。T_2 为由旋转磁场 Φ_m 和 I_{2f} 作用产生的转矩分量，E_{add} 取正值时，T_2 为正值；E_{add} 取负值时，T_2 为负值，其机械特性如图 10.3.13(b)所示。绕线式异步电动机转子串电动势的机械特性由 T_1 和 T_2 合成得到，如图 10.3.13(c)所示。当 $E_{add} = 0$ 时，机械特性同异步电机的固有机械特性；当 E_{ad} 取正值时，机械特性基本上是平行上移；E_{add} 取负值时，机械特性基本上是平行下移。机械特性的线性段较硬，但低速时，最大转矩和起动转矩减小，且过载能力降低。

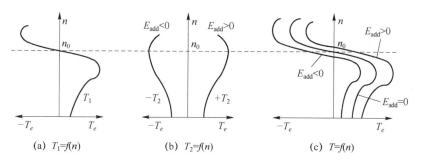

图 10.3.13　绕线转子异步电动机串级调速机械特性

（2）特点和适用场合

绕线式异步电动机的绕线转子串级调速的优点是机械特性较硬、效率高、可以实现无级调速等。缺点是调速范围不能太宽、功率因数较低、过载能力下降等。

绕线式异步电动机的绕线转子串级调速广泛应用于风机、泵、空气压缩机、不可逆轧钢机等生产机械上。

10.3.3　三相异步电动机的变频调速

异步电动机的变压变频调速一般简称变频调速，由于调速时转差功率不变，在各种异步电动机调速方法中效率最高、性能最好，是交流调速的主要研究和发展方向。

1. 变频调速的原理及机械特性

根据异步电动机转速公式 $n = \dfrac{60 f_1 (1-s)}{p} = n_1 (1-s)$，改变异步电动机定子供电电源的频率 f_1，可以改变同步转速 n_1，从而改变转速 n。如果 f_1 连续可调，则可平滑地调节转速，实现变频调速。

三相异步电动机运行时，若忽略定子阻抗压降，定子每相电压为：

$$U_1 \approx E_1 = 4.44 f_1 N_1 k_{\omega1} \Phi_m \tag{10-43}$$

式中：E_1 为气隙磁通在定子每相绕组中的感应电动势；N_1 为定子每相绕组串联匝数；$k_{\omega1}$ 为定子基波绕组系数；Φ_m 为每极气隙磁通。

从式(10-43)可以看出：如果只减小频率 f_1，而定子电压 U_1 保持不变，则气隙每极磁通 Φ_m 将增大。这将会引起电动机铁心磁路饱和，从而导致过大的励磁电流，严重时会因绕组过热而损坏电机。因此,在改变 f_1 时,必须同时改变 U_1,已达到控制 Φ_m 的目的。对此,需要考虑基频 f_N(额定频率)以下的调速和基频以上的调速两种情况。

(1) 基频 f_N 以下变频调速

为了防止磁路的饱和,当 f_1 从 f_N 向下调节时,为使 Φ_m 为常数,应保持 $\dfrac{U_1}{f_1}$ =常数,即恒压频比控制(准确地说,只有保持 $\dfrac{E_1}{f_1}$ =常数,才能保持 Φ_m 不变)。这时,电动机的电磁转矩为:

$$T = \frac{3p}{2\pi f_1} \cdot \frac{U_1^2 \dfrac{r_2'}{s}}{\left(r_1 + \dfrac{r_2'}{s}\right)^2 + (x_1 + x_2')^2} \tag{10-44}$$

$$= \frac{3p}{2\pi} \cdot \left(\frac{U_1}{f_1}\right)^2 \cdot \frac{sf_1 r_2'}{(sr_1 + r_2')^2 + s^2(x_1 + x_2')^2}$$

由式(10-44)可以画出基频以下,恒 $\dfrac{U_1}{f_1}$ 控制时的机械特性,如图 10.3.14 所示,它具有以下特点:

① 同步转速 n_1 随定子电压频率 f_1 正比变化。

② 不同频率下机械特性为一组硬度相同的平行直线。

异步电动机带负载运行时的转速降落 $\Delta n = sn_1 = \dfrac{60 sf_1}{p}$,在 s 很小的机械特性直线段上,忽略 $s^2(X_1 + X_2)^2$ 和 $r_1 s$。根据式(10-44)可以导出:

$$sf_1 \approx \frac{T r_2'}{\dfrac{3p}{2\pi}\left(\dfrac{U_1}{f_1}\right)^2} \tag{10-45}$$

由式(10-45)可知:恒 $\dfrac{U_1}{f_1}$ 控制时,在同一转矩下,sf_1 基本相同。因此不同频率下的转速降落 Δn 基本不变,机械特性表现为一组硬度相同的平行直线。

③ 最大转矩 $T_{\max}$ 随 f_1 降低而减小。

将式(10-44)对 s 求导,并令 $\dfrac{dT}{ds}=0$,可求出 $T_{\max}$ 及其对应的 s_m。

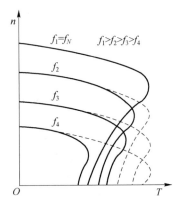

图 10.3.14 恒压频比控制变频调速机械特性

$$s_m = \frac{r_2'}{\sqrt{r_1^2 + (x_1 + x_2')^2}} \tag{10-46}$$

$$T_{\max} = \frac{3p}{4\pi} \cdot \left(\frac{U_1}{f_1}\right)^2 \cdot \frac{f_1}{\left[r_1 + \sqrt{r_1^2 + (x_1 + x_2')^2}\right]} \tag{10-47}$$

由式(10-47)式可知:恒 $\dfrac{U_1}{f_1}$ 控制时,最大转矩 $T_{\max}$ 是随着 f_1 的降低而减小。因此恒压频比控制只适合调速范围不大、最低转速不太低或负载转矩随转速降低而减小的负载,如负载转矩随转速平方变化的风机、泵类负载。频率很低时,$T_{\max}$ 太小将限制电动机的带载能力,可采用定子电压补偿,适当提高 U_1,增强电动机的带载能力。由于 $\dfrac{U_1}{f_1}$ =常数,Φ_m =常数,因此恒压频比控制调速属于近似的恒转矩调速。

（2）基频 f_N 以上调速

在基频 f_N 以上调速时，鉴于电动机绕组是按额定电压等级设计的，超过额定电压，电动机运行将受到绕组绝缘强度的限制，因此定子电压 U_1 不能超过额定电压 U_N，最多只能保持 $U_1=U_N$。根据式（10-43），这将迫使磁通 Φ_m 与频率 f_1 成反比地降低，即恒压变频控制方式，类似于直流电动机弱磁升速的情况。当 $f_1>f_N$ 时，r_1 比 x_1+x_2' 小得多，忽略 r_1，这时，电动机的 T_{max}、s_m 为：

$$s_m = \frac{r_2'}{\sqrt{r_1^2+(x_1+x_2')^2}} \approx \frac{r_2'}{2\pi f_1(L_{l1}+L_{l2}')} \propto \frac{1}{f_1} \tag{10-48}$$

$$T_{max} = \frac{3p}{4\pi} \cdot \left(\frac{U_1}{f_1}\right)^2 \cdot \frac{f_1}{\left[r_1+\sqrt{r_1^2+(x_1+x_2')^2}\right]} \approx \frac{3pU_N^2}{4\pi f_1} \cdot \frac{1}{2\pi f_1(L_{l1}+L_{l2}')} \propto \frac{1}{f_1^2} \tag{10-49}$$

最大转矩时的转速降 Δn_m 为：

$$\Delta n_m = s_m n_1 \approx \frac{r_2'}{2\pi f_1(L_{l1}+L_{l2}')} \cdot \frac{60 f_1}{p} = 常数 \tag{10-50}$$

其中 $X_1=2\pi f_1 L_1$，$X_2'=2\pi f_1 L_2'$。由式（10-48）～式（10-50）可知：当 $U_1=U_N$ 不变，$f_1>f_N$ 变频调速时，T_{max} 与 f_1^2 成反比，s_m 与 f_1 成反比，而 Δn_m 则保持不变。即不同频率下各机械特性曲线的稳定运行区近似平行，其机械特性曲线如图 10.3.15 所示。

由于 f_1 升高后，Φ_m 将减小，因此若保持定转子电流为额定值不变，电磁转矩将低于额定转矩。电动机的电磁功率 P_M 为：

$$P_M = 3I_2'^2 \frac{r_2'}{s} = 3\left(\frac{U_N}{\sqrt{\left(r_1+\frac{r_2'}{s}\right)^2+(x_1+x_2')^2}}\right)^2 \cdot \frac{r_2'}{s} \tag{10-51}$$

正常运行时 s 很小，r_2'/s 比 r_1 和 x_1+x_2' 大得多，忽略 r_1 和 x_1+x_2'，$P_M \approx \frac{3U_N^2 s}{r_2'}$。运行时若 $U_1=U_N$ 不变，则在不同频率下 s 变化不大，$P_M \approx$ 常数，因此在基频以上调速时可以近似认为属于恒功率调速。

图 10.3.15 $U_1=U_N$ 升频调速机械特性

2. 特点和适用场合

异步电动机变频调速的优点是调速范围宽、平滑性好、效率最高、具有优良的静态及动态特性，是应用最广泛的交流调速系统。缺点是变频调速设备成本较高（尽管价格还在降）、变频调速原理较复杂等。目前实用的异步电动机变频调速系统，主要有四种控制方法：恒压频比控制、转差频率控制、矢量控制和直接转矩控制。这些内容将会在后续的课程中详细讲解，本课程不再作过多介绍。现在变频调速已广泛应用于冶金、采矿、化工、机械制造等很多领域。

以上介绍了三相异步电动机的各种调速方法，现将这些调速方法的调速性能进行比较列与表 10.3.1 中。

表 10.3.1　异步电动机各种调速方法调速性能的比较

	变极调速	变转差率调速				变频调速
		绕线转子串电阻	定子调压调速	电磁转差离合器调速	绕线转子串级	
是否改变同步转速	变	不变	不变	不变	不变	变
静差率(转速相对稳定性)	小(好)	大(差)	开环时大闭环时小	开环时大闭环时小	小(好)	小(好)
调速范围(满足一般静差率要求)	较小(D=2~4)	小(D=2)	闭环时较大(D≤10)	闭环时较大(D≤10)	较小(D=2~4)	较大(D≥10)
调速平滑性(有级/无级)	差有级调速	差有级调速	好无级调速	好无级调速	好无级调速	好无级调速
适应负载类型	恒功率恒转矩	恒转矩	通风机恒转矩	通风机恒转矩	恒转矩	恒功率恒转矩
设备投资	少	少	较少	较少	较多	多
电能损耗	小	大	大	大	较小	较小
使用电机类型	多速电动机(笼式)	绕线式	笼式绕线式	滑差电机	绕线式	笼式绕线式

10.4　三相异步电动机的制动

三相异步电动机的制动是三相异步电动机起动的逆过程。电动机的制动就是使电动机的转矩 T 与转速 n 反向,即 T 起反抗运动的作用。制动的目的是使电动机转速由某一稳定转速迅速降低;或者对于位能性负载,使电动机产生的转矩与负载转矩相平衡,从而使电动机的下降转速保持恒定。三相异步电动机的制动方法有反接制动、能耗制动、回馈制动三种。

10.4.1　三相异步电动机的反接制动

当异步电动机转子的旋转方向与定子磁场的旋转方向相反时,电动机便处于反接制动状态。反接制动状态有两种情况,一是保持定子磁场的转向不变,而转子在位能性负载作用下进入倒拉反转,这种情况下的制动称为转子反转的反接制动;二是在电动状态下突然将电源两相反接,使定子旋转磁场的方向由原来的顺转子转向改为逆转子转向,这种情况下的制动称为定子两相反接的反接制动。

1. 转子反转的反接制动

（1）制动原理与机械特性

图 10.4.1 为三相异步电动机转子反转的反接制动原理图。若电动机拖动系统原来运行于固有机械特性 1 上的 A 点,并以转速 n_A 提升重物 G,在第 I 象限,如图 10.4.1 所示。若转子中串入制动电阻 R_{Br},这时拖动系统将过渡到具有较大电阻的机械特性 2 上运行。制动电阻 R_{Br} 接入转子电路的瞬间,转速不能突变,拖动系统将由 A 点过渡到 B 点,再沿机械特性 2 下降到转速为零的 C 点。此时,若 C 点对应的电磁转矩仍然小于负载转矩,即 $T_C < T_L$,重物将

迫使电动机的转子反向旋转,直到 D 点,这时 $T_D = T_L$,拖动系统将以转速 n_D 稳定运行,重物 G 匀速下降。在这种情况下,电动机的电磁转矩方向与电动机的实际转向相反,负载转矩为拖动转矩,拉着电动机反转,而电磁转矩起制动作用,因此这种制动又叫倒拉反接制动。这时电磁转矩方向与电动状态时的一样,即转矩为正,而转速反了,为负值,机械特性曲线在第 IV 象限。

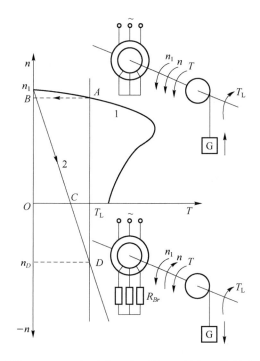

图 10.4.1　三相异步电动机转子反转的反接制动

可见,要实现转子反转的反接制动状态,必须同时具备两个条件:绕线转子异步电动机转子电路串入足够大的电阻和电动机在位能性负载下反拖。采用转子反转的反接制动的目的是限制重物的下放速度。

（2）能量关系

转子反转的反接制动时,转差率 $s = \dfrac{[n_1 - (-n)]}{n_1} > 1$,这时从轴上输出的机械功率 $P_m = 3I_2'^2(r_2' + R_{Br})(1-s)/s$,由于 $s > 1$,显然 $P_m < 0$,说明此时轴上输出机械功率是负的,即输入机械功率。不难理解,这个功率是由位能性负载提供的。

此时的电磁功率 $P_M = \dfrac{3I_2'^2(r_2' + R_{Br})}{s} > 0$,即电磁功率仍由定子侧经气隙传递到转子,这时的转子铜耗为:

$$P_{Cu2} = 3I_2'^2(r_2' + R_{Br}) = \frac{3I_2'^2(r_2' + R_{Br})}{s} - \frac{3I_2'^2(r_2' + R_{Br})(1-s)}{s} = P_M + |P_m|$$

$$(10\text{-}52)$$

式(10-52)表明:转子反转的反接制动状态,由位能性负载提供的机械功率 P_m 和由电源输入的电磁功率 P_M 全部消耗在电动机的转子电路的电阻上。其中一部分消耗在转子绕组本身的电阻 r_2' 上,另一部分则消耗于转子外接的制动电阻 R_{Br} 上。

例 10-8 一台三相绕线转子异步电动机的技术数据为：$P_N = 5\ kW$，$n_N = 960\ r/min$，$E_{2N} = 164\ V$，$I_{2N} = 20.6\ A$，$\lambda_m = 2.3$，定、转子均为 Y 联结，该电动机拖动起重机的提升机构。下放重物时，电动机的负载转矩 $T_L = 0.75T_N$，电动机的转速 $n = -300\ r/min$，求转子每相应串入的电阻值。

解：根据题意可知，这是通过转子串电阻实现转子反转的反接制动，以 300 r/min 的匀速下放位能负载。

① 额定转差率：

$$s_N = \frac{(n_1 - n_N)}{n_1} = \frac{(1\ 000 - 960)}{1\ 000} = 0.04$$

② 固有机械特性的临界转差率：

$$s_m = s_N(\lambda_m + \sqrt{\lambda_m^2 - 1}) = 0.04 \times (2.3 + \sqrt{2.3^2 - 1}) = 0.175$$

③ 转子绕组每相电阻：

$$r_2 = \frac{s_N E_{2N}}{\sqrt{3} I_{2N}} = \frac{0.04 \times 164}{\sqrt{3}} \times 20.6 = 0.184\ \Omega$$

④ 参照图 10.4.1，在固有机械特性上 $T_L = 0.75T_N$，即 A 点时的转差率为：

$$s_A = s_m\left[\frac{\lambda_m T_N}{T_L} - \sqrt{\left(\frac{\lambda_m T_N}{T_L}\right)^2 - 1}\right]$$

$$= 0.175 \times \left[\frac{2.3 \times T_N}{0.75 \times T_N} - \sqrt{\left(\frac{2.3 \times T_N}{0.75 \times T_N}\right)^2 - 1}\right] = 0.029$$

⑤ $n = -300\ r/min$ 时的转差率：

$$s_D = \frac{(n_1 - n)}{n_1} = \frac{(1\ 000 + 300)}{1\ 000} = 1.3$$

⑥ 按比例推移关系，转子回路每相串入的制动电阻值为：

$$R_{Br} = \left(\frac{s_D}{s_A} - 1\right)r_2 = \left(\frac{1.3}{0.029} - 1\right) \times 0.184 = 8.06\ \Omega$$

2. 定子两相反接的反接制动

(1) 制动原理与机械特性

设拖动系统原来运行于正向电动状态。如图 10.4.2 中固有机械特性 1 的 A 点，现在把定子两相绕组出线端对调。由于定子电压的相序反了，旋转磁场反向，其对应的同步转速为 $-n_1$，电磁转矩变为负值，起制动作用，其机械特性为图 10.4.2 中的曲线 2。在改变定子电压相序的瞬间，工作点由 A 过渡到 B，这时系统在电磁转矩和负载转矩共同作用下，迫使转子的转速迅速下降，直到 C 点，转速为零，制动结束。对于绕线转子异步电动机，为了限制两相反接瞬间电流和增大电磁制动转矩，通常在定子两相反接的同时，在转子中串入制动电阻 R_{Br}，这时对应的机械特性如图 10.4.2 中的曲线 3 所示。同样，在电磁转矩和负载转矩共同作用下，转速迅速下降到 C' 点，制动结束。定子两相反接的反接制动过程，就是指从反接开始至转速为零的这一制动，即图 10.4.2 中曲线 2 的 BC 段或曲线 3 的 $B'C'$ 段。

如果制动的目的只是想快速停车，则必须采取措施，在转速接近零时，立即切断电源。否则电动机拖动系统的机械特性曲线将进入第Ⅲ象限。如果电动机拖动的是反抗性负载，而且在 $C(C')$ 点的电磁转矩大于负载转矩，则将反向起动到 $D(D')$ 点，稳定运行，这是反向电动状态。如果拖动的是位能性负载，则电动机在位能负载拖动下，将一直反向加速到 $E(E')$ 点，直到电磁转矩等于负载转矩，才能稳定运行。这种情况下，电动机转速高于降同步转速，电磁转矩与转向相反，进入回馈制动状态。

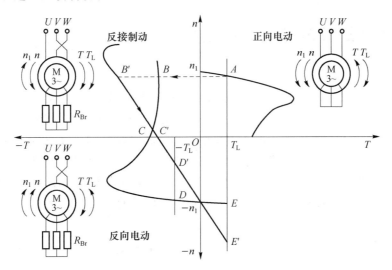

图 10.4.2　三相异步电动机定子两相反接的反接制动

（2）能量关系

定子两相反接的反接制动是一个位于第 Ⅱ 象限的过程。这时转子的旋转方向与定子旋转磁场方向相反，即 n 与 n_1 反向，对应的转差率 $s=(-n_1-n)/(-n_1)>1$，因此能量关系和转子反转的反接制动时的相同，拖动系统所贮存的动能被电动机吸收，变为轴上输入的机械功率，与由定子传递给转子的电磁功率一起全部消耗在转子电路的电阻上。

例 10-9　绕线转子异步电动机的数据同例 10-8。原先在固有特性上拖动反抗性恒转矩负载运行，$T_L=0.75T_N$，为使电动机快速反转，现采用定子两相反接的反接制动。

（1）要求电动机的起始制动转矩 $T=1.8T_N$，求转子每相应串入的电阻值。

（2）电动机反转后的稳定速度是多少？

解：（1）制动电阻 R_{Br} 计算

① 已知 $s_N=0.04$、$s_m=0.175$、$r_2=0.184\ \Omega$、$s_A=0.029$。

② 参照图 10.4.2，在固有机械特性上 $T_L=0.75T_N$，即 A 点时的转速为：
$$n_A=(1-s_A)n_1=(1-0.029)\times1\,000=971\ \text{r/min}$$

③ 反接制动起始点 B' 的转差率为：
$$s_{B'}=(-n_1-n_{B'})/(-n_1)=(-1\,000-971)/-1\,000=1.971$$

④ 反接制动机械特性的临界转差率为：
$$s_{m'}=s_{m'}\left[\frac{\lambda_m T_N}{T_{B'}}+\sqrt{\left(\frac{\lambda_m T_N}{T_B}\right)^2-1}\right]=1.971\times\left[\frac{2.3\times T_N}{1.8\times T_N}+\sqrt{\left(\frac{2.3\times T_N}{1.8\times T_N}\right)^2-1}\right]=4.09$$

⑤ 按比例推移关系，转子回路每相串入的制动电阻值为：
$$R_{Br}=\left(\frac{s_{m'}}{s_m}-1\right)r_2=\left(\frac{4.09}{0.175}-1\right)\times0.184=4.12\ \Omega$$

（3）反转后稳定转速的计算

① 参照图 10.4.2，反转后稳定运行，即 D' 点时的转差率为：
$$s_{D'}=s_{m'}\left[\frac{\lambda_m T_N}{T_L}-\sqrt{\left(\frac{\lambda_m T_N}{T_L}\right)^2-1}\right]=4.09\times\left[\frac{2.3\times T_N}{0.75\times T_N}-\sqrt{\left(\frac{2.3\times T_N}{0.75\times T_N}\right)^2-1}\right]=0.683$$

② 反转后稳定运行转速为:

$$n_{D'} = (1-s_{D'})n_1 = (1-0.683) \times (-1\,000) = -317 \text{ r/min}$$

10.4.2　三相异步电动机的能耗制动

1. 制动原理

图 10.4.3(a)为三相异步电动机能耗制动接线图。制动时,Q_1 断开,定子绕组脱离交流电网,同时 Q_2 闭合,定子绕组任意两相经限流电阻 R 接到直流电源,通入直流电流,于是在定子绕组中产生一个直流恒定磁场。而转子因惯性继续旋转,这种相对运动在转子导体中产生感应电动势和感应电流。根据左手定则,磁场和感应电流相互作用产生电磁转矩 T,其方向与转速 n 方向相反,为制动转矩,如图 10.4.3(b)所示。当转速下降至零时,感应电动势、感应电流和电磁转矩均为零,制动过程结束。由于制动过程中,转子的动能转变为电能消耗在转子回路的电阻上,所以称为能耗制动。

(a) 接线图　　　　　(b) 制动原理

图 10.4.3　三相异步电动机能耗制动

2. 机械特性

异步电动机能耗制动机械特性表达式的推导比较复杂。然而经理论推导可以证明,异步电动机能耗制动的机械特性方程式与异步电动机接在三相交流电网上正常运行时的机械特性是相似的。机械特性曲线如图 10.4.4 所示,这里主要介绍它的特点。

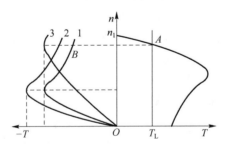

图 10.4.4　异步电动机能耗制动时的机械特性

(1) 直流励磁一定,随着转子电阻的增加,产生最大制动转矩时的转速增加,但产生的最大转矩值不变,如图 10.4.4 曲线 1 和曲线 3 所示。

(2) 转子电路电阻不变,随着直流励磁的增大,产生的最大制动转矩增大,但产生最大转矩时的转速不变,如图 10.4.4 曲线 1 和曲线 2 所示。

理论推导可以证明:能耗制动时,最大转矩 $T_{\max}$ 与定子输入的直流电流 I 的平方成正比,这和异步电动机改变定子电压 U_1 的人为机械特性变化规律相同。这是因为改变 U_1 是改变了电动机气隙磁通 Φ_m 的大小,而改变 I 也是改变制动时恒定磁场的数值,两者实质相同,所以特性曲线的变化规律也相同。

3. 制动过程

设电动机原来在电动状态的 A 点稳定运行,制动瞬间,由于机械惯性,电动机转速不能突变,工作点 A 过渡至曲线 1 上的 B 点,对应的转矩为制动转矩,电动机沿曲线 1 减速,直到原点,$n=0$、$T=0$。如果是反抗性负载,则电动机将停转,实现快速制动;如果是位能性负载,则需要在制动到 $n=0$ 时切断电源,否则电动机将在位能性负载转矩的拖动下反转,特性曲线延伸到第 IV 象限,直到电磁转矩与负载转矩相平衡时,重物获得稳定的下放速度。

能耗制动是异步电动机常用的一种制动方法,它便于准确停车,制动较为平稳,与反接制动相比较,制动时能量损耗小,电流冲击也小。适合于经常起动、反转,并要求准确停车的生产机械,如轧钢车间升降台、矿井卷扬机等。

10.4.3　三相异步电动机的回馈制动

三相异步电动机的回馈制动有两种情况:一种是出现在异步电动机拖动位能性负载下放重物过程中,此时电动机处于反相回馈制动状态;另一种是出现在异步电动机变极对数或变频调速过程中,此时电动机处于正向回馈制动状态。

1. 反向回馈制动状态

当笼型异步电动机拖动位能性负载下放重物时,可将电动机定子绕组按反相序接入电网,如图 10.4.5 所示。这时电动机在电磁转矩 T 及位能负载转矩 T_L 的作用下由 A 点反相起动,$n<0$,重物下放,电动机的运行点沿第 III 象限机械特性曲线 1 反向加速。直到同步转速点 B 时,$n=-n_1$、$T=0$。但由重物产生的位能负载转矩 T_L 仍为拖动转矩,电动机转速继续升高,机械特性进入第 IV 象限,此时 $|n|>|n_1|$,T 改变方向成为制动转矩,因而限制了电动机转速继续升高。直到 C 点,$T=T_L$,电动机稳定运行。此时,$n<0$ 而 $T>0$,为制动状态。

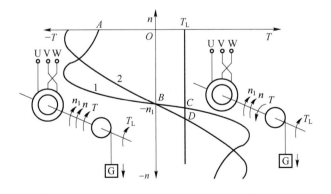

图 10.4.5　三相异步电动机反向回馈制动

电动机在 C 点稳定运行时,$n_1<0$,$n<0$,且 $|n|>|n_1|$,因此,$s=(n_1-n)/n_1<0$,此时电动机的机械功率为 $P_m=\dfrac{3I'^2_2 r'_2(1-s)}{s}<0$,从定子传给转子的电磁功率为 $P_M=3I'^2_2 r'_2/s<0$。

从 $P_{\mathrm{m}}<0$ 及 $P_{\mathrm{M}}<0$ 可知,在 C 点稳定运行时实际的功率关系是:重物下放时减少了位能而向电动机输入机械功率,扣除机械损耗及转子铜损耗后变为电磁功率送给定子,再扣除定子铜损耗和铁损耗后回馈给电网。$s<0$ 时,电动机能向电网回馈电功率可以从定子输入功率 $P_1=3U_1I_1\cos\varphi_1$ 看出,如果 $\varphi_1>90°$,则 $P_1=3U_1I_1\cos\varphi_1<0$,即表示定子向电网回馈功率。

异步电动机的转子电流为:

$$I_2'=\frac{sE_2'}{r_2'+\mathrm{j}sx_2'}=\frac{sr_2'E_2'}{r_2'^2+s^2x_2'^2}-\mathrm{j}\frac{s^2x_2'E_2'}{r_2'^2+s^2x_2'^2}=I_{2a}'-\mathrm{j}I_{2r}' \tag{10-53}$$

式中,I_{2a}' 和 I_{2r}' 分别为转子电流的有功分量和无功分量,即:

$$I_{2a}'=\frac{sr_2'E_2'}{r_2'^2+s^2x_2'^2} \tag{10-54}$$

$$I_{2r}'=\frac{s^2x_2'E_2'}{r_2'^2+s^2x_2'^2} \tag{10-55}$$

可见,当 $s<0$ 时,I_{2a}' 与 E_2' 反相位;I_{2r}' 则滞后 $E_2'90°$。此外,当 $s<0$ 时,式(10-53)可写为:

$$-E_2'=\frac{r_2'}{|s|}I_2'-\mathrm{j}x_2'I_2' \tag{10-56}$$

按以上公式可以画出 $s<0$ 时异步电动机的向量图,如图 10.4.6 所示。由图可见,$\varphi_1>90°$,所以 $P_1<0$,定子向电网回馈电功率。这时异步电动机实际是一台与电网并联运行的交流发电机。同时,无论 φ_1 是否大于 $90°$,异步电动机的无功功率 $Q_1=3U_1I_1\sin\varphi_1>0$,说明不管定子输入功率的传递方向如何,异步电动机用来建立旋转磁场的无功功率都必须由电网供给。总之,当 $s<0$ 时,异步电动机降进入制动状态,并向电网回馈电功率,因此称为回馈制动。对于电动机拖动位能性负载下放重物时,由于 $n<0$,故称为反相回馈制动。图 10.4.5 的曲线 2 是绕线转子异步电动机转子串电阻时的反向回馈制动机械特性。可见,反相回馈制动时,对于同一位能负载转矩,转子回路电阻越大,稳定运行速度就越高,如 D 点。为了避免下放重物时出现危险的高速,一般不在转子回路中串入电阻。

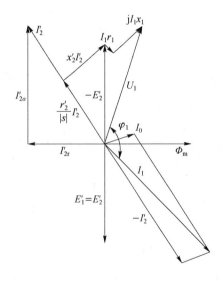

图 10.4.6 回馈制动时异步电动机的向量图

2. 变频调速过程中的回馈制动

三相异步电动机除了第 Ⅳ 象限的反相回馈制动以外,还有第 Ⅱ 象限的正向回馈制动。例如图 10.4.7 所示的笼型异步电动机变频调速时的机械特性。假设电动机原来在固有机械特性曲线 1 上的 A 点稳定运行,当突然把定子频率降到 f_1 时,电动机的机械特性变为为曲线 2。电动机的运行点将从 $A \to B \to C \to D$,最后稳定运行与 D 点。在降速过程中,电动机运行在 $B \to C$ 这一段机械特性时,$n>0$、$T<0$,且 $n>n_1'$,因此 $s=\dfrac{(n_1'-n)}{n_1'}<0$,电动机处于正向回馈制动状态。变极调速回馈制动原理同。

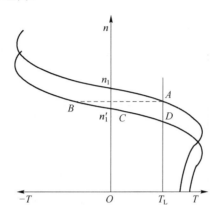

图 10.4.7　三相异步电动机正向回馈制动的机械特性

例 10-10　某三相绕线式异步电动机定子,转子绕组都为星形连接,其额定数据为:$P_N=44\ \text{kW}$,$U_{1N}=380\ \text{V}$,$I_{1N}=120\ \text{A}$,$n_N=580\ \text{r/min}$,$n_N=58\ \text{r/min}$,$E_{2N}=245\ \text{V}$,$I_{2N}=150\ \text{A}$,$\lambda_m=2.5$。现采用回馈制动,并在转子回路中串入 $R_{Br}=0.04\ \Omega$ 的电阻,而使位能性负载 $T_L=0.88T_N$ 稳速下放,试求下放速度。

解　电动机额定运行时,有

$$s_N=\frac{n_1-n_N}{n_1}=\frac{600-580}{600}=0.033\ 3$$

转子绕组每相电阻为

$$r_2=\frac{s_N E_{2N}}{\sqrt{3}\,I_{2N}}=\frac{0.033\ 3\times245}{\sqrt{3}\times150}=0.031\ 4\ \Omega$$

$$s_m=s_N(\lambda_m+\sqrt{\lambda_m^2-1})=0.033\ 3\times(2.5+\sqrt{2.5^2-1})=0.159\ 7$$

回馈制动下放重物采用转子回路串电阻,所以其认为机械特性为

$$T=\frac{2T_{max}}{\dfrac{s}{s_m}+\dfrac{s_m}{s}}$$

同转矩下比例推移

$$\frac{r_2}{s_m}=\frac{r_2+R_{Br}}{s_m'}$$

$$s_m'=\frac{r_2+R_{Br}}{r_2}s_m=\frac{0.031\ 4+0.04}{0.0314}\times0.157\ 9=0.359$$

将 s_m' 和 $T_L=0.88T_N$ 代入上式得人为机械特性

$$0.88T_{\mathrm{N}}=\dfrac{-2\times2.5T_{\mathrm{N}}}{\dfrac{s}{0.359}+\dfrac{0.359}{s}}$$

运行于反向电动的回馈制动故最大转矩为负值,解得

$$s_1=-0.067,\quad s_2=-1.93$$

因为 $s_2=-1.93$ 时

$$n=(1-s_2)n_1=(1+1.93)\times(-600)=-1\ 758\ \mathrm{r/min}$$

转速太高不可能,舍去,则下放转速为

$$n=(1-s_1)n_1=(1+0.067)\times(-600)=-640\ \mathrm{r/min}$$

式中,负号表示转子反转下放重物。

以上介绍了三相异步电动机的三种制动方法,现将三种制动方法及其能量关系、优缺点以及应用场合比较列于表 10.4.1 中。

表 10.4.1　异步电动机各种制动方法的比较

	反接制动		能耗制动	回馈制动
	转子反转	定子两相反接		
制动方法	定子按提升方法接通电源,转子串入较大电阻,电动机被重物拖着反转	突然改变定子电源的相序,使旋转磁场反向	断开交流电源的同时在定子两相中通入直流	在某一转矩作用下,使电动机转速超过同步转速
能量关系	吸收系统贮存的机械能,并转换成电能,连同定子传递给转子的电磁功率一起全部消耗在转子电路的电阻上		吸收系统贮存的动能并转换成电能,消耗在转子电路的电阻上	轴上输入机械功率并转换成定子的电功率,由定子回馈给电网
优点	能使位能负载,以稳定转速下降	制动强烈,停车迅速	制动平稳,便于实现准确停车	能向电网回馈电能,比较经济
缺点	能量损耗大	能量损耗较大,控制较复杂,不易实现准确停车	制动较慢,需增设一套直流电源	在 $n<n_1$ 时不能实现回馈制动
适用场合	限制位能性负载的下降速度,并在 $n<n_1$ 的情况下采用	要求迅速停车和要求反转的场合	①要求平稳,准确停车的场合 ②限制位能性负载的下降速度	限制位能性负载的下降速度,并在 $n>n_1$ 的情况下采用

10.4.4　三相异步电动机的各种运行状态分析

以上讨论了三相异步电动机的起动、调速和制动。和直流电动机一样,当电磁转矩 T 和转速 n 方向一致时,电动机处于电动状态,电动机从电网吸收电功率;当电磁转矩 T 和转速 n 方向相反时,电动机处于制动状态。电动机在电动和制动状态下的机械特性,分布于直角坐标系的四个象限中,如图 10.4.8 所示。

图 10.4.8 中,电动机拖动反抗性恒转矩负载时,第 I、第 III 象限为电动状态,其中第 I 象限为正向电动状态,稳定工作点如 A、B 点;如改变电动机定子绕组的相序,n_1 和 T 均改变方向,电动机反转,机械特性位于第 III 象限,电动机处于反向电动状态,稳定工作点如 C、D、E 点。第 II、IV 象限为制动状态。在第 II 象限中除了像电机车下坡行驶时可以出现稳定运行点(回馈制动或能耗制动)外,其他都只是一种制动降速的过渡过程,不能稳定运行。在第 IV 象

限可以实现稳定运行的制动状态,如能耗制动运行(稳定运行点如 F、G 点)、转子反向的反接制动运行(稳定运行点如 H 点)和反向回馈制动运行等(稳定运行点如 I、J 点)。

图 10.4.8　三相异步电动机各种运行状态

实际运行的三相异步电动机电力拖动系统,根据负载性质和生产工艺特点的不同,可以改变电动机的运行状态,以满足生产工艺的要求。

10.5　异步电动机拖动系统的机械过渡过程

研究电力拖动系统过渡过程的目的是要更好地掌握系统起动、调速、制动等过渡过程的规律,满足各种不同生产机械对拖动系统过渡过程的不同要求。合理地设计电力拖动系统及其控制线路,可缩短生产周期中的非生产时间、提高生产率、减少生产过程中的能量损耗、提高系统的力能指标。三相异步电动机拖动系统的过渡过程和直流电动机拖动系统一样,也有电磁过渡过程和机械过渡过程。但是电磁过渡过程很快,对电动机的加速影响不大,所以这里只研究机械过渡过程。

10.5.1　异步电动机理想空载起动时间的计算

以最简单的异步电动机理想空载时直接起动时间计算为例,用解析法来推导起动过渡过程时间的计算公式,并由此分析影响起动时间的因素和缩短起动时间的途径。

当负载转矩 $T_L = T_0 + T_2 = 0$ 时,异步电动机运行在理想空载状态,这时拖动系统的运动方程式变为:

$$T = \frac{GD^2}{375} \cdot \frac{dn}{dt} \tag{10-57}$$

将式中的 T 代以转矩的实用表达式并考虑到 $n = n_1(1-s)$，$dn/dt = -n ds/dt$ 得:

$$dt = -\frac{GD^2}{375} \cdot \frac{n_1}{T_{max}} \cdot \frac{1}{2}\left(\frac{s_m}{s} + \frac{s}{s_m}\right)ds = -T_M \cdot \frac{1}{2}\left(\frac{s_m}{s} + \frac{s}{s_m}\right)ds \tag{10-58}$$

式中，$T_M = CD^2 n_1 / 375 T_{max}$ 称为异步电动机拖动系统的机电时间常数。

将式(10-58)两边积分，得出起动时间为:

$$t_{si} = \int_{s_i}^{s_x} -T_M \frac{1}{2}\left(\frac{s_m}{s} + \frac{s}{s_m}\right)ds = \frac{T_M}{2} \cdot \left[\frac{s_i^2 - s_x^2}{2s_m} + s_m \ln\frac{s_i}{s_x}\right] \tag{10-59}$$

式中，s_i 是起动时转差率的初始值;s_x 是起动时转差率的终了值。

通常认为 s 达到 $0.05 \sim 0.02$ 起动过程就已结束。将 $s_1 = 1$，$s_x = 0.05$ 代入式(10-59)可得:

$$t_{si} \approx T_M \cdot \left(\frac{1}{4s_m} + 1.5s_m\right) \tag{10-60}$$

由式(10-59)和式(10-60)可见:当拖动系统的机电时间常数一定时,起动时间与 s_m 有关,并必然存在一个最佳临界转差率 s_m',它所对应的起动时间为最短。令 $\dfrac{dt_{si}}{ds_m} = 0$ 可得:

$$s_m' = \sqrt{\frac{s_i^2 - s_x^2}{2\ln\dfrac{s_i}{s_x}}} \tag{10-61}$$

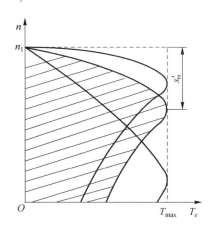

图 10.5.1 s_m' 为不同值时的机械特性

将,$s_i = 1$，$s_x = 0.05$ 代入式(10-61)可以得到 $s_m' = 0.408$。也就是说当 $s_m = 0.408$ 时异步电动机理想空载起动时间最短。这时可用图 10.5.1 中的机械特性曲线加以解释,当 $s_m = 0.408$ 时机械特性所包围的面积最大(如图 10.5.1 中阴影部分所示),所以平均转矩最大,起动时间最短。

由于普通笼型转子异步电动机的 $s_m = 0.1 \sim 0.15$ 与最佳值 0.408 相差较远,所以起动时间较长。因此对于那些要经常起动制动作周期性运转的生产机械,为提高生产率,应采用转子电阻较高的高转差率异步电动机拖动,以缩短起动时间。若拖动电动机为绕线转子异步电动机,则可以采用在转子电路中串接电阻的方法以提高 s_m 值,从而缩短起动时间。

10.5.2 异步电动机过渡过程的能量损耗

异步电动机在起动、调速、制动等过渡过程中,电流比正常工作时大很多,如笼型异步电动机直接起动时的电流为额定电流的 $4 \sim 7$ 倍。因此,当异步电动机频繁起、制动时,消耗的能量比正常工作时大得多,这将使电动机发热严重。为使电动机不致因过热而降低使用寿命或烧毁电动机,必须对异步电动机的起动次数进行限制。

研究异步电动机过渡过程中的能量损耗,在于掌握异步电动机过渡过程中的能量损耗的规律,找出减少过渡过程中的能量损耗的方法。由于电动机起动、调速、制动等过渡过程中电流比正常工作时大很多,而铜损耗与电流的平方成正比,因此过渡过程中电机的铜损耗比铁损耗和机械损耗大很多。为简化问题,忽略过渡过程中的电动机的不变损耗(铁损耗和机械损耗),并仅对异步电动机空载起动、能耗制动和反接制动三种情况进行分析。

1. 过渡过程能量损耗的通用表达式

略去电动机的不变损耗,只考虑铜损耗时,过渡过程电动机能量损耗的公式为:

$$\Delta A = \int_0^t 3 I_1^2 r_1 \mathrm{d}t + \int_0^t 3 I_2'^2 r_2' \mathrm{d}t \tag{10-62}$$

如果略去空载电流,则有 $I_1 = I_2'$,式(10-62)可以写成:

$$\Delta A = \int_0^t 3 I_2'^2 r_2' \left(1 + \frac{r_1}{r_2'}\right) \mathrm{d}t \tag{10-63}$$

由于转子铜损耗可以用电磁功率乘以转差率表示,即 $p_{\mathrm{Cu}_2} = 3 I_2'^2 r_2' = P_{\mathrm{M}} s = T\Omega_1 s$,所以式(10-63)可以写成:

$$\Delta A = \int_0^t T\Omega_1 \left(1 + \frac{r_1}{r_2'}\right) s \mathrm{d}t \tag{10-64}$$

空载运行时 $T_{\mathrm{L}} = 0$,拖动系统的运动方程式可以写成:

$$T = J \frac{\mathrm{d}\Omega}{\mathrm{d}t} = J \frac{\mathrm{d}\Omega_1 (1-s)}{\mathrm{d}t} = -J\Omega_1 \frac{\mathrm{d}s}{\mathrm{d}t} \tag{10-65}$$

将式(10-65)代入式(10-64)可得:

$$\Delta A = \int_{s_i}^{s_x} -J\Omega_1^2 \left(1 + \frac{r_1}{r_2'}\right) s \mathrm{d}s = \frac{1}{2} J\Omega_1^2 \left(1 + \frac{r_1}{r_2'}\right)(s_i^2 - s_x^2) \tag{10-66}$$

式(10-66)就是异步电动机拖动系统过渡过程能量损耗的通用表达式。

2. 空载起动过程的能量损耗

异步电动机空载起动时,转差率的初始值为 $s_i = 1$,如果忽略空载转矩,认为 $T_0 = 0$,则起动终了时的转差率为 $s_x = 0$。将这两个数值代入式(10-66)可得:

$$\Delta A = \frac{1}{2} J\Omega_1^2 \left(1 + \frac{r_1}{r_2'}\right) \tag{10-67}$$

可见,异步电动机空载起动过程的能量损耗与系统贮存的动能和定子、转子电阻有关。加大转子电阻可以减小起动过程中的能量损耗,这是因为加大转子电阻可以限制起动电流,增加起动转矩(但 r_2' 不能过大),减小起动时间。因此笼型转子采用高电阻率导条、绕线转子串电阻起动都可以减少起动过程中的能量损耗。

3. 空载电源反接制动过程的能量损耗

如果异步电动机运行在理想状态,$n = n_1$,$s = 0$。这时电源突然反接,进行制动停车时,由于电源反向,所以过渡过程的初始转差率变为 $s_i = 2$。停车时转差率 $s_x = 1$。将该两值代入式(10-66)可得:

$$\Delta A = \frac{1}{2} J\Omega_1^2 \left(1 + \frac{r_1}{r_2'}\right)(2^2 - 1^2) = \frac{3}{2} J\Omega_1^2 \left(1 + \frac{r_1}{r_2'}\right) \tag{10-68}$$

如果反接后不单是制动停车,还要反向起动,则这一过程的 $s_i = 2$,$s_x = 0$。将该两值代入式(10-66)可得:

$$\Delta A = \frac{1}{2} J\Omega_1^2 \left(1 + \frac{r_1}{r_2'}\right)(2^2 - 0^2) = 2 J\Omega_1^2 \left(1 + \frac{r_1}{r_2'}\right) \tag{10-69}$$

可见,电源反接制动(停车)过程的能量损耗为直接起动过程能量损耗的三倍,电源反接制动接着反向起动时,能量损耗是直接起动时能量损耗的四倍。

4. 空载能耗制动过程的能量损耗

异步电动机能耗制动时，$T\Omega_1 = \dfrac{3I_2'^2r_2'}{v}(-n/n_1)$证明略，$T\Omega = 3I_2'^2r_2'$。空载制动过程的

运动方程式 $-T = J\dfrac{\mathrm{d}\Omega}{\mathrm{d}t}$，从而有：

$$3I_2'^2r_2' = -J\Omega\frac{\mathrm{d}\Omega}{\mathrm{d}t} \tag{10-70}$$

将式(10-70)代入式(10-63)可得：

$$\Delta A = \int_{\Omega_1}^{0} -J\Omega\left(1 + \frac{r_1}{r_2'}\right)\mathrm{d}\Omega = \frac{1}{2}J\Omega_1^2\left(1 + \frac{r_1}{r_2'}\right) \tag{10-71}$$

可见，空载能耗制动的能量损耗与空载起动过程的能量损耗相等。

5. 减小异步电动机过渡过程能量损耗的方法

通过上面的分析，可以得出下面几种减小异步电动机过渡过程能量损耗的方法：

（1）减小拖动系统的转动惯量

在起动、能耗制动、反接制动过渡过程中，能量损耗都与拖动系统的转动惯量成正比。因此减小系统的转动惯量可以有效地减小异步电动机拖动系统过渡过程中的能量损耗。在频繁制动的拖动系统中，选择转子细长的电动机或者采用两台一半容量的电动机组成双电动机拖动系统，都可以减少过渡过程的能量损耗。

（2）合理选择电动机的起、制动方法

从式(10-68)和式(10-71)中可以看出：反接制动过程的能量损耗是能耗制动过程能量损耗的三倍。如不是要求快速正、反转的设备，应尽量避免采用反接制动。同时，能量损耗与Ω_1的平方成正比，因此采用由低速到高速分级起动的方法，可以有效地降低起动过程的能量损耗。在变频起动的异步电动机拖动系统中，起动时频率由低而高平滑变化，制动时频率由高而低平滑变化都可以更有效地减少过渡过程能量损耗。

（3）合理选择电动机参数

增加异步电动机转子电阻可以减少过渡过程中的能量损耗。绕线转子异步电动机采用转子串电阻的方法，笼型异步电动机选用电阻率高的转子导条，都可以减少过渡过程中的能量损耗。

例 10-11 一台双速异步电动机，两个同步转速分别是 3 000 r/min 和 1 500 r/min，拖动系统的转动惯量为 $J = 0.98\ \mathrm{kg \cdot m^2}$，$\dfrac{r_1}{r_2'} = 1.5$。试计算直接起动（$n = 0$ 到 $n = 3\ 000\ \mathrm{r/min}$）和分级起动（$n = 0$ 经 $n = 1\ 500\ \mathrm{r/min}$ 到 $n = 3\ 000\ \mathrm{r/min}$）时电动机的能量损耗。

解：（1）空载直接起动时电动机的能量损耗为：

$$\Delta A = \frac{1}{2}J\Omega_1^2\left(1 + \frac{r_1}{r_2'}\right)(s_i^2 - s_x^2)$$

$$= \frac{1}{2} \times 0.98 \times \left(\frac{2\pi \times 3\ 000}{60}\right)^2 (1 + 1.5)(1^2 - 0^2) = 120\ 900\ \mathrm{J}$$

（2）空载分级起动时的能量损耗为：

$$\Delta A_1 = \frac{1}{2} \times 0.98 \times \left(\frac{2\pi \times 1\ 500}{60}\right)^2 (1 + 1.5)(1^2 - 0^2) = 30\ 225\ \mathrm{J}$$

$$\Delta A_2 = \frac{1}{2} \times 0.98 \times \left(\frac{2\pi \times 3\ 000}{60}\right)^2 (1 + 1.5)(0.5^2 - 0^2) = 30\ 225\ \mathrm{J}$$

空载分两级起动时电动机的能量损耗为：

$$\Delta A = \Delta A_1 + \Delta A_2 = 60\ 450\ \text{J}$$

可见，分两级起动时电动机的能量损耗是直接起动时能量损耗的一半。

思考题与习题

10-1　三相异步电动机的定子电压、转子电阻及定、转子漏电抗对最大转矩、临界转差率及起动转矩有何影响？

10-2　为什么通常把三相异步电动机机械特性的直线段认为是稳定运行段；而把机械特性的曲线段认为是不稳定运行段？曲线段是否有稳定运行点？

10-3　三相异步电动机，当降低定子电压、转子串接对称电阻时的人为机械特性各有什么特点？

10-4　三相笼型异步电动机在什么条件下可以直接起动？不能直接起动时，应采用什么方法起动？

10-5　什么是异步电动机的 Y-△ 起动？它与直接起动相比，起动电流和起动转矩有什么变化？

10-6　笼型异步电动机采用自耦变压器降压起动时，起动电流和起动转矩的大小与自耦变压器的降压比 $k_A = \dfrac{N_1}{N_2}$ 是什么数量关系？

10-7　说明深槽式和双笼型异步电动机改善起动特性的原因，并比较其优缺点。

10-8　三相绕线转子异步电动机转子回路串接适当的电阻时，为什么起动电流减小，而起动转矩增大？如果串接电抗器，会有同样的结果吗？为什么？

10-9　为什么说绕线转子异步电动机转子回路串频敏变阻器起动比串电阻起动效果更好？

10-10　在基频以下变频调速时，为什么要保持 $\dfrac{U_1}{f_1} = $ 常数？它属于什么调速方式？

10-11　在基频以上变频调速时，电动机的磁通如何变化？它属于什么调速方式？

10-12　笼型异步电动机如何实现变极调速？变极调速时为何要同时改变定子电源的相序？

10-13　定性画出 Y-YY 变极调速的机械特性，它属于何种调速方式？

10-14　三相异步电动机串级调速的基本原理是什么？

10-15　为使三相异步电动机快速停车，可采用哪几种制动方法？如何改变制动的强弱？试用机械特性说明其制动过程。

10-16　当三相异步电动机拖动位能性负载时，为了限制负载下降时的速度，可采用哪几种制动方法？如何改变制动运行时的速度？各制动运行时的能量关系如何？

10-17　异步电动机能耗制动的原理是什么？定子绕组为何要通入直流电流？定性画出其机械特性曲线。

10-18　简述减小异步电动机过渡过程能量损耗的方法。

10-19　一台三相异步电动机的数据为：$P_N = 7.5\ \text{kW}$，$n_N = 1\ 442\ \text{r/min}$，$f_N = 50\ \text{Hz}$，$\lambda_m = $

2.2。求:(1)临界转差率 s_m;(2)求机械特性实用表达式;(3)电磁转矩为多大时电动机的转速为 1 300 r/min;(4)绘制出电动机的固有机械特性曲线。

10-20 一台三相四极笼型异步电动机,有关参数为:$P_N = 5.5$ kW,$U_{1N} = 380$ V,$I_{1N} = 11.2$ A,$n_N = 1 442$ r/min,$f_{1N} = 50$ Hz,三角形联结,$\lambda_m = 2.33$,绕组参数为 $r_1 = 2.83\ \Omega$,$r_2' = 2.83\ \Omega$,$x_1 = 4.94\ \Omega$,$x_2' = 8.26\ \Omega$。试分别根据机械特性的参数表达式及实用表达式绘制电动机的固有机械特性。

10-21 某三相笼型异步电动机,$P_N = 30$ kW,$U_N = 380$ V,$I_N = 59.3$ A,$n_N = 952$ r/min,$\lambda_m = 2.5$,$k_1 = 6.5$,供电电源容量 $S_N = 850$ kV·A。试问该电动机能否带动额定负载直接起动?

10-22 有一三相笼型异步电动机,其额定功率 $P_N = 60$ kW,额定电压 $U_N = 380$ V,定子 Y 联结,额定电流 $I_N = 136$ A,起动电流与额定电流之比 $k_1 = 6.5$,起动转矩与额定转矩之比 $\dfrac{T_{st}}{T_N} = 1.1$,但因供电变压器的限制,允许该电动机的最大起动电流 500 A。若拖动负载转矩 $T_L = 0.3T_N$(要求 $T_L' = 1.1T_L$),用串有抽头 80%、60%、40% 的自耦变压器起动,问用哪种抽头才能满足起动要求?

10-23 题 10-22 中的电动机能否采用 Y-△ 起动法来起动?

10-24 某三相笼型异步电动机 $P_N = 40$ kW,$U_{N_1} = 380$ V,$I_N = 59.3$ A,$n_N = 1 470$ r/min,$\eta_N = 91\%$,$\cos\varphi_N = 0.89$,定子绕组为三角形接法,起动电流倍数 $K_1 = 6.5$,起动转矩倍数 $K_{st} = 1.2$,过载能力 $K_T = 2.0$,电网配电变压器容量为 800 kV·A。试问当负载转矩 $T_L = 0.95T_N$ 时,可采用什么方法起动?

10-25 一台三相绕线转子异步电动机的数据为:$P_N = 37$ kW,$n_N = 1 441$ r/min,$E_{2N} = 316$ V,$I_{2N} = 74$ A,$\lambda_m = 3.0$,$T_L = 0.76T_N$,求:三级起动时的每级起动电阻。

10-26 一台三相笼型异步电动机的数据为:$P_N = 55$ kW,起动电流倍数 $k_1 = 7.2$,起动转矩倍数 $\lambda_{st} = 2$,定子绕组为三角形联结,电源容量为 1 000 kVA,若满载起动,试选择一种合适的起动方法,并通过计算加以说明。

10-27 一台三相绕线转子异步电动机的数据为:$P_N = 75$ kW,$U_N = 380$ V,$n_N = 970$ r/min,$E_{2N} = 238$ V,$I_{2N} = 210$ A,$\lambda_m = 2.05$,定、转子绕组均为 Y 联结。拖动位能性额定恒转矩负载运行时,若在转子回路中串接三相对称电阻 $R = 0.8\ \Omega$,则电动机的稳定转速为多少?运行于什么状态?

10-28 一台三相绕线式异步电动机的铭牌数据为:$P_N = 22$ kW,$n_N = 723$ r/min,$E_{N_2} = 197$ V,$I_{N_2} = 70.5$ A,$\lambda_m = 3$。电动机运行在固有机械特性曲线的额定工作点上,现采用电源反相序的反接制动,要求制动开始时的最大制动转矩为 $2T_N$。求制动时转子每相绕组串入的电阻值 R_{Br}。

10-29 如题 10-28 中的绕线式异步电动机保持其各参数不变,使其拖动的负载为位能负载,则电动机在反相序反接制动后,将会稳定运行在什么状态下?求其稳定转速。

10-30 一台三相绕线式异步电动机的额定数据为:$P_N = 88$ kW,$U_{1N} = 380$ V,$I_{1N} = 148$ A,$n_N = 720$ r/min,$E_{2N} = 213$ V,$I_{2N} = 220$ A,$\lambda_m = 2.4$ 拖动 $T_L = 0.85T_N$ 恒转矩负载,欲使电动机运行在 $n = 660$ r/min。试求:

(1)采用转子回路电路串电阻调速时的每相电阻值;

(2)采用减压调速时的电源电压。

10-31 一台三相绕线转子异步电动机定子和转子星型连接的数据为:$P_N = 22$ kW,$n_N = $

1460 r/min，$I_{1N}=43.9$ A，$E_{2N}=355$ V，$I_{2N}=40$ A，$\lambda_m=2$。要使电动机满载时的转速调到 1 050 r/min，转子每相应串接多大的电阻？

　　10-32　一台三相鼠笼式异步电动机的数据为：$P_N=11$ kW，$n_N=1\,460$ r/min，$U_N=380$ V，$f_N=50$ Hz，$\lambda_m=2$。如果采用变频调速，当负载转矩为 $0.8T_N$ 时，要使 $n=1\,000$ r/min，则 f_1 和 U_1 应为多少？

　　10-33　一台三相鼠笼式异步电动机的数据为：$P_N=11$ kW，$n_N=1\,460$ r/min，$U_N=380$ V，$f_N=50$ Hz，$\lambda_m=2$。如果采用变频调速，当负载转矩为 $0.8T_N$ 时，要使 $n=1\,000$ r/min，则 f_1 和 U_1 应为多少？

　　10-34　一台三相 4 极笼型异步电动机的额定数据为：$U_N=380$ V，$I_N=30$ A，$n_N=1\,455$ r/min，采用变频调速带动 $T_L=0.8T_N$ 恒转矩负载，要求转速 $n=1\,000$ r/min，已知变频电源输出电压与频率关系为 $U_1/f_1=$ 常数。试求：此时变频电源输出线电压 U_1 和频率 f_1 各为多少？

　　10-35　一台三相绕线转子异步电动机的数据为：$P_N=75$ kW，$U_N=380$ V，$n_N=720$ r/min，$E_{2N}=213$ V，$I_{2N}=220$ A，$\lambda_m=2.4$，定、转子均为 Y 联结。用它提升与下放重物 $T_L=0.85T_N$，若采用转子串电阻调速。请计算：(1)转子不串电阻时的转速。(2)提升重物的转速为 450 r/min，转子每相应串多大电阻？(3)下放重物的转速为 150 r/min，转子每相应串入多大电阻？

　　10-36　一台三相绕线转子异步电动机的数据为：$P_N=75$ kW，$U_N=380$ V，$n_N=1\,460$ r/min，$E_{2N}=399$ V，$I_{2N}=116$ A，$\lambda_m=2.8$，定子绕组 Y 联结，电动机拖动反抗性恒转矩负载 $T_L=0.8T_N$，要求反接制动时 $T=2T_N$，求：(1)转子每相串入的电阻值。(2)电动机反转后的稳定转速是多少？

　　10-37　某三相绕线式异步电动机的额定数据为：$P_N=60$ kW，$U_{N_1}=380$ V，$I_{N_1}=133$ A，$n_N=577$ r/min，$E_{N_2}=253$ V，$I_{N_2}=160$ A，$\lambda_m=2.5$，定子、转子绕组都为 Y 联结。现采用回馈制动，并在转子回路中串入 $R_{Br}=0.5$ Ω 的电阻，而使位能性负载 $T_L=0.8T_N$ 稳速下放，试求下放转速。

第11章 电力拖动系统中电动机的选择

电力拖动系统主要由电动机、传动机构、工作机构、控制设备、电源等组成。不同类型的工作机械对电动机提出不同的要求。这样也就存在选择电动机的问题。电力拖动系统中电动机的选择,首先的是在各种工作制下电动机功率的选择,同时还要确定电动机的电流种类、型式、额定电压与额定转速等。

正确选择电动机功率的原则是在电动机能够胜任生产机械负载要求的前提下,最经济最合理地决定电动机的功率。正确选择电动机的功率有很重要的意义。如果电动机功率选择大了,好比大马拉小车,设备投资增加,电动机经常欠载运行,效率和功率因素较底,运行费用较高,极不经济;反之,如果电动机功率选择小了,电动机过载运行,电动机过早地损坏,影响电动机寿命。电动机选择不当,都将对经济造成损失。

11.1 电动机容量选择概述

决定电动机额定功率时,要兼顾电动机的发热,允许过载能力与起动能力等三方面的因素,一般情况下,用发热决定电动机额定功率,所以发热问题最为重要。

11.1.1 电动机的绝缘材料

电动机的发热是电动机在进行机电能量转换的过程中,存在电机内部产生损耗,包括铜损耗、铁损耗及机械损耗等。铜损耗随负载的变化而变化,称之为可变损耗;其他损耗与负载无关,称之为恒定损耗。这些损耗最终将转变为热量使电动机的温度升高。在旋转电机中,绕组和铁心是产生损耗和发出热量的主要部件,而耐热最差的是与这些部件相接触的绝缘材料。温升越高则电机本身的温度越高,加速了电机绝缘材料的老化,降低电动机的使用寿命。电机的环境温度是随季节和使用地点而变化的,为了统一,国家标准规定:40℃作为周围环境温度的参考值,温升就是对 40℃的温度的升高值。例如,当电机本身的温度为 105℃时,其温升为65℃。电机的使用寿命 t 与电机本身温度 θ 的关系是:

$$t = \lambda e^{-\alpha \theta} \tag{11-1}$$

式中,t 是电动机的使用寿命即电动机的绝缘材料的使用寿命;λ 与 α 是绝缘材料系数。

可以看出,采用不同的绝缘材料时,电机的寿命与绝缘材料的耐热性能等级有关,还与本身的温度高低有关。例如,对 A 级绝缘的电机,当温度 $\theta=95℃$ 时,能可靠地工作 16～17 年,以后每增加 8℃,其寿命约缩短一半,即在 $\theta=103℃$ 时,能可靠地工作 8 年多一点。可见,电机的发热问题直接关系到电机的使用寿命和运行的可靠性。为此,对电机所用的各种绝缘材料,都规定最高容许工作温度。对于已制成的电机,这一温度间接地确定了电机的额定功率。我国电机常用的绝缘材料耐热等级如表 11.1.1 所示。

表 11.1.1　各种绝缘材料的最高允许工作温度及温升

绝缘等级	A	E	B	F	H
最高允许温度(℃)	105	120	130	155	180
最高允许温升(℃)	65	80	90	115	140

A 级绝缘材料：包括经过绝缘浸渍处理的棉纱、丝、纸等；普通漆包线的绝缘漆。

E 级绝缘材料：包括有机合成材料所组成的绝缘制品，如环氧树脂、聚乙烯、三醋酸纤维薄膜等；高强度漆包线的绝缘漆。

B 级绝缘材料：以有机胶做黏合剂的云母、石棉、玻璃丝制品，如云母纸、石棉板等。矿物填料塑料。

F 级绝缘材料：以合成胶做黏合剂的云母、玻璃丝制品以及石棉制品。

H 级绝缘材料：以硅有机漆做黏合剂的云母、玻璃丝、石棉制品及硅弹性体等材料。无机填料塑料。

11.1.2　电动机的过载能力

电机运行时的温升随负载的变化而变化。由于热惯性，温升的变化总是滞后负载的变化，当负载出现较大的冲击时，电机瞬时温升变化并不大，但电机过载能力是有限的，因此在确定电机的额定功率时，除应使其不超过允许温升及温度以外，还应考虑其短时过载能力。特别是在电机运行时间短而温升不高的情况下，过载能力就成为决定电机额定功率的主要因素了。

异步电动机短时过载能力受到最大转矩 T_{max} 限制，通常用最大转矩倍数 $\lambda_m = \dfrac{T_{max}}{T_N}$ 表示。一般异步电动机的 $\lambda_m = 2 \sim 2.2$。直流电动机短时过载倍数受换向条件的限制，可以用电流过载系数 $\lambda_I = I_{max}/I_N$ 表示，也可以用转矩过载系数 $\lambda_m = \dfrac{T_{max}}{T_N}$ 表示。一般直流电动机在额定磁通下，$\lambda_m = 1.5 \sim 2$。

校验电动机的短时过载能力时，应使电动机承受的短时最大负载转矩 T_{Lmax} 满足

$$T_{Lmax} \leqslant \lambda_m T_N \tag{11-2}$$

校验异步电动机短时过载能力时，考虑电网电压波动的影响，应留有一定的余量。校验如下：

$$T_{Lmax} \leqslant 0.9 K_V^2 \lambda_m T_N \tag{11-3}$$

式中，K_V 为电压波动系数，一般取 $K_V^2 = 0.85 \sim 0.9$，或根据实际情况确定；0.9 为余量系数。

对于笼型异步电动机，有时还进行起动能力的校验。如果该电动机的起动转矩较小，在起动时低于负载转矩，则不能满足生产机械的要求，可能使电动机严重发热，甚至被烧坏，因此必须改选起动转矩较大的异步电动机或选功率较大的电动机。对于直流电动机与绕线转子异步电动机，则不必校验起动能力，因其起动转矩的数值可调。

11.1.3　确定电动机额定功率的方法

确定电动机额定功率，一般是这样进行的。首先要知道生产机械的工作情况，也就是负载

图。生产机械在生产过程中的功率或(静阻)转矩与时间的变化关系图叫生产机械的负载图。电动机在生产过程中的功率、转矩或电流与时间的变化关系图叫电动机的负载图。然后根据生产机械的负载图或者经验数据,预选一台容量适当的电动机,再用该电动机的数据和生产机械的负载图,求出电动机的负载图。最后按电动机的负载图从发热、过载能力和起动能力进行校验。如果不合适(电动机的功率过大或过小)就要再选一台电动机,重新进行计算,直到合适为止。根据负载图计算电动机额定功率的方法比较精确。还有一些方法,如统计法、类比法、能量消耗指标法等。本章仅讲利用负载图计算电动机额定功率的方法。

11.2 电动机的发热和冷却规律

电动机在运行中,能量转换会有一定的能量损失,这些能量损失转变为热能使电动机温度上升。只要电机的温度高于周围介质的温度,就有热量散发到周围介质中去。电机的温升越高,散到周围介质中的热量也就越多。散热条件越好,散发出去的热量越多,电机的温升就越低。也就是说,电机的温升不仅与发热有关,而且与电机的散热也有关系。因此在电机工作时,改善电机的散热条件,特别是通风冷却条件,可以降低电机的温升。假如允许温升保持不变,改善电机的散热条件可以提高电机的容量。可见,电机的发热和冷却是电机在运行中的重要问题之一。

11.2.1 电动机发热过程

电机温度升高过程是一个相当复杂的过程。把多种因素都考虑进去,研究这一过程是非常困难的。所以在研究电机的发热和冷却时,抓主要矛盾,同时又保证所得到的结论基本符合工程实际,特作如下假定:

1) 电机各部温度均匀,各部分环境温度相同,而且比热和散热系数为常数。

2) 散发到周围介子中去的热量,与电机和周围介子的温差成正比。

根据能量守恒原理,在任何时间内,电机产生的热量应等于使电机本身温度升高的热量与散发到周围环境中去的热量之和。设电机单位时间(S)内产生的热量为Q(卡/秒);C为电机的热容量,即为使电机温度升高$1℃$所需的热量,单位为J/K;A为电机的散热系数,即电机与周围介质温度相差$1℃$时,单位时间内电机向周围介质散发的热量,单位为$J/K \cdot S$;τ为电机的温升,$d\tau$为在dt时间内温升的增量。在dt时间内电机产生的热量为$Q\,dt$;使电机温度升高的热量为$Cd\tau$;散出的热量为$A\tau dt$,由此可以写出热平衡方程式

$$\theta dt = Cd\tau + A\tau dt \tag{11-4}$$

将Adt除以式(11-4),整理后得到

$$\frac{C}{A}\frac{d\tau}{dt} + \tau = \frac{\theta}{A} \tag{11-5}$$

设$T_H = C/A$,是电机的发热时间常数(S);$\tau_s = \theta/A$,是电机的稳定温升(C或K)。式(11-5)可以写成

$$T_H \frac{d\tau}{dt} + \tau = \tau_s \tag{11-6}$$

这是一个非奇次常系数一阶微分方程式,设初始条件为 $t=0$ 时,$\tau=\tau_i$,则式(11-6)的解为

$$\tau=\tau_s+(\tau_i-\tau_s)e^{-\frac{t}{T_H}} \tag{11-7}$$

当 $\tau_i=0$ 时,即发热过程由周围介子温度开始,则式(11-7)变为

$$\tau=\tau_s(1-e^{-\frac{t}{T_H}}) \tag{11-8}$$

分析式(11-7)和式(11-8)可知:当电机的发热条件不变时,电机的温升是按指数规律变化的。由式(11-7)和式(11-8)画出曲线如图 11.2.1 所示。图中曲线 2 对应于 $\tau_i=0$。由图 11.2.1 可见,两种情况最后的温升都一样,最终趋于电机的稳定温升。其物理意义上讲,电机在开始工作时,由于 τ 较低电机散热少,大部分热量被电机吸收,所以温升上升的较快。随着温升的升高,散出的热量逐渐增加,电机吸收的热量逐渐减少,使温升的变化缓慢了。当电机在单位时间内产生的热量与散出的热量相等时,电机的温升不再变化,达到了稳定温升 τ_s。实际上当 $t=4T_H$,$\tau=0.982\tau_s$,τ 与 τ_s 之差不到 2%,可以认为电机已经达到稳定温升。发热时间常数 T_H 是一个重要是参数。普通小容量封闭式电机的发热时间常数 T_H 约 $10\sim20$ min;而大容量的电机,其发热时间常数 T_H 可达数小时。由此可见,电机的热惯性是比较大的。当电机偶尔出现短时间过电流时,电机不会立即损坏。

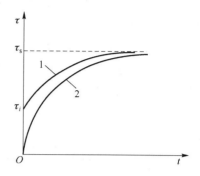

图 11.2.1　电动机发热过程的温升曲线

电动机的允许最高稳定温升与损耗功率成正比,也与额定功率成正比。要提高额定功率,应该提高额定效率,降低损耗;提高散热系数;提高绝缘材料的允许温度。

11.2.2　电动机冷却过程

电机的冷却有两种情况。

(1)电机负载减小时的冷却情况

电机负载减小时,电机内部损耗减少,散热量大于发热量,电机温升下降。相应的温升由原来的稳定温升降低到新的稳定温升,当电机在单位时间内产生的热量与散出的热量相等时,电机的温升不再变化,达到了稳定温升 τ_s。这个温升下降的过程称为电机的冷却。冷却曲线如图 11.2.2 中的曲线 1 所示。

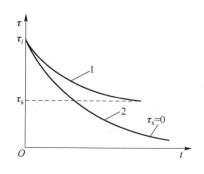

图 11.2.2　电动机冷却过程的温升曲线

(2)电机脱离电源不工作时的冷却情况

电机脱离电源时,电机的损耗为零,电机所产生的热量也为零,电机的温升逐渐下降,直到与周围介质的温度相同为止。冷却曲线如图 11.2.2 中的曲线 2 所示。电机冷却时,表示其温升变化规律的方程式与式(11-7)相同,只是初始温升和稳定温升要由冷却过程的具体条件来确定。

必须注意,在采用自扇冷却式的电动机上,电动机脱离电网时的冷却时间常数与电动机通电时的时间常数不同。这是因为,当电动机由电网断开后,电动机停

转,风扇不转,散热系数下降,使时间常数增大,一般同一电机脱离电网冷却时间常数可达通电时的时间常数的 2～3 倍。在采用他扇冷却时,时间常数相等。

11.3 按发热观点规定的电动机的工作制

电机的温升不仅决定于发热和冷却情况,而且与其工作制有很大关系。例如,电机的发热和冷却情况相同时,每昼夜 24 小时连续工作的电机,其温升比该电机仅工作 10 分钟的短时工作时更高。这是因为短时运行时,电机的温升未达到稳定值就停止了。电机的工作制就是对电机承受情况的说明,包括起动、电制动、空载、断电停转以及这些阶段的持续时间和先后顺序等的描述。国家标准《旋转电机基本技术要求 GB755-87》把电机的工作制分为(S_1～S_9)九类。本文仅讲常用的三类。

11.3.1 连续工作制

连续工作制:电动机在恒定负载下持续运行,其工作时间足以使电动机的温升达到稳定温升而不超过允许值。这种工作状态,一般来讲负载是恒定的,但也许负载有些不大的变化,只是它的工作时间一般较长,几个小时、几天或几个月等,如矿山的鼓风机、水泵、造纸机交流机组的拖动电机等。它的典型负载图和温升曲线如图 11.3.1 所示。对于连续工作制的电机,取使其温升 τ_s 恰好等于容许最高温升 τ_{max} 时的输出功率作为额定功率。

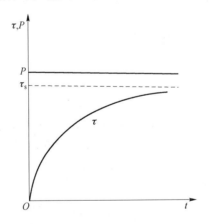

图 11.3.1 连续工作制电动机的负载图和温升曲线

例如,JR-114-4 型绕线三相异步电动机名牌标明:额定功率 115 kW,额定转速 1 465 r/min,额定工作方式连续。说明该电机在标准环境温度下允许长时间连续输出的最大功率是 115 kW,此时转速应当是 1 465 r/min,电动机在这样的额定条件下运行时,稳定温升等于绝缘允许的最高温升,即额定温升。从产品样本中查得电动机采用 B 级绝缘,所以额定温升为:$130°-40°$ $=90℃=90°K$。

11.3.2　短时工作制

短时工作制:电机只能在规定的时间内运行,由冷却状态开始短时运行,温升还没有达到稳定值,电机断电停转,在停止时间内温升降低到周围介质温度。它的典型负载图和温升曲线如图 11.3.2 所示。我国规定的标准短时运行时间是 10、30、60 和 90 分钟四种。如图 11.3.2 所示短时工作制电机的温升 τ_m(即额定温升),远远小于稳定温升 τ_s。短时工作制电机若让其超过规定时间运行,它的温升将按虚线上升。超过额定温升 τ_m 时,会使电机过热,降低其使用寿命,甚至烧坏。

图 11.3.2　短时工作制电动机的典型负载图及温升曲线

为了充分利用电机,用于短时工作制的电动机,在规定时间内应达到容许温升,并按照这个原则规定电动机的额定功率,即按照电动机拖动恒定负载运行,取在规定的运行时间内实际达到的最高温升恰好等于容许最高温升 τ_max 时的输出功率,作为电动机的额定功率。

11.3.3　断续周期工作制

断续工作制:电动机在恒定负载下短时间工作和短时间停止相交替,并呈周期性变化,在工作时间内温升达不到稳态值,在停止时间内温升降不到周围介质温度。在恒定负载下短时间工作时间 t_R 和短时间停止时间 t_S 之和小于 10 分钟。属于这类工作状态的电机有电梯、起重机、轧钢机辅助机械电机等。

它的典型负载图和温升曲线如图 11.3.3 所示。负载工作时间 t_R 与工作周期时间 $t_\mathrm{R}+t_\mathrm{S}$ 之比定义为负载持续率(暂载率)$FS\%$:

$$FS\% = \left(\frac{t_\mathrm{R}}{t_\mathrm{R}+t_\mathrm{S}}\right) \times 100\% \tag{11-9}$$

我国规定标准负载持续率为 15%、25%、40% 和 60% 四种。

对于指定的断续工作制电动机,把在规定的负载持续率下运行的实际最高温升 τ_m 恰好等于容许温升时的输出功率定为电动机的额定功率。

实际上,生产机械所用电机的负载图是各式各样的,但是从发热的角度来考虑,总可以把它们折算到以上三种基本类型里面去。选择电机额定功率时,应根据电机的工作制采用不同的方法。对于特殊要求的生产机械,应选用专用的电机。

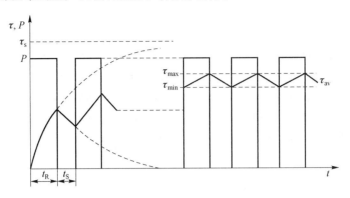

图 11.3.3　继续周期工作制电动机的典型负载图及温升曲线

11.4　连续工作制的电动机的额定功率选择

生产部门有各种各样的长期运转的生产机械,它们的负载性质各不相同,但综合起来可分为两种类型:负载恒定或基本恒定;负载变动很大且具有统计周期性。因此连续工作制电动机分为两类:

恒定负载:负载长时间不变或变化不大,如压缩机、风机、泵。

变化负载:负载长期施加,但大小变化,变化是有周期性,或统计规律下的周期性。如恒速轧钢机、运输机械等。

11.4.1　负载恒定或基本恒定时长期工作制的电机容量选择

在环境温度40℃,负载恒定或基本恒定生产机械的电机容量选择不需要按发热条件来校验电机,只要在产品目录中,选择一台额定容量 P_N 等于或大于生产机械需要的容量 P_L,转速又适合的电机就可以了。即:

$$P_N \geqslant P_L \tag{11-10}$$

但对于有冲击性负载的生产机械如球磨机等,要在产品目录中选择过载能力较大的电机,并进行电机过载能力的校验。当选用异步电动机时,需要生产机械可能出现的最大转矩小于或等于电机临界转矩的 $80\% \sim 90\%$。若选用的是直流电动机,只要生产机械的最大转矩不超过电机的最大允许临界转矩就行。另外,当选择鼠笼式电动机时,还应考虑起动问题,如起动电流对电网的影响、起动转矩是否合适等。

电机工作时的环境温度直接影响电机的实际输出容量。电机的额定容量是指在规定标准的环境温度(40℃)下,负担额定负载时的输出容量。当电机工作环境温度不为 40℃时,此时电机的实际输出容量与电机铭牌上的容量应有差别,这个差别的大小与实际环境温度有关。修正电动机的额定功率所用公式如下。

为了充分利用电机,在不同环境温度下连续运行到稳定温升时,电机的温度都应等于绝缘材料容许的最高温度 θ_{max}。

环境温度为 40℃ 时,电动机输出额定功率 P_N 时,其稳定温升为:

$$\tau_{SN} = \theta_{max} - 40℃ = \frac{\Delta p_N}{A} \tag{11-11}$$

环境温度为 θ_0 时,电动机输出功率 P 时,其稳定温升为:

$$\tau_S = \theta_{max} - \theta_0 = \tau_{SN} - \Delta\tau = \frac{\Delta p}{A} \tag{11-12}$$

式中,Δp_N 为电动机输出额定功率 P_N 时的损耗;$\Delta\tau$ 为运行地点的环境与 40℃ 之差。以上两式相除得

$$\frac{\tau_{SN}}{\tau_{SN} - \Delta\tau} = \frac{\Delta p_N}{\Delta p} \tag{11-13}$$

式中 Δp_N 可表示为

$$\Delta p_N = p_{CuN} + P0 = p_{CuN}(1 + \alpha) \tag{11-14}$$

式中,p_{CuN} 是电动机输出额定功率时的可变损耗(铜耗),p_{01} 是电动机额定功率时的不变损耗(铁损耗、空载损耗),$\alpha = \dfrac{p_{01}}{p_{CuN}}$ 为电动机额定运行时的损耗比,其值与电机的类型有关。因为铜耗与电流二次方成正比,当电动机输出功率为 P、相应的电流为 I 时其损耗为

$$\Delta p = p_{Cu} + P_0 = p_{CuN}\left[\left(\frac{I}{IN}\right)^2 + \alpha\right] \tag{11-15}$$

将式(11-14)、式(11-15)代入式(11-13),整理后得

$$I = I_N \sqrt{1 - \frac{\Delta\tau}{\tau_{SN}}(1 + \alpha)} \tag{11-16}$$

实际运算时,可以认为 $\dfrac{I}{I_N} = \dfrac{P}{P_N}$,因此,当环境温度与 40℃ 相差 $\Delta\tau$ 时,电动机输出的额定功率应修正为

$$P = P_N \sqrt{1 - \frac{\Delta\tau}{\tau_{SN}}(1 + \alpha)} \tag{11-17}$$

由公式(11-17)可以看出,如果环境温度高于 40℃ 时,$\Delta\tau > 0$、$P < P_N$、电动机的额定功率低;而当环境温度低于 40℃ 时,$\Delta\tau < 0$,$P > P_N$,电动机的额定功率可以提高。

但按国家标准规定,当环境温度在 0℃ 和 40℃ 之间时,电动机额定功率一般不予修正。电动机工作地点的海拔高度对其温升也有影响。原因是海拔高的地区由于空气稀薄,散热条件恶化,致使同样负载下电动机的温升要比平原地区的高。

11.4.2　变动负载下长期工作制的电机容量选择

电机在变动负载下运行时,它的输出功率在不断变化,有时大,有时小,因此电机内部的损耗也在变动,发热和温升也都在变动。由此可知,电机的温升变化取决于电机的负载图。在变动负载下,由于电机轴上有 GD^2 存在,所以电机的负载图与生产机械的负载图不一样,在这种情况下,电动机的容量选择就比较麻烦些。

变动负载下电动机容量选择步骤是:首先计算出生产机械的负载功率,绘制表明负载大小与工作时间长短的生产机械负载图。在此基础上预选电机并作出电机的负载图确定电机的发热情况。最后进行发热、过载、起动校验。校验通过,说明预选电机合适。否则应重新选电机,

如此反复进行,直到选好为止。

校验电机发热的依据是电机的温升不超过绝缘材料的容许是最高温升。要进行发热校验,绘制电机的发热曲线是比较困难的。因此一般用下述几种方法。

(1) 平均损耗法

预选好电机以后,电动机拖动周期性变化负载,连续运行,按生产机械负载图,根据相关方法绘制出电动机的负载图,假设是图 11.4.1。经过一段较长的时间以后,电动机达到稳定状态,这时,每个周期温升的变化规律都相同。如果变化周期 t_c<10min,通常满足变化周期 t_c 远远小于发热时间常数 T_H。在一个周期内,温升变化不大,可以认为一个周期内的平均温升 τ_{av} 与最高温升 τ_m 近似相等。

图 11.4.1　周期变化负载下长期工作制电动机发热过程的温升曲线及负载图

用一个周期内的平均损耗 Δp_{av} 来间接地反映平均温升。只要 Δp_{av} 不超过预选电动机的额定损耗 Δp_N,就能保证电动机的平均温升不超过绝缘材料容许的最高温升 τ_{max}。这种检验电动机发热的方法称为平均损耗法。用平均损耗法校验电动机发热时,根据电动机的负载图,利用预选电动机的效率曲线 $\eta = f(p)$,求出负载图中与各段相应的损耗,其一个周期内的平均损耗为:

$$\Delta p_{av} = \frac{\Delta p_1 t_1 + \Delta p_2 t_2 + \Delta p_3 t_3 + \cdots}{t_1 + t_2 + t_3 + \cdots} = \frac{\sum_{k=1}^{n} \Delta p_k t_k}{t_c} \tag{11-18}$$

式中,Δp_k 是 t_k 时间内,输出功率为 P_k 时的损耗。

发热校验条件是 $\Delta p_{av} \leqslant \Delta p_{pN}$

当周期时间 t_c<10 min、散热能力不变(A 是常数)时,用平均损耗法校验电动机发热是足够准确的。

(2) 等值电流法

平均损耗法对各种电机基本上都是适用的,t_k 越短,t_c 越长的平均损耗越接近电机的实际损耗,其精确越高,但计算相当复杂。因此采用如下的等值电流法比较方便。

电动机的损耗 Δp 中包括不变损耗 p_0 和可变损耗 p_{Cu},可变损耗与电流的二次方成正比。因此,在负载图中,t_k 段电动机的损耗为

$$\Delta p_k = p_0 + p_{Cu} = p_0 + c I_k^2 \tag{11-19}$$

c 是与绕组电阻有关的常数。

把式(11-19)代入式(11-18)中,得

$$\Delta p_{av} = \frac{1}{t_c} \sum_{k=1}^{n} (p_0 + c I_k^2) t_k = p_0 + \frac{c}{t_c} \sum_{k=1}^{n} I_k^2 t_k \qquad (11\text{-}20)$$

在平均损耗相同的条件下,可用不变的等效电流 I_{eq}^2 来代替变化的电流 I_k,于是可得

$$\Delta p_{av} = p_0 + c I_{eq}^2 = p_0 + \frac{c}{t_c} \sum_{k=1}^{n} I_k^2 t_k \qquad (11\text{-}21)$$

所求的等效电流

$$I_{eq} = \sqrt{\frac{1}{t_c} \sum_{k=1}^{n} I_k^2 t_k} \qquad (11\text{-}22)$$

等效电流法,就是按照损耗相等的原则,求出一个等效的不变的电流 I_{eq} 来代替变化的负载电流 $I = f(t)$(对于交流异步电动机,I 是定子电流)。如果预选电动机的额定电流是 I_N,检验电动机发热的条件是

$$I_N \geqslant I_{eq} \qquad (11\text{-}23)$$

等效电流故是在平均损耗法的基础上导出的,因此要求周期时间 $t_c \leqslant 10\text{min}$、散热系数 A 为常数。另外,在推导过程中还假定不变损耗 p_0 和与绕组电阻有关系数 c 为常数。深槽及双笼型异步电动机,在经常起动、制动和反转时,绕组电阻及铁损耗都有较大变化,因此不能用等效电流法校验电动机发热。

（3）等效转矩法

通常电动机的负载图是以转矩图 $T = f(t)$ 给出的。如果电动机的转矩与电流成正比(当直流电动机励磁不变,异步电动机磁通 Φ 与 $\cos \varphi_2$ 不变时)这时可用等效转矩 T_{eq} 代替等效电流 I_{eq},可将式(11-22)变为等效转矩的公式

$$T_{eq} = \sqrt{\frac{1}{t_c} \sum_{k=1}^{n} T_k^2 t_k} \qquad (11\text{-}24)$$

校验电动机发热条件是

$$T_N \geqslant T_{eq} \qquad (11\text{-}25)$$

串励直流电动机等磁通变化的情况都不能使用等效转矩法。对于交流异步电动机,特别是有些空载电流较大,当负载极小,转矩 T 与转子电流的折算值成比例,但是与定子电流不成比例,此时必须对 T 进行修正。

（4）等效功率法

如果拖动系统的转速基本不变时,可以由等效转矩法引出等效功率法。电动机的功率 $P = T\Omega$ 与转矩成正比,可以将等效转矩公式变成等效功率的公式,即

$$P_{eq} = \sqrt{\frac{1}{t_c} \sum_{k=1}^{n} P_k^2 t_k} \qquad (11\text{-}26)$$

如果已知功率负载图 $P = f(t)$,可以用式(11-26)算出等效功率 P_{eq},把它与预选电动机的 P_N 比较,如 $P_N \geqslant P_{eq}$,则电动机的发热校验通过。

等效功率法的应用范围很窄,凡是不能用等效转矩法的情况都不能用等效功率法。

请注意采用等效法时几种特殊情况需要修正处理。如有起动、制动及停机过程时等效法公式需要修正;负载图中某段负载不为常数时等效值需要修正;磁通变化时等效转矩法需要修正;转速变化时等效功率法需要修正等。详细内容请参考有关书籍。

11.5 短时工作制电动机额定功率的选择

短时工作制的负载,应选用专用的短时工作制电动机。在没有专用电动机的情况下可以选用连续工作制电动机或断续周期工作制电动机。

11.5.1 直接选用短时工作制电动机

短时工作制电动机的额定功率是与铭牌上给出的标准工作时间(10 min,30 min,60 min,90 min)。相应的,如果短时工作制的负载功率 P_L 恒定,并且工作时间与标准工作时间一致,这时只需选择具有相同标准工作时间的短时工作制电动机,并使电动机的额定功率 P_N 稍大于 P_L 即可。对于某一电动机,对于不同的工作时间,其功率有 $P_{10} > P_{30} > P_{60} > P_{90}$。在变化的负载下,可用等效法算出工作时间内的等效功率来选择电动机,同时还应进行过载能力与起动能力(对笼型异步电动机)的校验。专为短时工作制设计的电动机,一般有较大的过载倍数和起动转矩。

当电动机实际工作时间 t_R 与标准工作时间 t_{RN} 不同时,应把 t_R 下的功率 P_R 换算到 t_{RN} 下的功率 P_{RN},再按 P_{RN} 选择电动机的额定功率或校验发热。换算的原则是 t_R 与 t_{RN} 下的能量损耗相等,即发热情况相同。设在 t_R 及 t_{RN} 下的能量损耗分别为 Δp_R 及 Δp_{RN},则有

$$\Delta p_R t_R = \Delta p_{RN} t_{RN} \tag{11-27}$$

因为

$$\Delta p_{RN} = p_0 + p_{CuN} = \left(1 + \frac{p_0}{p_{CuN}}\right) p_{CuN} \tag{11-28}$$

$$\Delta p_R = p_0 + p_{Cu} = \left[\left(\frac{P_R}{P_{RN}}\right)^2 + \frac{p_0}{p_{CuN}}\right] p_{CuN} \tag{11-29}$$

式(11-28)和式(11-29)解出 P_{RN} 得

$$P_{RN} = \frac{P_R}{\sqrt{\dfrac{t_{RN}}{t_R} + \dfrac{p_0}{p_{CuN}}\left(\dfrac{t_{RN}}{t_R} - 1\right)}} \tag{11-30}$$

11.5.2 选用连续工作制电动机

短时工作的生产机械,可以选用短时工作制的电动机,也可选用连续工作制的电动机。选用连续工作制的电动机,从发热的观点上看,电动机的输出功率可以提高。为了充分利用电动机,选择电动机额定功率的原则应是在短时工作时间 t_R 内达到的温升 τ_R 恰好等于电动机连续运行并输出额定功率时的稳定温升 τ_s,即电动机绝缘材料允许的最高温升 τ_{max}。由此可得

$$\tau_R = \frac{\Delta p_L}{A}(1 - e^{-\frac{t_R}{T_H}}) = \tau_s = \frac{\Delta p_N}{A} \tag{11-31}$$

式中,Δp_L 和 Δp_N 分别为电动机短时工作,输出功率为 P_L 时的损耗和额定损耗。

与式(11-28)和式(11-29)相似。Δp_L 和 Δp_N 分别为

$$\Delta p_{\mathrm{L}}=\left[\frac{p_0}{p_{\mathrm{CuN}}}+\left(\frac{P_{\mathrm{L}}}{P_{\mathrm{N}}}\right)^2\right]p_{\mathrm{CuN}}$$

$$\Delta p_{\mathrm{N}}=\left(1+\frac{p_0}{p_{\mathrm{CuN}}}\right)p_{\mathrm{CuN}} \tag{11-32}$$

解出 P_{L} 和 P_{N} 的关系,得

$$P_{\mathrm{N}}=P_{\mathrm{L}}\sqrt{\frac{1-\mathrm{e}^{-\frac{t_{\mathrm{R}}}{T_{\mathrm{H}}}}}{1+\dfrac{p_0}{p_{\mathrm{CuN}}}\mathrm{e}^{-\frac{t_{\mathrm{R}}}{T_{\mathrm{H}}}}}} \tag{11-33}$$

式(11-33)即为短时工作负载选择连续工作制电动机时额定功率的计算式。

当工作时间 $t_{\mathrm{R}}<(0.3-0.4)T_{\mathrm{H}}$ 时,按式(11-33)计算的 P_{N} 将比 P_{L} 小很多,因此发热问题不大。这时决定电动机额定功率的主要因素是电动机的过载能力和起动能力(对笼型异步电动机),往往只要过载能力和起动能力足够大,就不必考虑发热问题。在这种情况下连续工作制电动机额定功率可按下式确定。

$$P_{\mathrm{N}}\geqslant\frac{P_{\mathrm{L}}}{\lambda_{\mathrm{g}}} \tag{11-34}$$

$\lambda_{\mathrm{g}}=\dfrac{P_{\mathrm{L}}}{P_{\mathrm{N}}}=\sqrt{\dfrac{1+\dfrac{p_{01}}{p_{\mathrm{CuN}}}\mathrm{e}^{\frac{-t_{\mathrm{R}}}{T_{\mathrm{H}}}}}{1-\mathrm{e}^{\frac{-t_{\mathrm{R}}}{T_{\mathrm{H}}}}}}$ 为按发热观点的功率过载倍数。当 $t_{\mathrm{R}}/T_{\mathrm{H}}\leqslant0.3,\lambda_{\mathrm{g}}>2.5$,已超过一般电动机的允许过载倍数,即 $\lambda_{\mathrm{g}}>\lambda_{\mathrm{m}}$,此时可按 $P_{\mathrm{N}}\geqslant P_{\mathrm{L}}/\lambda_{\mathrm{m}}$ 选择连续工作制电动机的额定功率。最后校验电动机的起动能力。

例 11-12　一台直流电动机,额定功率为 $P_{\mathrm{N}}=20\ \mathrm{kW}$,过载能力 $\lambda=2$,发热时间常数 $=30\ \mathrm{min}$,额定负载时铁耗与铜耗之比 $\alpha=1$。请校核下列两种情况下是否能用此台电动机。

(1)短期负载,$P_{\mathrm{L}}=40\ \mathrm{kW},t_{\mathrm{r}}=20\ \mathrm{min}$;

(2)短期负载,$P_{\mathrm{L}}=44\ \mathrm{kW},t_{\mathrm{r}}=10\ \mathrm{min}$。

解:

(1) $P_{\mathrm{L}}=40\ \mathrm{kW},t_{\mathrm{r}}=20\ \mathrm{min}$ 时,校核能否应用。

折算成连续工作方式下负载功率为

$$P_{\mathrm{N}}'=P_{\mathrm{L}}\sqrt{\frac{1-\mathrm{e}^{\frac{-t_{\mathrm{R}}}{T_{\mathrm{H}}}}}{1+\alpha\mathrm{e}^{\frac{-t_{\mathrm{R}}}{T_{\mathrm{H}}}}}}=40\ \mathrm{kW}\times\sqrt{\frac{1-\mathrm{e}^{\frac{-20}{30}}}{1+\mathrm{e}^{\frac{-20}{30}}}}=40\ \mathrm{kW}\times\sqrt{\frac{1-0.513\ 4}{1+0.513\ 4}}=22.68\ \mathrm{kW}$$

$$P_{\mathrm{N}}=20\ \mathrm{kW}<P_{\mathrm{N}}'$$

发热通不过,不能运行。

(2) $P_{\mathrm{L}}=44\ \mathrm{kW},t_{\mathrm{r}}=10\ \mathrm{min}$ 时,校核能否应用。

折算成连续工作方式下负载功率为

$$P_{\mathrm{N}}'=P_{\mathrm{L}}\sqrt{\frac{1-\mathrm{e}^{\frac{-t_{\mathrm{R}}}{T_{\mathrm{H}}}}}{1+\alpha\mathrm{e}^{\frac{-t_{\mathrm{R}}}{T_{\mathrm{H}}}}}}=44\ \mathrm{kW}\times\sqrt{\frac{1-\mathrm{e}^{\frac{-20}{30}}}{1+\mathrm{e}^{\frac{-20}{30}}}}=44\ \mathrm{kW}\times\sqrt{\frac{1-0.716\ 5}{1+0.716\ 5}}=17.88\ \mathrm{kW}$$

$$P_{\mathrm{L}}=20\ \mathrm{kW}>17.88\ \mathrm{kW}$$

发热通过。实际过载倍数为

$$\lambda_{\mathrm{g}}=\frac{P_{\mathrm{L}}}{P_{\mathrm{N}}}=\frac{44\ \mathrm{kW}}{20\ \mathrm{kW}}=2.2,\quad\lambda_{\mathrm{g}}>\lambda=2$$

过载能力不够,不能应用。

11.5.3 选用断续周期工作制电动机

专用的断续周期工作制电动机具有较大的过载能力,可以用来拖动短时工作制负载。负载持续率 FS 与短时负载工作时间 t_R 之间的对应关系为:$t_R = 30\text{min}$ 相当于 $FS = 15\%$;$t_R = 60\text{min}$ 相当于 $FS = 25\%$;$t_R = 90\text{min}$ 相当于 $FS = 40\%$。

11.6 断续周期工作制电动机额定功率的选择

专用的断续周期工作制电动机具有起动和过载能力强、机械强度高、飞轮矩小机械强度大、绝缘材料等级高等特点,并能在金属粉尘潮高温环境下工作,是专为频繁起动、制动、过载、反转以及工作环境恶劣的生产机械设计制造的,如起重机、冶金机械等,这些生产机械一般不采用其他工作制的电动机。

与短时工作制电动机相似,断续周期工作制的电动机,其额定功率是与铭牌上标出的负载持续率相应的。如果负载图中的实际负载持续率 FS_R 与标准负载持续率 FS_N(15%,25%,40%,60%)相同,且负载恒定,则可直接按产品样本选择合适的电动机。当 FS_R 与 FS_N 不同时,就需要把 FS_R 下的实际功率 P_R 换算成 FS_N 下邻近的功率 P,再按换算后的功率 P 及 FS_N 选择电动机的额定功率。换算的依据是,不同负载持续率下的平均温升不变。利用平均损耗法并忽略断电停机时散热条件的变化,则可得到如下的关系:

$$\Delta p_R FS_R = \Delta p_N FS_N$$

可以写出

$$\Delta p_N = \Delta p_R \frac{FS_R}{FS_N}$$

$$\left(1 + \frac{p_0}{p_{CuN}}\right) = \left[\frac{p_0}{p_{CuN}} + \left(\frac{P_R}{P}\right)^2\right]\frac{FS_R}{FS_N}$$

可以得到

$$P = \frac{P_R}{\sqrt{\dfrac{FS_N}{FS_R} + \dfrac{p_0}{p_{CuN}}\left(\dfrac{FS_N}{FS_R} - 1\right)}} \tag{11-35}$$

如果负载持续率小于 10%,可按短时工作制选择电动机。如果负载持续率大于 70%,可按连续工作制处理。

11.7 电动机电流种类、结构形式、额定电压与额定转速的选择

电动机的选择,除了前面介绍的选择电动机的功率外,还有:1) 根据生产机械在技术与经济等方面的要求选择电动机的电流种类,即选用交流或直流电动机;2) 根据生产机械对电动机安装位置的要求和周围环境的情况选择电动机的结构形式和防护类型;3) 根据电源的情况及控制装置的要求选择电动机的额定电压;4) 根据电动机与机械配合的技术经济情况选择电动机的额定转速。下面介绍一下选择原则。

11.7.1　电动机电流种类的选择

这方面的选择原则,大体如下:

(1) 尽量优先选用价格便宜、结构简单、维护方便的交流笼型异步电动机。这在水泵、通风机等生产机械上得到广泛应用。高起动转矩的笼型电动机适用于某些要求起动转矩较大的生产机械上,如某些纺织机械、压缩机及皮带运输机等。

笼型多速异步电动机可用于要求有级调速的生产机械上,如电梯及某些机床等。随着变频调速的不断发展,笼型电动机将大量应用在无级调速的生产机械上,它们的应用范围将大大扩大。

(2) 滑差电动机和交流换向器电动机目前一般应用在要求平滑调速但调速范围不大($D < 10$)的生产机械上,交流换向器电动机价高且维护复杂,但目前在纺织、造纸等工业中都有应用。随着交流调速系统的不断改进,滑差电动机及交流换向器电动机将逐步被取代。

(3) 绕线转子异步电动机能限制起动电流与提高起动转矩(与笼型异步电动机相比),目前多用于起重机及矿井提升机等生产机械上,用转子电路串联电阻起动与调速,调速范围很有限($D = 1.5$ 左右)。晶闸管串级调速的发展,大大扩大了绕线转子异步电动机的应用范围。

(4) 当电动机功率较大又无调速要求时,目前一般采用交流同步电动机以提高工厂企业的功率因数。交流无换向器电动机的发展,使交流同步电动机的应用范围大为扩大。

(5) 当要求调速范围宽、调速平滑、对拖动系统过渡过程有特殊要求的生产机械,如可逆轧钢机、高精度数控机车等可用直流电动机,因为直流电动机调速性能优异,目前大量应用在功率较大、调速范围要求很大的生产机械上。

随着交流调速系统的不断发展,目前交流电动机在调速性能方面,已可与直流电动机媲美,并有取代后者之势。

11.7.2　电动机结构形式的选择

在工作方式上,可以按不同的工作制相应选择连续、短时、断续周期工作制的电动机。

电动机的结构形式按其安装可以按不同工作制相应选择连续位置的不同可分为卧式与立式两种。卧式电动机的转轴是水平安放的,立式电动机的转轴则与地面垂直,两者的轴承不同,因此不能随便混用。在一般情况下应选用卧式;立式电动机的价格较高,只有为了简化传动装置,又必须垂直运转时才采用(如立式深井水泵及钻床等)。按轴伸个数分,有单轴伸和双轴伸两种。

为了防止电动机被周围的媒介质所损坏,或因电动机本身的故障引起灾害,根据不同的环境选择适当的防护型式。电动机的外壳防护型式分为以下几种:

① 开启式

这种电动机价格便宜,散热条件好,但容易浸入水汽、铁屑、灰尘、油垢等,影响电动机的寿命及正常运行,因此只能用于干燥及清洁的环境中。

② 防护式

这种电动机一般可防滴、防雨、防溅,及防止外界物体从上面落入电动机内部,但不能防止潮气及灰尘的侵入,因此适用于干燥和灰尘不多没有腐蚀性和爆炸性气体的环境。它们的通风冷却条件较好,因为机座下面有通风口。

③ 封闭式

这类电动机又可分为自扇冷式、他扇冷式及密封式三类。前两类可用在潮湿、多腐蚀性灰尘、易受风雨侵蚀等的环境中,第三类一般用于浸入水中的机械(如潜水泵电动机),因为密封,所以水和潮气均不能侵入。这种电动机价格较高。

④ 防爆式

这类电动机应用在有爆炸危险的环境(如在瓦斯矿的井下或油池附近等)中。

对于湿热地带或船用电动机还有特殊的防护要求。

11.7.3 电动机额定电压的选择

电动机的额定电压应根据额定功率和所在系统的配电电压及配电方式综合考虑。对于交流电动机,其额定电压应选得与供电电网的电压相一致。一般车间低压电网为 380 V,因此中小型异步电动机都是低压的,额定电压为 220/380 V(D/Y 联结)及 380/660 V(D/Y 联结)两种,后者可用 Y/D 联结法起动。当电动机功率较大,供电电压为 6 000 V 及 10 000 V 时可选用 3 000 V、6 000 V 甚至 10 000 V 的高压电动机,此时可以省铜并减小电动机的体积(当选用 3 000 V 高压电动机时必须另设变压器)。

直流电动机的额定电压也要与电源电压互相配合。当直流电动机由单独的直流发电机供电时,电动机额定电压常用 220 V 或 110 V,大功率电动机可提高到 600~800 V,甚至达 1 000 V。当直流电动机由晶闸管整流装置直接供电时,有新改型的直流配合不同的整流电路去工作。

11.7.4 电动机额定转速的选择

额定功率相同的电动机,额定转速越高,则电动机的尺寸、重量和成本越小,效率也高,因此选用高速电动机较为经济。但由于生产机械速度一定,电动机转速越高,势必加大传动机构的传速比,使传动机构复杂起来,因此必须综合考虑电动机与生产机械两方面的各种因素。选择电动机的额定转速,一般可分下列情况讨论。

电动机连续工作的生产机械,很少起制动或反转。此时可从设备的初期投资、占地面积和维护费用等方面,就几个不同的额定转速(即不同的传速比)进行全面比较,最后确定合适的传递比和电动机的额定转速。

电动机经常起制动及反转,但过渡过程的持续时间对生产率影响不大,例如高炉的装料机械的工作情况即属此类。此时除考虑初期投资外,主要根据过渡过程能量损耗为最小的条件来选择传速比及电动机的额定转速。

电动机经常起制动及反转,过渡过程的持续时间对生产率影响较大。属于这类情况的有龙门刨工作台的主拖动。此时主要根据过渡过程持续时间为最短的条件来选择电动机的额定转速。

根据分析,可按与系统动能贮存量成正比的 $GD^2 \cdot n_N^2$ 之值为最小(当电动机转子或电枢之 GD_D^2 占系统的 GD^2 较大比例时,可粗略地按 $GD^2 \cdot n_N^2$ 之值为最小)的条件来选择电动机的额定转速及传速比。因为过渡过程的能量损耗及持续时间都和 $GD^2 \cdot n_N^2$ 之值成正比。

思考题与习题

11-1 电力拖动系统中电动机的选择主要包括哪些内容？

11-2 选择电动机额定功率时,应该兼顾哪些因素？

11-3 电动机的额定功率选得过大和不足时会引起什么后果？

11-4 电动机的温升与哪些因素有关？ 电动机的温度、温升及环境温度三者之间有什么关系？

11-5 电机中的损失有哪些？ 何谓定耗与变耗？ 何谓铁耗与铜耗？ 一般来讲机械损耗是属于定耗还是属于变耗？

11-6 一台电动机原绝缘材料等级为 B 级,额定功率为 P_N,若把绝级材料改成为 E 级,其额定功率应该怎样变化？

11-7 电动机的额定容量是指输入电动机的容量还是指电动机的输出容量？ 写出电动机输出功率与电流的关系式,看看电流与功率之间有没有正比例的关系？

11-8 电动机的发热时间常数 T_H 的物理意义是什么,它的大小与哪些因素有关？ 两台电机除通风冷却条件有好有坏之分外,其他条件完全相同,它们的发热时间常数会不会一样？

11-9 一台电动机周期性地工作 15 min,停机 85 min,其负载持续率 FS＝15％,对吗？ 它应属于哪一种工作方式？

11-10 校验电动机发热的等效电流法、等效转矩法和等效功率法各适用于何种情况？

11-11 规定为周期性断续工作方式的三相异步电动机,在不同 FS 形下,实际过载倍数是否为常数？ 为什么？

11-12 一台 35 kW、工作时限为 30 min 的短时工作制电动机,突然发生故障。现有一台 20 kW 连续工作制电动机,其发热时间常数 $T_H＝90$ min,损耗系数 $\alpha＝0.7$,短时过载能力 $\lambda＝2$。试问这台电动机能否临时代用？

11-13 某台电动机的额定功率为 P_N,额定电压为 U_N,额定电流为 I_N,额定转速 n_N,其绝缘材料的稳定温升 $\tau_s＝70℃$,可变损耗与不变损耗比的损耗比 $\alpha＝40/60$,在(1)环境温度 25℃;(2)环境温度 45℃的情况下,电动机铭牌数据怎样修正？

11-14 一台直流电动机,额定功率为 $P_N＝30$ kW,过载能力 $\lambda＝2.2$,发热时间常数 $T_H＝25$ min,额定负载时铁损耗与铜损耗之比 $\alpha＝0.95$。请问下列两种情况下是否能用此台电动机:(1)短时负载 $P_L＝35$ kW,$t_R＝20$ min;(2)短时负载 $P_L＝60$ kW,$t_R＝10$ min。

参 考 文 献

［1］ 彭鸿才. 电机原理及拖动. 北京:机械工业出版社,2015.

［2］ 李发海,等. 电机与拖动基础. 北京:清华大学出版社,2005.

［3］ 刘宗富. 电机学. 北京:冶金工业出版社,1980.

［4］ 任兴权. 电力拖动基础. 北京:冶金工业出版社,1980.

［5］ 顾绳谷. 电机及拖动基础. 北京:机械工业出版社,1998.

［6］ 扬渝钦. 控制电机. 北京:机械工业出版社,1981.

［7］ 孙建忠. 电机与拖动基础. 北京:机械工业出版社,2011.

［8］ 刘启新. 电机与拖动基础. 北京:中国电力出版社,2005.

［9］ 康晓明. 电机与拖动. 北京:国防工业出版社,2005.

［10］ 陈隆昌,等. 控制电机. 西安:西安电子科技大学出版社,2000.

［11］ 张家生,等. 电机原理与拖动基础. 北京:北京邮电大学出版社,2006.

［12］ 邵蒙,张家生. 关于直流电动机电枢反应部分理论的讨论. 中国电机工程学会直流输电与电力电子专业委员会,2013 年学术年会:645-648.

［13］ A. E. Fitzgerald,Charles Kingsiey,Jr. ,Stephen D. Umans. McGraw-Hill Electric Machinery (Sixth Edition)2008.

［14］ Electrical Machines,Drives and Power Systems,Sixth Edition 2014.

［15］ Gieras,J. F. and Wing ,M .1997. Permanent magnet motor technology . New York: Dekker.